Easy New Visual

황석근
이재돈
김익표

ENV 이산수학

개정 2판

책 머리에

이산수학은 이산적인 대상, 이산적인 방법을 근간으로하는 수학이다. 컴퓨터 과학, 통계학, 대수학, 사회과학 등과의 밀접한 연관관계로 인하여 이산수학의 중요성이 날로 커져 간다. 이산수학은 어떤 방법론보다 수학적 센스를 요구하고 길러주는 주제이므로 다양한 상황의 문제해결이 요구되는 오늘날 여하한 다른 주제보다 실용적이며 수학적 힘을 길러주는 도구이다. 그러므로 실용성 이외에도 이산수학이 가지는 수학교육적 가치는 눈부시다.

이 책은 한정된 지면 속에서 수용할 수 있는 최선의 에센스만을 담고 있으며, 다양한 이산적 구조와 알고리즘을 취급하여, 수학을 전공하는 학생뿐만 아니라, 컴퓨터 과학, 전자공학, 사회과학도 등에게 폭 넓게 읽힐 수 있도록 구성되었다. 또한 이 책은 아이디어와 문제해결에 관한 통찰력 신장에 중점을 두고 기술한 바 이공계 대학생은 물론 중등학교 수학교사와 나아가 보다 높은 단계의 수학적 센스를 기르고자 하는 고교 상위권 학생들도 읽을 수 있도록 쉽게 엮었다. 더욱이 이 책은 어느 책에서도 발견할 수 없는 쉽고 고유한 새로운 설명 방식을 많이 도입하고, 가급적 간결하고 시각적으로 이해할 수 있는 방법을 동원하여 엮었다.

본 개정판에서는 초판 출간 이후 독자들의 다양한 요구를 반영하여 '같은 것이 있는 원순열' 등 많은 새로운 내용을 추가하였으며, 곳곳에 보다 새롭고 쉬운 아이디어로써 그야말로 ENV란 이름에 부합하도록 면모를 쇄신하였다.

아무쪼록 이 책으로 공부하는 이들에게 많은 결실이 있기를 진심으로 바란다.

2012년 5월 22일

복현골에서 저 자

ENV *Discrete Mahematics*

차례

CONTENTS

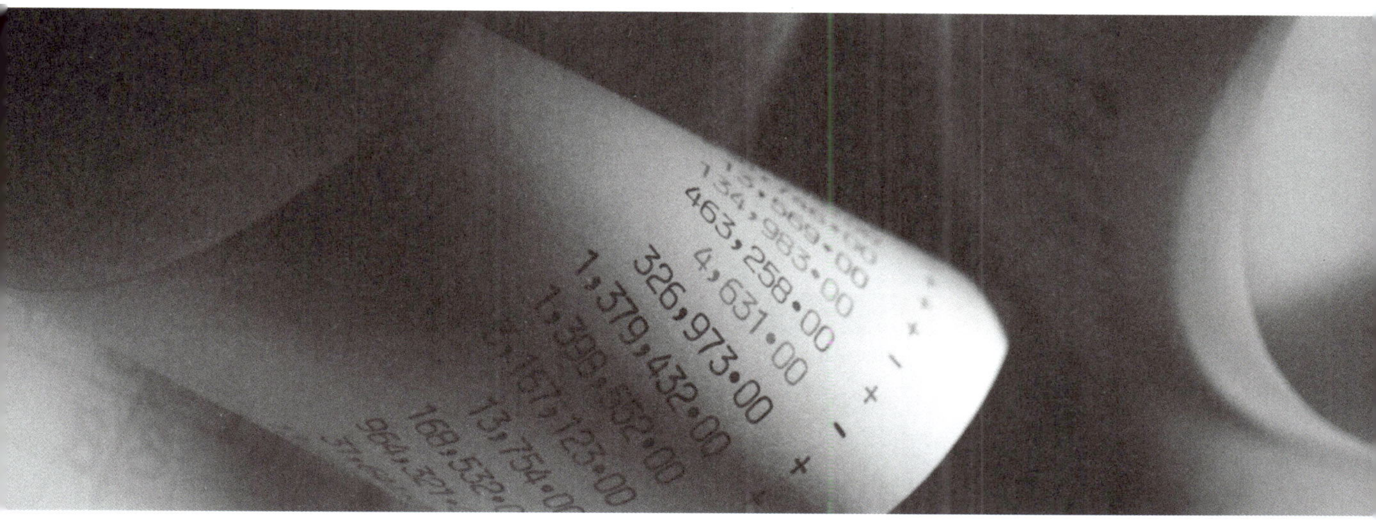

I 시작하면서

1-1 준비
1-2 문제해결과 이산수학

어떤 모임에서 한 경제학자가 수학자에게 물었다.
"당신은 왜 수학을 가르칩니까?"
수학자가 대답하였다.
"문제 해결을 위해서이지요. 그런데 경제학은 왜 가르치지요?"
경제학자도
"역시 문제 해결이지요."
라고 대답했다.

문제 해결은 삶의 여러 장면에서 만나는 여러가지 문제를 합리적으로 사고하여 이치에 맞는 최선의 결론을 도출한다는 뜻이다. 이산 수학은 수학의 분야 중에서 문제해결력을 신장하기 위한 가장 좋은 분야이다.

1-1 준비

어느 스님은 매월 말일 아침 6시에 아주 높은 산 꼭대기에 있는 암자에서 출발하여 마을에 있는 집으로 내려온 다음, 이튿날 아침 6시에 집에서 출발하여 다시 암자로 올라 간다. 하루 종일 걸어 암자에 도착하는 시간은 오후 6시이다.

내려올 때와 올라갈 때 말일과 초하루의 같은 시각에 지나치는 지점이 있음을 증명하여라.

이산수학이란?

「이산」이란 「연속」에 대칭되는 말로서 낱낱의 개체가 떨어져 있다는 뜻이다. **이산수학**은 기본적으로 이산적인 수학적 구조를 다루는 수학으로서 이산적인 대상과 이산적인 방법을 사용하는 수학을 일컫는 이름이라고 할 수 있다.

◂ 離散數學 discrete mathematics

이산수학은 옛날에는 수학적 게임 등에 숨어있는 수학으로서 흥미 추구 내지는 오락 정도에 그쳤지만, 컴퓨터 과학과의 직접적인 연관성으로 인하여 20세기 후반 이후로 순수 및 응용수학에서 그 연구가 어느 때 보다도 활발하게 이루어지고 있다. 이산적 아이디어와 테크닉은 전통적 수학의 분야뿐만 아니라 사회과학, 생물학, 정보이론 등에 광범위하게 사용되며 날이 갈수록 더욱 그 효용성이 두드러질 것이다.

이산적인 대상과 이산적인 방법은 수학 전반에 널리 분포되어 있다. 예를 들어 n이 대단히 큰 자연수일 때, n이하의 자연수의 개수는 어느 정도로 클 것인가라는 정수론의 문제는 해석적 방법으로 설명되지만 n과 서로 소인 n이하의 자연수의 개수는 이산수학적 방법으로 설명된다.
특히 컴퓨터 과학은 학문의 속성상 거의 전부가 이산수학의 대상이라고 해도 지나친 말이 아니다.
이산수학이 관여하는 내용은 논리학, 집합론, 수론, 조합론, 그래프 이론, 확률론, 행렬론 등의 수학 분야를 비롯하여 알고리즘, 정보이론, 계산이론 등의 전산 관련 수학까지 실로 광범위하다.

관여하는 분야가 광범위한 만큼 이산수학 공부를 시작하기 위하여 미리 알아 두어야 할 기초적인 개념도 많다. 지금부터 이 책을 읽기 위하여 꼭 필요한 몇 가지 사항을 간단히 언급해 두기로 한다.

합의 법칙 · 곱의 법칙

이산수학이 다루는 내용 중 가장 중요한 부분 중 하나가 조합론이다. **조합론**이란 이산적 구조에 대한 존재성, 헤아리기, 최적화 문제, 구조분석 등을 다루는 수학의 분야이다. 배열의 개수를 헤아리는 가장 기본이 되는 법칙이 다음 **합의 법칙**과 **곱의 법칙**이다.

◀ 組合論 combinatorics
1. 특정한 패턴의 배열이 존재하는가?
2. 존재한다면 그 개수는?
3. 어떤 배열이 최적배열인가?
4. 그러한 배열의 구조는?

합의 법칙

동시에는 일어나지 않는 두 사건 X, Y에 대하여, X가 일어나는 경우가 m가지, Y가 일어나는 경우가 n가지일 때, X 또는 Y 중 어느 하나가 일어나는 경우는 $m+n$가지이다.

곱의 법칙

사건 X가 일어나는 방법이 m가지이고, 그 각각의 경우에 사건 Y가 일어나는 방법이 n가지라고 하면, X, Y가 모두 일어나는 방법은 mn가지이다.

보기 다음과 같은 도로 망에서 P 지점에서 Q 지점까지 가는 방법은
[그림 1]의 경우 합의 법칙에 의하여 $3+2=5$ 가지,
[그림 2]의 경우 곱의 법칙에 의하여 $3 \cdot 2 = 6$ 가지이다.

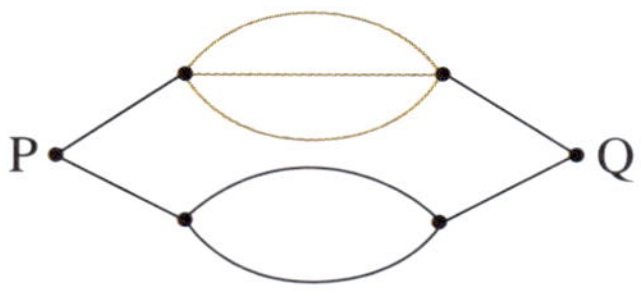

[그림 1]

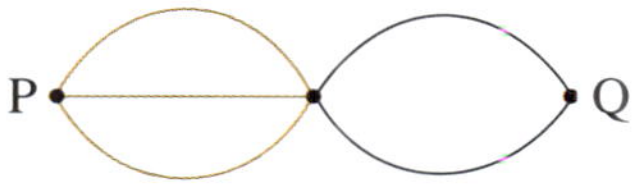

[그림 2]

집합 · 관계 · 함수

집합 $A_1, A_2, \cdots$ 에 대하여

$$\bigcup_{i=1}^{n} A_i, \quad \bigcup_{i=1}^{\infty} A_i, \quad \bigcap_{i=1}^{n} A_i, \quad \bigcap_{i=1}^{\infty} A_i$$

를

$$\bigcup_{i=1}^{n} A_i = A_1 \cup A_2 \cup \cdots \cup A_n$$
$$= \{x \mid x\text{는 } A_1, A_2, \cdots, A_n\text{중 적어도 하나에 속한다.}\}$$
$$\bigcup_{i=1}^{\infty} A_i = A_1 \cup A_2 \cup \cdots$$
$$= \{x \mid x\text{는 } A_1, A_2, \cdots \text{ 중 적어도 하나에 속한다.}\}$$
$$\bigcap_{i=1}^{n} A_i = A_1 \cap A_2 \cap \cdots \cap A_n$$
$$= \{x \mid x\text{는 모든 } A_1, A_2, \cdots, A_n\text{에 속한다.}\}$$
$$\bigcap_{i=1}^{\infty} A_i = A_1 \cap A_2 \cap \cdots$$
$$= \{x \mid x\text{는 모든 } A_1, A_2, \cdots \text{ 에 속한다.}\}$$

와 같이 정의한다. 또, $J \subset \{1, 2, \cdots\}$에 대하여

$$\bigcup_{i \in J} A_i, \quad \bigcap_{i \in J} A_i$$

를

$$\bigcup_{i \in J} A_i = \{x \mid \text{어떤 } i \in J\text{에 대하여 } x\text{가 } A_i\text{에 속한다.}\}$$
$$\bigcap_{i \in J} A_i = \{x \mid \text{모든 } i \in J\text{에 대하여 } x\text{가 } A_i\text{에 속한다.}\}$$

와 같이 정의한다.

유한집합 A의 원소의 개수를

$$|A|$$

와 같이 나타낸다.

집합 X의 부분집합 전체의 집합을 X의 **멱집합**이라고 하고 기호로

$$\mathcal{P}(X)$$

와 같이 나타낸다. 이를테면 $N_2 = \{1, 2\}$의 멱집합은

$$\mathcal{P}(N_2) = \{\varnothing, \{1\}, \{2\}, \{1, 2\}\}$$

이고 그 원소의 개수는 $|\mathcal{P}(N_2)| = 4 = 2^2$이다.

$N_3 = \{1, 2, 3\}$의 멱집합은

$$\begin{aligned}\mathcal{P}(N_3) = \{\varnothing, \ &\{1\}, \ \{2\}, \ \{1, 2\}, \\ &\{3\}, \{1, 3\}, \{2, 3\}, \{1, 2, 3\}\}\end{aligned}$$

이므로 $|\mathcal{P}(N_3)| = 2|\mathcal{P}(N_2)| = 2 \cdot 2^2 = 2^3$이다. 이와 같이 생각하면 일반적으로 유한집합 X에 대하여

$$|\mathcal{P}(X)| = 2^{|X|}$$

이 성립함을 알 수 있다. 이런 이유에서 $\mathcal{P}(X)$를

$$2^X$$

으로 나타내기도 한다.

◂ 冪集合 power set

집합 S와 그 부분집합 $X_1, X_2, \cdots, X_n$이 조건

(i) $X_1 \cup X_2 \cup \cdots \cup X_n = S$

(ii) $i \neq j \Rightarrow X_i \cap X_j = \varnothing$

를 만족할 때, $\{X_1, X_2, \cdots, X_n\}$을 S의 **분할**이라고 한다. 이를테면

$$X_1 = \{1, 3, 5, 7, 9, \cdots\}, \ X_2 = \{2, 4, 6, 8, 10 \cdots\}$$

이라고 할 때, $\{X_1, X_2\}$는 자연수전체의 집합의 분할이다.

◂ 分割 partition

$\{X_1, X_2, \cdots, X_n\}$이 유한집합 S의 분할이면, 합의 법칙에 의하여

$$|S| = |X_1| + |X_2| + \cdots + |X_n|$$

이 성립한다.

집합 A, B에 대하여, A, B의 **데카르트 곱**

$$A \times B$$

를 다음과 같이 정의한다.

$$A \times B = \{(a, b) \mid a \in A, b \in B\}$$

◂ Cartesian product

◂ 순서쌍 전체의 집합

보기 $A = \{1, 2\}, B = \{p, q, r\}$일 때,

$A \times B = \{(1, p), (1, q), (1, r), (2, p), (2, q), (2, r)\}$

이고, 이를 오른쪽 그림과 같이 나타낼 수 있다.

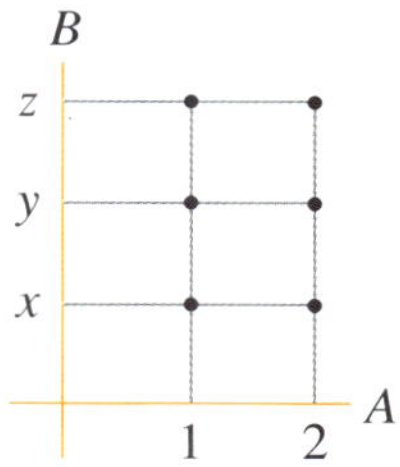

집합 $A_1, A_2, \cdots, A_n$의 데카르트 곱도 다음과 같이 정의된다.

$A_1 \times A_2 \times \cdots \times A_n = \{(a_1, a_2, \cdots, a_n) \mid a_i \in A_i, (i = 1, 2, \cdots, n)\}$

데카르트 곱의 원소끼리의 서로 같음은 다음과 같이 정의한다.

$(a_1, a_2, \cdots, a_n), (b_1, b_2, \cdots, b_n) \in A_1 \times A_2 \times \cdots \times A_n$에 대하여

$$(a_1, a_2, \cdots, a_n) = (b_1, b_2, \cdots, b_n) \Leftrightarrow a_i = b_i, (i = 1, 2, \cdots, n)$$

집합 A, B에 대하여, $A \times B$의 임의의 부분집합 R을 A, B 사이의 **관계**라고 한다. $(a, b) \in R$일 때, 이를

$$aRb$$

와 같이 나타내고 a는 R에 의하여 b와 관계지어져 있다고 한다. 특히 $A = B$일 때 R을 **A상의 관계**라고 말한다.

◂ 關係 relation

보기 (1) $A = B = \{1, 2, 3, 4\}$

$R = \{(1, 2), (1, 3), (1, 4), (2, 3), (2, 4), (3, 4)\}$

라고 할 때, $(a, b) \in R$은 「a는 b보다 작다」는 관계를 나타낸다.

(2) $A = \{-2, -1, 0, 1, 2\}, B = \{0, 1, 2, 3, 4, 5\}$,

$R = \{(-2, 4), (-1, 1), (0, 0), (1, 2), (2, 4)\}$

라고 할 때, $(a, b) \in R$은 「a의 제곱은 b」라는 관계를 나타낸다.

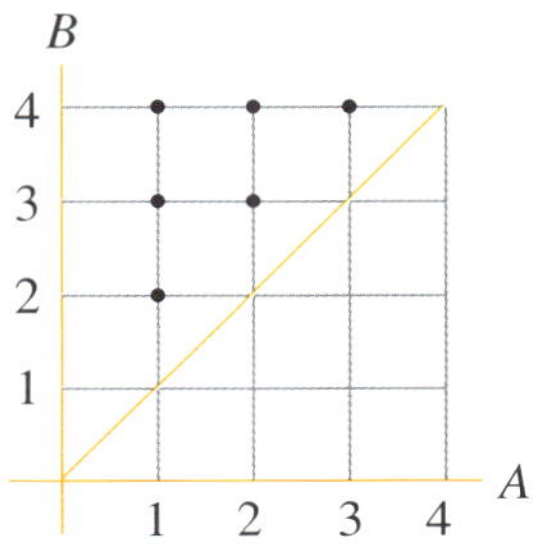

A, B 사이의 관계 R의 원소들의 첫 번째 성분 전체의 집합

$$\{a \in A \mid \text{어떤 } b \in B\text{에 대하여 } (a, b) \in R\}$$

을 R의 **정의역**이라고하고, 두 번째 성분 전체의 집합

◀ 定義域 domain

$$\{b \in B \mid \text{어떤 } a \in A\text{에 대하여 } (a, b) \in R\}$$

을 R의 **치역**이라고 한다. 이를테면 위의 보기의 (1)의 관계 R의 정의역과 치역은 각각 $\{1, 2, 3\}$, $\{2, 3, 4\}$이다.

◀ 値域 range

A, B 사이의 관계 f가 조건

(i) f의 정의역이 A 이다.

(ii) 각 $a \in A$에 대하여 $(a, b) \in f$를 만족하는 $b \in B$가 오직 하나 존재한다.

를 만족할 때, f를 A에서 B로 가는 **함수**라고 한다. 이 때, $a \in A$에 대하여 $(a, b) \in f$를 만족하는 b를 a의 **함수값**이라고 하고 $f(a)$로 나타낸다. A에서 B로 가는 함수 f는 보통 A, B와 함께

◀ 函數 function

$$f : A \to B$$

로 나타낸다.

함수 $f : A \to B$가 조건

$$a_1 \neq a_2 \Rightarrow f(a_1) \neq f(a_2)$$

를 만족할 때, f는 **단사** 또는 one-to-one이라고 한다. 한편 f의 치역이 B일 때, f는 **전사** 또는 onto라고 한다. 전사인 동시에 단사인 함수를 **전단사**함수라고 한다.

◀ 單射 injective

◀ 全射 surjective

◀ 全單射 bijective

자연수 전체의 집합을 정의역으로 하는 함수 f를 **수열**이라고 한다. 수열 f는 보통 $1, 2, \cdots$ 의 함수값을 차례로 나열하여

◀ 數列 sequence

$$(f(1), f(2), \cdots)$$

로 나타내거나

$$\langle f(n) \rangle_{n=1}^{\infty} \quad \text{또는} \quad \langle f(n) \rangle$$

으로 나타낸다. 이 책에서는, 경우에 따라, 수열을

$$(f(0), f(1), f(2), \cdots), \quad \langle f(n) \rangle_{n=0}^{\infty}$$

와 같이 정의역을 $\{0, 1, 2, \cdots\}$로 확장하여 생각한다.

$\{1, 2, 3, \cdots, n\}$을 정의역으로 함수 f는 항수 n인 **유한수열**이라고 한다. 유한수열도 $(f(1), f(2), \cdots, f(n))$과 같이 나타낸다. 보통 유한 수열도 수열이라고 부른다.

$X = \{1, 2, 3\}$에서 $Y = \{1, 2\}$로 가는 수열 전체의 집합을 S라고 하면

$$S = \{(a_1, a_2, a_3) \mid a_i \in Y\} = Y \times Y \times Y$$

이므로 곱의 법칙에 의하여

$$|S| = |Y| \cdot |Y| \cdot |Y| = 2^3$$

이다. 이와 같이 생각하면 X, Y가 유한집합일 때, X에서 Y로 가는 함수의 개수는

$$|Y|^{|X|}$$

임을 알 수 있다. 이런 이유에서 X에서 Y로 가는 함수 전체의 집합을

$$Y^X$$

으로 나타내기도 한다.

각 n에 대하여 $f(n) \in \{0, 1\}$인 수열 f를 **이진수열**이라고 한다. 항수 n인 이진수열의 개수는 2^n이다.

◂ 二進數列 binary sequence

급수와 멱급수

수열 $\langle a_n \rangle_{n=0}^{\infty}$에 대하여

$$\sum_{n=0}^{\infty} a_n = a_0 + a_1 + a_2 + \cdots$$

꼴의 표현을 **급수**라고 한다. 다음 정리 및 그 이후에 기술되는 내용은 대부분의 기초 미적분학 책에 소개되어 있다.

◂ 級數 series

정리 1.1.1

실수열 $\langle a_n \rangle_{n=0}^{\infty}$에 대하여, $\lim\limits_{n\to\infty} \dfrac{|a_{n+1}|}{|a_n|}$이 존재하고 1보다 작을 때, $\sum_{n=0}^{\infty} a_n$은 수렴한다.

◂ 실수열이란 모든 항이 실수인 수열

$$\sum_{n=0}^{\infty} a_n x^n = a_0 + a_1 x + a_2 x^2 + \cdots$$

(단, $a_0, a_1, a_2, \cdots$는 실수)

꼴의 표현을 **멱급수**라고 한다. 무한회 연속미분가능한 함수 $f(x)$에 대하여, x가 어떤 0의 근방에서 값을 취할 때,

◀ 冪級數 power series

$$f(x) = f(0) + \frac{f'(0)}{1!}x + \frac{f''(0)}{2!}x^2 + \cdots + \frac{f^{(n)}(0)}{n!}x^n + \cdots$$

◀ $f^{(n)}(x)$는 $f(x)$의 n차 도함수

이 성립한다. 이 멱급수를 $f(x)$의 **매크로린급수**라고 한다. 다음은 잘 알려진 매크로린급수이다.

◀ Maclaurin series

- $\frac{1}{1-x} = 1 + x + x^2 + \cdots + x^n + \cdots = \sum_{n=0}^{\infty} x^n$, $(|x| < 1)$
- $e^x = 1 + \frac{x}{1!} + \frac{x^2}{2!} + \cdots + \frac{x^n}{n!} + \cdots = \sum_{n=0}^{\infty} \frac{x^n}{n!}$, $(|x| < \infty)$

◀ e는 자연로그의 밑

x의 어떤 구간에서 $f(x) = \sum_{n=0}^{\infty} a_n x^n$, $g(x) = \sum_{n=0}^{\infty} b_n x^n$일 때,

- $f(x) + g(x) = \sum_{n=0}^{\infty} (a_n + b_n) x^n$
- $cf(x) = \sum_{n=0}^{\infty} c a_n x^n$, (단, c는 상수)
- $f'(x) = \sum_{n=0}^{\infty} n a_n x^{n-1}$
- $\int f(x)dx = \sum_{n=0}^{\infty} \frac{1}{n+1} a_n x^{n+1} + C$, (단, C는 적분상수)

◀ 항별미분

◀ 항별적분

또, x의 어떤 구간에서 $\sum_{n=0}^{\infty} |a_n x^n|$, $\sum_{n=0}^{\infty} |b_n x^n|$이 수렴할 때, 그 구간에서

- $f(x)g(x) = \sum_{n=0}^{\infty} (a_0 b_n + a_1 b_{n-1} + \cdots + a_{n-1} b_1 + a_n b_0) x^n$
  $= \sum_{n=0}^{\infty} \left(\sum_{i+j=n} a_i b_j \right) x^n$

보기

$$\frac{e^x}{1-x} = (1 + x + x^2 + \cdots)\left(1 + \frac{x}{1!} + \frac{x^2}{2!} + \cdots\right)$$
$$= 1 + \left(1 + \frac{1}{1!}\right)x + \left(1 + \frac{1}{1!} + \frac{1}{2!}\right)x^2 + \cdots$$

다항식과 방정식

정수 a, b에 대하여 $ac = b$를 만족하는 정수 c가 존재할 때, a는 b의 약수라고 하고 이를

$$a \mid b$$

로 나타내듯이, 다항식 $f(x)$, $g(x)$에 대하여 $f(x)h(x) = g(x)$를 만족하는 다항식 $h(x)$가 존재할 때, $f(x)$는 $g(x)$의 약수라고 하고 이를

$$f(x) \mid g(x)$$

로 나타낸다. 한편 $f(x) \mid g(x)$가 아닐 때, 이를

$$f(x) \nmid g(x)$$

와 같이 나타낸다.

다항식 $f(x)$와 수 λ에 대하여

$$(x-\lambda)^p \mid f(x), \quad (x-\lambda)^{p+1} \nmid f(x)$$

를 만족하는 자연수 p가 존재할 때, λ는 방정식 $f(x) = 0$의 p **중근** 또는 **중복도**가 p인 근이라고 한다.

λ가 방정식 $f(x) = 0$의 p 중근일 필요충분조건은

$$f(\lambda) = f'(\lambda) = f''(\lambda) = \cdots = f^{(p-1)}(\lambda) = 0, \; f^{(p)}(\lambda) \neq 0$$

이다.

행렬의 가역성

자연수 n에 대하여 $n \times 1$행렬을 열벡터라고 한다. 이 책에서는 열벡터를 간단히 **벡터**라고 부르기로 하고, $\mathbf{a}$, $\mathbf{b}$, $\mathbf{x}$, $\mathbf{y}$등으로 나타낸다.
모든 성분이 0인 벡터, 즉, 영벡터는 $\mathbf{0}$으로 나타낸다. 벡터 $\mathbf{x}_1, \mathbf{x}_2, \cdots, \mathbf{x}_n$와 상수 $\alpha_1, \alpha_2, \cdots, \alpha_n$에 대하여

$$\alpha_1\mathbf{x}_1 + \alpha_2\mathbf{x}_2 + \cdots + \alpha_n\mathbf{x}_n = \mathbf{0} \Rightarrow \alpha_1 = \alpha_2 = \cdots = \alpha_n = 0$$

이 성립할 때, $\mathbf{x}_1, \mathbf{x}_2, \cdots, \mathbf{x}_n$은 일차독립이라고 한다. 다음 정리는 대부분의 기초 선형대수 책에 소개되어 있다.

정리 1.1.2

정사각행렬 A에 대하여, 다음은 동치이다.

(1) A는 가역이다. (즉, 역행렬을 가진다.)

(2) A의 행렬식은 0이 아니다. 즉, $\det A \neq 0$.

(3) A의 열들은 일차독립이다.

(4) A의 행들은 일차독립이다.

알고리즘

어떤 문제를 해결하기 위한 계획을 프로그램이라고 한다. 특히 컴퓨터로 어떤 문제를 풀기 위한 프로그램을 작성할 때는 주어진 문제를 충분히 이해하고 분석하여 문제 해결의 절차를 구성하여야 한다. 문제해결을 위한 처리 절차의 집합을 **알고리즘**이라고 한다.

알고리즘은 다음과 같은 조건을 만족해야 한다.

- **입 · 출력** : 입력 자료와 결과 출력이 있어야 한다.
- **명확성** : 단계와 명령어가 분명하게 정의되어야 한다.
- **유한성** : 유한 회의 과정 안에 답을 얻을 수 있어야 한다.
- **수행 가능성** : 각 명령어는 수행 가능한 것이어야 한다.

다음 알고리즘 1은 주어진 수 $a_1, a_2, \cdots, a_{100}$의 합을 계산하는 절차를 기술한 것으로 알고리즘의 조건을 모두 갖추었다.

$a_1, a_2, \cdots, a_{100}$을 입력한다.

STEP 1. $k=1,\ f_k = a_1$로 둔다.

STEP 2. $k=100$이면 f_k를 출력하고, $k<100$이면 STEP 3으로 간다.

STEP 3. $k+1$을 새로운 k로, $f_k + a_{k+1}$을 새로운 f_k로 두고 STEP 2로 간다.

◂ algorithm

알고리즘(algorithm)이란 말은 9세기경의 아라비아 수학자인 알콰리즈미(al-Khowarizmi)의 이름에서 유래되었다. 원래 알고리즘은 십진기수법에 의한 산술의 규칙을 일컫는 말이었으나 컴퓨터에 대한 관심이 높아지면서 산술의 규칙뿐만 아니라 문제를 풀기 위한 정해진 절차를 포함하는 일반적인 용어로 쓰이게 되었다. 알고리즘은 algorism으로 사용되다가 18세기에 algorithm으로 변화하였다.

다음 과정을 살펴 보자.

STEP 1. $k = 1$, $S_k = 2$로 둔다.
STEP 2. $k = 100$이면 S_k를 출력하고, $k < 100$이면 STEP 3으로 간다.
STEP 3. $k + 1$을 새로운 k로, $\frac{S_k!}{(k+1)!}$을 새로운 S_k로 두고 STEP 2로 간다.

위의 과정에 의하면 $S_2 = \frac{2!}{2!} = 1$, $S_3 = \frac{1!}{3!} = \frac{1}{6}$이다. $\frac{1}{6}!$이 정의되지 않으므로 S_4를 계산하기 위한 STEP 2의 과정을 수행할 수 없다. 그러므로 이 과정은 '수행 가능성' 조건을 만족하지 못하고 따라서 알고리즘이 될 수 없다.

알고리즘은 어떤 답을 직접 계산하고, 원하는 대상을 탐색하고, 어떤 순서에 따라 대상을 정렬하는 등 다양한 작업에 폭넓게 활용된다.

예제 1.1.3

다음 문제를 해결하기 위한 알고리즘을 작성하라.

(1) 다항식 $f(x) = a_0x^{100} + a_1x^{99} + \cdots + a_{99}x + a_{100}$과 어떤 수 b가 주어졌을 때, $f(b)$의 값 구하기 (계산알고리즘)

(2) 주어진 수 $a_1, a_2, \cdots, a_{100}$ 중 가장 큰 수 찾기 (탐색알고리즘) ◀ search algorithm

(3) 주어진 수 $a_1, a_2, \cdots, a_{100}$을 크기 순으로 정렬하기 (정렬알고리즘) ◀ sorting algorithm

풀이 (1) $f(b) = (\cdots((a_0b + a_1)b + a_2)b + \cdots + a_{99})b + a_{100}$ ◀ 호너 (Horner)의 방법

임에 유의하여 다음과 같이 구성한다.

$a_0, a_1, a_2, \cdots, a_{100}$을 입력한다.
STEP 1. $k = 0$, $f_k = a_0$로 둔다.
STEP 2. $k = 100$이면 f_k를 출력하고, $k < 100$이면 $f_k \times b + a_{k+1}$을 계산하여 f_{k+1}이라 하고 STEP 3으로 간다.
STEP 3. $k + 1$을 새로운 k로, f_{k+1}을 새로운 f_k로 두고 STEP 2로 간다.

(2) $a_1, a_2, \cdots, a_{100}$을 입력한다.
STEP 1. $k = 1$, $M_k = a_1$로 둔다.
STEP 2. $k = 100$이면 M_k를 출력하고, $k < 100$이면

$\max\{M_k, a_{k+1}\}$을 찾아 M_{k+1}이라 하고 STEP 3으로 간다.

STEP 3. $k+1$을 새로운 k로, M_{k+1}을 새로운 M_k로 두고 STEP 2로 간다.

(3) 작은 수부터 차례로 나열한 행벡터 $\mathbf{v} = (x_1, x_2, \cdots, x_{100})$을 찾는다.

$a_1, a_2, \cdots, a_{100}$을 입력한다.

STEP 1. $k = 1$, $\mathbf{v}_k = (a_1)$으로 둔다.

STEP 2. $k = 100$이면 $\mathbf{v}_k$를 출력하고, $k < 100$이면 $\mathbf{v}_k$에서 성분 중 a_{k+1}보다 작은 수가 없을 때는 a_{k+1}를 맨 앞에 배치하고, 있을 때는 그러한 최대의 수 다음에 a_{k+1}를 배치한 것을 $\mathbf{v}_{k+1}$로 두고 STEP 3으로 간다.

STEP 3. $k+1$을 새로운 k로, $\mathbf{v}_{k+1}$을 새로운 $\mathbf{v}_k$로 두고 STEP 2로 간다.

■

위 예제의 정렬 알고리즘 (3)을 **삽입정렬**이라고 한다.

◂ 插入整列 insertion sort

알고리즘의 효율성을 판단하는 주된 기준은 그 알고리즘을 실행하는데 소요되는 시간이다. 시간은 입력하는 자료의 양 n에 따른 연산 회수 $f(n)$에 의하여 결정되는데, $f(n)$을 **복잡도**라고 한다. 이에 대해서는 제 4 장에서 다시 다루기로 한다.

◂ 複雜度 complexity

알고리즘의 구성 원칙과 효율성을 감안한 여러 가지 알고리즘은 이 책의 적합한 곳곳에 배치하였다.

기타

실수 x에 대하여 x 이하의 최대의 정수와 x 이상의 최소의 정수를 각각

$$\lfloor x \rfloor, \quad \lceil x \rceil$$

와 같이 나타낸다.

1-1 E·X·E·R·C·I·S·E·S 연습문제

1 $A_i = \{1, 2, \cdots, i\}, (i = 1, 2, \cdots),\ J = \{3, 6, 9, 12, \cdots\}$일 때, 다음 집합을 구하라.

(1) $\cup_{i=1}^{100} A_i$ (2) $\cup_{i=1}^{\infty} A_i$ (3) $\cap_{i=1}^{\infty} A_i$ (4) $\cap_{i \in J} A_i$

2 $X = \{1, 2, \cdots, n\}, Y = \{1, 2\}$일 때, 다음을 구하라.

(1) X, Y 사이의 관계의 개수

(2) X에서 Y로 가는 함수의 개수

(3) X에서 Y로 가는 전사 함수의 개수

3 급수 $\sum_{n=0}^{\infty} a_n$에 대하여 다음을 증명하라.

(1) $a_n > 0, (n = 1, 2, \cdots),\ \lim_{n \to \infty} \frac{a_{n+1}}{a_n} = r < 1$일 때, $\sum_{n=0}^{\infty} a_n$은 수렴한다.

(2) $\sum_{n=0}^{\infty} |a_n|$이 수렴하면, $\sum_{n=0}^{\infty} a_n$도 수렴한다.

4 다음 등식을 증명하라.

(1) $\log(1 + x) = x - \frac{1}{2}x^2 + \frac{1}{3}x^3 - \cdots = \sum_{n=1}^{\infty} (-1)^{n+1} \frac{1}{n} x^n$

(2) $\frac{x}{(1-x)^2} = x + 2x^2 + 3x^3 + \cdots = \sum_{n=0}^{\infty} nx^n$

5 λ가 방정식 $f(x) = 0$의 p 중근일 필요충분조건은

$$f(\lambda) = f'(\lambda) = f''(\lambda) = \cdots = f^{(p-1)}(\lambda) = 0,\ f^{(p)}(\lambda) \neq 0$$

임을 증명하라.

6 λ, μ, ν가 서로 다른 수일 때, 세 행벡터 $(1, \lambda, \lambda^2), (1, \mu, \mu^2), (1, \nu, \nu^2)$는 일차독립임을 증명하라.

7 예제 1.1.3의 알고리즘에 대하여 다음을 구하라.

(1) 계산 알고리즘에서 곱하는 회수

(2) 탐색 알고리즘에서 '비교' 하는 회수

1-2 문제해결과 이산수학

4 × 4 체스판은 8 개의 도미노로써 아래 왼쪽 그림과 같이 덮을 수 있다.

이제 4 × 4 체스판에서 한 대각선의 끝에 물린 두개의 정사각형을 없애고 남은 14 개의 정사각형을 7 개의 도미노로써 덮을 수 있겠는가?

이산수학 문제의 해결은 정해진 틀을 따르기보다는 수학적 센스를 요구하는 경우가 많고, 보통의 수학문제도 이산적인 아이디어를 사용하면 쉽고 멋지게 풀리는 경우가 많다. 그러므로 수학 올림피아드 또는 경시대회 문제는 거의 전부가 이산수학 또는 이산적 아이디어를 요하는 문제들로 구성된다. 앞서 살펴 보았듯이 문제를 해결하는 방법은 다양하다. 여기서는 폴리아의 문제해결 4단계를 기본으로, 발상의 전환, 연역법, 귀납법을 바탕으로하는 몇 가지의 이산수학 문제를 소개하고 풀어 본다.

문제해결이란?

문제 해결은 어떤 주어진 연습문제를 푼다는 것과는 다른 말이다. 연습문제의 답을 얻기 위하여 우리는 일상적인 과정을 쓰는 경우가 많다. 그러나 문제 해결을 위해서는 그 문제에 합당한 수학적 문제를 제기하고, 재 점검하고, 새로운 아이디어를 생각해 내어야 한다. 이 아이디어는 때로 종전에 어디에도 나타나지 않은 전혀 새로운 것이기도 하다. 견습문제의 풀이로써 배울 수 있는 것은 개념, 성질, 과정 등이며, 이것은 나중에 실제 문제해결력의 바탕이 된다. 어떤 문제가 문제 해결이냐 견습문제 풀이이냐 하는 것은 문제를 푸는 사람에 따라 다르다. 이를테면 18 + 79가 얼마냐 하는 문제는 유치원생에게는 문제 해결일 수 있지만 초등학생에게는 97이라는 단순한 사실에 불과한 것이다. 문제 해결의 전략으로 다음과 같은 폴리아의 단계별 방법을 소개한다.

문제해결 4단계

제 1 단계

문제의 이해

- 문제의 말을 모두 이해했는가?
- 문제를 당신 자신의 말로 다시 서술할 수 있는가?
- 주어진 조건이 무엇인지 아는가?
- 도달해야할 목표가 무엇인지 아는가?
- 정보는 충분한가?
- 불필요한 정보는 없는가?
- 비슷한 문제를 본 적은 없는가?

제 2 단계

계획

다음 중 어느 것을 전략으로 할 수 있는가?

1. 추측하고 점검하기
2. 변수 사용하기
3. 패턴 찾기
4. 리스트 만들기
5. 유사 문제 풀기
6. 그림 이용
7. 도표 이용
8. 직접 추론
9. 간접 추론
10. 수의 성질 이용하기
11. 동치인 문제 풀기
12. 거꾸로 풀기
13. 경우로 나누어 풀기
14. 방정식으로 풀기
15. 공식 찾기
16. 시뮬레이션 해보기
17. 모델 사용하기
18. 차원 분석 이용하기
19. 부분 목표 찾기
10. 좌표의 이용
21. 대칭성의 이용

제 3 단계

계획의 실행

- 문제가 풀릴 때까지 또는 다른 방도가 생길 때까지 선택한 전략을 수행한다.
- 충분한 시간을 투자한다. 그래도 잘 되지 않을 때에는 다른 힌트를 찾거나 문제를 잠시 덮어 둔다.
- 새로 시작하는 것을 두려워 마라. 새로운 전략으로 새로 시작하는 것이 통하는 수가 많다.

제 4 단계

반성

- 구한 답은 맞는가? 구한 답이 문제의 조건을 만족하는가?
- 보다 쉬운 답은 없는가?
- 구한 답을 보다 일반적인 경우로 확장할 수 있는가?

해결 해야 할 문제는 보통 말로써 서술된다. 말로 서술된 문제를 해결하기 위해서는 우선 주어진 문제를 수학 기호와 수학적 언어를 사용한 수학 문제로 바꾸어 풀고, 다시 그 답을 원래의 취지에 맞도록 해석한다.

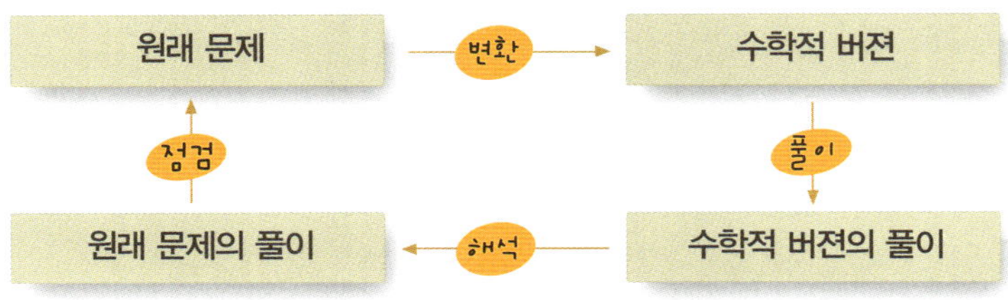

위에서 설명한 폴리아의 4단계는 문제를 성공적으로 해결하기 위한 기본이 될 것이다.
때때로 이산수학의 문제를 풀 때는 기존의 어떤 방법도 통하지 않는 기발한 "발상의 전환"이 필요한 경우가 많다. 이러한 종합적인 수학적 힘도 연습에 의하여 축적된다.

앞서 살펴 보았듯이 문제를 해결하는 방법은 다양하다. 이제 폴리아의 문제해결 4단계를 기본으로, 발상의 전환, 연역법, 귀납법을 바탕으로 하는 몇 가지의 이산수학 문제를 소개하고 풀어 본다.

발상의 전환

이산수학과 정수론의 공통점은 문제 그 자체는 이해하기 쉬운데 풀기가 어렵다는 것이다. 수학 문제를 풀기 위한 방법은 여러가지가 있지만 여타의 수학 문제와는 달리 이산수학, 특히 조합론 문제의 풀이에는 기존의 생각의 틀을 깨는 이른 바 발상의 전환을 요하는 경우가 대단히 많다.

예제 1.2.1

루빅 큐브와 같은 $3 \times 3 \times 3$ 입체를 가로, 세로, 높이를 따라 각각 3등분씩 하면 27개의 **단위정육면체**로 나눌 수 있다. 여기에 필요한 칼질의 회수는 6이다. 이제 한 번씩 자른 후 다음 칼질을 하기 전에 잘린 조각의 재배열을 허용한다고 하면, 6회 미만의 칼질로 이 입체를 27개의 단위정육면체로 가를 수 있겠는가?

◂ 한 모서리의 길이가 1인 정육면체를 단위정육면체(unit cube)라고한다.

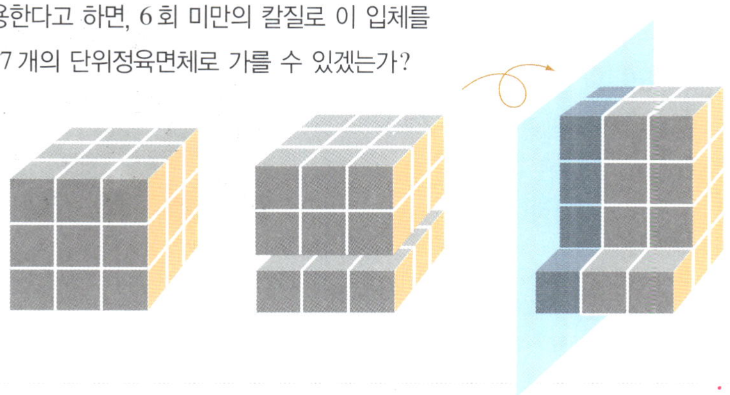

풀이 27개의 각각의 단위정육면체를 관찰해 보자. 각 단위정육면체의 각 면은 원래 정육면체의 면의 일부이든지 한 번의 칼질에 의하여 생겼든지 둘중 하나이다. 그런데, 한가운데 있는 조각의 6개의 면은 모두 서로 다른 6회의 칼질에 의하여 생긴 것이다. 따라서 칼질은 최소한 6회가 필요하다. ■

예제 1.2.2

오른쪽 그림과 같이 반지름의 길이가 1이고 높이가 3인 원기둥의 두 밑면의 원주 상의 점 A, B를 잇는 선분이 밑면과 수직이라고 하자. 실로써 이 원기둥을 한 바퀴 감아 점 A, B를 잇는데 필요한 실의 최소 길이를 구하라.

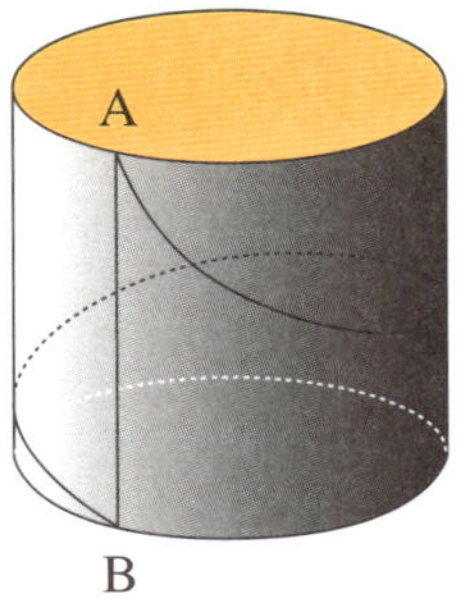

풀이 이 원기둥을 펴서 생각한다. 실이 붙은 채로 원기둥을 펼친 그림은 오른쪽 그림과 같다. 이 전개도에서 직선 AB의 길이가 필요한 실의 최소 길이이므로 구하는 값은

$$\sqrt{4\pi^2 + 9}$$

이다. ■

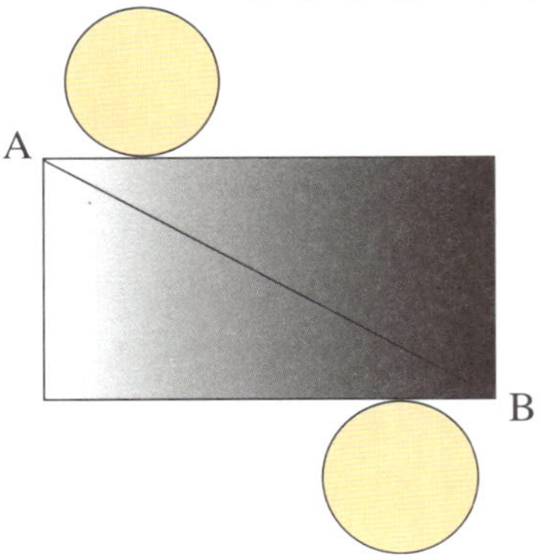

예제 1.2.3

오른쪽 그림과 같은 8 × 8 체스판의 한 대각선 끝에 물린 두 개의 정사각형을 잘라낸 판을 32개의 도미노로써 덮을 수 있겠는가?

풀이 원래의 8×8 체스판의 왼쪽 윗 코너의 정사각형에 흰색을 칠하고 한 칸씩 건너가면서 검은색, 흰색을 교차하여 칠한 다음, 왼쪽 윗 코너와 오른쪽 아래 코너의 정사각형을 잘라내고 남은 판에는

흰색 정사각형이 30 개, 검은색 정사각형이 32 개

이다.

32개의 도미노로써 판을 덮었다고 할 때, 그 중 임의의 한 개의 도미노는 흰색과 검은색 정사각형을 각각 1개씩 덮게 된다. 따라서 32개의 도미노에 의하여 덮이는 정사각형은 흰색, 검은 색 각각 31개씩이 되어야 한다. 그러므로 32개의 도미노로써 양 귀퉁이 잘린 판을 덮는 것은 불가능하다. ■

연역적 풀이

연역적 풀이란 주어진 가정을 가지고, 직접적으로 연결된 일련의 계산 과정이나 논리적 연역에 의하여 결론을 도출하는 방법이다.
이에 관한 몇 가지 문제를 다루어 보자.

예제 1.2.4

$1+2+\cdots+100$을 계산하라.

풀이 이 문제의 답은 초항이 1이고 공차가 1인 등차수열의 합으로 구할 수 있으나 여기서는 가우스가 초등학교 때 푼 방법을 소개한다.

$$\begin{array}{r} 1+\ \ 2+\ \ 3+\cdots+\ \ 99+100 \\ 100+99+98+\cdots+\ \ 2+\ \ 1 \\ \hline 101+101+101+\cdots+101+101 = 100\times101=10100 \end{array}$$

◀ 가우스는 이 문제를 보자 마자 바로 이와 같은 지름길로 들어갔다고 한다.

구하는 합의 2배가 10100이므로 구하는 합은

$$\frac{10100}{2}=5050 \quad ■$$

예제 1.2.5

16개의 동전이 탁자 위에 놓여있다. 이 동전으로써 갑과 을이 게임을 하는데, 갑부터 시작해서 차례로 한 번에 4개 이하의 동전을 가지고 갈 수 있다. 맨 마지막 동전을 갖고 가는 사람이 이긴다고 할 때 갑이 이기기 위한 전략이 있는가?

풀이 거꾸로 풀기

이 게임을 시작부터 분석하기는 어려우므로 게임 끝이 어떻게 될까를 관찰하여보자.

갑이 이기기 위해서는, 마지막 직전 을의 차례에 5개의 동전이 남아 있다면 을이 1, 2, 3, 4 개 중 어느 수 만큼의 동전을 가져 가더라도 갑은 그

남는 수 만큼의 동전을 가져 옴으로써 이길 수 있다.
그 앞 단계의 을의 차례에 10 개가 남았다면 을이 1, 2, 3, 4개 중 어느 수 만큼의 동전을 가져 가더라도 갑은 「5 – (그 수)」만큼의 동전을 가져 옴으로써 5개의 동전을 남길 수 있다.

이와 같이 생각하면 갑은 각 단계에 5의 배수 만큼의 동전을 을에게 남겨주면 이길 수 있다. 따라서 갑이 먼저 1개를 가져오고 그 다음 부터는 「5 – (을이 가져간 동전의 개수)」 만큼의 동전을 가져 오면 이긴다. ■

예제 1.2.5와 같이 일단의 대상을 두고 두 사람이 번갈아가며 가져가는 게임을 **NIM 게임**이라고 한다. 이와 같은 NIM게임은 여러가지가 있다. 이제 이러한 게임 몇 가지를 알아보자.

◀ number란 단어는 인도–유럽 언어에 뿌리를 두고 있으며 원래 땅 분할 문제와 결부되어 몫 내지는 지분이란 뜻을 가지고 있다. ‘numb’는 ‘잡힌’ 또는 ‘가져간’이란 뜻이다. 이 단어에 기원을 둔 독일어 nehmen은 ‘take’의 뜻이다. nehmen의 과거형이 nimm이고 여기서 나온 말이 nim이다.

게임 1 2 개의 통에 각각 m, n개의 동전이 담겨있다. 갑을 두 사람이 게임을 하는데 규칙은 다음과 같다.
(i) 갑부터 시작하여 차례로 1개 이상의 동전을 가져 간다.
(ii) 하나의 통에서만 가져 간다.
(iii) 마지막 동전을 가져 가는 사람이 이긴다.

■ $m \neq n$이면, 갑이 이기는 전략이 있다.
일반성을 잃지 않고 $m > n$라고 가정할 수 있다.
이 때, 갑은 다음과 같이 하면 이긴다.

1. 한 통에서 $m - n$ 개를 먼저 가져간다.
2. 그 다음부터는 을이 가져가는 만큼 다른 통에서 동전을 가져가면 갑이 이긴다.

■ $m = n$이면, 을이 이기는 전략이 있다.
을은 갑이 가져가는 만큼 다른 통에서 동전을 가져가면 이긴다.

게임 2 $k \geq 3$ 개의 통에 각각 $n_1, n_2, \cdots, n_k$개의 동전이 담겨있다. 규칙은 게임 1의 경우와 같다.

$k=3$이고, $n_1=9$, $n_2=13$, $n_3=15$인 경우를 예로하여 일반적인 경우를 설명하기로 한다. 9, 13, 15의 이진법의 전개식은

$$9 = 8 + 0 + 0 + 1$$
$$13 = 8 + 4 + 0 + 1$$
$$15 = 8 + 4 + 2 + 1$$

이다. 이를 다음과 같이 행렬 꼴의 표로 나타내어 보자.

9	→	8	0	0	1
13	→	8	4	0	1
15	→	8	4	2	1

이 행렬에서 0이 아닌 수가 짝수 개인 열을 평형인 열이라하고, 홀수 개인 열을 비평형인 열이라 하자. 행렬의 열 이름을 오른쪽에서부터 차례로 1열, 2열, 4열, 8열, ⋯ 이라고 할 때, 위의 행렬의 1열, 2열, 8열은 비평형인 열이고, 4열은 평형인 열이다.
이제 모든 열이 평형일 때 그 게임은 평형인 게임이라고 하고, 그렇지 않을 때 비평형인 게임이라고 하자. 이를테면, 위의 게임은 비평형인 게임이고, 게임

3	→	0	0	2	1
13	→	8	4	0	1
14	→	8	4	2	0

는 평형인 게임이다.

평형인 게임에서는 동전 통 중 하나에서 몇 개라도 빼 내면 그 행의 1, 2, 4, 8, ⋯ 중 하나 이상이 0으로 바뀌게 되어 비평형 게임이 된다.
이를테면 위의 평형 게임에서 셋째 통의 동전 14개 중에서 1개를 빼내면, 그 행은 (8, 4, 0, 1)이 되어 1열, 2열이 비평형인 열이 된다.

한편, 비평형 게임은 한 통에서 몇 개를 빼 냄으로써 항상 평형게임으로 만들 수 있다. 이를테면 비평형 게임

0	32	16	0	0	2	1
64	0	16	8	0	0	0
64	32	16	8	4	0	1
		비평형		비평형	비평형	

에 대해서는 마지막 행에

0	0	−16	0	− 4	2	0

를 더하므로써 평형인 게임

0	32	16	0	0	2	1
64	0	16	8	0	0	0
64	32	0	8	0	2	1

으로 바꿀 수 있다.

■ 비평형인 게임으로 시작하면, 갑이 이기는 전략이 있다.

갑은 한 통에서 적당한 개수의 동전을 빼 냄으로써 평행인 게임으로 만들어 을에게 준다. 을은 몇 개를 가져가더라도 항상 비평행 게임을 만들어 갑에게 주게 되므로 이과정을 반복하면 갑이 이긴다.

■ 평형인 게임으로 시작하면, 을이 이기는 전략이 있다.

평행인 게임으로 시작하여 갑이 먼저 하면 그 결과는 비평행인 게임으로 을이 시작하는 것과 같다. 따라서 을이 이기는 전략이 있다. .

예제 1.2.6

양의 정수 m, n에 대하여 $m \times n$ 체스판을 도미노로써 덮을 수 있는 것은 어떤 경우인가?

풀이 $m \times n$ 체스판이 도미노로써 완벽하게 덮힐 필요충분조건은 m, n 중 하나가 짝수일 것이다. 이 사실을 증명하여 보자.

도미노로써 $m \times n$ 체스판이 완벽하게 덮혔다면 체스판 안에 있는 정사각형의 개수 mn은 짝수이므로, m, n 중 하나는 짝수이다.

먼저 m이 짝수라면, 체스판은 각 열을 $\frac{m}{2}$개의 도미노로써 완벽하게 덮을 수 있으므로 전체판은 $\frac{mn}{2}$ 개의 도미노로써 덮을 수 있다.
n이 짝수인 경우도 같은 방식으로 덮을 수 있다. ■

예제 1.2.7

4 × 4 체스판을 오른쪽 그림과 같이 8 개의 도미노로써 덮었다고 하면 직선 l은 8 개의 도미노 중 어느 것과도 만나지 않는다. 이와 같은 직선을 절단직선이라고 하자. 8 개의 도미노로써 4 × 4 체스판을 어떠한 방법으로 덮더라도 반드시 절단직선이 존재함을 설명하라.

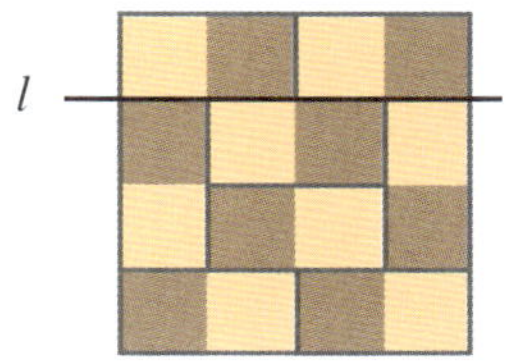

풀 이 절단직선이 존재하지 않는다고 가정하자.
다음 그림과 같은 3개의 가로선을 l_1, l_2, l_3이라 하고, 3개의 세로선을 m_1, m_2, m_3이라 하자.

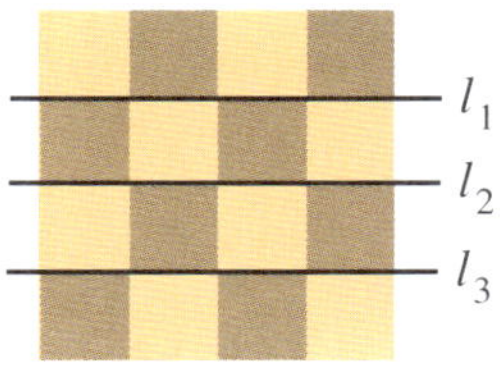

이 증명에서 1 × 2, 2 × 1 도미노를 각각 가로 도미노, 세로 도미노라고 부르기로 한다.

가로 도미노

세로 도미노

각 $i = 1, 2, 3$에 대하여 l_i는 절단직선이 아니므로, l_i에 걸쳐있는 세로 도미노는 2개 이상이다. 그러므로 세로 도미노의 개수는 6개 이상이다. 같은 방법으로 가로 도미노의 개수도 6개 이상이다. 따라서 도디노의 개수는 12개 이상이 있게된다. 이는 4 × 4 체스판이 8개의 도미노로써 덮혀져 있다는 사실에 모순이다. 그러므로 절단직선이 반드시 존재한다. ■

귀납적 풀이

귀납적 풀이란 문제의 대상의 개수가 작은 경우에 성립하는 사실을 바탕으로 일반적인 경우의 결론을 도출하는 방법으로 중요한 문제 해결 전략의 하나이다.

$$f_0 = f_1 = 1, \quad f_n = f_{n-1} + f_{n-2}, (n \geq 2)$$

로 정의되는 수열 $(f_0, f_1, f_2, \cdots)$을 **피보나치수열**이라고 한다.

피보나치(Fibonacci, 1170-1250)는 이태리 수학자

f_0	f_1	f_2	f_3	f_4	f_5	f_6	f_7	f_8	f_9	f_{10}	$\cdots$
1	1	2	3	5	8	13	21	34	55	89	$\cdots$

예제 1.2.8

다음 각 수는 피보나치 수열의 항 f_n과 같음을 보여라.

(1) 각 항이 1 또는 2 이고 합이 n인 유한수열의 개수

(2) n개의 벽돌을 2층으로 차례로 놓는 방법수 (단, '2층 벽돌'은 '1층 벽돌' 위에 놓으며, 1층 벽돌 위에는 2층 벽돌이 없어도 좋다.)

(3) $2 \times n$ 체스판을 n개의 도미노로써 덮을 수 있는 방법수

풀이 (1) 각 항이 1 또는 2 이고 합이 n인 유한수열 $(x_1, x_2, \cdots, x_k)$ 전체의 집합을 A_n이라 하고, $|A_n| = a_n$이라하면, $A_1 = \{(1)\}$, $A_2 = \{(1, 1), (2)\}$이므로 $a_1 = 1$, $a_2 = 2$이다.

$n > 2$일 때, A_n의 원소 $(x_1, x_2, \cdots, x_k)$에 대하여 $x_1 = 1$ 또는 $x_1 = 2$이다.

$$x_1 = 1 \text{ 일 때, } (x_2, x_3, \cdots, x_k) \in A_{n-1},$$
$$x_1 = 2 \text{ 일 때, } (x_2, x_3, \cdots, x_k) \in A_{n-2}$$

이므로 $a_n = a_{n-1} + a_{n-2}$이고, 따라서

$$(a_1, a_2, a_3, \cdots) = (1, 2, 3, 5, \cdots) = (f_1, f_2, f_3, \cdots).$$

(2) 조건에 맞도록 놓인 벽돌의 개수를 차례로 쓴 $(x_1, x_2, \cdots, x_k)$는 A_n의 원소이다. 따라서 (2)의 방법수는 $|A_n|$과 같다.

(3) $2 \times n$ 체스판을 덮은 n 개의 각 도미노 한가운데 점을 찍어보면 (3)은 (2)로부터 바로 설명됨을 알 수 있다. ■

◀ $n = 9$인 경우 : 수열 (1, 2, 1, 1, 2, 1, 1)에 대응하는 배열

예제 1.2.9

평면에 n개의 원이 그려져 있다. 이 중 어느 두 개도 서로 다른 두 점에서 만난다고 할 때, 이들 원에 의하여 평면은 몇 개의 영역으로 나누어지는가?

풀이 구하는 답을 $r(n)$이라고 하자.

그림에서 $r(1) = 2,\ r(2) = 4,\ r(3) = 8$임을 알 수 있다.

3개의 원을 그린 다음 네 번째 원을 그려보면, 이 네 번째 원은 나머지 3개의 원과 $2 \times 3 = 6$ 개의 점 A, B, C, D, E, F에서 만난다. 동점이 A에서 출발하여 네 번째 원의 원주를 따라 시계방향으로 돌면서, 점 B, C, D, E, F, A에 도착할 때 마다 하나씩의 새로운 영역이 생긴다. 그러므로 네 번째 원을 그림으로써 추가되는 영역의 수는 6이고, 따라서 $r(4) = 8 + 6 = 14$이다. 같은 식으로 생각하면 n번째 원을 그릴 대, 추가되는 영역의 수는 $2(n-1)$임을 알 수 있다. 그러므로 $n \geq 1$일 때.

$$\begin{aligned} r(n) &= 2 + 2 + 4 + 6 + \cdots + 2(n-1) \\ &= 2 + 2(1 + 2 + 3 + \cdots + (n-1)) \\ &= 2 + 2\,\frac{n(n-1)}{2} = n^2 - n + 2. \end{aligned}$$ ■

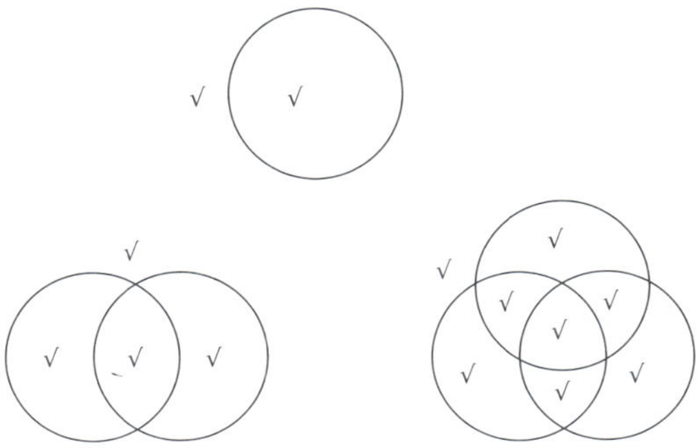

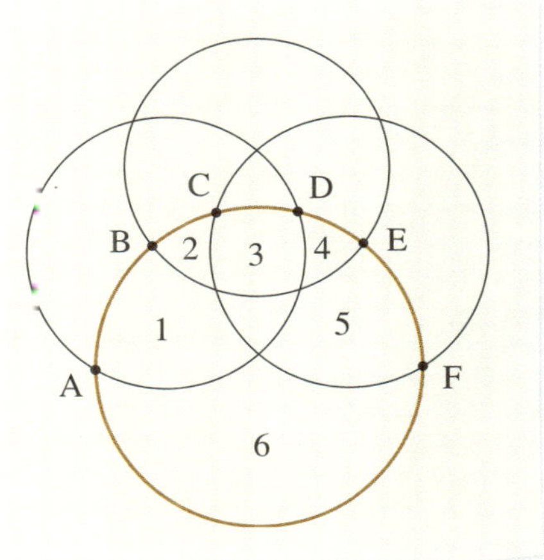

1-2 E·X·E·R·C·I·S·E·S 연습문제

1 눈금이 없는 직각삼각자와 연필만 가지고 주어진 원의 중심을 찾을 수 있겠는가?

2 주어진 정사각형을 2개, 3개, 5개의 정사각형으로 가르는 것은 불가능하다.
2, 3, 5이외의 임의의 자연수 n에 대하여 주어진 정사각형을 n개의 정사각형으로 가르는 것이 가능함을 보여라.

3 한 모서리의 길이가 4인 정육면체를 잘라서 64개의 단위 정육면체를 만들 때, 자르는 회수의 최소값을 구하라. (단, 여기에서 자르는 중간에 잘려진 조각들을 적당하게 재배열하는 것을 허용한다.)

4 $n \times n$ 체스판의 네 곳의 코너에 있는 단위 정사각형을 잘라낸 판을 오른쪽 그림과 같이 4 개의 단위 정사각형으로 이루어진 L자 모양의 테트로미노들로써 완벽하게 덮을 수 있는 n의 값을 구하라.

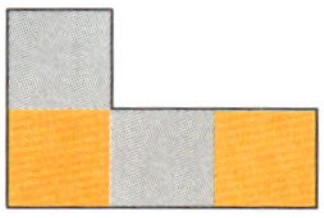

5 모든 성분이 1 또는 -1인 101×101 행렬의 제 i 행의 모든 성분의 곱을 a_i, 제 j 열의 모든 성분의 곱을 b_j라 할 때,
$\sum_{i=1}^{25} (a_i + b_i) \neq 0$임을 증명하라.

6 자연수 전체의 집합을 정의역으로 하는 함수 f가 $f(1) = 1$이고 모든 $n > 1$에 대하여 $f(1) + f(2) + \cdots + f(n) = n^2 f(n)$을 만족할 때, $f(100)$의 값을 구하라.

7 9개의 머그 잔의 몸통 부분과 손잡이 부분에 붉은 색 또는 푸른 색을 칠한 결과 붉은 색을 칠한 부분이 9개, 푸른 색을 칠한 부분이 9개라고 한다. 이 때, 몸통 부분과 손잡이 부분에 칠한 색깔이 다른 잔이 적어도 1개 있음을 증명하라.

1-2 · E · X · E · R · C · I · S · E · S · 연습문제

8 어떤 학급의 49명 학생이 7행 7열로 앉아 있다. 각 좌석의 전, 후, 좌우의 좌석을 그 좌석의 인근 좌석이라 할 때, 49명의 학생이 모두 제자리를 떠나서 인근 좌석에 가서 앉을 수 있는지를 말하고, 그 이유를 설명하라.

9 입구가 아래로 향한 컵이 홀수 개 있다. 짝수 개의 컵을 뒤집어 놓는조작을 수 회 반복하면 모든 컵의 입구가 위로 향하게 할 수 있는지를 말하고, 그 이유를 설명하라.

10 수 1, 1, 2, 2, 3, 3, ⋯ , 100, 100을 일렬로 배열하는데 두 개의 1 사이에 한 수가 끼이고 두 개의 2 사이에 두 수가 끼이고 ⋯ 두 개의 100 사이에 100개의 수가 끼이게 할 수 있겠는가?

11 18개의 도미노로써 6×6 체스판을 어떠한 방법으로 덮더라도 반드시 절단선이 있음을 설명하라.

12 자연수 l, m, n에 대하여 lmn개의 단위 정육면체를 쌓아서 가로, 세로 높이가 각각 l, m, n인 직육면체를 만들었다고 할 때, 이 직육면체의 한 대각선이 그 내부를 통과하는 단위 정육면체의 개수를 구하라.

13 100개의 동전이 있는데 그 중 2개가 위조 동전이다. 1개는 진짜 동전보다 가볍고 또 1개는 진짜 동전보다 무겁다. 양팔저울만으로 4회까지 잴 수 있을 때, 어떻게 재면 위조 동전 2개와 진짜 동전 2개 중 어느 쪽이 더 무거운지, 더 가벼운지를 알 수 있겠는가?

14 어떤 그룹의 사람들 중 친구의 수가 같은 어떤 두 사람도 공통의 친구를 갖지 않는다고 한다. 이 때, 그 그룹의 사람 중 정확하게 한 명의 친구만 갖는 사람이 존재함을 증명하라.

1-2 · E · X · E · R · C · I · S · E · S · 연습문제

15 100×100 체스판의 각 네모 칸을 검은색과 흰색 두 가지로 다음과 같이 칠할 수 있을까? 체스판의 중심에 관해서 대칭인 칸은 다른 색으로 칠하고 체스판의 어느 행 어느 열에나 검은 색과 흰색의 칸 수가 같아지도록 칠한다.

16 행렬

$$\begin{bmatrix} 1 & 2 & 3 & \cdots & 10 \\ 11 & 12 & 13 & \cdots & 20 \\ 21 & 22 & 23 & \cdots & 30 \\ \vdots & \vdots & \vdots & \ddots & \vdots \\ 91 & 92 & 93 & \cdots & 100 \end{bmatrix}$$

의 각 행, 각 열이 꼭 5개씩의 음수를 포함하도록 50개의 성분의 부호를 바꾸어서 생기는 행렬의 모든 성분의 합은 0이 됨을 증명하라.

17 A, B, C 세 학교에 각각 n 명의 학생이 있다. 한 학교의 임의의 학생은 다른 두 학교에 다니는 $n+1$ 명의 학생과 서로 안다고 할 때, 서로서로 아는 세 명이 존재하도록 각 학교에서 한 명씩 선택할 수 있음을 증명하라.

18 실수를 성분으로 가지는 $m \times n$ 행렬의 각 행의 성분 중 작은 수 p 개에, 각 열의 성분 중 작은 수 q개에 점을 찍었다고 할 때, 두 개의 점이 찍힌 성분이 pq 개 이상임을 증명하라.

19 반지름의 길이가 1인 원의 내부에 8개의 점이 놓여 있다. 이 때, 거리가 1보다 작은 두 점이 존재함을 증명하라.

20 집합 $\{1, 2, \cdots, 100\}$의 부분집합으로서 연속된 두 수를 원소로 가지지 않는 집합의 개수를 구하라.

1-2 · E · X · E · R · C · I · S · E · S · 연습문제

21 오른쪽 그림과 같이 아랫 부분이 원통형인 병 안에 적당한 양의 물이 들어있다. 물을 더하거나 붓지 않고 자(눈금 있는)만으로 병의 부피를 측정하는 것이 가능한가? 가능하다면 방법을 설명하라.

22 흰 바둑돌 3개, 검은 바둑돌 3개가 그림과 같이 칸 안에 놓여 있다. 바둑 돌을 바로 옆에 있는 빈 칸이나 바로 옆에 있는 바둑돌을 뛰어 넘어 빈 칸으로 옮기는 시행을 여러 번 반복하여, 흰 바둑돌을 오른쪽으로 검은 바둑돌을 왼쪽으로 모을 수 있겠는가?

23 한 원의 내부를 6개의 직선으로 분할할 수 있는 영역의 최대 개수를 구하고, n개의 직선으로 한 원의 내부를 분할할 수 있는 영역의 최대개수를 n에 관한 식으로 나타내어라.

24 2단 책꽂이에 그림과 같이 1에서 9까지의 번호가 적혀있는 책이 꽂혀 있다. 아래쪽 책의 번호를 분모로, 위쪽 책의 번호를 분자로 두면 $\frac{6729}{13458}=\frac{1}{2}$ 이 된다. 9권의 책들을 적당히 재배열함으로써 이와 같은 방법으로 $\frac{1}{3}, \frac{1}{4}, \frac{1}{5}, \frac{1}{6}, \frac{1}{7}, \frac{1}{8}, \frac{1}{9}$을 모두 만들 수 있겠는가?

25 60000 km떨어진 두 지점에서 두 개의 미사일이 동시에 발사되어 서로를 향해 날아 가고 있다. 시속은 각각 18000 km, 30000 km라고 한다. 충돌하기 1분 전 두 미사일 사이의 거리를 구하여라.

II 순열과 조합

유한 개의 대상의 배열과 구조문제를 연구함에 있어서 발생하는 가장 기본적인 문제가 헤아리기, 존재성 및 최적화 문제이다. 헤아리기 문제는
"어떤 특정한 종류의 배열의 개수는 몇 개인가?"
라는 것이며, 그러한 개수를 헤아리기 쉽지 않을 때는
"그러한 배열이 최소한 하나라도 있겠는가?"
라는 존재성의 문제가 된다. 실제로 많은 응용문제에 있어서는
"그러한 배열 중 어떤 것이 가장 효율적인 것인가?"
라는 최적화문제가 주된 관심사가 된다. 이런 문제에 관련된 가장 중요한 도구가 바로 순열, 조합의 개념이다.

ㄹ-1 순열

5개의 지사를 두고 있는 어느 회사의 본사에 근무하는 홍길동씨는 각 지점을 순회 방문하고 다시 본사로 돌아올 계획을 가지고 있다.

- 모든 지사를 방문하는 순서는 몇 가지인가?
- 지사 중 3개를 골라 방문하는 순서는 몇 가지인가?
- 지사의 개수가 n일 때, 방문하는 순서는 몇 가지인가?

순열의 뜻

집합 S의 모든 원소를 일렬로 배열한 것을 S의 **순열**이라고 한다. 이를테면 집합 $S = \{a, b, c\}$의 순열은

$$abc,\ acb,\ bac,\ bca,\ cab,\ cba$$

이다.

◂ 順列 permutation
순열이란 순서를 생각한 열이란 뜻이다.
Permutation은 위치를 바꾼다는 뜻, 즉, 치환이란 뜻이다.

n개의 원소로 이루어진 집합을 **n-집합**이라고 한다. n-집합 S에서 r개의 원소를 뽑아 일렬로 배열한 것을 S의 **r-순열**이라고 하고, n-집합의 r-순열의 수를

$${}_nP_r$$

과 같이 나타낸다. 이를테면 3-집합 $\{a, b, c\}$의 2-순열은

$$ab,\ ac,\ ba,\ bc,\ ca,\ cb$$

의 6개이다. 그러므로 ${}_3P_2 = 6$이다.

「$\{a, b, c\}$의 순열」은 간단히 「a, b, c의 순열」이라고도 한다.

◂ n-set

◂ r-permutation

◂ P는 permutation에서 따옴

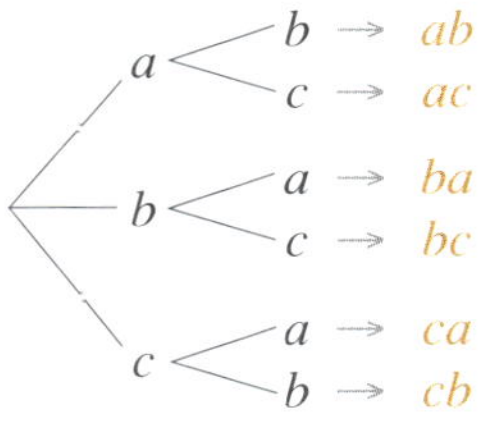

정리 2.1.1

$1 \le r \le n$인 정수 n, r에 대하여, n-집합의 r-순열의 수는

$${}_nP_r = n(n-1)(n-2)\cdots(n-r+1)$$

증명 n-집합의 r-순열의 수 ${}_nP_r$은 그림과 같이 일렬로 배열된 r개의 박스에 n-집합의 r 개의 서로 다른 원소를 하나씩 넣는 방법수와 같다.

박스의 개수 r에 관한 귀납법으로 정리를 증명한다.
박스의 개수가 1일 때는 명백히 정리가 성립한다.
박스의 개수가 $r-1$에 대하여 정리가 성립한다고 가정하면

$${}_nP_{r-1} = n(n-1)(n-2)\cdots(n-r+2)$$

즉, 박스 $r-1$까지 채울 수 있는 방법수는

$$n(n-1)(n-2)\cdots(n-r+2)$$

이다. 이제 박스 $r-1$까지 채운 각각의 배열에 대하여, 박스 r에 넣을 수 있는 남은 원소의 개수는

$$n-(r-1) = n-r+1$$

과 같으므로 박스 r까지 채울 수 있는 방법수는

$$n(n-1)(n-2)\cdots(n-r+2)(n-r+1)$$

이다. ▌

따름정리 2.1.2

n 개의 물건을 일렬로 배열하는 방법수는 $n!$이다.

증명 구하는 수는 n-집합의 순열의 수

$$\begin{aligned}{}_nP_n &= n(n-1)(n-2)\cdots(n-n+1)\\ &= n(n-1)(n-2)\cdots 2\cdot 1 = n!\end{aligned}$$

이다. ▌

예제 2.1.3

1 에서 6 까지의 자연수를 사용하여 다음과 같은 세 자리 정수를 만들 수 있는 방법의 수를 구하라.

(1) 자리의 숫자가 모두 다르다.

(2) 자리의 숫자가 모두 다르고 5 가 반드시 들어 있다.

풀이 (1) 6 개의 원소 중 3개를 뽑아 일렬로 나열하는 방법수와 같으므로 $_6P_3 = 6 \cdot 5 \cdot 4 = 120$.

(2) 5가 올 수 있는 자리는 일, 십, 백의 자리 중 어느 하나이므로 생각하는 수의 모양은 다음 중 하나이다.

□□5 □5□ 5□□

각각의 경우 2 개의 빈 박스를 채울 수 있는 방법이 1, 2, 3, 4, 6 중 2 개를 택하여 나열하는 방법 수

$$_5P_2 = 5 \cdot 4 = 20$$

과 같으므로 구하는 수는

$$20 + 20 + 20 = 60$$

이다. ■

체스의 말 중 하나인 루크는 마치 장기의 차(車)와 같이 자신이 놓인 행 또는 열에 있는 다른 어떤 말도 직선으로 가서 잡는다. 이를테면, 체스판에 2개의 루크를 [그림 1]과 같이 놓으면 이들은 서로 상대를 잡을 수 있지만 [그림 2] 와 같이 놓으면 어느 것도 다른 것을 잡을 수 없다.

[그림 1]

[그림 2]

예제 2.1.4

$n \times n$ 체스판에 n 개의 루크를 서로 잡을 수 없도록 놓는 방법수를 구하라.

풀이 구하는 방법수를 $f(n)$이라하자.

- $n = 1$일 때, 명백히 $f(1) = 1 = 1!$ 이다.

- $n = 2$일 때, 2 개의 루크를 오른쪽 그림과 같이 2 가지 방법으로 놓을 수 있다. $\therefore\ f(2) = 2 = 2!$.

- $n = 3$일 때 : 3 개의 루크를 각 행, 각 열에 하나씩 놓이도록 해야한다. 제 1 행에 하나의 루크를 놓는 방법은 다음 그림과 같이 3 가지이다.

각 경우에 나머지 2개의 루크를 놓는 방법수는 2×2 체스판에 2개의 루크를 서로 잡을 수 없게 놓는 방법수와 같으므로 $f(2)$와 같다.

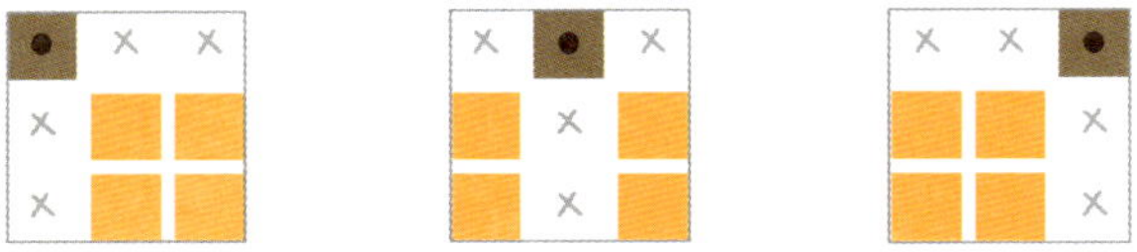

◀ 하나의 루크가 놓인 행과 열에는 더 이상의 루크를 놓을 수 없다.

그러므로 $f(3) = 3f(2) = 3 \cdot 2! = 3!$이다.

- 일반적인 n 값에 대하여, $n = 3$의 경우와 같이 생각하면, 제 1 행에 하나의 루크를 놓는 방법은 n 가지이고, 그 각각에 대하여 나머지 $n-1$ 개의 루크를 $f(n-1)$ 가지 방법으로 놓을 수 있으므로

$$f(n) = nf(n-1) = n \cdot (n-1)! = n!$$

임을 알 수 있다. ■

예제 2.1.5

$n \times n$ 체스판을 오른쪽 그림과 같이 잘라낸 판에 n개의 루크를 서로 잡을 수 없도록 놓는 방법수를 구하라.

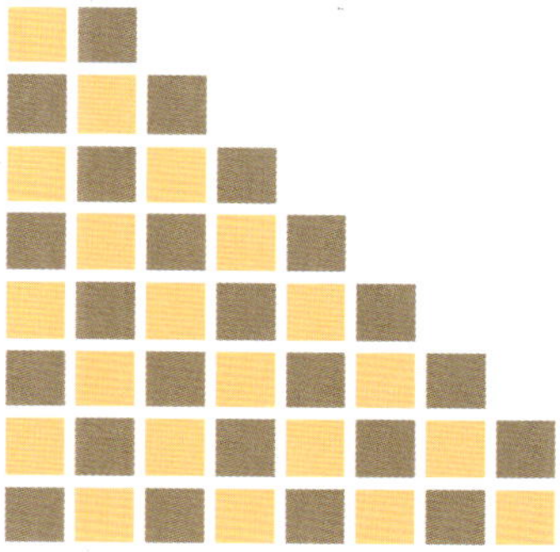

풀이 구하는 방법수를 $f(n)$이라하자.

- $n \leq 2$일 때는 잘려 나간 부분이 없는 온전한 체스판이므로 ,

$$f(1) = 1! = 1, \quad f(2) = 2! = 2.$$

- $n = 3$일 때 : 제 1 행에 하나의 루크를 놓는 방법은 다음 그림과 같이 2 가지이다.

각 경우에 나머지 2개의 루크를 놓는 방법은 예제 2.1.4 의 경우와 같이 2 가지씩이므로

$$f(3) = 2 \cdot 2 = 2^2.$$

같은 방법으로

$$f(4) = 2 \cdot f(3) = 2 \cdot 2^2 = 2^3,$$
$$f(5) = 2 \cdot f(4) = 2 \cdot 2^3 = 2^4$$

이다. 위와 같은 논리로

$$f(n) = 2^{n-1}$$

임을 알 수 있다. ■

$n!$ 의 계산은 이산수학의 여러 가지 문제에서 대단히 중요한 역할을 담당한다. 하지만 n이 커짐에따라 $n!$ 은 엄청나게 커진다. 이를테면 $10! = 3628800$이지만 $20! = 2,432,902,008,176,640,000$이고 $50!$, $100!$은 각각 65, 158 자리의 수이다.

n이 커질 때, $\left(\frac{n}{e}\right)^n$은 엄청나게 커진다. $n!$은 $\left(\frac{n}{e}\right)^n$보다도 크다. 즉,

$$n! > \left(\frac{n}{e}\right)^n. \quad \cdots\cdots ①$$

이 부등식을 증명하여 보자.

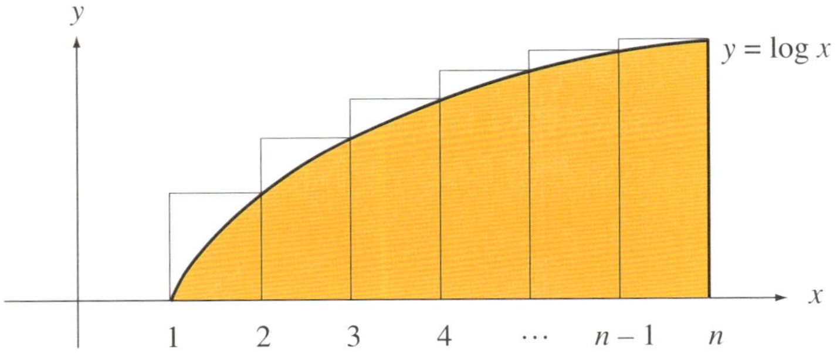

함수 $y = \log x$ 의 그래프를 관찰하면

$$\sum_{k=2}^{n} \log k > \int_1^n \log x \, dx$$

이 성립함을 알 수 있다. 여기서

$$\sum_{k=2}^{n} \log k = \log n!$$

$$\int_1^n \log x \, dx = \left[x \log x - x\right]_1^n = n \log n - n + 1 = \log\left(\frac{n}{e}\right)^n + 1$$

이므로 부등식 ①이 성립한다.

실제로 $n!$은 보다 정확한 다음 등식을 만족한다.

$$\lim_{n\to\infty} \frac{n!}{\sqrt{2\pi n}\left(\frac{n}{e}\right)^n} = 1$$

이 등식은 간단히 다음과 같이 나타낸다.

스털링의 공식

$$n! \approx \sqrt{2\pi n}\left(\frac{n}{e}\right)^n$$

◂ Stirling's formula
스털링(James Stirling, 1692-1770)은 스코틀랜드 수학자

순열의 생성

일반적으로 $n!$ 은 대단히 큰 수이므로, n-집합의 모든 순열을 일일이 나열하는 것은 어려운 일이다. 그렇지만 모든 순열을 나열하는 것은 컴퓨터공학에서 입력된 자료를 분류하는 데 필요한 작업이다.

다음에 주어진 집합의 모든 순열을 빠짐없이 나열할 수 있는 쉽고 효과적인 방법을 소개한다.

순열생성법

집합 $\{1, 2, \cdots, n\}$의 순열에서 n을 빼면 $\{1, 2, \cdots, n-1\}$의 순열이 되고 $\{1, 2, \cdots, n-1\}$의 순열의 어느 위치에 n을 넣더라도 $\{1, 2, \cdots, n\}$의 순열이 되므로 $\{1, 2, \cdots, n\}$의 모든 순열을 다음과 같이 귀납적으로 빠짐 없이 생성할 수 있다.

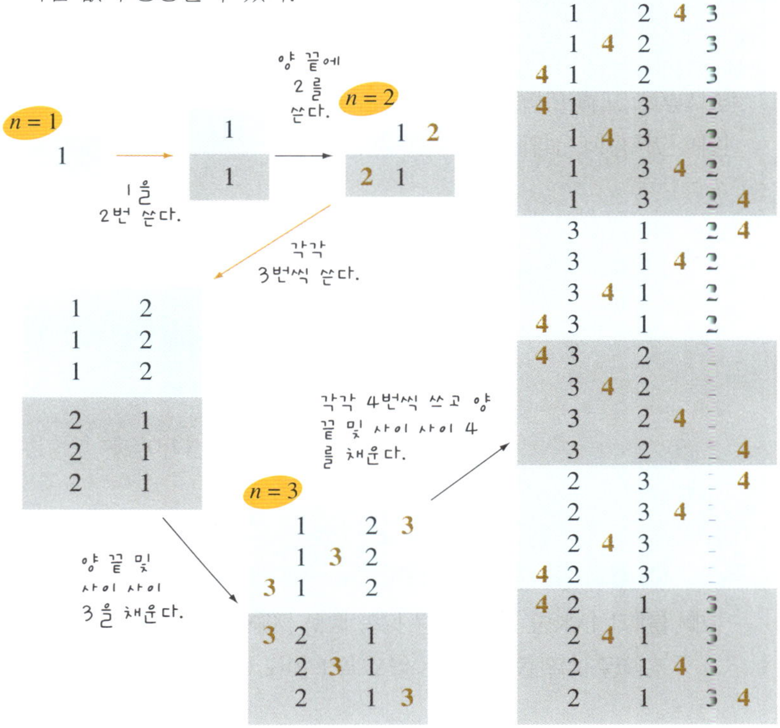

순열생성 알고리즘

앞 쪽의 순열생성법에 의하여 생성된 모든 순열을 차례대로 나열하는 알고리즘에 대하여 알아 보자. 집합 $\{1, 2, \cdots, n\}$의 순열의 각 수 위에 오른쪽 또는 왼쪽을 향한 화살표가 붙어 있다고 생각한다. 이 때, 자신보다 작은 인접한 수를 향하는 수를 모빌이라 하자. 이를테면 화살표가 붙은 순열

$$\overleftarrow{2}\ \overleftarrow{6}\ \overleftarrow{3}\ \overleftarrow{1}\ \overleftarrow{5}\ \overleftarrow{4}$$

에서 5와 6은 모빌이다.

모빌을 이용한 순열 생성 알고리즘

순열

$$\overleftarrow{1}\ \overleftarrow{2}\ \overleftarrow{3} \cdots \overleftarrow{n}$$

으로 시작하여 다음 과정을 수행한다.

STEP ❶ 가장 큰 모빌 k를 찾는다.

STEP ❷ k와 k가 향한 인접한 수와 위치를 바꾼다.

STEP ❸ k보다 큰 모든 수의 화살표의 위치를 바꾼다.

STEP ❶, ❷, ❸을 모빌이 없을 때까지 반복한다.

이를테면 $n = 4$인 경우에,

$$\overleftarrow{1}\ \overleftarrow{2}\ \overleftarrow{3}\ \overleftarrow{4}$$

로써 시작하여 위의 알고리즘을 수행하면

$$\overleftarrow{2}\ \overleftarrow{1}\ \overrightarrow{3}\ \overrightarrow{4}$$

에 이르게 된다. 여기에는 모빌이 하나도 없으므로 그치게 되는데, 여기까지 오면 오른쪽 표와 같이 $\{1, 2, 3, 4\}$의 모든 순열이 나열된다. 이들 순열은 앞 쪽의 순열생성법에 의하여 생성된 순열을 차례대로 나열한 것이다.

$\overleftarrow{1}\ \overleftarrow{2}\ \overleftarrow{3}\ \overleftarrow{4}$

$\overleftarrow{1}\ \overleftarrow{2}\ \overleftarrow{4}\ \overleftarrow{3}$

$\overleftarrow{1}\ \overleftarrow{4}\ \overleftarrow{2}\ \overleftarrow{3}$

$\overleftarrow{4}\ \overleftarrow{1}\ \overleftarrow{2}\ \overleftarrow{3}$

$\overrightarrow{4}\ \overleftarrow{1}\ \overleftarrow{3}\ \overleftarrow{2}$

$\overleftarrow{1}\ \overrightarrow{4}\ \overleftarrow{3}\ \overleftarrow{2}$

$\overleftarrow{1}\ \overleftarrow{3}\ \overrightarrow{4}\ \overleftarrow{2}$

$\overleftarrow{1}\ \overleftarrow{3}\ \overleftarrow{2}\ \overrightarrow{4}$

$\overleftarrow{3}\ \overleftarrow{1}\ \overleftarrow{2}\ \overleftarrow{4}$

$\overleftarrow{3}\ \overleftarrow{1}\ \overleftarrow{4}\ \overleftarrow{2}$

$\overleftarrow{3}\ \overleftarrow{4}\ \overleftarrow{1}\ \overleftarrow{2}$

$\overleftarrow{4}\ \overleftarrow{3}\ \overleftarrow{1}\ \overleftarrow{2}$

$\overrightarrow{4}\ \overrightarrow{3}\ \overleftarrow{2}\ \overleftarrow{1}$

$\overrightarrow{3}\ \overrightarrow{4}\ \overleftarrow{2}\ \overleftarrow{1}$

$\overrightarrow{3}\ \overleftarrow{2}\ \overrightarrow{4}\ \overleftarrow{1}$

$\overrightarrow{3}\ \overleftarrow{2}\ \overleftarrow{1}\ \overrightarrow{4}$

$\overleftarrow{2}\ \overrightarrow{3}\ \overleftarrow{1}\ \overleftarrow{4}$

$\overleftarrow{2}\ \overrightarrow{3}\ \overleftarrow{4}\ \overleftarrow{1}$

$\overleftarrow{2}\ \overleftarrow{4}\ \overrightarrow{3}\ \overleftarrow{1}$

$\overleftarrow{4}\ \overleftarrow{2}\ \overrightarrow{3}\ \overleftarrow{1}$

$\overrightarrow{4}\ \overleftarrow{2}\ \overleftarrow{1}\ \overrightarrow{3}$

$\overleftarrow{2}\ \overrightarrow{4}\ \overleftarrow{1}\ \overrightarrow{3}$

$\overleftarrow{2}\ \overleftarrow{1}\ \overrightarrow{4}\ \overrightarrow{3}$

$\overleftarrow{2}\ \overleftarrow{1}\ \overrightarrow{3}\ \overrightarrow{4}$

이 알고리즘을 다음과 같이 조금은 장난스럽게 해석해 보자.

전방 초소에 근무하는 4명의 병사 1수, 2철이, 3식이, 4훈이는 디 순서대로 계급이 높다고 한다. 이들이

$\overleftarrow{1}$ $\overleftarrow{2}$ $\overleftarrow{3}$ $\overleftarrow{4}$

와 같은 배열에서 시작하여 어떤 수가 다른 수를 뛰어 넘는 것을 소위 「갈구는 것」으로 생각한다.

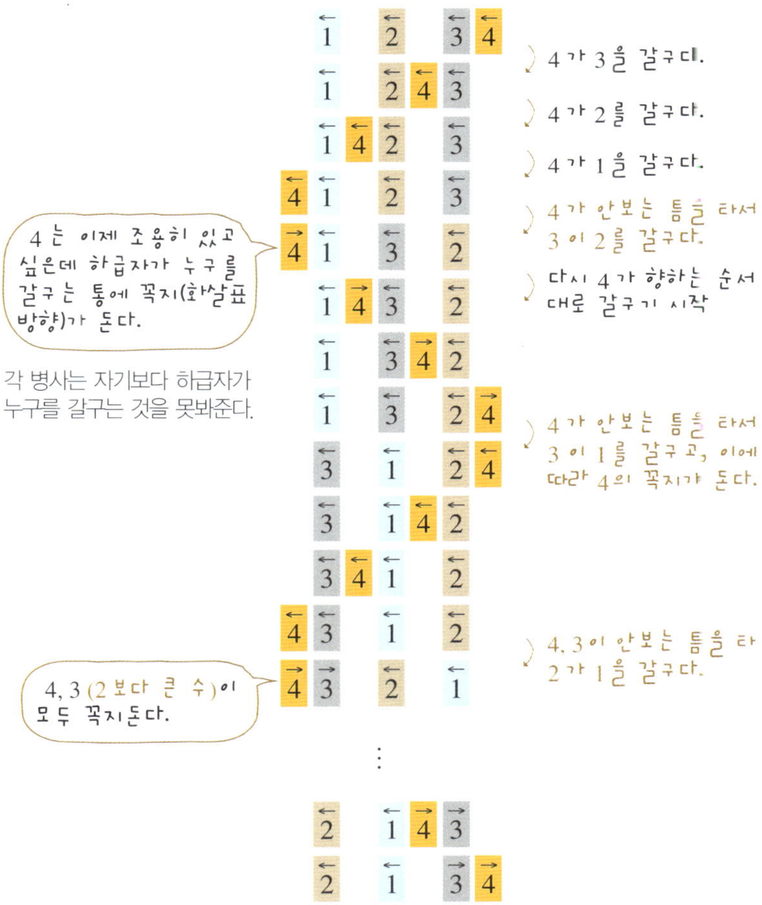

이렇게 해서 4명의 병사는 1, 2, 3, 4의 모든 순열을 빠짐없이 나열해 주었다.

치환과 순열

함수 $\sigma : \{1, 2, \cdots, n\} \rightarrow \{1, 2, \cdots, n\}$에 대하여 다음은 동치이다.

(i) σ는 단사이다.

(ii) σ는 전사이다.

(iii) σ는 전단사이다.

정의역과 공역이 모두 $\{1, 2, \cdots, n\}$인 전단사 함수를 $\{1, 2, \cdots, n\}$의 **치환**이라고 한다. 이를테면 $\{1, 2, 3\}$의 치환은 다음 6개이다.

◀ 置換 permutation

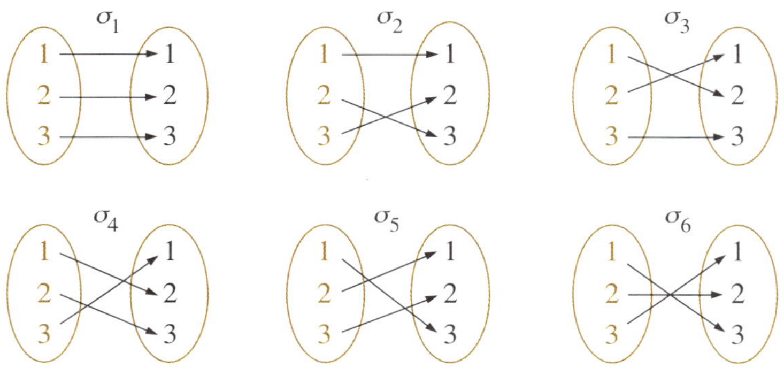

이들 중, 이를테면 σ_4는

$$\sigma_4(1) = 2,\ \ \sigma_4(2) = 3,\ \ \sigma_4(3) = 1$$

인 함수이고,

$$\sigma_4(1)\,\sigma_4(2)\,\sigma_4(3)$$

는

$$2\ \ 3\ \ 1$$

로서 1, 2, 3의 순열이다. 역으로 1, 2, 3의 순열 abc에 대하여

$$\sigma(1) = a,\ \ \sigma(2) = b,\ \ \sigma(3) = c$$

로 정의되는 함수 σ는 1, 2, 3의 치환이다.

	1	2	3	에서
σ_1	1	2	3	
σ_2	1	3	2	
σ_3	2	1	3	
σ_4	2	3	1	으로
σ_5	3	1	2	
σ_6	3	2	1	

모두 1, 2, 3의 순열

함수 σ_4를 순열 2 3 1에 의하여 정의되는 치환이라고 한다.

이와같은 이유로, 일반적으로, $\{1, 2, \cdots, n\}$의 순열과 치환을 같은 것으로 본다.

◂ 따라서 $\{1, 2, \cdots, n\}$의 치환 전체의 개수는 $n!$이다.

$\{1, 2, \cdots, n\}$의 치환 σ는

$$\begin{pmatrix} 1 & 2 & \cdots & n \\ \sigma(1) & \sigma(2) & \cdots & \sigma(n) \end{pmatrix}$$

와 같이 나타낸다. 이를테면 순열 2 4 1 3 을 나타내는 치환 σ는

$$\sigma = \begin{pmatrix} 1 & 2 & 3 & 4 \\ 2 & 4 & 1 & 3 \end{pmatrix}$$

과 같이 나타낸다. 이 치환 σ는

$$1 \to 2, \quad 2 \to 4, \quad 4 \to 3, \quad 3 \to 1$$

과 같은 대응으로서 오른쪽 그림과 같이 순서 있는 원형의 배열로 표현된다. 이러한 치환을 **사이클**이라고 한다. 일단의 수 $a_1, a_2, \cdots, a_n$이

◂ cycle

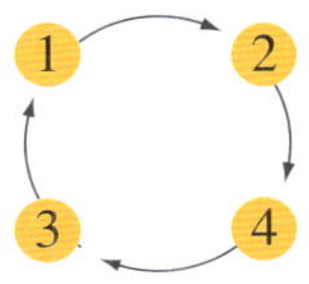

$$a_1 \to a_2 \to \cdots \to a_n \to a_1$$

과 같은 순서로 배열된 사이클을

$$(a_1, a_2, \cdots, a_n)$$

으로 나타낸다. 이를테면 $\begin{pmatrix} 1 & 2 & 3 & 4 \\ 2 & 4 & 1 & 3 \end{pmatrix}$을 나타내는 사이클은 $(1, 2, 4, 3)$으로 나타낸다.

$\{1, 2, 3, 4, 5, 6\}$의 치환

$$\sigma = \begin{pmatrix} 1 & 2 & 3 & 4 & 5 & 6 \\ 2 & 5 & 3 & 6 & 1 & 4 \end{pmatrix}$$

는 대응

$$1 \to 2, \quad 2 \to 5, \quad 3 \to 3, \quad 4 \to 6, \quad 5 \to 1, \quad 6 \to 4$$

를 나타내는 함수이다. 따라서 이 치환은 다음 그림과 같이 3개의 사이클 $(1, 2, 5), (3), (4, 6)$으로 이루어져 있다.

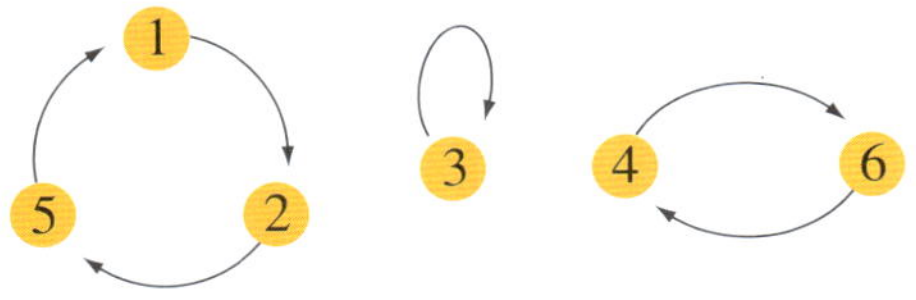

$(1, 2, 5)$　　(3)　　$(4, 6)$

이 치환 σ를

$$\begin{pmatrix} 1 & 2 & 3 & 4 & 5 & 6 \\ 2 & 5 & 3 & 6 & 1 & 4 \end{pmatrix}$$

로 나타내는 대신에 간단히

$$(1, 2, 5)(3)(4, 6)$$

과 같이 나타내기도 한다. 치환을 나타내는 이와 같은 방법을 **사이클 표현**이라고 한다.

◂ cycle representation

사이클 안에 들어 있는 수의 개수를 그 **사이클의 길이**라고 하고 길이가 k인 사이클을 **k-사이클**이라고 한다. 이를테면 사이클

$$(1, 2, 5),\ (3),\ (4, 6)$$

은 각각 3-사이클, 2-사이클, 1-사이클이다.

◂ k-cycle

원순열

◂ 圓順列 circular permutation

오른쪽 그림의 사이클은

$$(1, 2, 4, 3),\ (2, 4, 3, 1),\ (4, 3, 1, 2),\ (3, 1, 2, 4)$$

의 4 가지로 나타낼 수 있다. 그러나 이 사이클은 시작하는 수를 1로 고정했을 때는 그 표현이 (1, 2, 4, 3) 하나뿐이다.

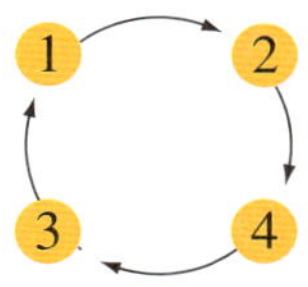

이와 같이 생각하면 $1, 2, \cdots, n$으로 이루어진 서로 다른 n-사이클은

$$(1, x_2, x_3, \cdots, x_n),\ (\text{단, } x_2 x_3 \cdots x_n \text{은 } 2, 3, \cdots, n\text{의 순열})$$

전체임을 알 수 있다. $2, 3, \cdots, n$의 순열의 개수는 $(n-1)!$이므로 다음 정리를 얻는다.

정리 2.1.6

n개의 서로 다른 물건을 원형으로 배열하는 방법 수는

$$(n-1)!$$

예제 2.1.7

남자 5명, 여자 5명을 원형으로 배열하는데 여자끼리는 인접하게 배열하는 방법수를 구하라.

풀이 우선 여자 5명을 한 묶음으로 하여 원형으로 배열하는 방법은

$$(6-1)! = 120$$

가지이고, 이들 각 배열에 대하여 여자끼리의 위치를 정하는 방법은

$$5! = 120$$

가지이므로 구하는 답은

$$120 \cdot 120 = 14400. \blacksquare$$

치환과 행렬

각 성분이 0또는 1인 행렬을 **(0, 1) 행렬**이라고 한다. 각 행, 각 열에 1이 있고 하나뿐인 정사각 행렬을 **치환행렬**이라고 한다. 이를테면 3차 치환행렬은 다음 6개이다.

◂ (0, 1)-matrix

◂ permutation matrix

$$\begin{bmatrix} 1 & 0 & 0 \\ 0 & 1 & 0 \\ 0 & 0 & 1 \end{bmatrix}, \begin{bmatrix} 1 & 0 & 0 \\ 0 & 0 & 1 \\ 0 & 1 & 0 \end{bmatrix}, \begin{bmatrix} 0 & 1 & 0 \\ 1 & 0 & 0 \\ 0 & 0 & 1 \end{bmatrix}, \begin{bmatrix} 0 & 1 & 0 \\ 0 & 0 & 1 \\ 1 & 0 & 0 \end{bmatrix}, \begin{bmatrix} 0 & 0 & 1 \\ 1 & 0 & 0 \\ 0 & 1 & 0 \end{bmatrix}, \begin{bmatrix} 0 & 0 & 1 \\ 0 & 1 & 0 \\ 1 & 0 & 0 \end{bmatrix}$$

$\{1, 2, \cdots, n\}$의 치환 σ에 대하여

$$(1, \sigma(1))\text{-성분}, (2, \sigma(2))\text{-성분}, \cdots, (n, \sigma(n))\text{-성분}$$

은 1, 나머지 성분은 0인 $n \times n$ 행렬을 σ에 대응하는 치환행렬이라고 한다. 이를테면 치환

$$\sigma = \begin{pmatrix} 1 & 2 & 3 & 4 \\ 2 & 3 & 4 & 1 \end{pmatrix}$$

에 대응하는 치환행렬은 다음과 같다.

$$\begin{array}{c} \\ 1 \\ 2 \\ 3 \\ 4 \end{array} \begin{array}{c} \begin{array}{cccc} 1 & 2 & 3 & 4 \end{array} \\ \begin{bmatrix} 0 & 1 & 0 & 0 \\ 0 & 0 & 1 & 0 \\ 0 & 0 & 0 & 1 \\ 1 & 0 & 0 & 0 \end{bmatrix} \end{array}$$

◂ (1, 2)-성분, (2, 3)-성분, (3, 4)-성분, (4, 1)-성분은 1 나머지 성분은 모두 0

이 치환행렬이 먼저 주어졌을 때는 1행, 2행, 3행, 4행에 1이 있는 열 번호를 차례대로 읽으면 순열 2 3 4 1을 얻을 수 있다.

이와 같이 생각하면 $\{1, 2, \cdots, n\}$의 순열 전체의 집합과 n차 치환행렬 전체의 집합은 일대일 대응관계가 있음을 알 수 있다. 따라서 n차 치환행렬의 개수는 $n!$이다.

같은 크기의 행렬 A, B에 대하여 A의 각 성분이 대응하는 B의 성분보다 작거나 같을 때, **A는 B보다 작거나 같다**고 하고 이를

$$A \leq B$$

와 같이 나타낸다. 이를테면

$$A = \begin{bmatrix} 1 & 0 & 0 \\ 1 & 0 & 0 \\ 1 & 1 & 1 \end{bmatrix}, \quad B = \begin{bmatrix} 1 & 0 & 0 \\ 1 & 1 & 1 \\ 1 & 1 & 1 \end{bmatrix}$$

일 때, $A \leq B$이다.

예제 2.1.8

조건

$$\sigma(i) \leq i + 1, \quad (i = 1, 2, \cdots, n)$$

을 만족하는 $\{1, 2, \cdots, n\}$의 치환의 개수를 구하라.

풀이 다음 그림과 같은 꼴의 $n \times n$ $(0, 1)$ 행렬을 A_n이라고 하자.

$$\begin{bmatrix} 1 & 1 & 0 & 0 & 0 & 0 & 0 & 0 \\ 1 & 1 & 1 & 0 & 0 & 0 & 0 & 0 \\ 1 & 1 & 1 & 1 & 0 & 0 & 0 & 0 \\ 1 & 1 & 1 & 1 & 1 & 0 & 0 & 0 \\ 1 & 1 & 1 & 1 & 1 & 1 & 0 & 0 \\ 1 & 1 & 1 & 1 & 1 & 1 & 1 & 0 \\ 1 & 1 & 1 & 1 & 1 & 1 & 1 & 1 \\ 1 & 1 & 1 & 1 & 1 & 1 & 1 & 1 \end{bmatrix}$$

구하는 수는 A_n보다 작거나 같은 n차 치환행렬의 개수와 같다.
그러한 치환 행렬은 예제 2.1.5에서와 같이 n개의 루크를 놓는 것과 같이 볼 수 있으므로 구하는 수는 2^{n-1}이다. ■

2-1 EXERCISES 연습문제

1 $1, 2, \cdots, n$의 순열 $a_1a_2 \cdots a_n$ 중 i가 짝수일 때, a_i가 짝수인 것의 개수를 구하라.

2 $n \times n$ 체스판에, 1행 n열 및 2행 1열에는 반드시 놓이도록 n개의 루크를 서로 잡을 수 없게 놓는 방법수를 구하라.

3 치환행렬은 단위 행렬의 열의 위치를 서로 바꾸어 얻어지는 행렬임을 설명하라.

4 $\overleftarrow{1}\ \overleftarrow{2}\ \overleftarrow{3} \cdots \overleftarrow{n}$에 순열생성 알고리즘을 적용했을 때, 마지막에 얻어지는 순열은 무엇인가?

5 $1, 2, 3, 4, 5$의 치환 $\sigma = \begin{pmatrix} 1 & 2 & 3 & 4 & 5 \\ 2 & 3 & 4 & 5 & 1 \end{pmatrix}$에 대하여 k개의 σ의 합성함수를 σ^k라고 할 때, $\sigma^2, \sigma^5, \sigma^6$을 각각 찾아라.

6 $1, 2, \cdots, 8$의 치환 $\sigma = (1, 2, 7)(3, 5, 6)(4, 8)$을 $\begin{pmatrix} 1 & 2 & 3 & 4 & 5 & 6 & 7 & 8 \\ a & b & c & d & e & f & g & h \end{pmatrix}$꼴로 나타내어라.

7 $a_1a_2 \cdots a_k b_1b_2 \cdots b_l c_1c_2 \cdots a_m$이 $1, 2, \cdots, k+l+m$의 순열이고, $\sigma = (a_1a_2 \cdots a_k)(b_1b_2 \cdots b_l)(c_1c_2 \cdots a_m)$이라고 할 때, $\sigma^n = (1)(2) \cdots (k+l+m)$을 만족하는 최소의 자연수 n은 어떤 수인가?

8 남자 7명, 여자 5명을 원형으로 배열하는데 여자끼리는 인접하지 않도록 배열하는 방법수를 구하라.

9 $n \times n$ (0, 1) 행렬 $A = [a_{ij}]$에서 1행, j열을 없앤 행렬보다 작거나 같은 치환행렬의 개수를 p_j라 할 때, A보다 작거나 같은 치환행렬의 개수는 $a_{11}p_1 + a_{12}p_2 + \cdots + a_{1n}p_n$임을 증명하라.

2-2 조합

지구본의 표면에 날줄이 18 개, 씨줄이 9 개 그려져 있다.
날줄, 씨줄이 만나는 점을 꼭지점으로 하는 삼각형은 몇 개인가?
또, 이들 점을 꼭지점으로 하는 사면체는 몇 개인가?

조합의 뜻

집합 S의 원소 중 일부 또는 전부를 뽑은 것을 S의 **조합**이라고 하고, 특히 r개를 뽑은 것을 S의 **r-조합**이라고 한다. 이를테면 $\{a, b, c\}$의 조합은

$$\varnothing, \{a\}, \{b\}, \{c\}, \{a, b\}, \{b, c\}, \{a, c\}, \{a, b, c\}$$

이고, 2-조합은

$$\{a, b\}, \{b, c\}, \{a, c\}$$

이다. S의 r개의 원소로 이루어진 부분집합을 S의 **r-부분집합**이라고 한다. 어떤 집합의 조합은 곧 그 집합의 부분집합이고, r-조합은 r-부분집합이다.

◂ 組合 combination

◂ r-組合 r-combination

◂ r-部分集合 r-subset

$r \geq 0,\ n > 0$인 정수 r, n에 대하여, n-집합의 r-조합의 개수를

$${}_nC_r \quad \text{또는} \quad \binom{n}{r}$$

로 나타낸다.

◂ C는 combination에서 따옴

n-집합 S에 대하여, S의 0-부분집합은 $\varnothing$로서 하나뿐이므로

$$\binom{n}{0} = 1$$

이고, $r > n$일 때는 S의 부분집합이 존재하지 않으므로

$$\binom{n}{r} = 0$$

이다.

정리 2.2.1

$0 \le r \le n$, $n > 0$인 정수 r, n에 대하여

$$\binom{n}{r} = \frac{n!}{r!\,(n-r)!} \qquad \cdots\cdots \text{①}$$

증명 • $r = 0$일 때, ①의 좌변은

$$\binom{n}{0} = 1$$

이고, 우변도

$$\frac{n!}{0!\,(n-0)!} = \frac{n!}{1 \cdot n!} = 1$$

이므로 ①이 성립한다.

• $r > 0$일 때, n-집합의 r-순열의 수 ${}_nP_r$은

"n개의 원소 중 r개를 선택" ($\binom{n}{r}$가지)

해서

"그 r개를 일렬로 나열" ($r!$가지)

하는 방법의 수와 같으므로

$${}_nP_r = \binom{n}{r} r!.$$

한편

$${}_nP_r = n(n-1)(n-2)\cdots(n-r+1)$$

이므로,

$$\binom{n}{r} = \frac{{}_nP_r}{r!} = \frac{n(n-1)(n-1)\cdots(n-r+1)}{r!} = \frac{n!}{r!\,(n-r)!} \quad ▮$$

예제 2.2.2

4명의 남자와 7명의 여자 중 다음과 같이 몇 명을 뽑는 방법수를 구하라.

(1) 남자 2명, 여자 3명

(2) 남녀 동수

(3) 특정한 사람을 포함한 4명

(4) 적어도 2명의 여자를 포함한 4명

(5) 남녀 각각 2명씩 뽑되, 특정한 남자 1명과 특정한 여자 1명은 동시에 뽑힐 수 없다.

풀이 (1) $\binom{4}{2}\binom{7}{3} = 210.$

(2) 남녀 각각 r명을 뽑는 방법수는 $\binom{4}{r}\binom{7}{r}$이고, $1 \le r \le 4$이므로 구하는 수는

$$\sum_{r=1}^{n}\binom{4}{r}\binom{7}{r} = \binom{4}{1}\binom{7}{1} + \binom{4}{2}\binom{7}{2} + \binom{4}{3}\binom{7}{3} + \binom{4}{4}\binom{7}{4}$$
$$= 4 \cdot 7 + 6 \cdot 21 + 4 \cdot 35 + 1 \cdot 35 = 329.$$

(3) 구하는 수는 특정한 한 사람을 제외한 나머지 10명 중 3명을 뽑는 방법수와 같으므로

$$\binom{10}{3} = 120.$$

(4) 여자를 r명 뽑을 때, 남자는 $4 - r$ 명 뽑아야 하며, $2 \le r \le 4$이다. 따라서 구하는 수는

$$\sum_{r=2}^{n}\binom{7}{r}\binom{4}{4-r} = \binom{7}{2}\binom{4}{2} + \binom{7}{3}\binom{4}{1} + \binom{7}{4}\binom{4}{0} = 301.$$

(3) 남녀 각각 2명씩 뽑는 방법수에서 특정한 남자, 여자가 동시에 뽑히는 경우의 수를 빼면 된다. 따라서 구하는 수는

$$\binom{4}{2}\binom{7}{2} - \binom{3}{1}\binom{6}{1} = 126 - 18 = 108.$$ ■

나머지 남자 1명 뽑는 방법수

나머지 여자 1명 뽑는 방법수

예제 2.2.3

다음 각각의 경우, 8×8 체스판의 칸에 5개의 루크를 서로 잡을 수 없도록 놓는 방법수를 구하라.

(1) 5개의 루크가 모두 같다.

(2) 5개의 루크가 모두 다르다.

(3) 5개의 루크가 모두 같지는 않지만 그 중 개는 서로 같고 나머지 2개는 서로 같다.

풀이 (1) 8×8 체스판을 B라고 하자.

구하는 수 N은 B의 각 행, 각 열에서 하나씩 나오도록 5개의 칸을 선택하는 방법수와 같다. 그 5개의 칸이 위치할 5개의 행을 선택하는 방법이 $\binom{8}{5}$ 가지, 5개의 열을 선택하는 방법이 $\binom{8}{5}$ 가지이고, 그들 행과 결이 만나는 25개의 칸에 5개의 루크를 서로 잡을 수 없도록 놓는 방법이 5! 가지이므로

$$N = \binom{8}{5}\binom{8}{5}5! = \binom{8}{5}^2 5!.$$

(2) 5 개의 칸을 택한 다음 그 칸에 5 개의 서로 다른 루크를 나열해야 하므로 구하는 수는

$$N \times 5! = \binom{8}{5}^2 5!^2.$$

(3) 5 개의 칸을 택한 다음 그 중 3개의 같은 루크를 놓을 3개의 자리를 택하는 방법수가 $\binom{5}{3}$이므로 구하는 수는

$$N \times \binom{5}{3} = \binom{8}{5}^2\binom{5}{3}\ 5!.$$ ■

◀ 남은 2개의 자리에는 자동적으로 나머지 2개가 놓인다.

루크다항식

3×4 (0, 1) 행렬

$$A = \begin{bmatrix} 1 & 1 & 0 & 0 \\ 1 & 1 & 0 & 0 \\ 1 & 1 & 1 & 1 \end{bmatrix}$$

의 성분 중에서 같은 행이나 같은 열에 있지 아니한 k개의 1을 택하는 방법수 $r_k(A)$를 구하여 보자.

$r_k(A)$는 3×4체스판에서 오른쪽 위의 4개의 칸을 잘라 낸 판에 k개의 루크를 서로 잡을 수 없게 놓는 방법수와 같다.

- $k = 1$일 때 :

  8 개의 칸 중 하나에 놓을 수 있으므로 $r_1(A) = 8$.

- $k = 2$일 때 :

  1, 2 행에 놓는 방법은 2가지,

$$\begin{bmatrix} 1 & 1 & 0 & 0 \\ 1 & 1 & 0 & 0 \\ 1 & 1 & 1 & 1 \end{bmatrix}, \quad \begin{bmatrix} 1 & 1 & 0 & 0 \\ 1 & 1 & 0 & 0 \\ 1 & 1 & 1 & 1 \end{bmatrix}$$

  1, 3 행에 놓는 방법은 6가지,

$$\begin{bmatrix} 1 & 1 & 0 & 0 \\ 1 & 1 & 0 & 0 \\ 1 & 1 & 1 & 1 \end{bmatrix}, \quad \begin{bmatrix} 1 & 1 & 0 & 0 \\ 1 & 1 & 0 & 0 \\ 1 & 1 & 1 & 1 \end{bmatrix}, \quad \begin{bmatrix} 1 & 1 & 0 & 0 \\ 1 & 1 & 0 & 0 \\ 1 & 1 & 1 & 1 \end{bmatrix},$$

$$\begin{bmatrix} 1 & 1 & 0 & 0 \\ 1 & 1 & 0 & 0 \\ 1 & 1 & 1 & 1 \end{bmatrix}, \quad \begin{bmatrix} 1 & 1 & 0 & 0 \\ 1 & 1 & 0 & 0 \\ 1 & 1 & 1 & 1 \end{bmatrix}, \quad \begin{bmatrix} 1 & 1 & 0 & 0 \\ 1 & 1 & 0 & 0 \\ 1 & 1 & 1 & 1 \end{bmatrix}$$

  2, 3 행에 놓는 방법은 6가지 (1, 3행에 놓는 경우와 같음)이므로,

  $r_2(A) = 14$.

- $k = 3$일 때 :

  1, 2 행에서 2개를 놓는 2가지의 방법 각각에 대하여, 3행에 1개를 놓는 방법이 2가지이므로, $r_3(A) = 2 \times 2 = 4$.

- $k \geq 4$일 때 :

  k개의 루크를 서로 잡을 수 없도록 놓는 방법이 없으므로,

  $r_k(A) = 0$.

이로부터, $r_0(A) = 1$로 두면, 다음과 같은 벡터

$$(r_0(A), r_1(A), r_2(A), r_3(A), r_4(A)) = (1, 8, 14, 4, 0, 0)$$

과, 이 벡터의 성분을 계수로 하는 x에 관한 다항식

$$R_A(x) = 1 + 8x + 14x^2 + 4x^3$$

을 얻는다.

(0, 1) 행렬 A의 성분 중에서 같은 행이나 같은 열에 있지 아니한 k 개의 1을 택한 것을 A의 **k-치환**이라고 하고, A의 k-치환의 개수

◀ k-permutation

$$r_k(A)$$

를 A의 **제 k 루크수**라고 한다. A의 루크수를 성분으로 하는 벡터

◀ k^{th} rook number

$$\mathbf{r}_A = (r_0(A), r_1(A), r_2(A), \cdots)$$

을 A의 **루크벡터**라 하고, A의 루크수를 계수로 하는 다항식

◀ rook vector

$$R_B(x) = r_0(B) + r_1(B)x + r_2(B)x^2 + \cdots$$

를 A의 **루크다항식**이라고 한다. 이를테면 행렬

◀ rook polynomial

$$A = \begin{bmatrix} 1 & 1 & 0 & 0 \\ 1 & 1 & 0 & 0 \\ 1 & 1 & 1 & 1 \end{bmatrix}$$

의 루크다항식은 $R_A(x) = 1 + 8x + 14x^2 + 4x^3$이다. 지금부터 모든 성분이 1인 $m \times n$ 행렬을 $J_{m \times n}$으로 나타내고 $J_{n \times n}$은 J_n으로 나타내기로 한다.

예제 2.2.4

행렬 $J_{m \times n}$의 루크다항식을 구하라.

풀이 명백히 $k > \min\{m, n\}$일 때 $r_k(J_{m \times n}) = 0$이고, 또, $r_k(J_{m \times n}) = r_k(J_{n \times m})$이므로 $k \le m \le n$ 이라고 가정할 수 있다.

$A = J_{m \times n}$이라 하자.

k개의 행과 k개의 열이 만나는 곳의 $k \times k$ 행렬을 A의 $k \times k$ **부분행렬**이라고 한다. A의 같은 행 같은 열에 있지 않은 k개 1을 뽑을 $k \times k$ 부분행렬을 택하기 위하여, 행을 택하는 방법은 $\binom{m}{k}$ 가지이고, 그 각각에 대하여 열을 택하는 방법이 $\binom{n}{k}$ 가지이므로 $k \times k$ 부분행렬을 택하는 방법수는 $\binom{m}{k}\binom{n}{k}$ 이다.

◀ 部分行列 submatrix

이제 각 $k \times k$ 부분행렬에서 각 행, 각 열에서 하나씩 나오도록 k개의 1을 택하는 방법수는 $k!$ 이므로 $r_k(A) = \binom{m}{k}\binom{n}{k} k!$ 이다.

$k > \min\{m, n\}$ 일 때는 $\binom{m}{k}\binom{n}{k} k! = 0$이므로,

$$\begin{aligned} R_A(x) &= r_0(A) + r_1(A)x + r_2(A)x^2 + \cdots \\ &= \sum_{i=0}^{\infty} \binom{m}{k}\binom{n}{k} k!\, x^k. \end{aligned}$$ ■

◀ $m = n$일 때는, $R_A(x) = \sum_{k=0}^{\infty} \binom{n}{k}^2 k!$

오른쪽 그림의 잘린 체스판 ㉮는 서로 다른 행과 열을 가진 2개의 부분 ㉯, ㉰ 로 나누어져 있다. 행렬

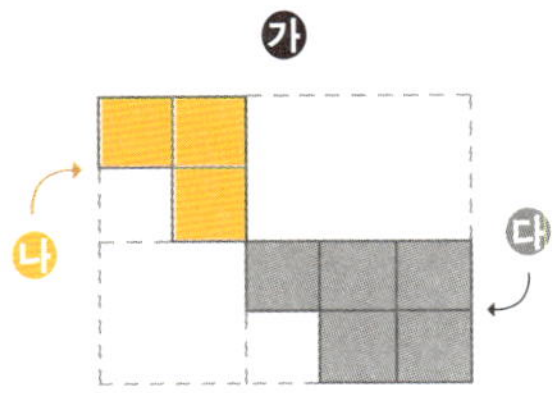

$$A = \begin{bmatrix} 1 & 1 & 0 & 0 & 0 \\ 0 & 1 & 0 & 0 & 0 \\ 0 & 0 & 1 & 1 & 1 \\ 0 & 0 & 0 & 1 & 1 \end{bmatrix}$$

(B: 왼쪽 위 노란색 부분, C: 오른쪽 아래 회색 부분)

는 ㉮를 나타낸다. A의 ▬, ▬로 표시된 부분행렬을 각각 B, C라고 하면 B, C는 각각 ㉯, ㉰를 나타내고

$$A = \begin{bmatrix} B & O \\ O & C \end{bmatrix} \quad \cdots\cdots\cdots\cdots ①$$

◂ 여기서 O는 적당한 크기의 영 행렬을 나타낸다.

로 쓸 수 있다. A의 루크다항식과 B, C의 루크다항식 사이의 관계에 대하여 알아 보자.

㉮에 k개의 루크를 놓는 것은 ㉯에 i 개, ㉰에 $k-i$ 개, $(0 \le i \le k)$, 를 놓는 경우로 나누어지므로,

$$r_k(A) = \sum_{i=0}^{k} r_i(B)\, r_{k-i}(C)$$

이다. 그러므로

$$\begin{aligned} R_A(x) &= \sum_{k=0}^{\infty} r_k(A)\, x^k \\ &= \sum_{k=0}^{\infty} \Big[\sum_{i=0}^{k} r_i(B)\, r_{k-i}(C) \Big] x^k \\ &= \Big[\sum_{k=0}^{\infty} r_k(B)\, x^k \Big]\Big[\sum_{k=0}^{\infty} r_k(C)\, x^k \Big] = R_B(x) R_C(x). \end{aligned}$$

B, C의 행의 수가 2이므로 $i \ge 3$일 때, $r_i(B) = r_i(C) = 0$이고

$$r_1(B) = 3, \quad r_2(B) = 1, \quad r_1(C) = 5, \quad r_2(C) = 4$$

이므로

$$R_B(x) = 1 + 3x + x^2, \quad R_C(x) = 1 + 5x + 4x^2$$

이다. 그러므로

$$\begin{aligned} R_A(x) &= (1 + 3x + x^2)(1 + 5x + 4x^2) \\ &= 1 + 8x + 20x^2 + 18x^3 + 4x^4. \end{aligned}$$

이와 같이 생각하면, ①과 같은 꼴의 (0, 1) 행렬에 대하여 다음 정리가 성립함을 알 수 있다.

정리 2.2.5

(0, 1) 행렬 $A = \begin{bmatrix} B & O \\ O & C \end{bmatrix}$에 대하여 다음이 성립한다.

(1) $r_k(A) = \sum_{i=0}^{k} r_i(B)\, r_{k-i}(C)$, $(k = 0, 1, 2, \cdots)$

(2) $R_A(x) = R_B(x)R_C(x)$

예제 2.2.6

행렬

$$A = \begin{bmatrix} 1 & 1 & 0 & 0 & 0 & 0 & 0 & 0 \\ 1 & 1 & 0 & 0 & 0 & 0 & 0 & 0 \\ 0 & 0 & 1 & 1 & 1 & 0 & 0 & 0 \\ 0 & 0 & 0 & 1 & 1 & 0 & 0 & 0 \\ 0 & 0 & 0 & 0 & 0 & 1 & 1 & 1 \\ 0 & 0 & 0 & 0 & 0 & 1 & 1 & 1 \\ 0 & 0 & 0 & 0 & 0 & 1 & 1 & 1 \end{bmatrix}$$

(B, C, D: 색으로 표시된 부분행렬)

에 대하여 다음을 구하여라.

(1) 루크 다항식 $R_A(x)$

(2) 같은 행 같은 열에 있지 않는 5개의 1을 택하는 방법수

풀이 A의 색으로 표시된 부분행렬을 차례로 B, C, D라고 하면,

$$R_B(x) = 1 + 4x + 2x^2,$$
$$R_C(x) = 1 + 5x + 4x^2,$$
$$R_D(x) = 1 + 9x + 18x^2 + 6x^3$$

이다.

$$A = \begin{bmatrix} B & O \\ O & M \end{bmatrix}, \quad M = \begin{bmatrix} C & O \\ O & D \end{bmatrix}$$

이므로 정리 2.2.5를 두 번 적용하면

$$\begin{aligned} R_A(x) &= R_B(x)R_M(x) = R_B(x)R_C(x)R_D(x) \\ &= (1 + 4x + 2x^2)(1 + 5x + 4x^2)(1 + 9x + 18x^2 + 6x^3) \\ &= 1 + 18x + 125x^2 + 428x^3 + 764x^4 + 696x^5 + 300x^6 + 48x^7 \end{aligned}$$

(2) 구하는 수는 $R_A(x)$의 x^5의 계수 696이다. ■

조합의 생성

우리는 앞서 순열의 생성법에 관하여 알아 보았다. 실제 생활 문제에서 주어진 집합의 모든 조합을 빠짐없이 나열하는 것도 순열의 생성 못지 않게 중요하고 어려운 일이다.

주어진 집합의 모든 조합을 생성하는 방법에 대하여 알아 보자.

조합생성법 ❶

주어진 n-집합

$$S = \{x_0, x_1, \cdots, x_{n-1}\}$$

의 모든 조합의 개수는 2^n이다. 2^n-집합

$$\{0, 1, 2, 3, 4, \cdots, 2^n - 1\}$$

의 원소 k의 이진법의 전개식이

$$k = \sum_{i=0}^{n-1} a_i 2^i$$

이라고 할 때,

$$A_k = \{i \mid a_i = 1\}$$

로 두면

$$X_k = \{x_i \mid i \in A_k\}, \ (k = 0, 1, 2, \cdots, 2^n - 1)$$

가 S의 모든 조합이다.

예를 들어 $k = 5$일 때,
$5 = 1 \cdot 2^2 + 0 \cdot 2^1 + 1 \cdot 2^0$
$\therefore A_5 = \{2, 0\}$
$X_5 = \{x_2, x_0\}$

이를테면 $n = 3$일 때 오른쪽 표에 의하여 집합

$$S = \{x_0, x_1, x_2\}$$

의 모든 조합은

$\varnothing$, $\{x_0\}$, $\{x_1\}$, $\{x_0, x_1\}$, $\{x_2\}$, $\{x_0, x_2\}$, $\{x_1, x_2\}$, $\{x_0, x_1, x_2\}$

이다.

k	2^2	2^1	2^0	X_k
0	0	0	0	$\varnothing$
1	0	0	1	$\{x_0\}$
2	0	1	0	$\{x_1\}$
3	0	1	1	$\{x_0, x_1\}$
4	1	0	0	$\{x_2\}$
5	1	0	1	$\{x_0, x_2\}$
6	1	1	0	$\{x_1, x_2\}$
7	1	1	1	$\{x_0, x_1, x_2\}$

조합생성법 ❷

n-집합의 조합의 생성은 결국 n항 이진수열을 체계적으로 나열하는 것이다. 이러한 수열은 다음과 같은 방법으로 모두 나열할 수 있다.

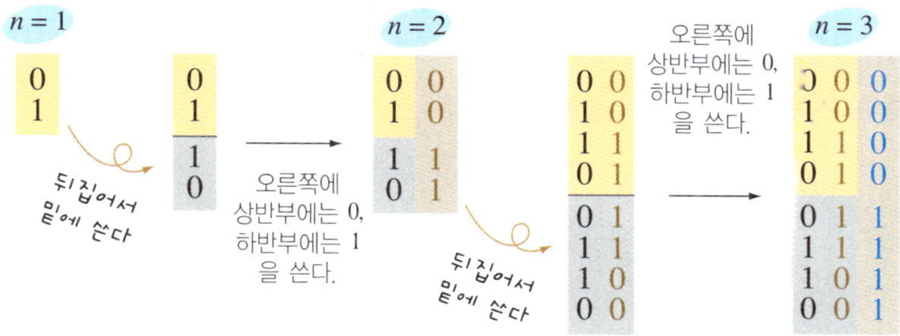

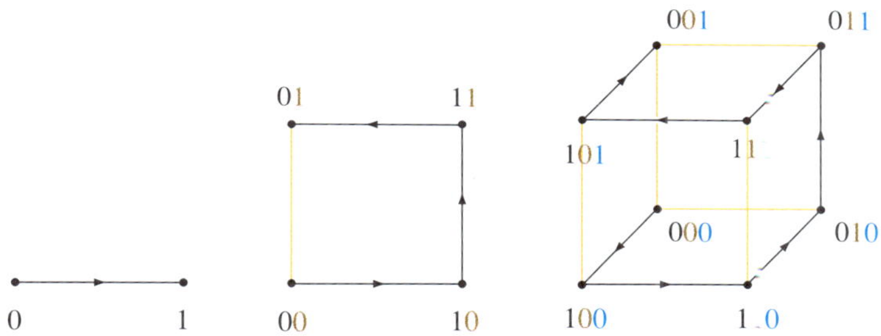

r-조합의 생성

집합 $S = \{x_0, x_1, \cdots, x_{n-1}\}$에 대하여,

$$\{0, 1, 2, \cdots, 2^n - 1\}$$

의 원소 중 이진법으로 나타낸 것에 1이 r개 있는 k를 모두 찾아서

$$X_k = \{ x_i \mid i \in A_k \}$$

로 두면, 이들 X_k가 S의 모든 r-조합이다. 이를테면 집합 $S = \{x_0, x_1, x_2\}$의 모든 2-조합은, 오른쪽 표에 의하여,

$$\{x_0, x_1\}, \quad \{x_0, x_2\}, \quad \{x_1, x_2\}$$

의 3개이다.

k	2^2	2^1	2^0	X_k
0	0	0	0	$\varnothing$
1	0	0	1	$\{x_0\}$
2	0	1	0	$\{x_1\}$
3	0	1	1	$\{x_0, x_1\}$
4	1	0	0	$\{x_2\}$
5	1	0	1	$\{x_0, x_2\}$
6	1	1	0	$\{x_1, x_2\}$
7	1	1	1	$\{x_0, x_1, x_2\}$

위의 논의에서 n-집합의 r-조합을 모두 나열하는 것은 1을 r개 가지는 n항 이진수열을 모두 나열하는 것과 같음을 알 수 있다.

4항 이진수열 $abcd$에

$$2^3a + 2^2b + 2^1c + 2^0d$$

를 대응시킬 때, 1을 2개 가지는 4항 이진수열을, 대응하는 수가 큰 것 수열부터 차례로 나열하면 다음과 같다.

$$1100 \to 1010 \to 1001 \to 0110 \to 0101 \to 0011$$

이 과정을 일반화 한 것이 다음 알고리즘이다.

가동 1을 이용한 r-조합 생성 알고리즘

첫 r개의 항이 1이고 나머지 $n-r$개의 항이 0인 이진수열 $11 \cdots 100 \cdots 0$에서 출발해서 $00 \cdots 011 \cdots 1$에 이를 때까지 다음 과정을 반복한다. (여기서 오른쪽에 0을 둔 1을 「가동 1」이라 한다.)

STEP ❶ 가장 오른쪽 가동 1을 그 오른쪽에 위치한 0과 자리를 바꾼다.

STEP ❷ STEP ❶에서 위치를 바꾼 1의 오른쪽에 있는 모든 1을 위치 바꾼 1의 바로 오른쪽으로 당겨 모은다.

1을 3개 가지는 5항 이진수열을 1은 박스에 넣고 0은 빈 박스로 두어, 이를테면 10110을

1		1	1	

과 같이 표현하자. 이 때, 위의 알고리즘은 오른쪽 그림과 같이 설명될 수 있다.

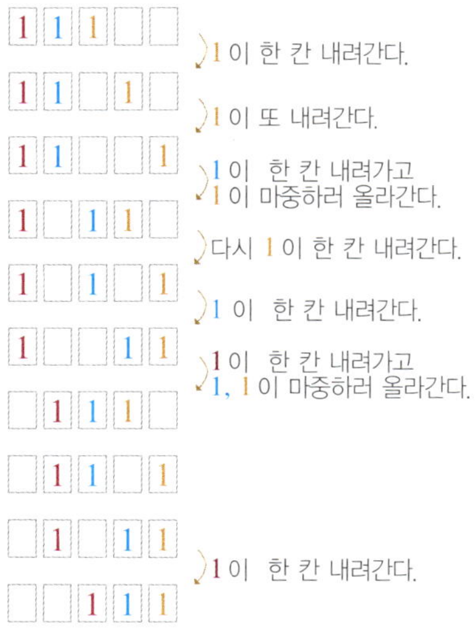

여기서는 더 이상 움직일 수 있는것이 없어 그친다. →

예제 2.2.7

위의 알고리즘의 과정에서 0011001100은 몇 번째 나타나는 수열인가?

풀이 1의 개수가 4인 10 항 이진수열 전체의 집합을 S라고 하면, S의 원소의 개수는 다음 10개의 박스

□□□□□□□□□□

중 4개를 택하여 1을 넣는 방법수

$$\binom{10}{4}$$

와 같다. 이진수열을 그 수열에 대응하는 수로 볼 때, 구하는 수는 S의 원소 중 0011001100 이상인 수이다.

S의 원소 중 0011001100 보다 작은 수는 앞 부분이

000, 0010, 0011000, 00110010

중 어느 하나이어야 하므로 그러한 수의 꼴과 개수는

꼴	000□□□□□□□	0010□□□□□□	0011000□□□	00110010□□
개수	$\binom{7}{4}$	$\binom{6}{3}$	$\binom{3}{2}$	$\binom{2}{1}$

7개의 박스 중 4개를 택하여 1을 채운다.

와 같고, 따라서 그 개수는

$$\binom{7}{4}+\binom{6}{3}+\binom{3}{2}+\binom{2}{1}=35+20+3+2=60$$

이다.

$$\binom{10}{4}-60=210-60=150$$

이므로, 0011001100은 150번째 나타나는 수이다. ■

2-2 E·X·E·R·C·I·S·E·S 연습문제

1 각 자리의 숫자가 그 오른쪽 자리의 숫자보다 큰 4자리 자연수의 개수를 구하라.

2 20보다 작은 자연수 중 합이 짝수가 되는 세 수를 선택하는 방법 수를 구하라.

3 10문제 중 7문제를 선택해서 풀어야 하는 수학시험에서 1번부터 5번까지의 5문제 중 적어도 4문제는 선택해야 한다고 했을 때, 학생이 7문제를 선택할 수 있는 방법 수를 구하라.

4 15명의 사람을 임의로 각각 5명씩 3팀으로 나눈다고 했을 때, 특정한 2명이 서로 다른 팀에 소속될 확률을 구하라.

5 집합 $\{1, 2, \cdots, 25\}$의 다음 조건을 만족하는 4-부분집합 A의 개수를 구하라.

(1) A의 원소 중 가장 큰 수는 20보다 크다.

(2) A의 원소 중 가장 큰 수는 20이다.

6 서로 다른 12장의 화투와 8장의 트럼프 카드가 있다. 이 중 갑이 1장을 뽑은 후 을이 화투와 카드를 각각 1장씩 뽑는 방법수를 구하라.

7 10권의 서로 다른 책을 3명의 학생들에게 나누어 주려고 한다. 각 학생에게 3권 이상 돌아 가도록 나누어 주는 방법 수를 구하라.

8 100개의 똑 같은 의자를 5개의 교실에 넣으려고 한다. 가장 큰 두 개의 교실에 50개의 의자를 갖다 놓는다고 할 때, 의자를 교실에 분배하는 방법은 모두 몇 가지인가?

9 각 변의 길이가 각각 정수이고, 둘레의 길이의 합이 1994인 서로

2-2 · E · X · E · R · C · I · S · E · S · 연습문제

다른 (즉, 서로 합동이 아닌) 삼각형의 개수를 구하라.

10 집합 $\{1, 2, \cdots, n\}$의 모든 r-부분집합을 생각하자. 각각의 r-부분집합에서 선택한 가장 작은 원소들의 평균은 $\frac{n+1}{r+1}$임을 증명하라.

11 n쌍의 부부가 파티에서 만났다. 각 사람은 자기의 배우자가 아닌 모든 사람과 악수했다. 악수한 총 회수는 얼마인가?

12 일렬로 놓여있는 $2n$개의 의자에 남학생 n명, 여학생 n명을 동성끼리는 인접하지 않게 앉히는 방법수를 구하라.

13 자연수 m, n에 관한 다음 등식을 조합론적 방법으로 증명하라.

(1) $\binom{m+n}{2} = \binom{m}{2} + \binom{n}{2} + mn$

(2) $\binom{n}{r}\binom{r}{k} = \binom{n}{k}\binom{n-k}{r-k}$ (Newton의 항등식)

14 다음 등식을 증명하라.

(1) $\binom{m+n}{k} = \sum_{i=0}^{k} \binom{m}{i}\binom{n}{k-i}$ (Vandermonde의 항등식)

◂ **convolution rule** 이라고도 한다.

(2) $\binom{m+n}{k} = \sum_{i=0}^{k} \binom{m}{i}\binom{n}{i}$

2-3 여러 가지 순열 · 조합

$X = \{1, 2, 3, 4, 5\}$,

$Y = \{1, 2, 3, 4, 5, 6, 7, 8, 9, 10\}$

이라고 할 때, 다음 조건을 만족하는 함수

$$f: X \to Y$$

의 개수를 각각 구하라.

(1) 아무런 제약 조건이 없다.

(2) $f(1) < f(2) < f(3) < f(4) < f(5)$

(3) $f(1) \le f(2) \le f(3) \le f(4) \le f(5)$

중복순열

집합을 나타낼 때는 같은 원소를 중복해서 쓰지는 않는다. 그러나 통 속에 흰 바둑 돌 3개, 검은 바둑 돌 4개가 들어 있는 경우 등을 나타내기 위하여 같은 원소를 반복하여 쓰는 집합을 생각하고 이를 **다중집합**이라고 한다. 이를테면 2개의 a와 3개의 b로 이루어진 집합을

◀ 多重集合 multiset

$$\{a, a, b, b, b\}$$

또는

$$\{2 \times a, 3 \times b\}$$

와 같이 나타내기로 하고, 3개의 a와, 무한히 많은 b로 이루어진 집합은

$$\{a, a, a, b, b, \cdots\}$$

또는

$$\{3 \times a, \infty \times b\}$$

와 같이 나타내기로 한다.

집합

$$X = \{a_1, a_2, \cdots, a_n\}$$

에 대하여, 다중집합

$$Y = \{\infty \times a_1, \infty \times a_2, \cdots, \infty \times a_n\}$$

의 r-순열을 X의 **r-중복순열**이라고 한다. 이를테면

$$aaa, aab, aba, baa, bba, bab, abb, bbb$$

는 모두 집합 $\{a, b\}$의 3-중복순열이다.

n-집합의 r-중복순열의 수는 기호로

$$_n\prod_r$$

과 같이 나타낸다.

◂ $\prod$는 product(곱)에서 따옴

정리 2.3.1

n-집합의 r-중복순열의 수는

$$_n\prod_r = n^r$$

증명 n-집합의 r-중복순열의 수 $_n\prod_r$는 그림과 같이 일렬로 배열된 r개의 박스에 n-집합의 원소를 중복을 허락하여 하나씩 넣는 방법 수와 같다.

박스의 개수 r에 관한 귀납법으로 정리를 증명한다.
박스의 개수가 1일 때는 명백히 정리가 성립한다.
박스의 개수가 $r-1$에 대하여 정리가 성립한다고 가정하면

$$_n\prod_{r-1} = n^{r-1}$$

즉 박스 $r-1$까지 채울 수 있는 방법 수는 n^{r-1}이다. 이제 박스 $r-1$까지 채운 각각의 배열에 대하여, 박스 r에 넣을 수 있는 원소의 개수는 또 다시 n이므로, 박스 r까지 채울 수 있는 방법수는

$$n \cdot {}_n\prod_{r-1} = n \cdot n^{r-1} = n^r$$

이다. ▌

보기 4 통의 편지를 6 개의 우체통에 넣으려고 한다. 각각의 편지를 넣기 위하여 우체통을 한 번씩 선택해야 하며, 같은 우체통을 여러 번 선택해도 되므로 넣는 방법수는 6개의 우체통을 중복을 허락해서 4개 뽑아 나열하는 방법수

$$_6\Pi_4 = 6^4$$

이다.

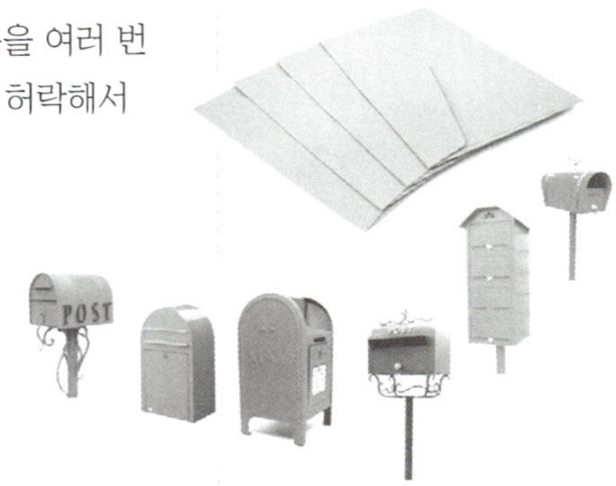

예제 2.3.2

1 을 짝수 개 가지는 n 항 이진수열의 개수를 구하라.

풀이 $n-1$ 항 이진수열이

1 을 짝수 개 가질 때, 끝에 0을 달고,

1 을 홀수 개 가질 때, 끝에 1 을 달면

1 을 짝수개 가지는 n 항 이진수열을 얻는다. 따라서 구하는 수는 $n-1$ 항 이진수열의의 개수 2^{n-1}과 같다. ■

예제 2.3.3

인접한 자리의 숫자가 서로 다른 n 자리의 짝수의 개수는

$$\frac{9^n+(-1)^n}{2} \qquad \cdots\cdots ①$$

임을 증명하라.

풀이 인접한 자리의 숫자가 서로 다른 수를 '좋은 수'라고 하면 n 자리의 좋은 수의 개수는 9^n이다. 짝수인 좋은 수의 개수를 a_n이라고 하고 n에 관한 귀납법으로

$$a_n = \frac{9^n+(-1)^n}{2} \qquad \cdots\cdots ①$$

을 증명한다.

한 자리의 짝수인 좋은 수는 2, 4, 6, 8의 4개이므로 $a_1 = 4$이다. 한편

$$\frac{9^1 + (-1)^1}{2} = \frac{8}{2} = 4$$

이므로 $n = 1$일 때, ①이 성립한다.

n자리의 짝수인 좋은 수에 대하여 ①이 성립한다고 가정한다.

$n+1$ 자리의 짝수인 좋은 수는 n 자리의 수 끝에 짝수를 붙임으로써 얻어진다. 그러한 $n+1$ 자리의 수를 만드는 방법수는 그 n 자리의 수가 짝수일 때는 4 가지 (0, 2, 4, 6, 8 중 앞의 끝 수자리의 숫자 제외) 이고, 홀수일 때는 5 가지 (0, 2, 4, 6, 8 중 어떤 수도 좋다.) 이다. 따라서

$$\begin{aligned} a_{n+1} &= 4a_n + 5(9^n - a_n) = 5 \cdot 9^n - a_n \\ &= 5 \cdot 9^n - \frac{9^n + (-1)^n}{2} = \frac{10 \cdot 9^n - 9^n - (-1)^n}{2} \\ &= \frac{9^{n+1} + (-1)^{n+1}}{2} \end{aligned}$$

그러므로 모든 n에 대하여 ①이 성립한다. ■

DNA(deoxyribonucleic acid)

DNA는 생물체의 유전자의 기본 구성 요소로서 염기로 이루어진 사슬인데, 여기서 사용된 염기는 다음 4개의 화학물질 중 하나이다.

티민 (T), **시토신** (C), **아데닌** (A), **구아닌** (G)

이 염기들의 사슬이 특정한 유전정보를 코드화한다.

단백질이라고 알려진 이 DNA 사슬은 "**기본 DNA 열**"이 여러 개 이어져서 만들어진다. 기본 DNA 열은 20 종의 아미노산 중 하나를 코드화하고 있다고 한다. 따라서 하나의 기본 DNA 열과 하나의 아미노산을 동일시 해도 좋다.

- 기본 DNA 열 : 염기 T, C, A, G 의 열

  TTCGA ← 하나의 아미노산을 코드화한 것

- DNA 사슬 : 단백질

  AGCAA CTAGA TTCGA TCCGA ATCGC TACAA ⋯

◂ Thymine, Cytosine Adenine, Guanine

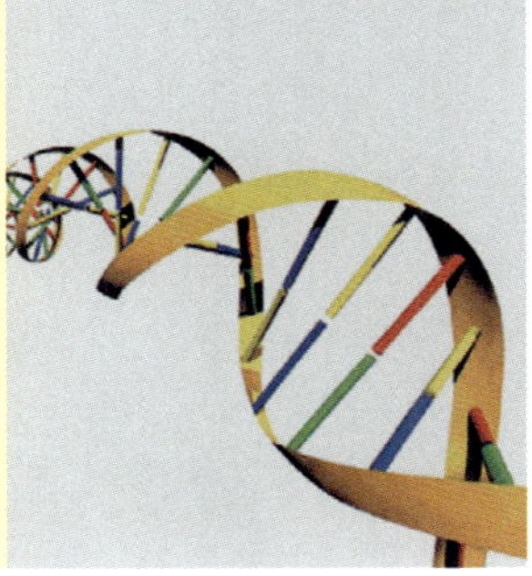

예제 2.3.4

기본 DNA 열에 관한 다음 물음에 답하라.

(1) 20종의 서로 다른 아미노산을 코드화하기 위해 기본 DNA 열은 최소한 몇 개의 염기들로 이루어져야 하겠는가?

(2) 사람의 기본 DNA 열은 $2.1 \cdot 10^{10}$개의 염기로 이루어져 있다. 사람의 기본 DNA 열의 개수는 몇 개 이하일까?

풀이 (1) 배열된 염기의 개수가 k인 기본 DNA 열을 「k-기본 DNA 열」이라고 하자. 구하는 답은 k-기본 DNA 열의 개수가 20 이상이 되는 최소의 k값이다.

k-기본 DNA 열의 개수는 4-집합 $\{T, C, A, G\}$의 k-중복순열의 수 4^k과 같다. 문제의 조건에서 부등식

$$4^k \geq 20$$

을 얻고, 이 부등식을 만족하는 최소의 자연수 k는 3이다. 따라서 기본 DNA 열은 최소한 3개의 염기들로 이루어져야 한다.

(2) $k = 2.1 \cdot 10^{10}$이므로 $4^k = 4^{2.1 \cdot 10^{10}}$개 이하이다. ■

일반화된 순열 · 조합

일렬로 배열된 몇 개의 박스에 집합 X의 원소를 나누어 넣은 것을 X의 **일반화된 조합**이라고 한다.

◀ generalized permutation

$n_1 + n_2 + \cdots + n_k = n$을 만족하는 정수 $n_1, n_2, \cdots, n_k \geq 0$, $n > 0$에 대하여, 일렬로 배열된 k개의 박스에 n-집합의 원소를

박스 1에 n_1개, 박스 2에 n_2개, $\cdots$, 박스 k에 n_k개

를 넣는 일반화된 조합의 개수를

$$C(n; n_1, n_2, \cdots, n_k) \text{ 또는 } \binom{n}{n_1, n_2, \cdots, n_k}$$

와 같이 나타낸다.

특히 $k=2$일 때, $n_1=r$ 이라고 하면 $n_2=n-r$이다. 박스 1에 r개의 원소를 택하여 넣고 나머지는 박스 2에 넣는 것을 생각하면

$$C(n; r, n-r) = {}_nC_r,$$

즉,

$$\binom{n}{r,\, n-r} = \binom{n}{r}$$

임을 알 수 있다.

정리 2.3.5

정수 $n_1, n_2, \cdots, n_k \ge 0,\ k \ge 2,\ n = n_1 + n_2 + \cdots + n_k > 0$에 대하여

$$C(n; n_1, n_2, \cdots, n_k) = \frac{n!}{n_1!\, n_2! \cdots n_k!}$$

증명 보다 구체적인 설명을 위하여

$$k=4,\quad n_1=p,\quad n_2=q,\quad n_3=r,\quad n_4=s$$

인 경우에 대하여 증명한다. (그러나 그 내용은 일반적인 것이다.)

(1) X의 $n=p+q+r+s$개의 원소 중 p개를 택하여 박스 1에 넣는다.
(2) 나머지 $q+r+s$개 중 q개를 택하여 박스 2에 넣는다.
(3) 나머지 $r+s$개 중 r개를 택하여 박스 3에 넣는다.
(4) 나머지 s개 중 s개를 택하여 박스 4에 넣는다.

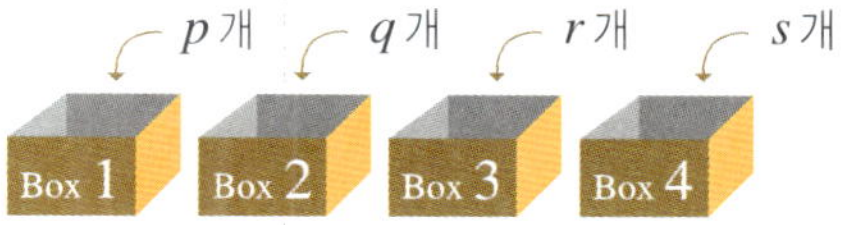

(1), (2), (3), (4)의 방법수는 각각

$$\binom{p+q+r+s}{p},\ \binom{q+r+s}{q},\ \binom{r+s}{r},\ \binom{s}{s}$$

이므로

$$C(n; p, q, r, s) = \binom{p+q+r+s}{p}\binom{q+r+s}{q}\binom{r+s}{r}\binom{s}{s}$$

$$= \frac{(p+q+r+s)!}{p!\,(q+r+s)!}\ \frac{(q+r+s)!}{q!\,(r+s)!}\ \frac{(r+s)!}{r!\,s!}\ \frac{s!}{s\ 0!}$$

◀ 같은 색의 식끼리 약분된다.

$$= \frac{(p+q+r+s)!}{p!\,q!\,r!\,s!} = \frac{n!}{p!\,q!\,r!\,s!}$$

이다. ∎

보기 60명의 학생을 3개의 동아리 A, B, C에 각각 10명, 20명, 30명을 배속시키는 방법은

$$C(60;\ 10,\ 20,\ 30) = \frac{60!}{10!\ 20!\ 30!}$$

가지이다.

유한 다중집합 X 의 원소를 일렬로 나열한 것을 X 의 **일반화된 순열**이라고 한다. 서로 다른 대상 $x_1, x_2, \cdots, x_k$ 와 자연수 $n_1, n_2, \cdots, n_k$에 대하여 $n = n_1 + n_2 + \cdots + n_k$라고 할 때, 다중집합

$$\{n_1 \times x_1,\ n_2 \times x_2,\ \cdots,\ n_k \times x_k\}$$

의 일반화된 순열의 수를

$$P(n;\ n_1,\ n_2,\ \cdots,\ n_k)$$

와 같이 나타낸다. 이를테면 $\{x, x, y, y\}$의 일반화된 순열은

$$xxyy,\ xyxy,\ xyyx,\ yxxy,\ yxyx,\ yyxx$$

의 6 개이므로

$$P(4;\ 2,\ 2) = 6$$

이다.

◂ generalized permutation
일반화된 순열을 고등학교에서는 **같은 것이 있는 순열**로 부르고 있다.

자연수 p, q, r, s와 $n = p + q + r + s$에 대하여 $P(n;\ p, q, r, s)$의 값을 찾아보자.

$$\underbrace{x, x, \cdots, x}_{p\text{개}},\ \underbrace{y, y, \cdots, y}_{q\text{개}},\ \underbrace{z, z, \cdots, z}_{r\text{개}},\ \underbrace{u, u, \cdots, u}_{s\text{개}}$$

를 일렬로 나열하기 위하여 먼저 다음과 같은 n 개의 빈 칸을 준비한다.

□□□ ⋯ □□

이들

(1) $n = p + q + r + s$개의 칸 중 p개를 택하여 x를 넣는다.

(2) 나머지 $q + r + s$개의 칸 중 q개를 택하여 y를 넣는다.

(3) 나머지 $r + s$개의 칸 중 r개를 택하여 z를 넣는다.

(4) 나머지 s개의 칸 중 s개를 택하여 u를 넣는다.

이하, 정리 2.3.5의 증명과 꼭 같은 논리로

$$P(n; p, q, r, s) = \frac{n!}{p!\,q!\,r!\,s!}$$

가 성립한다. 이와 같이 생각하면 다음 정리가 성립함을 알 수 있다.

정리 2.3.6

자연수 $n_1, n_2, \cdots, n_k$에 대하여 $n = n_1 + n_2 + \cdots + n_k$일 때,

$$P(n; n_1, n_2, \cdots, n_k) = = \frac{n!}{n_1!\,n_2! \cdots n_k!}$$

정리 2.3.6은 다음과 같은 방법으로 증명할 수도 있다. 다중집합

$$X = \{a, a, b, b, b\}$$

의 확장된 순열의 수를 헤아리기 위하여 우선 2 개의 a와 3 개의 b를 각각 서로 다른 것으로 본 집합

$$Y = \{a_1, a_2, b_1, b_2, b_3\}$$

을 생각한다. Y의 순열은 $5! = 120$ 개이고, 그 중 $2! \times 3!$ 개의 순열

$a_1a_2b_1b_2b_3$, $a_2a_1b_1b_2b_3$,
$a_1a_2b_1b_3b_2$, $a_2a_1b_1b_3b_2$,
$a_1a_2b_2b_1b_3$, $a_2a_1b_2b_1b_3$,
$a_1a_2b_2b_3b_1$, $a_2a_1b_2b_3b_1$,
$a_1a_2b_3b_1b_2$, $a_2a_1b_3b_1b_2$,
$a_1a_2b_3b_2b_1$, $a_2a_1b_3b_2b_1$

은 첨자를 떼면 모두 $aabbb$가 된다. 한편 $aabbb$에 가능한 도든 첨자를 붙이면 위와 같이 $2! \times 3!$ 개의 Y의 순열을 얻는다. 이와 같이 X의 확장된 순열은 $2! \times 3!$ 개씩의 Y의 순열마다 하나씩 생기므로 그 개수는

$$\frac{5!}{2!\,3!}$$

이다.

보기 (1) 좌표평면의 원점에서 출발하여 오른쪽 또는 위로 한 칸씩 이동하는 동점이 점 (3, 2)까지 가는 경로는 다중집합 $\{a, a, a, b, b\}$의 순열로 볼 수 있으므로 총 경로의 개수는

$$\frac{5!}{3!\,2!} = 35.$$

(2) 좌표공간의 원점에서 출발하여 좌표축의 양의 방향으로 한 칸씩 이동하는 동점이 점 (5, 4, 3)까지 가는 경로는 다중집합

$$\{5 \times a, 4 \times b, 3 \times c\}$$

의 순열로 볼 수 있으므로 총 경로의 개수는

$$\frac{(5+4+3)!}{5!\,4!\,3!} = 27720.$$

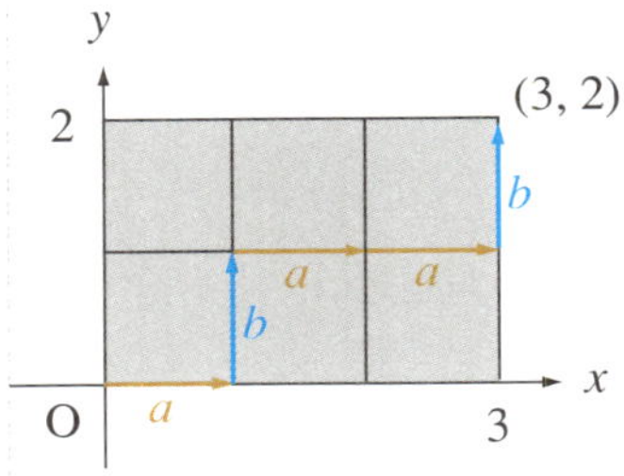

점 O에서 출발한 동점이 한 스텝에 한 칸씩 간다고 할 때, 총 5스텝만에 에 도착한다. 경로의 개수는

$$\binom{\text{총 스텝수}}{\text{오른쪽 스텝수}}$$

또는

$$\binom{\text{총 스텝수}}{\text{윗쪽 스텝수}}$$

이다. 이를

$$\binom{\text{총 스텝수}}{\text{일방 스텝수}}$$

로 기억해 두자.

예제 2.3.7

디오판투스 방정식

$$x_1 + x_2 + x_3 = 5$$

의 음이 아닌 정수해의 개수를 구하라.

풀이 이 방정식의 음이 아닌 정수해, 이를테면, (3, 1, 1)에

●●● + ● + ●

와 같이, 2개의 +로 연결된 3개의 빈 박스 안에 5개의 바둑돌을 넣은 것을 대응시킨다. 이것은 다중집합 $A = \{●, ●, ●, ●, ●, +, +\}$의 순열

●●●+●+●

로 볼 수 있다.

이와같이 보는 것은 주어진 방정식의 음이 아닌 정수해의 집합과 다중집합 A의 순열의 집합 사이의 일대일 대응이다. 따라서 방정식의 음이 아닌 정수해의 개수는 A의 순열의 수

$$\frac{7!}{5!\,2!} = 20$$

이다. ■

x_1 x_2 x_3	순열
5 0 0	●●●●●++
0 5 0	+●●●●●+
0 0 5	++●●●●●
4 1 0	●●●●+●+
4 0 1	●●●●++●
3 2 0	●●●+●●+
3 0 2	●●●++●●
3 1 1	●●●+●+●
⋮	⋮

+ (3−1)개, ● 5개

예제 2.3.7과 같이 생각하면 다음 정리가 성립함을 알 수 있다.

정리 2.3.8

디오판투스방정식

$$x_1 + x_2 + \cdots + x_n = r$$

의 음이 아닌 정수해의 개수는

$$\frac{(n+r-1)!}{r!\,(n-1)!}$$

◀ +의 개수는 $n-1$이고 점 ●의 개수는 r이다.

중복조합

n-집합 $S = \{x_1, x_2, \cdots, x_n\}$에 대하여, 다중집합

$$T = \{\infty \times x_1, \infty \times x_2, \cdots, \infty \times x_n\}$$

의 r-조합, 즉, S의 원소 중 중복을 허락하여 r개를 택한 것을 S의 **r-중복조합**이라고 한다. 이를테면

$$\{x, x, x\}, \{x, x, y\}, \{x, y, y\}, \{y, y, y\}$$

는 모두 집합 $\{x, y\}$의 3-중복조합이다.

n-집합의 r-중복조합의 수는 기호로

$${}_nH_r$$

로 나타낸다.

◀ 문자 x, y를 써서 만들 수 있는 단항식은

$$x,\ y$$
$$x^2,\ xy,\ y^2$$
$$x^3,\ x^2y,\ xy^2,\ y^3$$
$$x^4,\ x^3y,\ x^2y^2,\ xy^4,\ y^4$$
$$\cdots$$

등이 있다. 이들 중 같은 행에 있는 것은 차수가 같으므로 **동차단항식**(homogeneous monomial)이라고한다. 이 중

$$x^3,\ x^2y,\ xy^2,\ y^3$$

은 3차 동차단항식이고 그 개수는 ${}_2H_3$이다. ${}_nH_r$의 H는 homogeneous에서 따온 기호이다.

정리 2.3.9

$n > 0$, $r \geq 0$인 정수 n, r에 대하여, n-집합의 r-중복조합의 수는

$${}_nH_r = \binom{n+r-1}{r}$$

증명 n 종류의 대상 $X_1, X_2, \cdots, X_n$으로부터 중복을 허락하여 뽑은 r개 중 $X_1, X_2, \cdots, X_n$의 개수를 각각 $x_1, x_2, \cdots, x_n$이라고 하면

$$x_1 + x_2 + \cdots + x_n = r$$

이다. 따라서 $_nH_r$은 위의 디오판투스방정식의 음이 아닌 정수해의 개수와 같고, 그러므로 정리 2.3.8에 의하여

$$_nH_r = \frac{(n+r-1)!}{r!\,(n-1)!} = \binom{n+r-1}{r}.$$

다른 증명 설명을 구체적으로 하기 위하여 먼저 $n=3$, $r=4$인 경우를 살펴 보자. 다음 그림과 같이 3개의 선반 위에 차례로 3 종류의 과일 a, b, c가 각각 5개씩 놓여 있다. P에서 출발한 팩맨은 오른쪽 또는 아래로 이동하면서 선반에 놓인 과일 먹는다. Q에 도착하는 순간 팩맨은 a, b, c중 중복을 허락하여 5 개를 먹게 된다. 여기서 a, b, c 중 중복을 허락하여 5 개를 택하는 중복조합의 수는 P에서 Q까지 가는 최단경로의 개수와 같음을 알 수 있다.

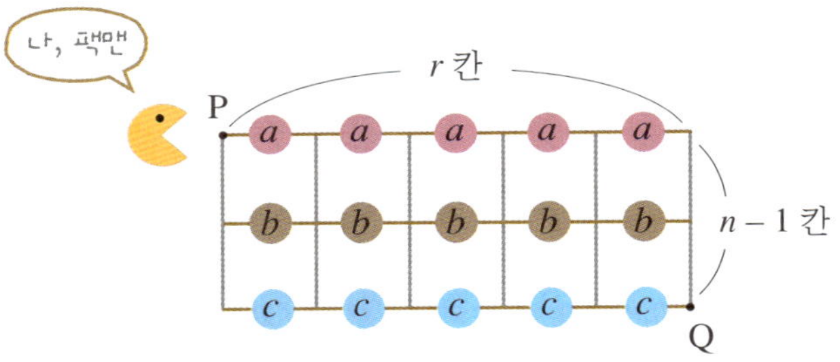

따라서

$$_3H_5 = \binom{2+5}{5} = \binom{(\text{문자의 종류수} - 1) + \text{뽑는 개수}}{\text{뽑는 개수}}$$

이다. 오른쪽으로 가는 칸의 수 5는 뽑는 개수이고, 아래로 가는 칸의 수 2는 (문자의 종류 수) $-$ 1과 같다.

이와 같은 방법으로 생각하면, 서로 다른 n 개의 대상 중 r개를 택하는 중복조합의 수는 좌우 r 칸, 상하 $n-1$칸으로 이루어진 그림과 같은 도로에서 점 P에서 점 Q까지 가는 최단 경로의 개수와 같음을 알 수 있다. 따라서 정리의 등식을 얻는다. ▌

예제 2.3.10

똑같은 연필 9 자루를 세 사람 A, B, C 에게 나누어 주는 방법수를 구하라. (단, 한 자루도 받지 못하는 사람이 있어도 좋다.)

풀이 A, B, C 중 1명을 택하여 연필 한 자루를 주는 과정을 9 회 반복하면 9 자루의 연필을 모두 나누어 줄 수 있다. 그러므로 구하는 수는 A, B, C 중 중복을 허락하여 9 개를 택하는 중복조합의 수

$$_3H_9 = \binom{3+9-1}{9} = \binom{11}{9} = 55$$

이다. ■

예제 2.3.11

디오판투스 방정식

$$x + y + z = 7$$

의 양의 정수해의 개수를 구하라.

◀ 디오판투스방정식 (Diophantine equation)이란 정수해를 목적으로하는 정수계수 방정식을 뜻한다.

풀이 (1) 구하는 수는 A, B, C 세 사람에게 7 자루의 연필을 나누어 주는데 각 사람에게 한 자루 이상씩 주는 방법수이다. 그러한 방법수는 먼저 각 사람에게 한 자루씩 나누어 주고 남은 4 자루를 A, B, C 에게 나누어 주는 방법수

$$_3H_4 = \binom{3+4-1}{4} = \binom{6}{2} = 15$$

이다.

다른 풀이 다음 7개의 1의 합

$$1+1+1+1+1+1+1=7$$

에서 나타나는 $7-1=6$ 개의 + 중 $3-1=2$ 개를 택하여 동그라미 친다. 이를테면 2 개의 +가

$$1+1+1 \oplus 1+1 \oplus 1+1=7$$

와 같이 택해졌을 때, 이는 $(x, y, z) = (3, 2, 2)$라는 뜻이다. 이와 같이 생각하면 구하는 수는

$$\binom{7-1}{3-1} = \binom{6}{2} = 15$$ ■

예제 2.3.11의 두 번째 풀이와 같이 생각하면 디오판투스방정식

$$x_1 + x_2 + \cdots + x_n = r$$

의 양의 정수해의 개수는

$$\binom{r-1}{n-1}$$

임을 알 수 있다. 이 사실을 이용하여 정리 2.3.9를 다음과 같이 증명할 수 있다.

$(a_1, a_2, \cdots, a_n)$이

$$x_1 + x_2 + \cdots + x_n = k$$

의 음이 아닌 정수해일 필요충분조건은 $(a_1 + 1, a_2 + 1, \cdots, a_n + 1)$이

$$x_1 + x_2 + \cdots + x_n = k + n \quad \cdots\cdots ①$$

의 양의 정수해일 것이다. ①의 양의 정수해의 개수는

$$\binom{k+n-1}{n-1} = \binom{n+k-1}{k}$$

이므로

$${}_nH_k = \binom{n+k-1}{k}.$$

예제 2.3.12

$$x_1 + x_2 + x_3 + x_4 = 9, \quad x_1 \geq 0,\ x_2 \geq 1,\ x_3 \geq 2, x_4 \geq 0$$

의 정수해의 개수를 구하라.

풀이 구하는 수는 9 자루의 연필을 A, B, C, D 네 사람에게 나누어 주는데 B, C에게는 각각 1자루 이상, 2자루 이상 되도록 나누어 주는 방법수이다. 먼저 B, C에게 각각 1자루, 2자루를 주고 남은 6자루를 네 사람에게 나누어 주는 방법수를 구하면 된다. 그 수는 방정식

$$x_1 + x_2 + x_3 + x_4 = 6$$

의 음이 아닌 정수해의 개수

$${}_4H_6 = \binom{4+6-1}{6} = \binom{9}{6} = 84$$

와 같다. ■

예제 2.3.13

11 권의 책이 책꽂이에 나란히 꽂혀 있다. 이 중 서로 인접한 두 권의 책은 선택되지 않도록 4 권을 선택하는 방법수를 구하라.

풀이 선택한 책을 O로 선택하지 않은 책을 X로 나타내면 어느 4권을 선택한 결과는, 이를테면

1	2	3	4	5	6	7	8	9	10	11
X	X	O	X	O	X	X	O	X	O	X

,

1	2	3	4	5	6	7	8	9	10	11
X	X	O	X	O	X	X	O	X	X	O

와 같이 다중집합

$$\{\mathbf{O}, \mathbf{O}, \mathbf{O}, \mathbf{O}, \mathbf{X}, \mathbf{X}, \mathbf{X}, \mathbf{X}, \mathbf{X}, \mathbf{X}, \mathbf{X}\}$$

의 순열로서 2개의 **O**사이에 반드시 **X**가 있는 것이다. 이러한 조합의 수는 다음 그림의 5개의 빈 칸 ㉮, ㉯, ㉰, ㉱, ㉲에 7개의 **X**를 넣되 ㉯, ㉰, ㉱에는 각각 1개 이상 들어 가도록 넣는 방법수와 같다.

㉮	O	㉯	O	㉰	O	㉱	O	㉲

조건을 만족하도록 **X**를 넣었을 때, ㉮, ㉯, ㉰, ㉱, ㉲에 들어간 **X**의 개수를 각각 x_1, x_2, x_3, x_4, x_5라고 하면

$$x_1 + x_2 + x_3 + x_4 + x_5 = 7$$
$$x_1 \geq 0, \quad x_2 \geq 1, \quad x_3 \geq 1, \quad x_4 \geq 1, \quad x_5 \geq 0$$

그러므로 구하는 수는 위 일차방정식의 정수해의 개수와 같고, 그것은

$$x_1 + x_2 + x_3 + x_4 + x_5 = 4$$

의 음이 아닌 정수해의 개수

$${}_5H_4 = \binom{5+4-1}{4} = \binom{8}{4} = 70$$

이다. ■

하강계승과 상승계승

실수 x와 정수 $r \geq 0$에 대하여 **하강계승** $[x]_r$과 **상승계승** $[x]^r$을 다음과 같이 정의한다.

◀ 下降繼乘 falling factorial
上昇繼乘 rising factorial

$$[x]_r = \begin{cases} 1, & (r = 0\text{일 때}) \\ x(x-1)(x-2)\cdots(x-r+1), & (r > 0\text{일 때}) \end{cases}$$

◀ x부터 1씩 줄여가며 r개 곱한 것

$$[x]^r = \begin{cases} 1, & (r = 0\text{일 때}) \\ x(x+1)(x+2)\cdots(x+r-1), & (r > 0\text{일 때}) \end{cases}$$

◀ x부터 1씩 늘여가며 r개 곱한 것

정의로부터, 자연수 n에 대하여

$$[n]_r = {}_nP_r, \quad [n]^r = {}_{n+r-1}P_r$$

임을 알 수 있다.

예제 2.3.14

r개의 서로 다른 수를, 일렬로 배열된 n 개의 괄호

$$(\qquad)(\qquad)\cdots(\qquad)$$

속에 나열하는 방법수는 $[n]^r$임을 보여라. 단, 빈 괄호가 있어도 좋다.

풀이 문제의 방법수를 $f(n, r)$이라 하자. r개의 수 중 특별한 한 수 A를 제외한 $r-1$개의 수를 배치하는 방법수는 $f(n, r-1)$이다. 그 한 가지 경우에 i번 째 괄호안에 a_i개의 수가 나열되어 있다고 할 때,

$$a_i \geq 0, (i = 1, 2, \cdots, n), \quad a_1 + a_2 + \cdots + a_n = r - 1.$$

이제 A를 i번 째 괄호 안의 어느 위치에 배치하는 방법수는 $a_i + 1$이므로 A를 배치하는 총 방법수는

◀ $a_i = 3$일 때 A를 배치하는 방법은 4가지

$$(a_1 + 1) + (a_2 + 1) + \cdots + (a_n + 1) = n + r - 1.$$

위의 등식의 우변은 a_i와 관계없이 결정되므로

$$f(n, r) = (n + r - 1)f(n, r - 1)$$

이다. 여기서

$$f(n, r) = (n + r - 1)(n + r - 2)\cdots(n + 1)f(n, 1)$$

이고 $f(n, 1) = n$이므로 $f(n, r) = [n]^r$이다. ■

예제 2.3.15

r명의 학생을 n개의 열로 배열하는 방법수를 구하라. 단, 각 열에 1명 이상이 있어야 한다.

풀이 각 열의 첫 번째 위치에 한 사람씩 배치하는 방법은 ${}_rP_n$가지, 남은 $r-n$명을 n개의 열에 배치하여 세우는 방법은 $[n]^{r-n}$ 가지 이므로 구하는 수는

$$
\begin{aligned}
{}_rP_n[n]^{r-n} &= \frac{r!}{(r-n)!}\, n(n+1)(n+2)\cdots(r-1) \\
&= \frac{r!}{(r-n)!}\frac{(r-1)!}{(n-1)!} = r!\binom{r-1}{n-1}
\end{aligned}
$$

다른 풀이 r명의 학생을 좌우로 세워 일렬로 배열 ($r!$ 가지) 한 다음 인접한 사람끼리 손을 잡게한다. $r-1$개의 손잡은 곳 중 $n-1$ 곳을 택하여 ($\binom{r-1}{n-1}$ 가지) 손을 놓게하면 원래의 배열은 n개의 열로 나뉜다. 따라서 구하는 수는

◀ 손을 잡은 사람끼리 하나의 열을 이룬다.

$$r!\binom{r-1}{n-1}$$

이다. ■

예제 2.3.14에 의하여 5 개의 구별되는 1, 즉, $1_1, 1_2, 1_3, 1_4, 1_5$를 3 개의 수열의 열로 나열하는 방법은 $[3]^5$ 가지이고, 그러한 각 배열은

$$(1_1, 1_2, 1_3), (1_4, 1_5), (\quad)$$

와 같은 꼴이다. 위 배열에서 각 쉼표를 기호 + 로 바꾸고, 빈 괄호에 0을 넣으면

$$(1_1+1_2+1_3)+(1_4+1_5)+(0)$$

여기서 첨자를 떼고 괄호 안의 수를 합하면 $3+2+0$이므로 방정식

$$x+y+z=3$$

의 음이 아닌 하나의 정수해 $(3, 2, 0)$을 얻는다. 이 해 $(3, 2, 0)$을 주는 원래의 배열의 개수는 $5!$이므로 음이 아닌 정수해의 개수는

$$\frac{[3]^5}{5!}$$

이다.

이와 같이 생각하면 다음 정리가 성립함을 알 수 있다.

정리 2.3.16

디오판투스방정식 $x_1 + x_2 + \cdots + x_n = r$의 음이 아닌 정수해의 개수는

$$\frac{[n]^r}{r!}$$

지금까지의 논의로부터 다음을 얻는다.

따름정리 2.3.17

(1) ${}_nC_r = \dfrac{[n]_r}{r!}$ (2) ${}_nH_r = \dfrac{[n]^r}{r!}$

이 절을 마치기 전에 수열의 개념으로써 중복조합의 수를 헤아리는 고전적인 방법 하나를 소개한다.

조건

(i) $$a_1 < a_2 < a_3 < \cdots$$

을 만족하는 수열 $(a_1, a_2, a_3, \cdots)$을 **증가수열**이라고 하고, 조건

(ii) $$a_1 \le a_2 \le a_3 \le \cdots$$

을 만족하는 수열 $(a_1, a_2, a_3, \cdots)$을 **단조증가수열**이라고 한다. 또, 항의 개수가 r인 유한 수열을 **r-수열**이라고 한다.

◂ 增加數列 increasing sequence

◂ 單調增加數列 monotone increasing sequence

◂ r-sequence

각 항이 $1, 2, \cdots, n$ 중 하나인

r-수열의 개수는 ${}_nP_r$,

증가 r-수열의 개수는 ${}_nC_r$,

단조증가 r-수열의 개수는 ${}_nH_r$

임은 명백하다.

각 항이 1 또는 2인 단조증가 4-수열의 집합은

$$\mathscr{A} = \{(1, 1, 1, 1), (1, 1, 1, 2), (1, 1, 2, 2), (1, 2, 2, 2), (2, 2, 2, 2)\}$$

이다. $(a_1, a_2, a_3, a_4) \in \mathscr{A}$에 대하여

$$f(a_1, a_2, a_3, a_4) = (a_1 + 0, a_2 + 1, a_3 + 2, a_4 + 3)$$

라 하고

$$\mathscr{B} = \{f(a_1, a_2, a_3, a_4) \mid (a_1, a_2, a_3, a_4) \in \mathscr{A}\}$$

하면

$$f : \mathscr{A} \to \mathscr{B}$$

는 일대일대응이다. 한편

$\mathscr{B} = \{(1, 2, 3, 4), (1, 2, 3, 5), (1, 2, 4, 5), (1, 3, 4, 5), (2, 3, 4, 5)\}$

는 각 항이 1, 2, 3, 4, 5 중 하나인 증가수열 전체의 집합이므로 그 원소의 개수는 ${}_{2+4-1}C_4$이다. 그러므로 ${}_2H_4 = {}_{2+4-1}C_4$이다.

이와 같은 논리를 적용하면 일반적으로

$${}_nH_r = {}_{n+r-1}C_r$$

이 성립함을 알 수 있다.

2-3 EXERCISES 연습문제

1 k가 17이하의 자연수라고 하자. 20이하의 자연수로 이루어진 집합의 4-부분집합 중 하나의 집합 A를 임의로 택할 때, 다음과 같을 확률을 구하라.

(1) k가 A의 가장 작은 원소이다.

(2) k가 A의 두 번째로 작은 원소이다.

2 다음 각 경우에 a, b, c, d, e 중 3개의 문자를 써서 만들 수 있는 단어의 개수를 구하라.

(1) 각각의 문자를 중복해서 선택하는 것을 허용한다.

(2) 서로 다른 문자를 선택하되 e를 반드시 포함시킨다.

(3) 각각의 문자를 중복해서 선택하는 것을 허용하되 e를 반드시 포함시킨다.

3 중학생 2명, 고등학생 4명에게 똑같은 10자루의 연필을 나누어 주려고한다. 중학생에게는 2 자루 이하가 돌아가도록 나누는 방법수를 구하라.

4 0, 1, 2의 n-중복순열로서 적어도 한 수는 연속해서 2개 들어 있는 것의 개수를 구하라.

5 n 자리 정수로서 같은 수가 연속해서 나타나지 않는 것의 개수를 구하라.

6 1에서 10000까지의 자연수 중 각 자리의 숫자로서 2와 8이 꼭 한 번씩만 나타나는 것의 개수를 구하라.

7 a, b, c를 각각 5개씩 사용하여 만든 단어 중 a와 a 사이에 b와 c가 각각 하나 이상씩 들어 있는 것의 개수를 구하라.

8 '01'이 꼭 m번 나타나는 n 항 이진수열의 개수를 구하라.

2-3 · E · X · E · R · C · I · S · E · S · 연습문제

9 1, 2, 3, 4, 5, 6, 7, 8중 5개를 써서 만들 수 있는 5자리의 정수를 작은 수부터 차례대로 쓸 때, 25431은 몇 번째 수인가?

10 각 자리의 숫자가 왼쪽에서 오른쪽으로 감에따라 감소하지 않는 십만 이하의 자연수의 개수를 구하라.

11 7명의 남자와 13명의 여자가 서로 손을 잡고 일렬로 서 있다. 남자와 여자가 손을 잡은 곳의 수를 S라고 하자. 이를테면

여남여남여여남여남여여남여남남여여여여여

와 같이 서 있는 경우 $S = 12$이다. 이러한 S값의 평균에 가장 가까운 정수를 구하라.

12 한 개의 동전을 n번 던졌을 때, 다음 확률을 구하라.

(1) 정확하게 뒷면이 m번 나온 후 처음으로 앞면이 나올 확률.

(2) 정확하게 뒷면이 m번 나온 후 i 번째로 앞면이 나올 확률.

13 $1 \le k \le n$인 자연수 k, n에 대하여, 합이 n 되는 모든 자연수들의 수열에서 k가 나타나는 회수를 구하라.

14 방정식 $x_1 + x_2 + x_3 + x_4 + x_5 = 25$의 다음과 같은 정수해의 개수를 구하라.

(1) 각 x_i가 양의 홀수.

(2) 각 $i = 1, 2, 3, 4, 5$에 대하여, $x_i \ge i$.

15 $x_1 + x_2 + x_3 + x_4 = 30,\ x_1 \ge 2, x_2 \ge 0, x_3 \ge -5, x_4 \ge 8$
의 정수해의 개수를 구하라.

16 연립방정식

$x_1 + x_3 = 6,\ x_1 + x_2 + x_3 + x_4 + x_5 = 25$

의 음이 아닌 정수해의 개수를 구하라.

2-3 · E · X · E · R · C · I · S · E · S · 연습문제

17 연립부등식

$x_1 + x_2 + \cdots + x_6 \le 20,\ x_1 + x_2 + x_3 \le 7$

의 음이 아닌 정수해의 개수를 구하라.

18 1부터 100까지의 자연수 중 세 수를 택했을 때, 그 합이 100이 되는 경우의 수를 중복을 허락하는 경우와 허락하지 않는 경우에 대하여 구하라.

19 자연수 3을 3, 2 + 1, 1 + 2, 1 + 1 + 1과 같이 순서를 고려한 자연수의 합으로 표현할 수 있는 방법이 4가지가 있다. 임의의 자연수 n을 위와 같이 순서를 고려한 자연수의 합으로 표현할 수 있는 방법 수를 구하라.

20 정수 $\lambda_1, \lambda_2, \cdots, \lambda_n$에 대하여, $\lambda = x_1 + x_2 + \cdots + x_n$이라고 할 때, 디오판투스방정식

$$x_1 + x_2 + \cdots + x_n = r, \quad x_i \ge \lambda_i, (i = 1, 2, \cdots, n)$$

의 정수해의 개수는 ${}_{n+r-\lambda-1}C_{r-\lambda}$임을 보여라.

21 $\{1, 2, \cdots, n\}$의 r-부분집합 중 연속된 2개의 수를 포함하지 않는 것의 개수를 구하라.

22 자연수 mn에 대하여 $(mn)!$은 $(m!)^n$의 배수임을 보여라.

23 좌표평면에서 원점을 출발하여 한 걸음에 상하좌우로 1씩 움직이는 동점이 $2n$걸음 후에 다시 원점으로 돌아오는 방법수를 구하라.

2-4 이항계수와 그 확장

7명으로 이루어진 어느 동아리에서 산행을 가기로 했다. 7명 중 다음과 같이 사전 답사조 3명을 뽑는 방법수를 구하라.

(1) 회장이 포함된다.

(2) 회장은 포함되지 않는다.

(3) 조건 없다.

위 (1), (2)에서 얻은 값과 (3)에서 얻은 값 사이의 관계를 찾으라.

좌표평면의 원점에서 출발하여 오른쪽 또는 위로 한 칸씩 이동하는 동점이 점 P(3, 2)까지 가는 경로의 개수는 다중집합 $\{a, a, a, b, b\}$의 순열의 수 $\frac{5!}{3!\,2!}$와 같다. 이 동점은 경로의 선택에 관계없이 총 5 스텝만에 P에 도착한다 오른쪽 그림의 경로 $abaab$는 5개의 칸

중에서 3 개를 택하여 a를 써 넣은

a		a	a	

와 같은 것으로 볼수 있다. (나머지 3 칸은 b를 써 넣은 것으로 본다.) 이러한 이유로 총 경로의 개수는

$$\binom{5}{3}$$

이다. 이와 같이 생각하면 일반적인 경우 경로의 개수는

$$\binom{\text{총 스텝수}}{\text{오른쪽 스텝수}} = \binom{\text{총 스텝수}}{\text{윗쪽 스텝수}}$$

임를 알 수 있다. 이를 한꺼번에

$$\binom{\text{총 스텝수}}{\text{일방 스텝수}}$$

로 기억해 두자.

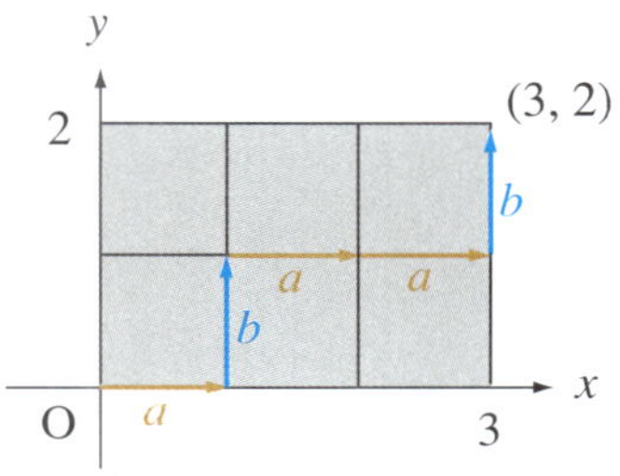

◀ 일방 스텝수란 오른쪽 또는 위쪽 중 어느 한 방향 스텝수라는 뜻

기역법칙

n-집합의 k-조합의 개수 $\binom{n}{k}$를 (n, k)-성분으로 하는 오른쪽 그림과 같은 행렬을 **파스칼 행렬**이라고 한다. 조합의 수는 파스칼 행렬에서 관찰하면 여러 가지로 편리하다.

n \ k	0	1	2	3	4	5	6	7	…	n
0	1	0	0	0	0	0	0	0	…	0
1	1	1	0	0	0	0	0	0	…	0
2	1	2	1	0	0	0	0	0	…	0
3	1	3	3	1	0	0	0	0	…	0
4	1	4	6	4	1	0	0	0	…	0
5	1	5	10	10	5	1	0	0	…	0
6	1	6	15	20	15	6	1	0	…	0
7	1	7	21	35	35	20	7	1	…	0
⋮	⋮	⋮	⋮	⋮	⋮	⋮	⋮	⋮	⋱	⋮
n	1	*	*	*	*	*	*	*		1

보통 행렬은 행번호 열번호가 1부터 시작되는데 Pascal 행렬은 행번호 열번호가 0부터 시작된다. 또, 때에 따라 행과 열이 무한히 많은 경우도 행렬로 생각한다.

파스칼 삼각형은 이 행렬에서 0이 아닌 수 부분으로 직각삼각형 모양으로 배열되어 있다.

이 표를 관찰해 보면 "ㄱ"자로 인접한 세 수에 대하여 위의 두 수의 합은 그 두 수 중 오른쪽 수 아래의 수와 같다. 이것은 일반적으로 성립하는 성질로서 **ㄱ-법칙**이라고 부르기로 한다.

ㄱ-법칙을 증명하여 보자.

정리 2.4.1 (ㄱ-법칙)

양의 정수 n, k에 대하여

$$\binom{n}{k} = \binom{n-1}{k-1} + \binom{n-1}{k} \quad \cdots\cdots\cdots \text{①}$$

◀ Pascal의 법칙

증명

• $n < k$일 때 : ①의 양변은 0으로서 서로 같다.

• $n = k$ 또는 $k = 1$일 때 : ①의 양변은 1로서 서로 같다.

• $2 \le k < n$일 때 : $X = \{1, 2, \cdots, n\}$의 k-조합은 '특정한 원소' n을 포함하는 것과 그렇지 않는 것으로 나누어진다.

n을 포함하는 X의 k-조합은

$$(\{1, 2, \cdots, n-1\}\text{의 } (k-1)\text{-조합}) \cup \{n\}$$

의 꼴로서, 그 개수는

$$\binom{n-1}{k-1}.$$

파스칼(Pascal, 1623-1662) 프랑스의 수학자, 물리학자, 발명가, 작가

n을 포함하지 않는 X의 k-조합은 $\{1, 2, \cdots, n-1\}$의 k-조합이므로 그 개수는

$$\binom{n-1}{k}.$$

따라서 X의 k-조합 전체의 개수는

$$\binom{n-1}{k-1} + \binom{n-1}{k}$$

이다.

증명 2 좌표평면 위의 동점이 원점에서 출발하여 오른쪽 및 위르 1칸씩 간다고 할 때, 점 O에서 점 $\mathrm{P}(k, l)$까지 가는 방법수를 $f(\mathrm{P})$라고 하고, $k + l = n$이라고 하면

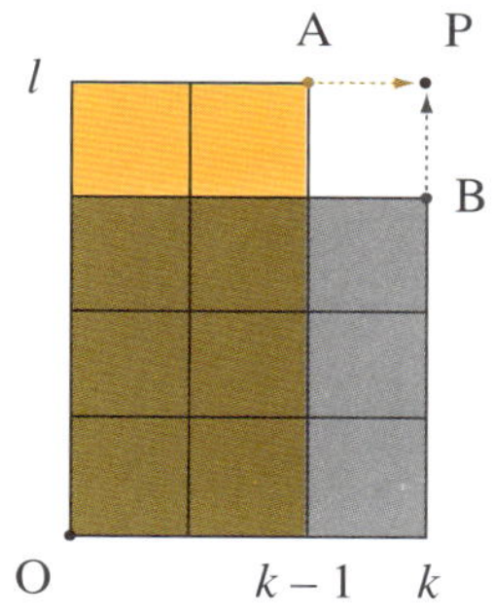

$$f(\mathrm{P}) = \binom{\text{총 스텝수}}{\text{오른쪽 스텝수}} = \binom{n}{k}. \quad \cdots\cdots ②$$

점 P까지 가는 방법은 $\mathrm{O} \to \mathrm{A} \to \mathrm{P}$, $\mathrm{O} \to \mathrm{B} \to \mathrm{P}$ 의 두 가지이므로

$$f(\mathrm{P}) = f(\mathrm{A}) + f(\mathrm{B}). \quad \cdots\cdots ③$$

경로 $\mathrm{O} \to \mathrm{A}$, $\mathrm{O} \to \mathrm{B}$에 대한 총 스텝수는 모두 $n-1$이고 오른쪽 스텝수는 각각 $k-1$, k이므로

$$f(\mathrm{A}) = \binom{n-1}{k-1}, \quad f(\mathrm{B}) = \binom{n-1}{k}. \quad \cdots\cdots ④$$

②, ③, ④에 의하여 ①이 성립한다. ▌

오른쪽 그림과 같이 배열된 점 중 (0, 0)위치의 점에서 출발하여, 한 스텝에 ↓ 또는 ↘의 방향으로 이동하는 동점이 (n, k) 위치의 점까지 가기 위한

총 스텝수는 n, ↘ 방향 스텝수는 k

이므로 그 방법수는

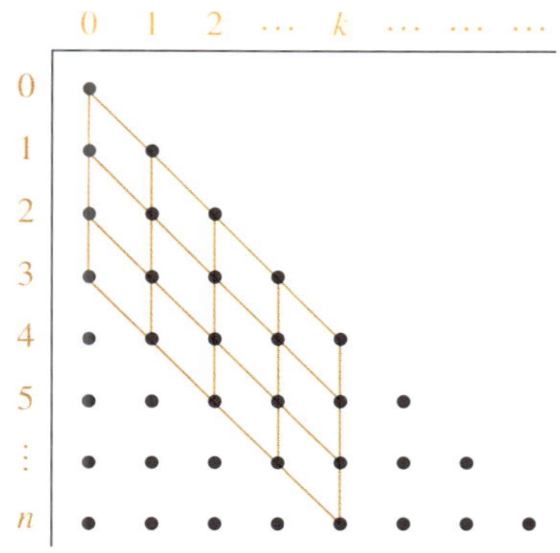

$$\binom{n}{k}$$

이다. 그러므로 이 그림의 각 점을 그 점까지 가는 방법수로 바꾸어 놓은 것은 곧 파스칼 행렬이다.

정리 2.4.2 (이항정리)

◀ 二項定理 binomial theorem

n이 음이 아닌 정수일 때,

$$(x+y)^n = \sum_{k=0}^{n} \binom{n}{k} x^k y^{n-k} \quad \cdots\cdots \text{①}$$

증명 $n=0$일 때는 명백히 ①이 성립한다. $n \ge 1$이라 하자.
$(x+y)^n$은 다음과 같이 n 개의 $(x+y)$의 곱이다.

$$(x+y)\,(x+y)\,\cdots\,(x+y)$$

제1인수 제2인수 제n인수

이 곱을 전개할 때 나타나는 항은 각 인수에서 x, y 중 하나를 택하여 곱한 것이므로 그 모양은 $x^k y^{n-k}$, $(k=0, 1, 2, \cdots, n)$, 이다. 특히 $x^k y^{n-k}$을 얻기 위해서는 k개의 인수에서 x를 선택하고 나머지 인수에서 y를 택하면 된다. 따라서 이 곱셈의 전개식에서 $x^k y^{n-k}$이 나타나는 회수는 n개의 인수 중 k개를 선택하는 방법수 $\binom{n}{k}$와 같다. 그러므로 등식 ① 이 성립한다.

◀ 나머지 인수의 개수는 $n-k$

다른 증명 한 스텝에 상하 좌우 중 어느 한 방향으로 한칸씩 움직이는 좌표평면 위의 동점 Q가 현재 지점에서 오른쪽 또는 위로 갈 확률이 각각 α, β라 하고, 이 동점 Q가 원점에서 출발하여 n스텝 후에 직선 $x+y=n$에 도착할 확률을 P_n이라고 하자.
각 스텝에 '오른쪽 또는 위'로 갈 확률은 $\alpha+\beta$이고, 원점에서 출발하여 '오른쪽 또는 위'로 n스텝을 가면 직선 $x+y=n$에 도착하므로

$$P_n = (\alpha+\beta)^n. \quad \cdots\cdots \text{②}$$

직선 $x+y=n$에 도착하는 것은 점

$$A_k(k, n-k), \quad (k=0, 1, 2, \cdots, n)$$

중 하나에 다다르는 것이다. n스텝 만에 점 A_k까지 가는 경로는 $\binom{n}{k}$가지이고 그 각 경로를 따라갈 확률은 $\alpha^k \beta^{n-k}$이므로

$$P_n = \sum_{k=0}^{n} \binom{n}{k} \alpha^k \beta^{n-k} \quad \cdots\cdots \text{③}$$

이다. ②, ③에서 α, β를 각각 x, y로 바꾸어 넣으면 등식 ①을 얻는다. ▌

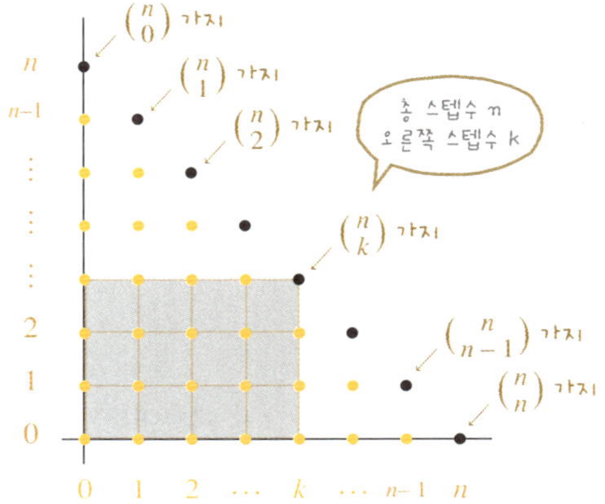

정리 2.4.2의 등식에 $y = 1$을 대입하면 다음을 얻는다.

따름정리 2.4.3 (이항정리)

n이 음이 아닌 정수일 때,

$$(x+1)^n = \sum_{k=0}^{n} \binom{n}{k} x^k$$

$\binom{n}{k}$는 이항식의 거듭제곱의 전개식에서 항의 계수로 나타난다는 뜻에서 **이항계수**라고 한다. 이항 계수에 관한 몇 가지 항등식에 관하여 알아 보자.

◀ 二項係數 binomial coefficient

예제 2.4.4

다음 등식을 증명하라.

$$\sum_{k=0}^{n} \binom{n}{k} = 2^n \quad \cdots\cdots ①$$

증명 따름정리 2.4.3의 등식의 양 변에 $x = 1$을 대입하면 ①을 얻는다.

증명 2 n-집합 X의 부분집합의 개수는 2^n이다.
각 $k = 0, 1, 2, \cdots, n$에 대하여 X의 원소의 개수가 k인 부분집합의 개수를 s_k라 하면

$$2^n = s_0 + s_1 + \cdots + s_k$$

한편 $s_k = \binom{n}{k}$, $(k = 0, 1, 2, \cdots, n)$, 이므로 ①이 성립한다.

증명 3 $n = 0$일 때 ①의 양 변은 1로서 서로 같고, $n = 1$일 때 ①의 양 변은 2로서 서로 같다.
①을 가정하고 ①에서 n을 $n+1$로 바꾸어 넣은 등식이 성립함을 증명한다.

$$
\begin{array}{rl}
\binom{n}{0} + \binom{n}{1} + \cdots + \binom{n}{n-2} + \binom{n}{n-1} + \binom{n}{n} &= 2^n \\
\binom{n}{0} + \binom{n}{1} + \binom{n}{2} + \cdots + \binom{n}{n-1} + \binom{n}{n} &= 2^n \\
\hline
\binom{n+1}{0} + \binom{n+1}{1} + \binom{n+1}{2} + \cdots + \binom{n+1}{n-1} + \binom{n+1}{n} + \binom{n+1}{n+1} &= 2^{n+1}
\end{array}
$$

◀ ㄱ-법칙

증명 4 좌표평면의 원점에서 출발하여 한 스텝에 → 또는 ↑로 한 칸씩 이동하는 동점이 n 스텝만에 만들 수 있는 경로의 개수는 2^n이다.

◀ n 번의 각 스텝마다 → 또는 ↑의 2가지 선택이 있다.

그러한 각 경로의 도착점은

$$A_k(k, n-k),\ (k = 0, 1, 2, \cdots, n)$$

이고 A_k를 도착점으로 하는 경로의 개수는 $\binom{n}{k}$이므로 ①이 성립한다.

■

예제 2.4.5

다음 등식을 증명하라.

(1) $\sum_{k\text{는 홀수}} \binom{n}{k} = \sum_{k\text{는 짝수}} \binom{n}{k} = 2^{n-1}$

(2) $\sum_{k=0}^{n} \binom{n}{k}^2 = \binom{2n}{n}$

증명 (1) 등식 $(x+1)^n = \sum_{k=0}^{n} \binom{n}{k} x^k$의 양 변에 $x = -1$을 대입하면

$$\sum_{k=0}^{n} \binom{n}{k}(-1)^k = (-1+1)^n = 0$$

즉,

$$\binom{n}{0} - \binom{n}{1} + \binom{n}{2} - \binom{n}{3} + \cdots + (-1)^n\binom{n}{n} = 0.$$

여기서 마이너스 부호가 붙은 항을 우변으로 이항하면 (1)의 첫 번째 등식을 얻는다. (1)의 첫 번째 등식의 양 변은 $\sum_{k=0}^{n} \binom{n}{k} = 2^n$의 절반씩이므로 (1)의 두 번째 등식을 얻는다.

증명 2 $X_n = \{1, 2, \cdots, n\}$이라 하고, X_n의 부분집합 중 원소의 개수가 짝수인 것을 '짝부분집합', 홀수인 것을 '홀부분집합'으로 부르기로 하하고, X_n의 짝부분집합, 홀부분집합의 개수를 각각 $f(n)$, $g(n)$이라 하면,

$$f(n) = \sum_{k\text{는 짝수}} \binom{n}{k}, \quad g(n) = \sum_{k\text{는 홀수}} \binom{n}{k}$$

이다. 명백히 $f(1) = g(1)$이다. $f(n-1) = g(n-1) = 2^{n-1}$을 가정하고 $f(n) = g(n) = 2^n$을 보인다.

X_n의 부분집합은 n을 포함하는 것과 포함하지 않는 것으로 나뉘므로

$$X_{n-1}\text{의 부분집합 및 } (X_{n-1}\text{의 부분집합}) \cup \{n\}$$

이다. X_{n-1}의 짝부분집합을 $E_1, E_2, \cdots, E_{2^{n-1}}$, 홀부분집합을 $D_1, D_2, \cdots, D_{2^{n-1}}$이라 하고 $E_k^* = E_k \cup \{n\}$, $D_k^* = D_k \cup \{n\}$이라고 하면 X_n의 짝부분집합은

$$E_1, E_2, \cdots, E_{2^{n-1}}, D_1^*, D_2^*, \cdots, D_{2^{n-1}}^*$$

홀부분집합은

$$D_1, D_2, \cdots, D_{2^{n-1}}, E_1^*, E_2^*, \cdots, E_{2^{n-1}}^*$$

이다. 그러므로

$$f(n) = g(n) = 2 \cdot 2^{n-1} = 2^n$$

이 성립한다.

(2) 등식 $(x+1)^n(x+1)^n = (x+1)^{2n}$을 이용하여 증명한다.

일반적으로

$$(a_0 + a_1x + a_2x^2 + a_3x^3 + \cdots)(b_0 + b_1x + b_2x^2 + b_3x^3 + \cdots)$$

의 전개식에서 x^3의 계수는 $a_0b_3 + a_1b_2 + a_1b_1 + a_3b_0$이다. 이와 같이 생각하면

$$(x+1)^n(x+1)^n = \left(\sum_{i=0}^{n} \binom{n}{i} x^i\right)\left(\sum_{j=0}^{n} \binom{n}{j} x^j\right)$$

의 전개식에서 x^n의 계수는

$$\sum_{k=0}^{n} \binom{n}{k}\binom{n}{n-k} = \sum_{k=0}^{n} \binom{n}{k}\binom{n}{k}$$

임을 알 수 있다. 한편 $(x+1)^{2n}$의 전개식에서 x^n의 계수는 $\binom{2n}{n}$이므로 등식 (2)가 성립한다.

증명 2 n-집합

$$X = \{x_1, x_2, \cdots, x_n\}, \; Y = \{y_1, y_2, \cdots, y_n\}$$

에 대하여 $X \cup Y$는 $2n$-집합이고, $X \cup Y$의 n-조합은

$(X$의 k-조합$) \cup (Y$의 $(n-k)$-조합$)$, $(k = 0, 1, 2, \cdots, n)$

으로 주어진다. 따라서 등식 (2)가 성립한다. ■

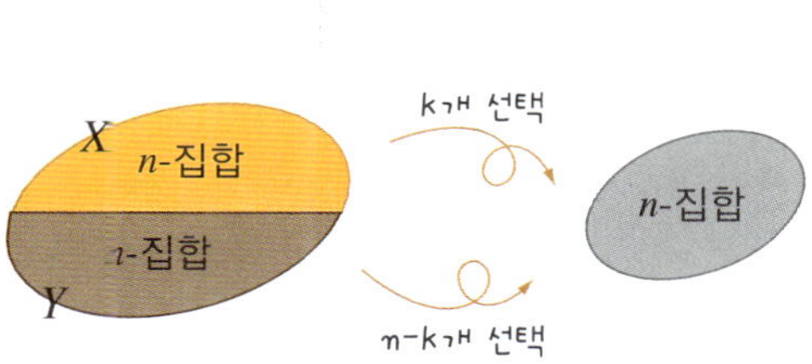

예제 2.4.6

다음 등식을 증명하라.

(1) $\sum_{k=0}^{n} k\binom{n}{k} = n\,2^{n-1}$

(2) $\sum_{k=0}^{n} k^2\binom{n}{k} = n(n+1)\,2^{n-2}$

증명 (1) 등식 $\sum_{k=0}^{n}\binom{n}{k}x^k = (x+1)^n$ 의 양 변을 x에 관하여 미분하면

$$\sum_{k=0}^{n} k\binom{n}{k}x^{k-1} = n(x+1)^{n-1} \quad \cdots\cdots\cdots\cdots\cdots ①$$

양 변에 $x = 1$을 대입하면 (1)을 얻는다.

(2) 등식 ①의 양 변에 x를 곱하면

$$\sum_{k=0}^{n} k\binom{n}{k}x^{k} = nx(x+1)^{n-1}$$

이 등식의 양 변을 x에 관하여 미분하면

$$\sum_{k=0}^{n} k^2\binom{n}{k}x^{k-1} = n[(x+1)^{n-1} + x(n-1)(x+1)^{n-2}]$$

양 변에 $x = 1$을 대입하면 (2)를 얻는다. ■

$\sum_{k=0}^{n}\binom{n}{k}$는 파스칼행렬의 제 n행의 원소의 합이다. 예제 2.4.4는 이 합이 2^n이라는 것이다. 이제 파스칼 행렬에서 ↓, ↘, ↙의 각 방향으로 배열된 일단의 원소의 합에 대하여 알아 보자.

예제 2.4.7

다음을 증명하라.

(1) $\binom{0}{k} + \binom{1}{k} + \binom{2}{k} + \cdots + \binom{n}{k} = \binom{n+1}{k+1}$

(2) $\binom{n+0}{0} + \binom{n+1}{1} + \binom{n+2}{2} + \cdots + \binom{n+k}{k} = \binom{n+k+1}{k+1}$

(3) $\binom{n}{0} + \binom{n-1}{1} + \binom{n-2}{2} + \cdots + \binom{1}{n-1} + \binom{0}{k} = g_n$이라 하면 $(g_0, g_1, g_2, \cdots)$은 피보나치 수열이다.

증명 (1), (2)는 다음 [그림 1], [그림 2]에서

$$(\bullet\text{의 합}) = \bigstar$$

이란 뜻이고 (3)은

$$(\bullet\text{의 합}) + (\blacktriangle\text{의 합}) = (\bigstar\text{의 합})$$

이란 뜻이다.

	0	1	2	3	4	5	6
0	1	0	●	0	0	0	0
1	1	1	●	0	0	0	0
2	1		●	0	0	0	0
3	1		●	1	0	0	0
4	1		●		1	0	0
5	1		●			1	0
6	1			★			1

[그림 1]

	0	1	2	3	4	5	6
0	1	0	0	0	0	0	0
1	1	1	0	0	0	0	0
2	●		1	0	0	0	0
3	1	●		1	0	0	0
4	1		●		1	0	0
5	1			●		1	0
6	1			★			1

[그림 2]

	0	1	2	3	4	5	6
0	1	0	0	0	●	▲	★
1	1	1	0	●	▲	★	0
2	1		●	▲	★	0	0
3	1	●	▲	★	0	0	0
4	●	▲	★		1	0	0
5	▲	★				1	0
6	★						1

[그림 3]

(1), (2)는 다음 그림과 같이 설명된다. 이 그림의 각 단계에서 색으로 표시된 칸에 들어 있는 수의 합은 ㄱ-법칙에 의하여 불변이다.

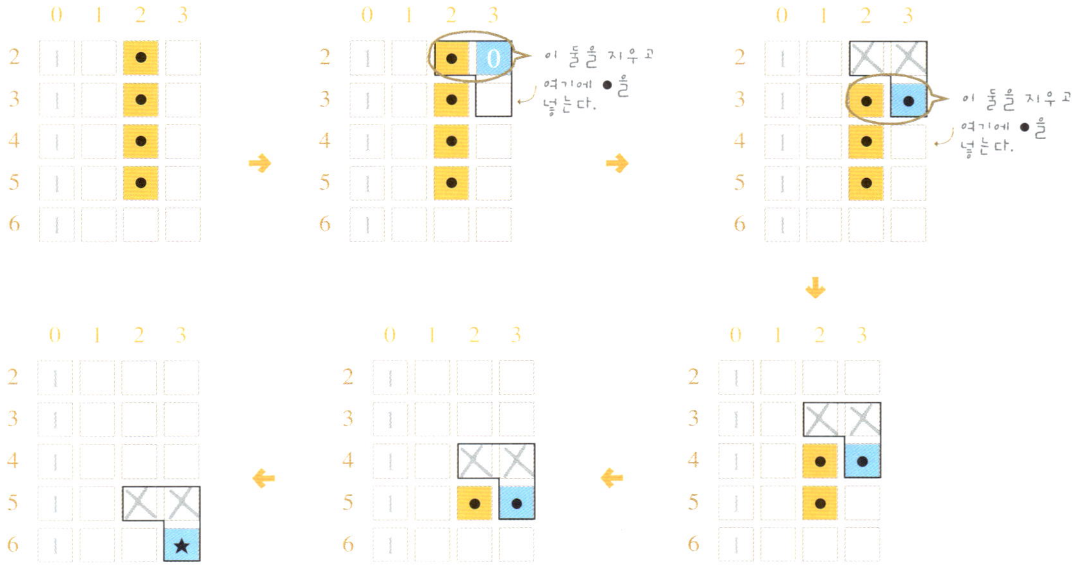

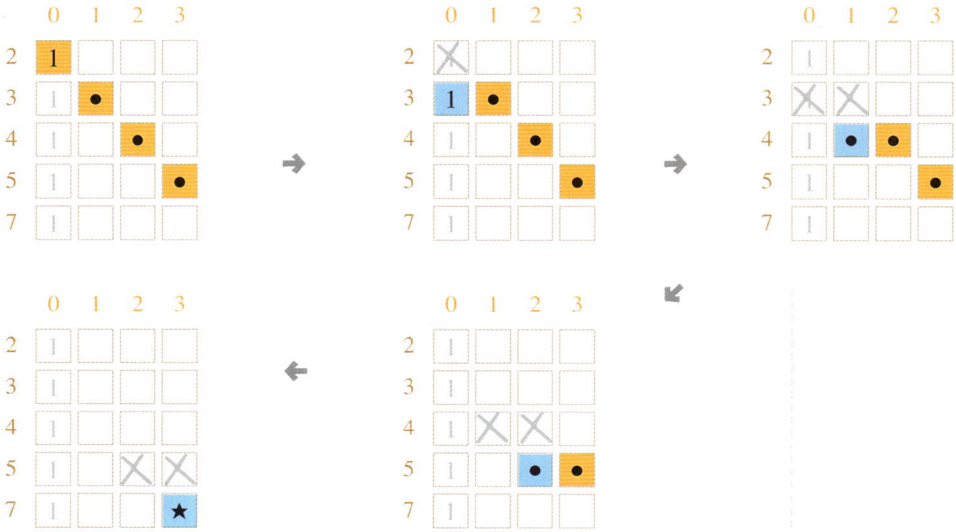

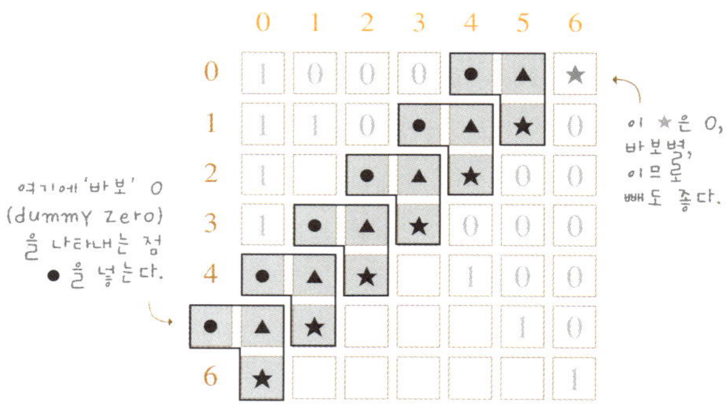

(3) 명백히 $g_0 = 1,\ g_1 = 1$이다.

(●의 합) + (▲의 합) = (★의 합)

을 보이기 위하여 오른쪽 위의 '바보 ★'을 빼고 왼쪽 아래에 '바보 0'을 넣은 다음 오른쪽 그림과 같이 ●, ▲, ★를 세짝씩 기역자로 묶는다. 함께 묶인 ●, ▲, ★는 ● + ▲ = ★을 만족하므로

(●의 합) + (▲의 합) = (★의 합)

이 성립한다.

증명 2 g_n은 예제 1.2.8의 (2)의 조건을 만족하도록 n개의 벽돌을 놓는 방법수와 같음을 보이면 충분하다.

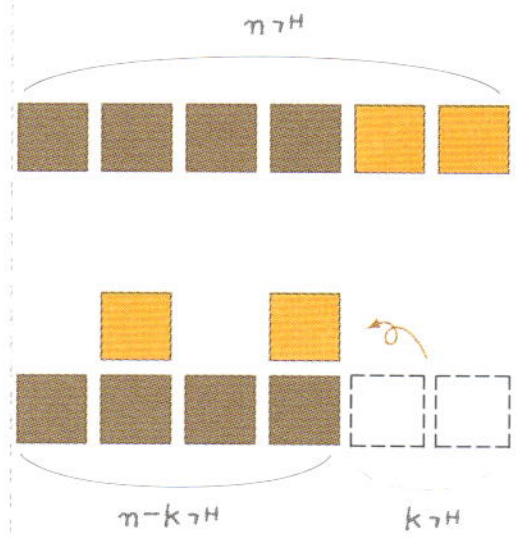

각 $k = 0, 1, 2, \cdots, n$에 대하여, 이층벽돌이 k개인 배열의 개수를 a_k라 고 하자. 이러한 배열은 다음과 같이 만들 수 있다. 일렬로 나열된 n개의 벽돌 중 뒤의 k개의 벽돌을 떼내어 남은 $n-k$개의 벽돌 위로 올린다. 이층벽돌을 놓을 위치를 택하는 방법수가 $\binom{n-k}{k}$이므로 $a_k = \binom{n-k}{k}$이다. 따라서

$$g_n = \sum_{k=0}^{n} a_k = \sum_{k=0}^{n} \binom{n-k}{k}. \quad \blacksquare$$

예제 2.4.8

$\sum_{i=0}^{5} \sum_{j=0}^{3} \binom{i}{j}$의 값을 구하라.

증명 $\sum_{i=0}^{5} \sum_{j=0}^{3} \binom{i}{j}$는 오른쪽 그림의 점 ●의 위치에 해당하는 파스칼 행렬의 성분의 합이다. 예제 2.4.7의 (1)에 의하여

$$(\bullet \text{의 합}) = (\bigstar \text{의 합}) = \binom{6}{1} + \binom{6}{2} + \binom{6}{3} + \binom{6}{4} = 56 \quad ■$$

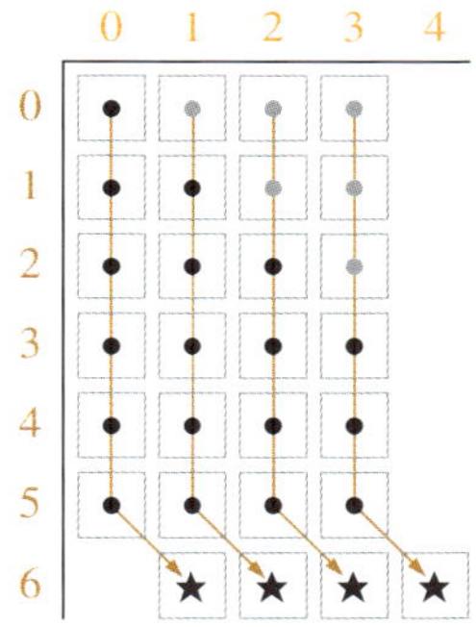

이항계수의 확장

이항계수 $\binom{n}{k}$는 n, k가 음이 아닌 정수일 때 정의된 수 값이다. 이것을 임의의 실수 x와 정수 k에 대하여 다음과 같이 확장한다.

이항계수의 확장

실수 x와 정수 k에 대하여 $\binom{x}{k}$를 다음과 같이 정의한다.

$$\binom{x}{k} = \begin{cases} \dfrac{[x]_k}{k!}, & (k \ge 1 \text{일 때}) \\ 1, & (k = 0 \text{일 때}) \\ 0, & (k < 0 \text{일 때}) \end{cases}$$

◀ $[x]_k = x(x-1) \cdots (x-k+1)$는 하강계승 (2.3 절 참조)

예제 2.4.9

(1) n, k가 양의 정수일 때,

$$\binom{-n}{k} = (-1)^k {}_nH_k$$

(2) k가 양의 정수일 때,

$$\binom{\frac{1}{2}}{k} = \frac{(-1)^{k-1}}{k\,2^{k-1}} \binom{2k-2}{k-1}$$

(3) x가 실수이고 k가 양의 정수일 때,

$$\binom{x}{k+1} = \frac{x-k}{k+1} \binom{x}{k}$$

증명 (1) $\binom{-n}{k} = \dfrac{(-n)(-n-1)(-n-2)\cdots(-n-k+1)}{k!}$

$$= (-1)^k \frac{n(n+1)(n+2)\cdots(n+k-1)}{k!}$$

$$= \frac{[n]^k}{k!} = (-1)^k {}_nH_k$$

◀ 따름정리 2.3.17

(2) $$\binom{\frac{1}{2}}{k} = \frac{\frac{1}{2}(\frac{1}{2}-1)(\frac{1}{2}-2)\cdots(\frac{1}{2}-k+1)}{k!}$$

$$= \frac{(-1)^{k-1}}{2^k}\,\frac{1\cdot 3\cdot 5\cdot \cdots (2k-3)}{k!}$$

$$= \frac{(-1)^{k-1}}{2^k}\,\frac{1\cdot 2\cdot 3\cdot 4\cdot 5\cdot 6\cdots(2k-3)(2k-2)}{k!\cdot 2\cdot 4\cdot 6\cdots(2k-2)}$$

$$= \frac{(-1)^{k-1}}{k\,2^{2k-1}}\,\frac{(2k-2)!}{(k-1)!^2} = \frac{(-1)^{k-1}}{k\,2^{2k-1}}\binom{2k-2}{k-1}$$

(3) $$\binom{x}{k+1} = \frac{x(x-1)(x-2)\cdots(x-k+1)(x-k)}{k!(k+1)} = \frac{x-k}{k+1}\binom{x}{k}$$ ■

정리 2.4.10 (ㄱ-법칙)

실수 x와 정수 k에 대하여,

$$\binom{x}{k} = \binom{x-1}{k-1} + \binom{x-1}{k}$$

증명
- $k<0$일 때 : 양변이 0으로서 서로 같다.
- $k=0$일 때 : 양변이 1로서 서로 같다.
- $k=1$일 때 : (좌변) $=x$, (우변) $=1+(x-1)=x$
- $k\ge 2$일 때 :

$$\binom{x-1}{k-1} + \binom{x-1}{k}$$

$$= \frac{(x-1)(x-2)\cdots(x-k+1)}{(k-1)!} + \frac{(x-1)(x-2)\cdots(x-k)}{k!}$$

$$= \frac{(x-1)(x-2)\cdots(x-k+1)}{k!}(k+x-k)$$

$$= \frac{x(x-1)(x-2)\cdots(x-k+1)}{k!} = \binom{x}{k}$$ ■

n, k가 임의의 정수일 때 $\binom{n}{k}$의 값이 정해지고 이에 따라 파스칼행렬을 다음과 같이 사방으로 확장할 수 있다.

		…	−3	−2	−1	0	1	2	3	4	5	6	…
⋮		⋮	⋮	⋮	⋮	⋮	⋮	⋮	⋮	⋮	⋮	⋮	
−5	…	0	0	0	1	−5	15	−35	70	−126	210	…	
−4	…	0	0	0	1	−4	10	−20	35	−56	84	…	
−3	…	0	0	0	1	−3	6	−10	15	−21	28	…	
−2	…	0	0	0	1	−2	3	−4	5	−6	7	…	
−1	…	0	0	0	1	−1	1	−1	1	−1	1	…	
0	…	0	0	0	1	0	0	0	0	0	0	…	
1	…	0	0	0	1	1	0	0	0	0	0	…	
2	…	0	0	0	1	2	1	0	0	0	0	…	
3	…	0	0	0	1	3	3	1	0	0	0	…	
4	…	0	0	0	1	4	6	4	1	0	0	…	
5	…	0	0	0	1	5	10	10	5	1	0	…	
6	…	0	0	0	1	6	15	20	15	6	1	…	
⋮		⋮	⋮	⋮	⋮	⋮	⋮	⋮	⋮	⋮	⋮	⋮	

부호를 떼면 중복조합의 수 ${}_3H_0, {}_3H_1, {}_3H_2, \cdots$

◀ ㄱ-법칙을 이용하면 원하는 범위만큼 얼마든지 확장할 수 있다.

이항계수가 이항 다항식의 자연수 지수 거듭제곱의 전개식에서 계수로 나타나듯이 확장된 이항계수는 이항 다항식의 실수 지수 거듭제곱의 전개식에서 계수로 나타난다. 이에 대하여 알아 보자.

정리 2.4.11 (뉴턴의 이항정리)

◀ Newton's binomial theorem

실수 α와 $|x|<1$인 실수 x에 대하여,

$$(1+x)^{\alpha}=\sum_{k=0}^{\infty}\binom{\alpha}{n}x^n$$

증명 • 먼저 $|x|<1$일 때, $\sum_{n=0}^{\infty}\binom{\alpha}{n}x^n$이 수렴함을 보인다.

$\lambda_n=\binom{\alpha}{n}x^n$으로 두면

$$\left|\frac{\lambda_{n+1}}{\lambda_n}\right|=\left|\frac{\binom{\alpha}{n+1}x^{n+1}}{\binom{\alpha}{n}x^n}\right|=\left|\frac{\alpha-n}{n+1}\right||x|$$

◀ 예제 2.4.9 의 (3)

이므로

$$\lim_{n\to\infty}\left|\frac{\lambda_{n+1}}{\lambda_n}\right| = \lim_{n\to\infty}\left|\frac{\alpha-n}{n+1}\right||x| = |x| < 1$$

이다. 그러므로 정리 1.1에 의하여 $\sum_{n=0}^{\infty}\binom{\alpha}{n}x^n$은 수렴한다.

이제, $\sum_{n=0}^{\infty}\binom{\alpha}{n}x^n = f(x)$로 두고, $f(x) = (1+x)^{\alpha}$ 임을 증명한다.
$f(x) = \sum_{k=0}^{\infty}\binom{\alpha}{k}x^k$을 x에 관하여 미분하면

$$f'(x) = \sum_{k=0}^{\infty} k\binom{\alpha}{k}x^{k-1} \qquad \cdots\cdots ①$$

①의 양변에 x를 곱하고 k를 n으로 바꾸면

$$xf'(x) = \sum_{n=0}^{\infty} n\binom{\alpha}{n}x^n \qquad \cdots\cdots ②$$

한편

$$f'(x) = \sum_{k=0}^{\infty} k\binom{\alpha}{k}x^{k-1} = \sum_{k=1}^{\infty} k\binom{\alpha}{k}x^{k-1}$$

이므로

$$f'(x) = \sum_{n=0}^{\infty}(n+1)\binom{\alpha}{n+1}x^n \qquad \cdots\cdots ③$$

②, ③을 변끼리 더하면

$$(1+x)f'(x) = \sum_{n=0}^{\infty}\left[n\binom{\alpha}{n} + (n+1)\binom{\alpha}{n+1}\right]x^n$$

예제 2.4.9의 (3)에 의하여

$$n\binom{\alpha}{n} + (n+1)\binom{\alpha}{n+1} = \alpha\binom{\alpha}{n}$$

◀ 예제 2.4.9의 (3)에 의하여
$(n+1)\binom{\alpha}{n+1} = (\alpha-n)\binom{\alpha}{n}$
$= \alpha\binom{\alpha}{n} - n\binom{\alpha}{n}$
$\therefore\ n\binom{\alpha}{n} + (n+1)\binom{\alpha}{n+1}$
$= \alpha\binom{\alpha}{n}$

이므로

$$(1+x)f'(x) = \alpha f(x)$$

를 얻고 따라서

$$\frac{f'(x)}{f(x)} = \frac{\alpha}{1+x} \qquad \cdots\cdots ④$$

④의 양 변을 적분하면

$$\log|f(x)| = \alpha\log(1+x) + C_0$$
$$\therefore\ |f(x)| = C_1(1+x)^{\alpha}$$
$$\therefore\ f(x) = C_2(1+x)^{\alpha}$$

$f(0) = 1$이므로 $C_2 = 1$이고, 따라서 $f(x) = (1+x)^{\alpha}$이다. ▌

예제 2.4.12

$|x| < 1$일 때, 다음을 멱급수로 나타내어라.

(1) $(1+x)^{-p}$, (p는 자연수) (2) $\sqrt{1+x}$

풀이 (1) 예제 2.4.9의 (1)에 의하여

$$(1+x)^{-p} = \sum_{n=0}^{\infty} \binom{-p}{n} x^n = \sum_{n=0}^{\infty} (-1)^n {}_pH_n x^n = \sum_{n=0}^{\infty} (-1)^n \binom{p+n-1}{n} x^n$$

(2) 예제 2.4.9의 (2)에 의하여

$$(1+x)^{\frac{1}{2}} = \sum_{n=0}^{\infty} \binom{\frac{1}{2}}{n} x^n = \sum_{n=0}^{\infty} \frac{(-1)^{n-1}}{n\, 2^{2n-1}} \binom{2n-2}{n-1} x^n$$ ■

◀ (1)에서 특히 $p=1$일 때는 ${}_pH_n = \binom{p+n-1}{n} = 1$이므로 $\frac{1}{1+x} = \sum_{n=0}^{\infty} (-1)^n x^n = 1 - x + x^2 - x^3 + \cdots$

다항정리

일반화된 조합의 수 $C(n; n_1, n_2, \cdots, n_r)$에 대해서도 ㄱ-법칙을 확장하는 다음 정리가 성립한다.

정리 2.4.13

자연수 $n_1, n_2, \cdots, n_r$에 대하여 $n = n_1 + n_2 + \cdots + n_r$일 때,

$$C(n; n_1, n_2, \cdots, n_r) = \sum_{i=1}^{r} C(n-1; n_1, \cdots, n_{i-1}, n_i - 1, n_{i+1}, \cdots, n_r)$$

증명 $C(n; n_1, n_2, \cdots, n_r)$은 다음 그림과 같이 일렬로 배열된 r개의 박스에 n-집합 $X = \{1, 2, \cdots, n\}$의 원소를

(*) 박스 1에 n_1개, 박스 2에 n_2개, $\cdots$, 박스 r에 n_r개

를 넣는 방법수이다.

X의 특정한 원소 n이 박스 1에 들어갈 경우 : 나머지 $1, 2, \cdots, n-1$은

박스 1에 $n_1 - 1$개, 박스 2에 n_2개, $\cdots$, 박스 r에 n_r개

들어가야 하므로 그 방법수는 $C(n-1; n_1 - 1, n_2, \cdots, n_r)$이다. 각 $i = 1, 2, \cdots, r$에 대하여 n이 박스 i에 들어갈 모든 경우를 고려하면 조건 (*)를 만족하도록 $1, 2, \cdots, n$을 넣는 방법수는

$$\sum_{i=0}^{r} C(n-1; n_1, \cdots, n_{i-1}, n_i - 1, n_{i+1}, \cdots, n_r)$$

임을 알 수 있다.

증명 2 좌표공간에서 좌표축의 양의 방향으로 1칸씩 이동하는 동점이 원점 O에서 출발하여 점 $\mathrm{P}(p, q, r)$까지 가는 방법수를 $f(\mathrm{P})$라고 하고, $p + q + r = n$ 이라고 하면

$$f(\mathrm{P}) = C(n; p, q, r). \quad \cdots\cdots ①$$

점 $\mathrm{A}(p-1, q, r)$, $\mathrm{B}(p, q-1, r)$, $\mathrm{C}(p, q, r-1)$에 대하여 P까지 가는 방법은

$$\mathrm{O} \to \mathrm{A},\ \mathrm{O} \to \mathrm{B},\ \mathrm{O} \to \mathrm{C}$$

중 하나로 간 다음 P로 가는 3 가지이므로

$$f(\mathrm{P}) = f(\mathrm{A}) + f(\mathrm{B}) + f(\mathrm{C}). \quad \cdots\cdots ②$$

이다. n에 관한 귀납법에 의하여

$$f(\mathrm{A}) = C(n-1; p-1, q, r),$$
$$f(\mathrm{B}) = C(n-1; p, q-1, r),$$
$$f(\mathrm{C}) = C(n-1; p, q, r-1)$$

이므로 ①, ②에 의하여 정리의 등식이 성립한다. ▌

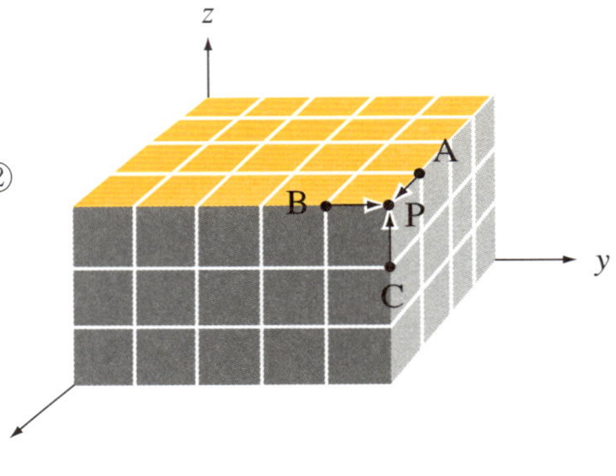

이항정리는 다음과 같이 확장된다.

정리 2.4.14 (다항정리)

◀ 多項定理 multinomial theorem

$$(x_1 + x_2 + \cdots + x_r)^n = \sum C(n; n_1, n_2, \cdots, n_r)\, x_1^{n_1} x_2^{n_2} \cdots x_r^{n_r}$$

단, $\sum$는 $n_1 + n_2 + \cdots + n_r = n$을 만족하는 모든 음이 아닌 정수의 열 $(n_1, n_2, \cdots, n_r)$ 상에서 합한 것이다.

증명 보다 구체적인 설명을 위하여 $r = 3$인 경우를 증명한다.
$(x+y+z)^n$은 다음과 같이 n개의 $(x+y+z)$의 곱이다.

$$(x+y+z)\,(x+y+z)\,\cdots\,(x+y+z)$$

↖제 1 인수　↖제 2 인수　↖제 n 인수

이 곱을 전개할 때 나타나는 항은 각 인수에서 x, y, z 중 하나를 택하여 곱한 것이므로

$x^p y^q z^r$, (단, (p, q, r)은 $x_1 + x_2 + x_3 = n$ 의 음이 아닌 정수해)

의 꼴이고 항의 개수는 3^n이다. 조건을 만족하는 하나의 고정된 (p, q, r)에 대하여, $x^p y^q z^r$을 얻기 위해서는 p개의 인수에서 x를 선택하고, 나머지 중 q개의 인수에서 y를 택하고, 그 나머지 인수 중에서는 z를 택하면 되므로, 3^n 개의 항 중 특히 $x^p y^q z^r$과 동류항인 항의 개수는

$$\binom{p+q+r}{p}\binom{q+r}{q}\binom{r}{r} = \binom{n}{p,\ q,\ r}$$

이다. 따라서

$$(x+y+z)^n = \sum_{p+q+r=n} \binom{n}{p,\ q,\ r} x^p y^q z^r \quad ■$$

$C(n; n_1, n_2, \cdots, n_r)$은 다항식의 거듭제곱의 전개식에서 항의 계수로 나타난다는 뜻에서 **다항계수**라고 한다.

◀ 多項係數 multinomial coefficient

❶ 좌표공간에서 좌표축의 양의 방향으로 1씩 이동하는 동점이 원점에서 출발하여 평면 $x+y+z=n$ 까지 가는 경로의 개수는 ${}_3\Pi_n = 3^n$
❷ 평면 $x+y+z=n$ 상의 **격자점**(각 좌표가 정수인 점) (p, q, r), $(p, q, r \ge 0)$, 의 개수는 ${}_3H_n$
❸ 평면 $x+y+z=n$ 위의 격자점 (p, q, r)까지 가는 경로의 개수는 $\binom{n}{p,\ q,\ r}$

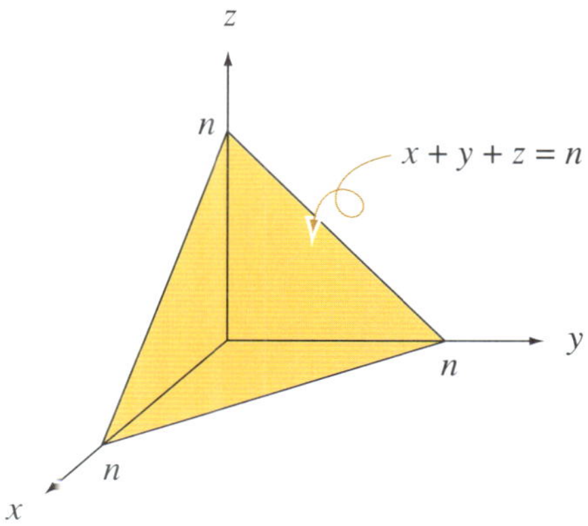

2-4 E·X·E·R·C·I·S·E·S 연습문제

1 다음 식의 전개식에서 모든 계수의 합을 구하라.

(1) $(2+3x)^5$ (2) $(3x-4y)^6$ (3) $(x-y)^6$

2 집합 $\{\binom{s}{t} \mid s, t$는 $s+t \le 12$를 만족하는 음이 아닌 정수$\}$의 원소의 합을 구하라.

3 다음 등식을 증명하라.

(1) $\binom{n}{1} - 2\binom{n}{2} + 3\binom{n}{3} - \cdots + (-1)^{n-1} n\binom{n}{n} = 0$

(2) $\binom{n}{k} - \binom{n-3}{k} = \binom{n-1}{k-1} + \binom{n-2}{k-1} + \binom{n-3}{k-1}$

(3) $\binom{n}{0} - \binom{n}{1} + \binom{n}{2} - \cdots + (-1)^k\binom{n}{k} = (-1)^k\binom{n-1}{k}$

(4) $\sum_{i=0}^{n} (-1)^k \binom{n}{k} 3^{n-k} = 2^n$

(5) $\sum_{j=0}^{n} \sum_{i=j}^{n} \binom{n}{i}\binom{i}{j} = 3^n$

(6) $\sum_{i=0}^{n} \binom{m}{i}\binom{n}{k+i} = \binom{m+n}{n-k}$

(7) $\sum_{k=1}^{n} \frac{(-1)^{k+1}}{k(k+1)} \binom{n}{k} = \frac{1}{2} + \frac{1}{3} + \cdots + \frac{1}{n-1}$

4 다음이 성립함을 보여라.

(1) 실수 α와 정수 m, k에 대하여,

$$\binom{\alpha}{m}\binom{m}{k} = \binom{\alpha}{k}\binom{\alpha-k}{m-k}$$

(2) 양의 정수 n에 대하여,

$$\sum_{k=0}^{n} (-1)^k \binom{n}{k}^2 = \begin{cases} 0, & (n\text{이 홀수일 때}) \\ (-1)^m, & (n=2m\text{일 때}) \end{cases}$$

5 다음 물음에 답하라.

(1) $m^2 = 2\binom{m}{2} + \binom{m}{1}$을 이용하여 $1^2 + 2^2 + 3^2 + \cdots + n^2$을 계산하라.

2-4 · E · X · E · R · C · I · S · E · S · 연습문제

(2) 임의의 자연수 n에 대하여,

$$a\binom{m}{1} + b\binom{m}{2} + c\binom{m}{3} = m^3$$

을 만족하는 세 정수 a, b, c를 구하라.

(3) 위의 등식을 이용하여 $1^3 + 2^3 + 3^3 + \quad + n^3$을 계산하라.

6 $(x_0, x_1, \cdots, x_n)$이 다음과 같을 때, $\sum_{i=0}^{n} (-1)^k \binom{n}{k} x_k$를 계산하라.

(1) $(1, 0, 1, 0, \cdots, \frac{1+(-1)^n}{2})$

(2) $(1, 2, 1, 2, \cdots, \frac{3+(-1)^{n+1}}{2})$

(3) $(1, 2, 3, 4, \cdots, n+1)$

(4) $(1, -\frac{1}{2}, \frac{1}{3}, -\frac{1}{4}, \cdots, (-1)^{n+1}\frac{1}{n+1})$

(5) $(1, 3, 5, 7, \cdots, 2n+1)$

(6) $(1, \frac{1}{2}, \frac{1}{3}, \frac{1}{4}, \cdots, \frac{1}{n+1})$

(7) $(1, 1, 2, 3, 5, \cdots, f_{n+1})$, (단, $f_0, f_1, f_2, \cdots$ 은 피보나치 수열)

(8) $(0, 1, -4, 9, \cdots, (-1)^{n+1}n^2)$

7 $\sum_{k=0}^{49} (-1)^k \binom{99}{2k}$를 구하라.

8 m, d, k가 자연수일 때, 다음을 증명하라.

$$\sum_{k \ge d} (-1)^{k-d} \binom{k}{d}\binom{m}{k} = \begin{cases} 1, & (m = d\text{일 때}) \\ 0, & (m \ne d\text{일 때}) \end{cases}$$

9 $\sum_{k=0}^{n} \binom{n+1}{k} 9^{n-k}$가 11의 배수가 되는 자연수 n의 조건을 구하라.

10 다음을 증명하라.

(1) $\sum_{k=0}^{n} \binom{\alpha}{k}\binom{\beta}{n-k} = \binom{\alpha+\beta}{n}$, (단, α, β는 실수)

(2) $\sum_{k=0}^{n} \binom{k}{p}\binom{n-k}{p} = \binom{n+1}{p+q+1}$

2-4 · E · X · E · R · C · I · S · E · S · 연습문제

11 다음 값을 구하라.

(1) $1^2\binom{n}{1}+2^2\binom{n}{2}+\cdots+n^2\binom{n}{n}$

(2) $\binom{n}{0}-\frac{1}{2}\binom{n}{1}+\frac{1}{3}\binom{n}{2}-\frac{1}{4}\binom{n}{3}+\cdots+(-1)^n\binom{n}{n}\frac{1}{n+1}$

12 다음 물음에 답하라.

(1) 음이 아닌 정수 m, n, k에 대하여 $mn \neq 0$이라고 할 때,

$$\sum_{k=0}^{n}\binom{m}{i}\binom{n}{k-i}=\binom{m+n}{k}$$

를 증명하라.

(2) (1)의 결과를 이용하여 다음 등식을 증명하라.

$$\sum_{k=0}^{n}\binom{n}{k}^2\binom{k}{n-m}=\binom{n}{m}\binom{m+n}{m}$$

13 다음 등식을 증명하라.

(1) $\sum_{k=0}^{n}\frac{(-1)^k}{2k+1}\binom{n}{k}=\frac{2^{2n}n!^2}{(2n+1)!}$

(2) $\sum_{k=0}^{n}\binom{n}{k}\frac{(-1)^k}{k}=\sum_{k=0}^{n}\frac{1}{k}$

(3) $\sum_{k=0}^{100}\binom{100-k}{k}\frac{(-1)^k}{100-k}=\frac{1}{100}$

14 고정된 자연수 n에 대하여, 모든 실수 x에 대하여 조건 $\sum_{k=0}^{n}\binom{n}{k}f(x^2)=0$을 만족하는 연속함수 $f(x)$를 구하라.

15 단위 정육면체를 붙여서 만든 가로, 세로, 높이가 각각 l, m, n인 직육면체에 대하여, 다음 물음에 답하라.

(1) 이 직육면체 속에 직육면체는 몇 개 있는가?(정육면체 포함)

(2) 이 직육면체의 한 대각선의 양 끝점을 A, B라 할 때, 단위 정육면체의 모서리를 따라 A에서 B까지 가는 최단 경로의 개수를 구하라.

(3) $l=m=n$일 때, (2)에서 구한 수는 3의 배수임을 보여라.

2-4 · E · X · E · R · C · I · S · E · S · 연습문제

16 $n \ge k$인 임의의 음이 아닌 두 정수 n, k에 대하여

$$\binom{n}{k} + 2\binom{n-1}{k} + 2\binom{n-2}{k} + \cdots + k\binom{n-k+1}{k} = \binom{n+2}{k+2}$$

이 성립함을 증명하라.

17 양의 실수 $a_1, a_2, \cdots, a_n$ 중 k개를 뽑아 곱한 것들의 합을 S_k라고 할 때,

$$S_k S_{n-k} \ge a_1 a_2 \cdots a_n, \ (k = 1, 2, \cdots, n-1)$$

이 성립함을 증명하라.

18 공식 $\binom{n}{r} = \frac{n!}{r!(n-r)!}$을 이용하여 ㄱ-법칙을 증명하라.

19 $(x+2y-u+3v)^{10}$의 전개식에서 $x^4 y^2 u^3 v$의 계수를 구하라.

답 -15120

20 $n_1 + n_2 + \cdots + n_k = n$ 일 때, 다음 등식을 증명하라.

(1) $\binom{n}{n_1, n_2, \cdots, n_k} = \binom{n}{n_i}\binom{n-n_i}{n_1 \cdots, n_{i-1}, n_{i+1}, \cdots, n_k}$

(2) $\binom{n}{n_1, n_2, \cdots, n_k} = \frac{n}{n_i}\binom{n-1}{n_1 \cdots, n_{i-1}, n_i - 1, n_{i+1}, \cdots, n_k}$

2-5 이항계수와 계차수열

- $a_n = \binom{n}{4}, (n=0, 1, 2, \cdots)$, 이라고 할 때,
  ❶ 수열 $a_0, a_1, a_2, a_3, \cdots$과 그것의 계차수열은 오른쪽 파스칼 행렬의 어디에 나타나는가?
  ❷ 그 계차수열의 계차수열은 오른쪽 파스칼 행렬의 어디에 나타나는가?
  ❸ 계차수열의 계차수열을 구하는 과정을 반복할 때, 무엇을 발견할 수 있는가?
- $b_n = \binom{n}{100}, (n=0, 1, 2, \cdots)$, 으로 정의되는 수열

$$b_0, b_1, b_2, b_3, \cdots$$

의 계차수열을 구하는 과정을 반복할 때, 무엇을 발견할 수 있는가?

	0	1	2	3	4
0	1	0	0	0	0
1	1	1	0	0	0
2	1	2	1	0	0
3	1	3	3	1	0
4	1	4	6	4	1
5	1	5	10	10	5
6	1	6	15	20	15
7	1	7	21	35	35
⋮	⋮	⋮	⋮	⋮	⋮

계차행렬

지금부터 제 i 항이 a_i인 수열을 $\mathbf{a} = (a_0, a_1, a_2, \cdots)$로 나타내고, 모든 항이 0인 수열 $(0, 0, 0, \cdots)$을 $\mathbf{0}$으로 나타내기로 한다.

◀ 이 절에서 수열은 모두 0항부터 시작하는 것으로 한다.

수열

$$\mathbf{a} = (a_0, a_1, a_2, \cdots)$$

의 **계차수열**은

◀ 階次數列 difference sequence

$$\Delta a_i = a_{i+1} - a_i, (i = 0, 1, 2, 3, \cdots)$$

를 항으로하는 수열

$$(\Delta a_0, \Delta a_1, \Delta a_2, \cdots)$$

이다.

주어진 수열의 일반항이나 제 n 항까지의 합을 구하는 방법은 다양하다. 그 중 하나의 방법이 계차수열을 관찰하는 것이다. 그러나 계차수열의

골격은 이항계수와 파스칼 행렬로 구성되어 있다.
이 절에서는 이항계수와 파스칼 행렬이 계차수열과 어떻게 연관되어 있는지에 대하여 알아본다.

수열 $\mathbf{a}$의 계차수열은 기호로

$$\Delta\mathbf{a}$$

와 같이 나타낸다. 이제 귀납적으로

$$\Delta^1\mathbf{a} = \Delta\mathbf{a}, \quad \Delta^2\mathbf{a} = \Delta(\Delta^1\mathbf{a}), \quad \Delta^3\mathbf{a} = \Delta(\Delta^2\mathbf{a}), \cdots$$

와 같이 정의된 수열 $\Delta^i\mathbf{a}$를 **$\mathbf{a}$의 제 i 계차수열**이라고 한다.

◂ i th difference sequence

수열 $\mathbf{a} = (a_{00}, a_{01}, a_{02}, \cdots)$와 그 각 계차수열

$$\Delta^i\mathbf{a} = (a_{i0}, a_{i1}, a_{i2}, \cdots), (i = 1, 2, \cdots)$$

를 차례로 다음과 같이 행렬 꼴로 나타내면 관찰하기에 편리하다.

	0열	1열	2열	3열		
$\mathbf{a}$	a_{00}	a_{01}	a_{02}	a_{03}	$\cdots$	← 0행
$\Delta\mathbf{a}$	a_{10}	a_{11}	a_{12}	a_{13}	$\cdots$	← 1행
$\Delta^2\mathbf{a}$	a_{20}	a_{21}	a_{22}	a_{23}	$\cdots$	← 2행
$\Delta^3\mathbf{a}$	a_{30}	a_{31}	a_{32}	a_{33}	$\cdots$	← 3행
	$\vdots$	$\vdots$	$\vdots$	$\vdots$		

이와 같은 표현을 **$\mathbf{a}$의 계차행렬**이라고 하고, 계차행렬의 0 열에 나타나는 수열 $\mathbf{d} = (a_{00}, a_{10}, a_{20}, a_{30}, \cdots)$을 **$\mathbf{a}$의 쌍대수열**이라고 한다. 이를테면 수열 $\mathbf{a} = (0, 1, 4, 9, 16, 25, 36, 49, 64, \cdots)$의 계차행렬은

◂ 階次行列 difference matrix

◂ 雙對數列 dual sequence

	0	1	2	3	4	5	6	7	8	…
0	0	1	4	9	16	25	36	49	64	⋯
1	1	3	5	7	9	11	13	15	17	⋯
2	2	2	2	2	2	2	2	2	2	⋯
3	0	0	0	0	0	0	0	0	0	⋯
⋮	⋮	⋮	⋮	⋮	⋮	⋮	⋮	⋮	⋮	

이고 쌍대수열은 $\mathbf{d} = (0, 1, 2, 0, 0, \cdots)$이다.

수열의 제 n 항은 파스칼 행렬의 제 n 행과 쌍대수열과의 내적이다. 다음 정리에서 이를 증명한다.

◀ 내적이란 대응하는 성분끼리 곱해서 합한 것

정리 2.5.1

수열 $\mathbf{a} = (a_0, a_1, a_2, \cdots)$의 쌍대수열이 $\mathbf{d} = (d_0, d_1, d_2, \cdots)$일 때, 각 $n = 0, 1, 2, \cdots$ 에 대하여

$$a_n = \binom{n}{0}d_0 + \binom{n}{1}d_1 + \binom{n}{2}d_2 + \cdots \quad \cdots\cdots\cdots\cdots ①$$

◀ $\binom{n}{n+1} = \binom{n}{n+2} = \cdots = 0$ 이므로 실제로 이 합은 $\sum_{k=0}^{n}\binom{n}{k}d_k$

증명 $\mathbf{a}$의 계차행렬이 다음과 같다고 하자.

	0	1	2	…	n	n+1
0	d_0	a_1	a_2	$\cdots$	a_n	a_{n+1}
1	d_1	b_1	b_2	$\cdots$	b_n	$\cdots$
2	d_2	a_{21}	a_{22}	$\cdots$	$a_{2,n}$	$\cdots$
3	d_3	a_{31}	a_{32}	$\cdots$	$a_{3,n}$	$\cdots$
⋮	⋮	⋮	⋮	⋮	⋮	⋮

◀ $b_n + a_n = a_{n+1}$

n에 관한 귀납법으로 증명한다.

$n = 0$일 때, (①의 좌변) $= a_0 = d_0 = \binom{0}{0}d_0 =$ (①의 우변)

$n \geq 1$일 때, ①을 가정하고

$$a_{n+1} = \binom{n+1}{0}d_0 + \binom{n+1}{1}d_1 + \binom{n+1}{2}d_2 + \cdots \quad \cdots\cdots ②$$

가 성립함을 보인다. 수열 $\mathbf{b} = (b_0, b_1, b_2, \cdots)$의 계차행렬은

	0	1	2	…	n	…
0	d_1	b_1	b_2	$\cdots$	b_n	$\cdots$
1	d_2	a_{21}	a_{21}	$\cdots$	$a_{2,n}$	$\cdots$
2	d_3	a_{31}	a_{31}	$\cdots$	$a_{3,n}$	$\cdots$
⋮	⋮	⋮	⋮	⋮	⋮	⋮

이므로 $\mathbf{b}$의 쌍대수열은 $\mathbf{e} = (d_1, d_2, d_3, \cdots)$이다. ①을 $\mathbf{b}$와 $\mathbf{e}$에 적용하면

$$b_n = \binom{n}{0}d_1 + \binom{n}{1}d_2 + \binom{n}{2}d_3 + \cdots \quad \cdots\cdots\cdots\cdots ③$$

③, ①을 변끼리 더하면

$$
\begin{array}{rcccccccccc}
b_n = & & & \binom{n}{0}d_1 & + & \binom{n}{1}d_2 & + & \binom{n}{2}d_3 & + \cdots \\
a_n = & \binom{n}{0}d_0 & + & \binom{n}{1}d_1 & + & \binom{n}{2}d_2 & + & \binom{n}{3}d_3 & + \cdots \\
\hline
\end{array}
$$

$$b_n + a_n = \binom{n+1}{0}d_0 + \binom{n+1}{1}d_1 + \binom{n+1}{2}d_2 + \binom{n+1}{3}d_3 + \cdots$$

◀ ㄱ-법칙

여기서 $b_n + a_n = a_{n+1}$이므로 ②를 얻는다. ▌

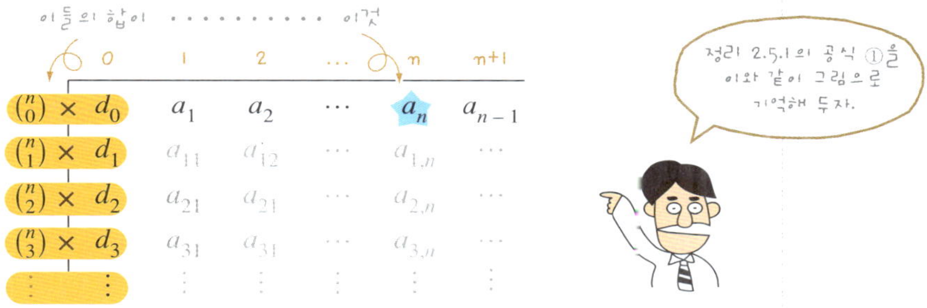

정리 2.5.1은 수열 $\mathbf{a} = (a_0, a_1, a_2, \cdots)$와 그 쌍대수열 $\mathbf{d} = (d_0, d_1, d_2, \cdots)$가 파스칼 행렬에 의하여 다음과 같이 연관지어져 있음을 말하고 있다.

$$
\begin{array}{c} \\ 0 \\ 1 \\ 2 \\ 3 \\ 4 \\ \vdots \\ n \\ \vdots \end{array}
\begin{array}{c}
\begin{array}{ccccccccc} 0 & 1 & 2 & 3 & 4 & \cdots & n & n+1 & \cdots \end{array} \\
\begin{bmatrix}
1 & 0 & 0 & 0 & 0 & \cdots & 0 & 0 & \cdots \\
1 & 1 & 0 & 0 & 0 & \cdots & 0 & 0 & \cdots \\
1 & 2 & 1 & 0 & 0 & \cdots & 0 & 0 & \cdots \\
1 & 3 & 3 & 1 & 0 & \cdots & 0 & 0 & \cdots \\
1 & 4 & 6 & 4 & 1 & \cdots & 0 & 0 & \cdots \\
\vdots & \vdots & \vdots & \vdots & \vdots & \ddots & \vdots & \vdots & \\
\binom{n}{0} & \binom{n}{1} & \binom{n}{2} & \binom{n}{3} & \binom{n}{4} & \cdots & \binom{n}{n} & 0 & \cdots \\
\vdots & \vdots & \vdots & \vdots & \vdots & & \vdots & \vdots &
\end{bmatrix}
\end{array}
\begin{bmatrix} d_0 \\ d_1 \\ d_2 \\ d_3 \\ d_4 \\ \vdots \\ d_n \\ \vdots \end{bmatrix}
=
\begin{bmatrix} a_0 \\ a_1 \\ a_2 \\ a_3 \\ a_4 \\ \vdots \\ a_n \\ \vdots \end{bmatrix}
$$

예제 2.5.2

다음 수열의 일반항 a_n을 구하라.

$$1, -1, -1, 2, 10, 26, 54, 99, 167, 265, \cdots$$

풀이 주어진 수열의 계차행렬이

	0	1	2	3	4	5	6	7	8	9	⋯	n
$\binom{n}{0}$	1	−1	−1	2	10	26	54	99	167	265	⋯	a_n
$\binom{n}{1}$	−2	0	3	8	16	28	45	68	98	⋯		
$\binom{n}{2}$	2	3	5	8	12	17	23	30	⋯			
$\binom{n}{3}$	1	2	3	4	5	6	7	⋯				
$\binom{n}{4}$	1	1	1	1	1	1	⋯					
$\binom{n}{5}$	0	0	0	0	0	⋯						
⋮	⋮	⋮	⋮	⋮	⋮							

이므로 쌍대수열은 (1, −2, 2, 1, 1, 0, ⋯) 이다. 따라서

$$\begin{aligned} a_n &= \binom{n}{0}1 + \binom{n}{1}(-2) + \binom{n}{2}2 + \binom{n}{3}1 + \binom{n}{4}1 \\ &= \frac{1}{24}(n^4 - 2n^3 + 23n^2 - 70n + 24) \end{aligned}$$

■

예제 2.5.3

피보나치 수열 $(f_0, f_1, f_2, f_3, \cdots) = (1, 1, 2, 3, \cdots)$에 대한 등식

$$\binom{n}{1}f_0 - \binom{n}{2}f_1 + \binom{n}{3}f_2 + \cdots + (-1)^{n-1}\binom{n}{n}f_{n-1} = f_{n-1}$$

을 증명하라.

풀이 오른쪽 계차행렬로부터

$$\mathbf{a} = (a_0, a_1, a_2, a_3, \cdots, a_n, \cdots) = (0, f_0, f_1, f_2, \cdots)$$

의 쌍대수열은

$$\mathbf{d} = (0, f_0, -f_1, f_2, -f_3, f_4, \cdots).$$

$$\begin{aligned} \therefore f_{n-1} &= a_n \\ &= \binom{n}{0}0 + \binom{n}{1}f_0 - \binom{n}{2}f_1 + \binom{n}{3}f_2 + \cdots \\ &= \binom{n}{1}f_0 - \binom{n}{2}f_1 + \binom{n}{3}f_2 + \cdots + (-1)^{n-1}\binom{n}{n}f_{n-1} \end{aligned}$$

■

	0	1	2	3	4	⋯	n
$\binom{n}{0}$	0	1	1	2	3	5	8
$\binom{n}{1}$	1	0	1	1	2	3	5
$\binom{n}{2}$	−1	1	0	1	1	2	3
$\binom{n}{3}$	2	−1	1	0	1	1	2
$\binom{n}{4}$	−3	2	−1	1	0	1	1
$\binom{n}{4}$	5	−3	2	−1	1	0	1
$\binom{n}{5}$	−8	5	−3	2	−1	1	0

수열 $\mathbf{a} = (a_0, a_1, a_2, \cdots)$의 부분합

$$s_n = a_0 + a_1 + a_2 + \cdots + a_n$$

을 이항계수의 상수배의 합으로 나타내어 보자.

정리 2.5.4

수열 $\mathbf{a} = (a_0, a_1, a_2, \cdots)$의 쌍대수열이 $\mathbf{d} = (d_0, d_1, d_2, \cdots)$일 때, 각 $n = 0, 1, 2, \cdots$ 에 대하여

$$\sum_{k=0}^{n} a_k = \binom{n+1}{1} d_0 + \binom{n+1}{2} d_1 + \binom{n+1}{3} d_2 + \cdots$$

증명 $\mathbf{x} = (x_0, x_1, x_2, x_3, \cdots, x_n, \cdots)$
$= (0, s_0, s_1, s_2, \cdots, s_{n-1}, \cdots)$

로 두면 $\mathbf{a}$는 $\mathbf{x}$의 계차수열이다. $\mathbf{a}$의 쌍대수열이

$$\mathbf{d} = (d_0, d_1, d_2, \cdots)$$

이므로, $\mathbf{x}$의 쌍대수열은

$$\mathbf{e} = (0, d_0, d_1, d_2, \cdots)$$

이다. 그러므로 정리 2.5.1에 의하여

	0		2	…	n	n+1
$\binom{n+1}{0}$	0	s_0	s_1	$\cdots$	s_{n-1}	s_n (x_{n+1})
$\binom{n+1}{1}$	d_0	a_1	a_2	$\cdots$	a_n	a_{n-1}
$\binom{n+1}{2}$	d_1	*	*	$\cdots$	*	$\cdots$
$\binom{n+1}{3}$	d_2	*	*	$\cdots$	*	$\cdots$
$\binom{n+1}{4}$	d_3	*	*	$\cdots$	*	$\cdots$
$\vdots$	$\vdots$	$\vdots$	$\vdots$		$\vdots$	

$$s_n = x_{n+1} = \binom{n+1}{0}0 + \binom{n+1}{1}d_0 + \binom{n+1}{2}d_1 + \binom{n+1}{3}d_2 + \cdots \blacksquare$$

보기 $a_n = n^2$일 때, $\mathbf{a} = (0, 1, 4, 9, 16, 25 \cdots)$이다.
$\mathbf{a}$의 계차행렬이 오른쪽 그림과 같으므로 쌍대수열은

$$\mathbf{d} = (0, 1, 2, 0, 0, \cdots)$$

이다. 따라서

$$0^2 + 1^2 + 2^2 + \cdots + n^2$$
$$= \binom{n+1}{0}0 + \binom{n+1}{1}1 + \binom{n+1}{2}2$$
$$= \frac{n(n+1)(2n+1)}{6}$$

	0	1	2	3	4	5	…
0	0	1	4	9	16	25	…
1	1	3	5	7	9	…	
2	2	2	2	2	…		
3	0	0	0	…			
4	0	0	⋮				
5	0	⋮					
⋮	⋮						

쌍대수열이 $\mathbf{d} = (d_0, d_1, d_2, \cdots)$인 수열 $\mathbf{a} = (a_0, a_1, a_2, \cdots)$의 부분합 $s_n = a_0 + a_1 + a_2 + \cdots + a_n$은 다음과 같이 구할 수도 있다.

$$
\begin{aligned}
a_0 &= \binom{0}{0}d_0 \\
a_1 &= \binom{1}{0}d_0 + \binom{1}{1}d_1 \\
&\ \ \vdots \\
a_{n-1} &= \binom{n-1}{0}d_0 + \binom{n-1}{1}d_1 + \binom{n-1}{2}d_2 + \cdots \\
a_n &= \binom{n}{0}d_0 + \binom{n}{1}d_1 + \binom{n}{2}d_2 + \cdots \\
\hline
s_n &= \binom{n+1}{1}d_0 + \binom{n+1}{2}d_1 + \binom{n+1}{3}d_2 + \cdots
\end{aligned}
$$

n+1개의 등식을 변끼리 더한다.

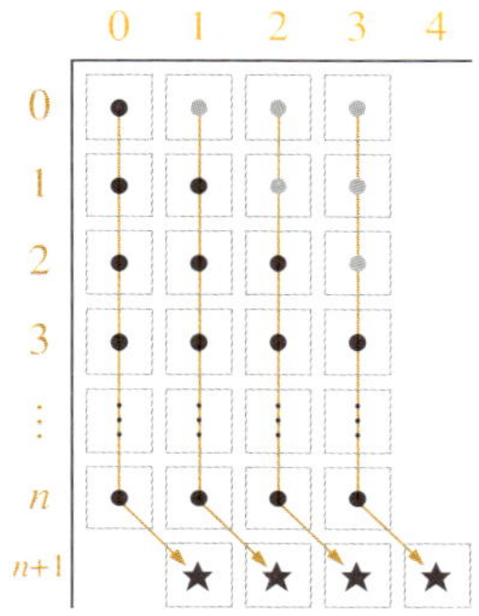

예제 2.5.2의 수열의 계차행렬은 어느 번호 이후의 행이 모두 0으로만 구성되어 있다. 이것은 a_n이 n에 관한 다항식이기 때문에 성립하는 일반적인 사실이다. 이에 대하여 알아 보자.

정리 2.5.5

x에 관한 k차 다항식 $f(x)$에 대하여, 수열 $\mathbf{a} = (f(0), f(1), f(2), \cdots)$의 제 $k+1$ 계차수열은 $\mathbf{0} = (0, 0, \cdots)$이다.

증명 k에 관한 귀납법으로 $\Delta^{k+1}\mathbf{a} = \mathbf{0}$을 증명한다.
$k = 0$일 때, $f(x)$는 상수함수이므로 $\Delta^1\mathbf{a} = \mathbf{0}$이다.
$f(x)$의 차수가 k보다 작을 때, 정리가 성립한다고 가정하고

$$f(x) = \sum_{i=0}^{k} c_i x^i, \quad c_k \neq 0$$

라고 하자. $g(x) = f(x+1) - f(x)$로 두면

$$g(x) = c_k((x+1)^k - x^k) + (k-1\text{차 이하의 다항식})$$

이고, $(x+1)^k - x^k$가 $k-1$차 다항식이므로 $g(x)$는 $k-1$차 다항식이다. 따라서 귀납법 가정에 의하여 수열

$$\mathbf{b} = (g(0), g(1), g(2), \cdots)$$

의 제 k 계차수열은 $\mathbf{0}$, 즉, $\Delta^k\mathbf{b} = \mathbf{0}$이다. $\Delta^{k+1}\mathbf{a} = \Delta^k\mathbf{b}$이므로 정리가 성립한다. ▮

◀ $(x+1)^k - x^k$
$= \sum_{i=0}^{k}\binom{k}{i}x^i - x^k$
$= \sum_{i=0}^{k-1}\binom{k}{i}x^i$

$f(x)$가 x에 관한 k차 다항식일 때, 수열 $\mathbf{a} = (f(0), f(1), f(2), \cdots)$의 쌍대수열은 $\mathbf{d} = (d_0, d_1, d_2, \cdots, d_k, 0, 0, \cdots)$ 꼴이다. 따라서 계차행렬을 구할 때, $(f(0), f(1), f(2), \cdots, f(k))$만으로써 구하여도 충분하다.

이 때, 각 $n = 0, 1, 2, \cdots$에 대하여

$$f(n) = \binom{n}{0}d_0 + \binom{n}{1}d_1 + \binom{n}{2}d_2 + \cdots + \binom{n}{k}d_k$$

이다.

	0	1	2	3	4
0	$f(0)$	$f(1)$	$f(2)$	$f(3)$	$f(4)$
1	d_1	*	*	*	
2	d_2	*	*		
3	d_3	*			
4	d_4				

[$k=4$인 경우의 예]

보기 $f(n) = n^3 + n + 1$ 일 때,

$$\mathbf{a} = (f(0), f(1), f(2), f(3), \cdots) = (1, 3, 11, 31, 69, 131, \cdots)$$

의 계차행렬이 오른쪽 그림과 같으므로 $\mathbf{a}$의 쌍대수열은

$$\mathbf{d} = (1, 2, 6, 6, 0, 0, \cdots)$$

이다. 따라서

$$f(n) = 1\binom{n}{0} + 2\binom{n}{1} + 6\binom{n}{2} + 6\binom{n}{3}$$

$\mathbf{d}$의 항 1, 2, 6, 6을 구하기 위해서는 그림에서 색으로 표시된 부분만 관찰하면 충분하다.

$f(n)$의 차수

	0	1	2	(3)	4	5	⋯
0	1	3	11	31	69	131	⋯
1	2	8	20	38	62	⋯	
2	6	12	18	24	⋯		
3	6	6	6				
4	0	0					
5	0	⋮					
⋮	⋮						

예제 2.5.6

$\sum_{k=0}^{n} k^4$을 n의 식으로 나타내어라.

풀이 수열 $\mathbf{a} = (0^4, 1^4, 2^4, \cdots)$의 쌍대수열이

$$(0, 1, 4, 36, 24, 0, 0 \cdots)$$

이므로

$$\sum_{k=0}^{n} k^4 = 0\binom{n+1}{1} + 1\binom{n+1}{2} + 4\binom{n+1}{3} + 36\binom{n+1}{4} + 24\binom{n+1}{5}$$

$$= \frac{1}{30}n(n+1)(2n+1)(3n^2+3n-1)$$ ■

$f(k)=k^4$이 k에 관한 4차식이므로 여기서 끝났다.

	0	1	2	3	(4)
0	0	1	16	81	256
1	1	15	65	175	
2	14	50	110		
3	36	60			
4	24				

기하학적 응용

좌표공간, 즉, 3 차원 실 유클리드공간, $\boldsymbol{R}^3$에서 집합

$$\{(x, y, z) \mid x + 2y + 3z = 1\}$$

은 평면(2 차원 공간)을 나타낸다. $k > 3$일 때, k차원 실 유클리드 공간 $\boldsymbol{R}^k$에서 모두가 0은 아닌 k 개의 상수 $a_1, a_2, \cdots, a_k$에 대하여

$$a_1x_1 + a_2x_2 + \cdots + a_kx_k = 1$$

을 만족하는 $(x_1, x_2, \cdots, x_k)$ 전체의 집합은 $(k-1)$-차원 공간을 이룬다. 이 공간을 $\boldsymbol{R}^k$의 $(k-1)$-차원 **초평면**이라고 한다.

◀ 超平面 hyperplane
$\boldsymbol{R}^3$의 초평면은 보통 알고 있는 평면이고 $\boldsymbol{R}^2$의 초평면은 직선, $\boldsymbol{R}^1$의 초평면은 점이다

$\boldsymbol{R}^k$의 n 개의 초평면은 다음과 같을 때, "일반적인 위치에 있다"고 한다.

❶ $k = 1$일 때 : n 개의 점 (0-차원 초평면)이 서로 다르다.

❷ $k = 2$일 때 : n 개의 직선 (1-차원 초평면)이 어느 2 개도 정확히 한 점에서 만나고, 어느 3 개도 한 점에서 만나지 않는다.

❸ $k \geq 3$일 때 : n 개의 $(k-1)$-차원 초평면 $H_1, H_2, \cdots, H_n$ 중 임의로 H_p를 잡았을 때, $H_p \cap H_i, (i \neq p)$, 는 $\boldsymbol{R}^{k-1}$상의 일반적인 위치에 있는 $n-1$ 개의 $(k-2)$-차원 초평면이다.

지금부터 2개 이상의 초평면을 언급할 때는 그들이 일반적인 위치에 있다고 가정한다. $\boldsymbol{R}^k$가 n개의 초평면에 의하여 나누어지는 영역의 개수 a_{nk}를 구하여 보자.

먼저 구하는 수 a_{nk}를 오른쪽 그림과 같이 배열하여 만든 행렬 A의 특성을 관찰한다.

a_{nk} ← k차원 공간의 / n개의 초평면

$A =$

n \ k	0	1	2	$\cdots$	k	$\cdots$
0	a_{00}	a_{01}	a_{02}	$\cdots$	a_{0k}	$\cdots$
1	a_{10}	a_{11}	a_{12}	$\cdots$	a_{1k}	$\cdots$
2	a_{20}	a_{21}	a_{22}	$\cdots$	a_{2k}	$\cdots$
$\vdots$	$\vdots$	$\vdots$	$\vdots$		$\vdots$	
n	a_{n0}	a_{n1}	a_{n2}	$\cdots$	a_{nk}	$\cdots$
$\vdots$	$\vdots$	$\vdots$	$\vdots$		$\vdots$	

■ $n = 0$일 때 (0개의 초평면) :

각 $i = 0, 1, 2, \cdots$ 에 대하여, $\boldsymbol{R}^i$가 0개의 초평면에 의하여 나누어지는 부분의 개수는 명백히 1이다. 그러므로

$$a_{0i} = 1, (i = 1, 2, 3, \cdots)$$

■ $k = 1$일 때 ($\boldsymbol{R}^1$, 즉, 직선 상에서) :

각 $j = 0, 1, 2 \cdots$ 에 대하여, 직선 위에 있는 서로 다른 j 개의 점 (0차원 초평면) 은 직선을 $j + 1$개의 부분으로 나눈다. 그러므로

$$a_{j1} = j + 1, (j = 0, 1, 2, \cdots)$$

여기까지의 정보로써 행렬 A의 모양은 다음과 같음을 알 수 있다.

$A =$

$n \backslash k$	0	1	2	$\cdots$	k	$\cdots$
0	a_{00}	1	1	$\cdots$	1	$\cdots$
1	a_{10}	2	a_{12}	$\cdots$	a_{1k}	$\cdots$
2	a_{10}	3	a_{22}	$\cdots$	a_{2k}	$\cdots$
$\vdots$	$\vdots$	$\vdots$	$\vdots$		$\vdots$	
n	a_{n0}	$n+1$	a_{n2}	$\cdots$	a_{nk}	$\cdots$
$\vdots$	$\vdots$	$\vdots$	$\vdots$		$\vdots$	

■ $k = 2$일 때 ($\boldsymbol{R}^2$, 즉, 평면 상에서) :

$a_{02} = 1$이다. a_{n2}를 알 때, $a_{n+1,2}$를 구한다.

평면 상에 $n + 1$개의 직선 (1 차원 초평면) $l_1, l_2, \cdots, l_n, l_{n+1}$이 놓여 있다고 하자.

㉮ 우선 l_{n+1}을 무시하면, $l_1, l_2, \cdots, l_n$은 $\boldsymbol{R}^2$의 n 개의 초평면이므로 이들에 의하여 평면은 a_{n2}개의 영역으로 나뉜다.

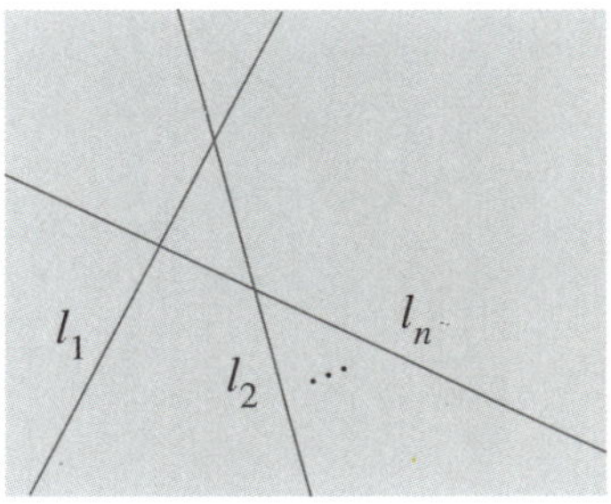

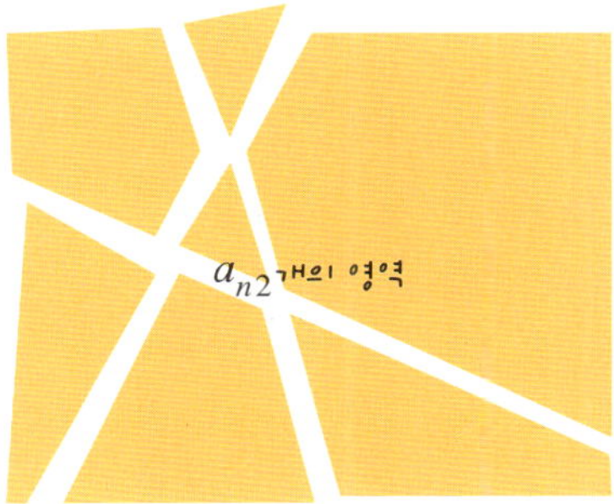

㉯ 이제 l_{n+1}을 넣어서 생각하면 $l_1, l_2, \cdots, l_n$이 l_{n+1}과 만나는 점은 직선 l_{n+1}(R^1과 같음) 위에 있는 n 개의 점(0 차원 초평면)이다. 따라서 l_{n+1}은 이들 점에 의하여 a_{n1} 개의 부분으로 나뉜다. [그림 1].
이 각각의 부분이 l_{n+1}을 넣기 전 상태에서 하나씩의 2차원 영역을 추가하므로, 추가되는 영역의 개수는 a_{n1}이다. [그림 2].

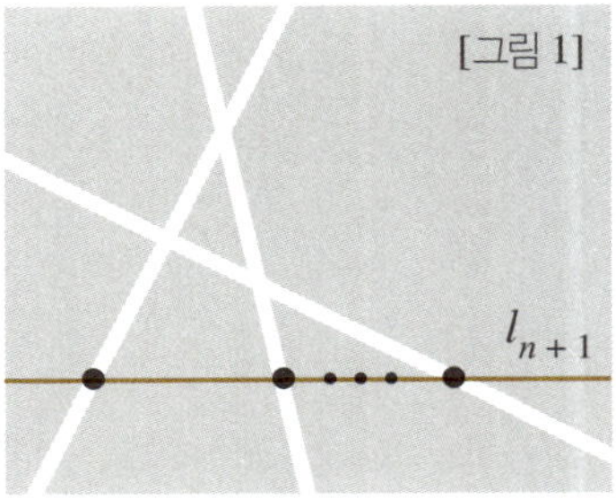

직선 ——— 는 n개의 점 ●에 의하여 a_{n1}개의 토막 ——…— 으로 나뉜다.

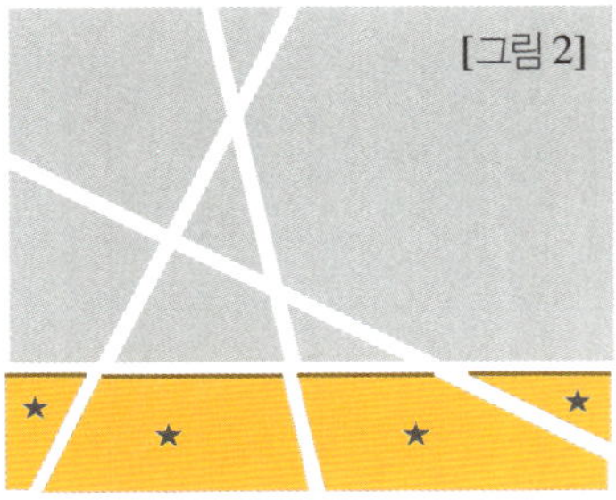

각 토막 —이 하나의 새로운 영역 ★를 추가한다.

㉮, ㉯에 의하여 다음 등식을 얻는다.

$$a_{n1} + a_{n2} = a_{n+1,2} \quad \cdots\cdots ①$$

■ $k \geq 3$일 때 : $a_{0k} = 1$이다. $a_{n,k-1}, a_{nk}, a_{n+1,k}$ 사이의 관계를 찾아보자.

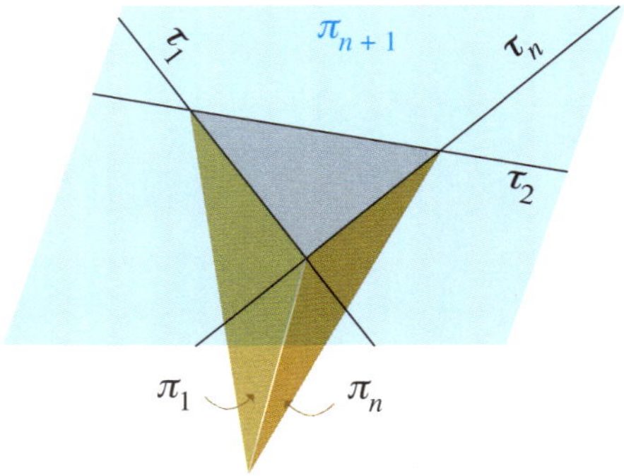

$\boldsymbol{R}^k$상에 $n+1$개의 초평면 $\pi_1, \pi_2, \cdots, \pi_n, \pi_{n+1}$이 놓여 있다고 하자.
앞의 경우와 같이, π_{n+1}을 무시하면, $\pi_1, \pi_2, \cdots, \pi_n$에 의하여 $\boldsymbol{R}^k$는 a_{nk}개의 영역으로 나누어진다. 여기에 다시 π_{n+1}($\boldsymbol{R}^{k-1}$과 같음)을 넣어서 생각하면 $\pi_1, \pi_2, \cdots, \pi_n$이 각각 π_{n+1}과 만나는 부분 $\tau_1, \tau_2, \cdots, \tau_n$은 π_{n+1}의 n개의 초평면들이다. 따라서 π_{n+1}은 $\tau_1, \tau_2, \cdots, \tau_n$

에 의하여 $a_{n,k-1}$개의 부분으로 나뉜다. 이 각각의 부분이 π_{n+1}을 넣기 전 상태에서 하나씩의 영역을 추가하므로, 추가되는 영역의 개수는 $a_{n,k-1}$이다. 따라서 다음 등식을 얻는다.

$$a_{n,k-1} + a_{nk} = a_{n+1,k} \qquad \cdots\cdots\cdots\cdots\cdots \text{②}$$

①, ② 에 의하여 행렬 A의 제 0 열을 제외한 모든 부분에서 'ㄱ-법칙'이 성립한다. A의 제 1 열의 계차수열이 $(1, 1, 1, \cdots)$이므로 A의 제 0 열의 모든 성분을 1로 바꾸어 넣으면 A는

$$A = \begin{array}{c|ccccccc}
n \backslash k & 0 & 1 & 2 & \cdots & k-1 & k & \cdots \\
\hline
0 & 1_0 & 1_1 & 1_2 & \cdots & 1_{k-1} & 1_k & \cdots \\
1 & 1 & 2 & a_{12} & \cdots & a_{1,k-1} & a_{1,k} & \cdots \\
2 & 1 & 3 & a_{22} & \cdots & a_{2,k-1} & a_{2,k} & \cdots \\
\vdots & \vdots & \vdots & \vdots & & \vdots & \vdots & \\
n-1 & 1 & n-1 & a_{n-1,2} & \cdots & a_{n-1,k-1} & a_{n-1,k} & \cdots \\
n & 1 & n & a_{n+1,2} & \cdots & a_{n,k-1} & a_{n,k} & \cdots \\
\vdots & \vdots & \vdots & \vdots & & \vdots & \vdots &
\end{array}$$

와 같이 되고 이제 A에서는 전체적으로 ㄱ-법칙이 성립한다. 따라서 각 $j = k, k-1, k-2, \cdots, 2, 1$에 대하여 A의 제 j 열의 계차수열이 제 $j-1$ 열이고, 제 k 열의 쌍대수열은

$$(1_k, 1_{k-1}, \cdots, 1_2, 1_1, 1_0, 0, 0, \cdots)$$

이다. 그러므로 정리 2.5.1에 의하여

$$a_{nk} = \binom{n}{0} + \binom{n}{1} + \binom{n}{2} + \cdots + \binom{n}{k}.$$

위의 결과에 의하면 n차원 공간 $\boldsymbol{R}^n$은 n개의 초평면에 의하여

$$a_{nn} = \binom{n}{0} + \binom{n}{1} + \binom{n}{2} + \cdots + \binom{n}{n} = 2^n$$

개의 영역으로 나누어짐을 알 수 있다.

2-5 E·X·E·R·C·I·S·E·S 연습문제

1 수열 $\mathbf{a} = (a_0, a_1, a_2, \cdots)$의 쌍대수열이 $(0, 1, 2, 3, 0, 0, \cdots)$일 때, 다음 물음에 답하라.

(1) a_n을 n의 식으로 나타내어라.

(2) $\lim_{n\to\infty} \frac{1}{n^4} \sum_{k=0}^{n} a_k$의 값을 구하라.

2 수열 $(a_0, a_1, a_2, \cdots)$의 일반항이 $a_n = n(n+1)(n+2)$이고, b_n이 a_n의 일의 자리의 수일 때, $\sum_{k=0}^{1992} b_k$의 값을 구하라.

3 $\sum_{k=0}^{n} k^5$을 n에 관한 식으로 나타내어라.

4 모든 3의 제곱 및 서로 다른 3의 거듭제곱들의 합을 작은 것부터 나열한 수열 1, 3, 4, 9, 10, 12, 13, ⋯ 의 제 100 항을 구하라.

5 조건 $a_n = a_{n-1} - a_{n-2}$, $(n \geq 3)$ 을 만족하는 수열 $a_1, a_2, \cdots$ 에 대하여 $\sum_{k=1}^{1492} a_k = 1985$, $\sum_{k=1}^{1985} a_k = 1492$일 때, $\sum_{k=1}^{2001} a_k$를 구하라.

6 모든 자리의 숫자의 합이 n이고, 각 자리의 숫자가 1, 3, 4 중 하나인 자연수의 개수를 a_n이라고 할 때, 각 $n = 1, 2, 3, \cdots$에 대하여 a_{2n}은 완전제곱수임을 증명하라.

7 5명의 아이가 한 더미의 귤을 나누어 가진다. 첫 번째 아이가 귤을 똑같이 다섯 더미로 나누면 한 개가 남는데, 남은 한 개를 버린 다음 한 더미를 가져갔다. 두 번째 아이가 나머지 귤을 똑같이 다섯 더미로 나누면 첫 번째 아이 때와 마찬가지로 한 개가 남는데, 남은 한 개를 버린 다음 한 더미를 가져갔다. 그 다음의 세 번째 아이도 위에서와 같은 방법으로 나누어 가져갔다. 원래 귤은 몇 개 있었겠는가? 또, 마지막에 남은 귤은 몇 개인가?

2-5 · E · X · E · R · C · I · S · E · S · 연습문제

8 0부터 1985까지의 정수를 작은 것부터 크기순으로 첫 줄에 쓰고, 첫 줄에서 서로 이웃한 두 수의 합을 두 번째 줄에 쓴 다음, 또 두 번째 줄에서 서로 이웃한 두 수의 합을 세 번째 줄에 쓴다. 이렇게 마지막 줄에 하나의 수가 남을 때까지 계속하여 쓸 때, 이 수가 1985로 나누어 떨어진다는 것을 증명하라.

9 6보다 큰 자연수 n에 대하여 n보다 작으면서 n과 서로 소인 자연수 전체의 집합을 $\{a_1, a_2, \cdots, a_k\}$라고 할 때,

$$a_2 - a_1 = a_3 - a_2 = \cdots = a_k - a_{k-1} > 0$$

이면, n은 소수이거나 2의 거듭제곱인 수임을 보여라.

10 수열 $\mathbf{a} = (a_0, a_1, a_2, \cdots)$의 쌍대수열이 $\mathbf{d} = (d_0, d_1, d_2, \cdots)$일 때, $d_n = \sum_{k=0}^{n} (-1)^{n+k} \binom{n}{k} a_k$, $(n = 0, 1, 2, \cdots)$ 임을 증명하라.

2-6 다중집합의 원순열

- 흰 바둑돌 2개, 검은 바둑돌 2개를 원형으로 배열하는 방법은 몇 가지일까?
- 다음 그림은 흰 바둑돌 3개, 검은 바둑돌 3개를 원형으로 배열한 것이다.
  (1) 이들은 서로 다른 것인가?
  (2) 이들 이외에 다른 배열은 없을까?

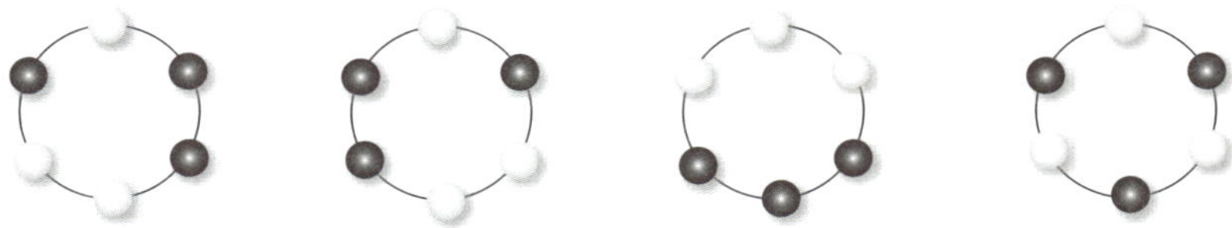

지금까지 우리는 원순열과, 다중집합의 순열에 대하여 알아보았다. 흰 바둑돌 3개, 검은 바둑돌 3개를 원형으로 배열하는 방법수를 찾는 문제와 같이 다중집합의 원소를 직선이 아닌 어떤 도형에 배열하는 문제에 대한 답은 그리 간단하지가 않다. 이를 위하여 먼저 군의 개념을 간단히 소개한다.

◂ 이 문제를 보통 **같은 것이 있는 원순열**이라고도 한다.

이 절은 군론의 기초가 없는 사람이 읽기에는 다소 어려울지도 모른다.

군과 부분군

우리가 보통 알고 있는 '덧셈'은 정수 전체의 집합 $\mathbf{Z}$의 이항연산이며, 다음과 같은 성질을 가진다. 여기서 a, b, c는 임의의 정수이다.

(i) $a + (b + c) = (a + b) + c$ (결합법칙)

(ii) $a + 0 = a = 0 + a$ (0은 덧셈에 관한 항등원)

(iii) $a + (-a) = 0 = (-a) + a$ (-a는 a의 덧셈에 관한 역원)

군이란 이를 일반화한 대수적인 대상으로서 다음과 같이 정의된다.

먼저 하나의 이항연산 $\circ$를 가지는 공집합이 아닌 집합 G를 생각한다. 이 이항연산 $\circ$에 대하여 다음 성질

❶ 임의의 $a, b, c \in G$에 대하여, $a \circ (b \circ c) = (a \circ b) \circ c$이다.

❷ 조건 「모든 $a \in G$에 대하여, $a \circ e = a = e \circ a$」를 만족하는 $e \in G$가 존재한다.

❸ 각 $a \in G$에 대하여, $a \circ b = e = b \circ a$를 만족하는 $b \in G$가 존재한다.

가 성립할 때, G는 연산 $\circ$에 관하여 **군**을 이룬다고 한다.

◀ 群 group

대부분의 경우 연산을 굳이 언급할 필요가 없기 때문에 연산 기호 $\circ$를 생략하고 $a \circ b$로 쓰는 대신 간단히 ab로 쓴다.

성질 ❷를 만족하는 원소 $e \in G$를 군 G의 **항등원**이라고 한다. 항등원의 존재는 유일하다. 또, 각 $a \in G$에 대하여, $a \circ b = e = b \circ a$를 만족하는 $b \in G$의 존재는 유일하다. b를 a의 **역원**이라고 하고

$$a^{-1}$$

로 나타낸다.

◀ 恒等元 identity
e, e'이 군 G의 항등원이라면
$$e = ee' = e'$$
e'이 항등원 / e가 항등원

◀ 逆元 inverse
b, b'이 a의 역원이라면
$$b = be = b(ab') = (ba)b' = eb' = b'$$

보기 (1) 정수 전체의 집합 $\boldsymbol{Z}$는 덧셈에 관하여 군을 이룬다.

(2) 실수 전체의 집합과 복소수 전체의 집합을 각각 $\boldsymbol{R}$, $\boldsymbol{C}$라고 할 때, $\boldsymbol{R} - \{0\}$, $\boldsymbol{C} - \{0\}$은 곱셈에 관하여 군을 이룬다.

(2) $T_4 = \{1, -1, i, -i\}$, (i는 허수 단위), 라고 하면, 복소수의 곱셈은 T_4의 이항연산이다.
복소수의 곱셈은 결합법칙 ❶을 만족한다.
1은 T_4의 항등원이므로 ❷가 성립한다.
$$1 \cdot 1 = 1, \quad (-1)(-1) = 1, \quad i(-i) = 1 = (-i)i$$
이므로 ❸이 성립한다.
따라서 T_4는 복소수의 곱에 관하여 군을 이룬다.

보기의 (1), (2)와 같이 무한히 많은 원소를 가지는 군을 **무한군**이라고 하고 보기의 (3)와 같이 유한 개의 원소로 이루어진 군을 **유한군**이라고 한다. 유한군 G의 원소의 개수를 G의 **위수**라고 하고

$$|G|$$

로 나타낸다. 이를테면 보기의 (3)의 군 T_4의 위수는 4, 즉, $|T_4| = 4$이다.

◀ 無限群 infinite group
◀ 有限群 finite group
◀ 位數 order

군 G의 공집합이 아닌 부분집합 H가 G의 연산에 관하여 군을 이룰 때, H를 G의 **부분군**이라고 하고

$$H \leq G$$

와 같이 나타낸다. 이를테면 복소수의 곱셈에 관하여 T_4는 $\boldsymbol{C}$의 부분군이고, $T_2 = \{1, -1\}$은 T_4의 부분군이다. 즉, $T_4 \leq \boldsymbol{C}$, $T_2 \leq T_4$이다.

◀ 部分群 subgroup

정리 2.6.1 (부분군 판정법)

G가 군이고 $\varnothing \neq H \subset G$에 대하여, $H \leq G$일 필요충분조건은

(i) $a, b \in H \Rightarrow ab \in H$

(ii) $a \in H \Rightarrow a^{-1} \in H$

증명 $H \leq G$일 때, 명백히 (i), (ii)가 성립한다.
역으로 (i), (ii)를 가정한다. (i)로부터 G의 이항연산은 H의 이항연산이다. G의 원소의 연산에 대하여 결합법칙이 성립하므로
❶ H의 원소의 연산에 대해서도 결합법칙이 성립한다.
$H \neq \varnothing$이므로 $a \in H$를 잡을 수 있다. (ii)에 의하여 $a^{-1} \in H$이고 다시 (i)에 의하여
❷ $e = aa^{-1} \in H$이다.
❶, ❷, (ii)에 의하여 H는 G의 이항연산에 관하여 군을 이룬다. ▌

어떤 집합 S가 특정한 연산에 관하여 군임을 증명하기 위해서는 S가 같은 연산을 가지는 어떤 군의 부분군임을 보이면 충분하다.

보기 자연수 n에 대하여 $T_n = \{x \in \boldsymbol{C} \mid x^n = 1\}$이라고 하면, $T_n \neq \varnothing$.
$a, b \in T_n \Rightarrow (ab)^n = a^n b^n = 1 \cdot 1 = 1 \Rightarrow ab \in T_n$
a의 역원은 $\frac{1}{a}$이다. $a \in T_n$일 때, $a^n = 1$이므로
$\left(\frac{1}{a}\right)^n = \frac{1}{a^n} = \frac{1}{1} = 1$이고, 따라서 $\frac{1}{a} \in T_n$이다.
정리 2.6.1에 의하여 $T_n \leq \boldsymbol{C} - \{0\}$이다. 그러므로 T_n은 복소수의 곱에 관하여 군을 이룬다.

강체운동군

딱딱한 재질로 만든 정다각형이 평면 위에 놓여 있다. 이 정다각형을 들어서 돌리거나 뒤집는 조작을 한 다음 원래의 위치에 놓는 것을 생각한다. 이러한 조작은 원래의 형태를 유지하므로 **강체운동**이라고 한다. 정다각형의 강체운동은 **회전**과 대칭축에 관한 **뒤집기**의 2 종류가 있다.

◀ 剛體運動 rigid motion

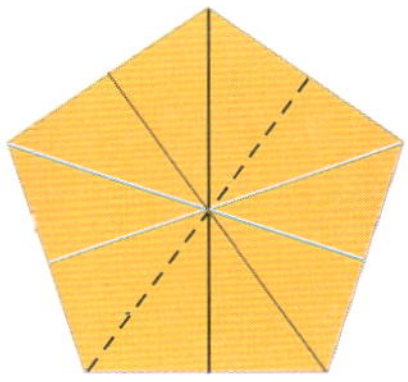

정 n 각형의 경우, 회전각은

$$0,\ \frac{2\pi}{n},\ 2\frac{2\pi}{n},\ \cdots,\ (n-1)\frac{2\pi}{n}$$

의 n 가지이고, 대칭축은 도형의 중심과 꼭지점 또는 도형의 중심과 변의 중점을 지나는 n 개의 직선이다.

$0,\ \frac{2\pi}{n},\ 2\frac{2\pi}{n},\ \cdots,\ (n-1)\frac{2\pi}{n}$만큼의 회전을 각각 $e, r_1, r_2, \cdots, r_{n-1}$로 나타내고 n 개의 뒤집기를 $f_1, f_2, \cdots, f_n$으로 나타내기로 하자. 예를 들어 $n = 3$인 경우 $e, r_1, r_2, f_1, f_2, f_3$은 다음과 같다.

$e =$ (원래 대로 두는 것), $r_1 =$ (120° 회전), $r_2 =$ (240° 회전)
$f_i =$ (중심과 꼭짓점 i를 지나는 직선에 관한 뒤집기), $(i = 1, 2, 3)$

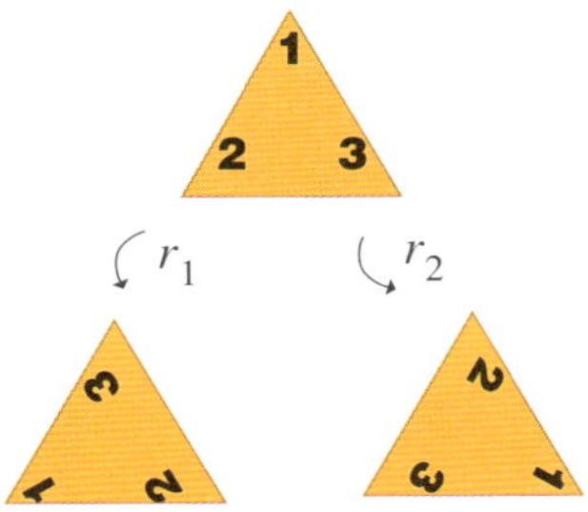

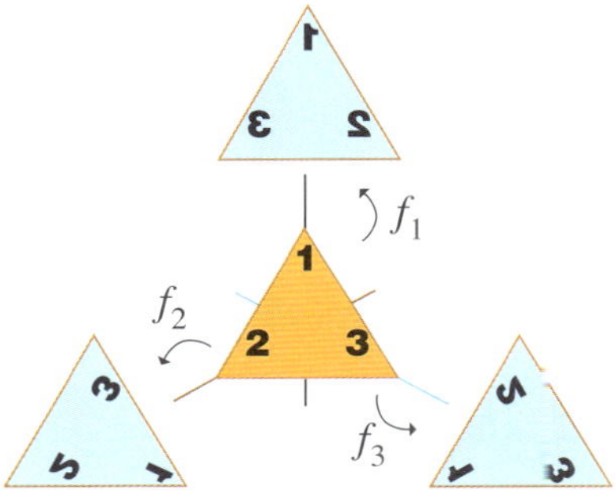

정다각형 또는 정다면체 Δ의 강체운동 전체의 집합을 $\mathscr{R}_\Delta$라고 하자.

$\sigma, \tau \in \mathscr{R}_\Delta$에 대하여 σ, τ의 곱 $\sigma\tau$를

$$\sigma\tau = (\sigma\text{를 작용시킨 후 이어서 }\tau\text{를 작용시키는 것}) \quad \cdots\cdots \text{①}$$

으로 정의하면 $\sigma\tau$도 하나의 강체운동이다. 그러므로 ①과 같이 정의한 곱은 $\mathscr{R}_\Delta$의 이항연산이다.

$\sigma, \tau, \rho \in \mathscr{R}_\Delta$에 대하여 $\sigma\tau$를 작용시킨 다음 ρ를 작용시키나 σ를 작용시킨 다음 $\tau\rho$를 작용시키나 그 결과는 같으므로 $(\sigma\tau)\rho = \sigma(\tau\rho)$이다. 그러므로 이 곱은 결합법칙을 만족한다.

정삼각형의 강체운동의 곱셈표

	e	r_1	r_2	f_1	f_2	f_3
e	e	r_1	r_2	f_1	f_2	f_3
r_1	r_1	r_2	e	f_2	f_3	f_1
r_2	r_2	e	r_1	f_3	f_1	f_2
f_1	f_1	f_3	f_2	e	r_2	r_1
f_2	f_2	f_1	f_3	r_1	e	r_2
f_3	f_3	f_2	f_1	r_2	r_1	e

$f_3 r_2 = f_1$

'원래 대로 두는 운동' ε은 임의의 $\sigma \in \mathscr{R}_\Delta$에 대하여 $\sigma\varepsilon = \sigma = \varepsilon\sigma$을 만족하므로 $\mathscr{R}_\Delta$의 항등원이다.

각 $\sigma \in \mathscr{R}_\Delta$에 대하여 σ의 조작을 반대로 하는 조작을 τ라고 하면 $\sigma\tau = \varepsilon = \tau\sigma$이므로 τ는 σ의 역원이다.

그러므로 $\mathscr{R}_\Delta$는 곱 ① 에 관하여 군을 이룬다.

이 군 $\mathscr{R}_\Delta$를 Δ의 **강체운동군**이라고 하며, 특히 정다각형의 강체운동군을 **이면체군**이라고 하고 정 n 각형의 이면체군은 기호로

◀ 剛體運動群 group of rigid motions
◀ 二面體群 dihedral group

$$D_n$$

과 같이 나타낸다.

$$D_n = \{e, r_1, r_2, \cdots, r_{n-1}, f_1, f_2, \cdots, f_n\}$$

이므로 $|D_n| = 2n$이다.

예제 2.6.2

$C_n = \{e, r_1, r_2, \cdots, r_{n-1}\}$은 D_n의 부분군임을 증명하여라.

풀이 $r_i, r_j \in C_n$일 때,

$$r_i r_j = \begin{cases} r_{i+j}, & (i+j < n\text{일 때}) \\ r_{i+j-n}, & (i+j \geq n\text{일 때}) \end{cases}$$

이므로 $r_i r_j \in C_n$이다. 또, $r_i r_{n-i} = r_n = e$ 이므로 $r_i^{-1} = r_{n-i} \in C_n$이다. 그러므로 정리 2.6.1에 의하여 $C_n \leq D_n$이다.

G를 군이라 하고 H를 G의 부분군이라고 할 때, $x \in G$에 대하여 x를 포함하는 H의 **우잉여류**를

右剩餘類 right coset

$$Hx = \{hx \mid h \in H\}$$

와 같이 정의하고, H의 우잉여류 전체의 집합을 $\mathscr{C}_H$로 나타낸다. 즉,

$$\mathscr{C}_H = \{Hx \mid x \in G\}.$$

H의 우잉여류에 대하여 다음이 성립한다. (연습문제 2.6의 2)

(i) 임의의 $x \in G$에 대하여 $|Hx| = |H|$

(ii) H의 우잉여류의 합집합은 G이다. 즉, $\cup_{x \in G} Hx = G$

(iii) H의 서로 다른 우잉여류의 교집합은 $\varnothing$이다. 즉, $Hx \neq Hy$이면, $Hx \cap Hy = \varnothing$이다.

그러므로 G가 유한군일 때, 다음 정리가 성립한다.

정리 2.6.3

G가 유한군일 때, G의 임의의 부분군 H에 대하여

$$|G| = |H||\mathscr{C}_H|$$

보기 $G = D_3$의 곱셈표를 참조하면, 부분군 $H = C_3$의 우잉여류는

$$He = Hr_1 = Hr_2 = H,$$

$$Hf_1 = Hf_2 = Hf_3 = \{f_1, f_2, f_3\}$$

이므로

$$\mathscr{C}_H = \{H, \{f_1, f_2, f_3\}\}$$

이다. 또,

(i) 임의의 $x \in G$에 대하여 $|Hx| = 3 = |H|$

(ii) $\cup_{x \in G} Hx = Hr_0 \cup Hr_1 \cup Hr_2 \cup Hf_1 \cup Hf_2 \cup Hf_3$
$= H \cup \{f_1, f_2, f_3\} = \{e, r_1, r_2, f_1, f_2, f_3\} = G$

(iii) $H \cap \{f_1, f_2, f_3\} = \varnothing$

$|G| = 6 = 3 \cdot 2 = |H||\mathscr{C}_H|$

군작용

고정된 정삼각형의 3 개의 꼭지점을 2가지 색(붉은색, 검은색)으로 채색하는 방법은 그림과 같이 $2^3 = 8$ 가지이다.

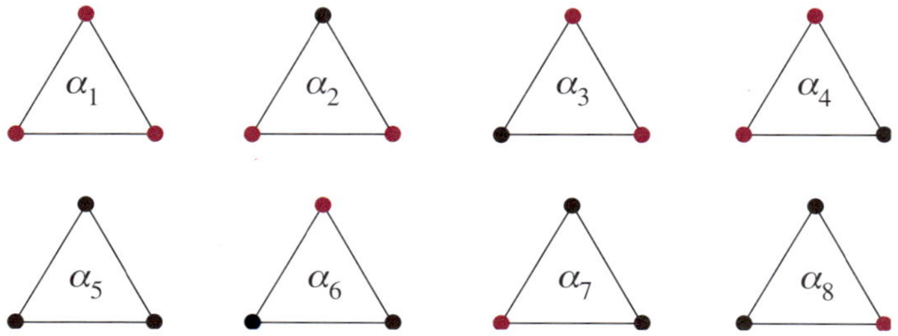

회전과 뒤집기를 허용할 때, 직관적으로, α_2, α_3, α_4는 같은 것이고, α_6, α_7, α_8은 같은 것이므로, 이 때, 서로 다른 채색은

$$\alpha_1,\quad \alpha_2 = \alpha_3 = \alpha_4,\quad \alpha_5,\quad \alpha_6 = \alpha_7 = \alpha_8$$

의 4 가지임을 알 수 있다. 일반적인 경우의 취급법을 설명하기 위하여 군작용의 개념을 소개한다.

8 개의 채색된 삼각형의 집합을

$$\Omega = \{\alpha_1, \alpha_2, \alpha_3, \alpha_4, \alpha_5, \alpha_6, \alpha_7, \alpha_8\}$$

이라 하고 $G = D_3 = \{r_0, r_1, r_2, f_1, f_2, f_3\}$라 하자.

$\alpha \in \Omega$와 $x \in G$에 대하여 α에 x를 작용시킨 결과가 β와 같을 때 이를

$$\alpha \cdot x = \beta$$

와 같이 나타낸다. 이를테면

$$\alpha_i \cdot r_0 = \alpha_i, (i = 1, 2, \cdots, 8)$$

$$\alpha_1 \cdot r_1 = \alpha_1,\ \ \alpha_2 \cdot r_1 = \alpha_3,\ \ \alpha_3 \cdot f_1 = \alpha_4$$

이다. 또

$$\alpha_2 \cdot (r_1 f_1) = \alpha_2 \cdot f_2 = \alpha_4,\ \ (\alpha_2 \cdot r_1) \cdot f_1 = \alpha_3 \cdot f_1 = \alpha_4$$

이므로 $\alpha_2 \cdot (r_1 f_1) = (\alpha_2 \cdot r_1) \cdot f_1$이 성립한다. 실제로 임의의 $\alpha \in \Omega$와 $x, y \in G$에 대하여

$$\alpha \cdot (xy) = (\alpha \cdot x) \cdot y$$

가 성립함을 확인할 수 있다.

	e	r_1	r_2	f_1	f_2	f_3
e	e	r_1	r_2	f_1	f_2	f_3
r_1	r_1	r_2	e	f_2	f_3	f_1
r_2	r_2	e	r_1	f_3	f_1	f_2
f_1	f_1	f_3	f_2	e	r_2	r_1
f_2	f_2	f_1	f_3	r_1	e	r_2
f_3	f_3	f_2	f_1	r_2	r_1	e

집합 Ω의 각 원소 α와 군 G의 각 원소 x에 대하여, Ω의 유일한 원소 $\alpha \cdot x$가 정의되고, 조건

(i) 임의의 $\alpha \in \Omega$, $x, y \in G$에 대하여, $\alpha \cdot (xy) = (\alpha \cdot x) \cdot y$

(ii) 임의의 $\alpha \in \Omega$에 대하여, $\alpha \cdot e = \alpha$ (e는 G의 단위원)

가 성립할 때, G는 Ω 상에 **작용한다**고 한다. 이 때, $\cdot$을 Ω 상의 G의 **작용**이라고 한다. 이를테면 앞 쪽의 논의에서 군 D_3는 집합

$$\Omega = \{\alpha_1, \alpha_2, \alpha_3, \alpha_4, \alpha_5, \alpha_6, \alpha_7, \alpha_8\} \quad \cdots\cdots ①$$

상에 작용한다.

◂ 作用 action

$\alpha \in \Omega$에 대하여,

$$G_\alpha = \{x \in G \mid \alpha \cdot x = \alpha\}$$

를 α의 **스테빌라이저**라고 한다. 이를테면 $G = D_3$가 ①의 Ω상에 작용할 때, $\alpha_2 \cdot x = \alpha_2$를 만족하는 $x \in G$는 r_0와 f_1이므로 $G_{\alpha_2} = \{r_0, f_1\}$이다.

◂ stabilizer

G_α는 G의 부분군이다.

$\because$ $x, y \in G_\alpha \Rightarrow \alpha \cdot (xy) = (\alpha \cdot x) \cdot y = \alpha \cdot y = \alpha \Rightarrow xy \in G_\alpha$
$x \in G_\alpha \Rightarrow \alpha \cdot x = \alpha \Rightarrow (\alpha \cdot x) \cdot x^{-1} = \alpha \cdot x^{-1}$
그런데 $(\alpha \cdot x) \cdot x^{-1} = \alpha \cdot (xx^{-1}) = \alpha \cdot e = \alpha$이므로
$\alpha \cdot x^{-1} = \alpha$이고, 따라서 $x^{-1} \in G_\alpha$이다. ∎

$x \in G$에 대하여, $\alpha \cdot x = \alpha$인 $\alpha \in \Omega$는 x에 의하여 불변이라고 한다. x에 의하여 불변인 α 전체의 집합 $\{\alpha \in \Omega \mid \alpha \cdot x = \alpha\}$을

$$\mathrm{Fix}(x)$$

로 나타낸다. 이를테면 $G = D_3$가 ①의 Ω상에 작용할 때,

$$\mathrm{Fix}(r_0) = \Omega, \ \mathrm{Fix}(f_1) = \{\alpha_1, \alpha_2, \alpha_5, \alpha_6\}$$

이다.

$\alpha \in \Omega$에 대하여,

$$\alpha^G = \{\alpha \cdot x \mid x \in G\}$$

를 α를 포함하는 **궤도**라고 한다. 이를테면 $G = D_3$가 ①의 Ω상에 작용할 때,

◂ 軌道 orbit

$$\alpha_2 \cdot e = \alpha_2, \quad \alpha_2 \cdot r_1 = \alpha_3, \quad \alpha_2 \cdot r_2 = \alpha_4,$$
$$\alpha_2 \cdot f_1 = \alpha_2, \quad \alpha_2 \cdot f_2 = \alpha_4, \quad \alpha_2 \cdot f_3 = \alpha_3$$

이므로 α_2를 포함하는 궤도는

$$\alpha_2^G = \{\alpha_2, \alpha_3, \alpha_4\}$$

이다. 또, $\alpha_2^G = \alpha_3^G = \alpha_4^G$이기도 하다. 이 작용에서 나타나는 궤도는

$$\{\alpha_1\},\quad \{\alpha_2, \alpha_3, \alpha_4\},\quad \{\alpha_5\},\quad \{\alpha_6, \alpha_7, \alpha_8\}$$

의 4개이다. 이 궤도의 개수 4가 곧 회전과 뒤집기를 허용할 때의 서로 다른 채색의 개수이다.

일반적으로 군 G의 부분군 H와 $x, y \in G$에 대하여

$$Hx = Hy \Leftrightarrow Hxy^{-1} = H$$

가 성립한다. 이 사실을 이용하여 다음 정리를 증명할 수 있다.

◀ 증명은 연습문제로 남긴다. (연습문제 2.6.2)

정리 2.6.4

유한군 G가 유한집합 Ω 상에 작용할 때, 임의의 $\alpha \in \Omega$에 대하여

$$|G| = |\alpha^G||G_\alpha|$$

증명 $\alpha \in \Omega$와 $x, y \in G$에 대하여

$$\alpha \cdot x = \alpha \cdot y \Leftrightarrow \alpha \cdot xy^{-1} = \alpha \Leftrightarrow xy^{-1} \in G_\alpha \Leftrightarrow G_\alpha x = G_\alpha y$$

이다. 그러므로 α를 포함하는 궤도의 크기와 G_α의 우잉려류의 개수가 같다. 즉, $|\alpha^G| = |\mathscr{C}_{G_\alpha}|$이다. 정리 2.6.3으로부터

$$|\alpha^G| = |G_\alpha||\mathscr{C}_{G_\alpha}| = |G_\alpha||\alpha^G|$$

를 얻는다. ▌

예제 2.6.5

정사면체의 강체운동군 G를 구하라.

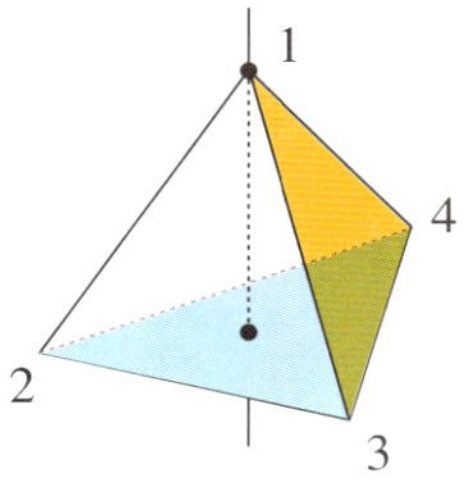

풀이 먼저 G의 원소를 아는 대로 찾아 보자. 그림과 같이 정사면체의 네 꼭지점에 1, 2, 3, 4의 번호를 붙인다. 꼭지점 i와 마주보는 면의 중심과 꼭지점 i를 지나는 직선을 축으로 120°, 240° 회전시키는 조작을 각각 $r_{i,120}, r_{i,240}$, 모서리 ij, kl, (단, $\{i, j\} \cap \{k, l\} = \varnothing$), 의 중점을

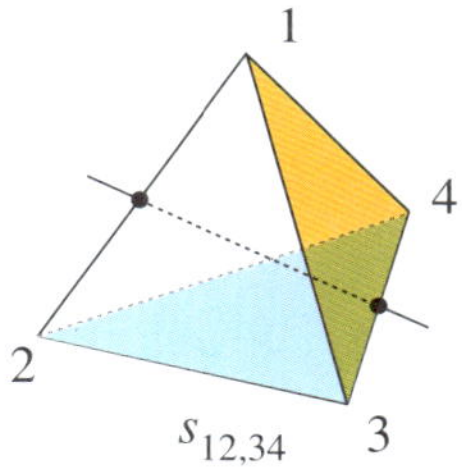

지나는 직선을 축으로 180° 회전시키는 조작을 $s_{ij;\,kl}$, 원래대로 가만히 두는 조작을 e라 하고,

$$A = \{r_{i,120}, r_{i,240} \mid i = 1, 2, 3, 4\} \cup \{s_{12\,;\,34}, s_{13\,;\,24}, s_{14\,;\,23}\} \cup \{e\}$$

라고 하면

$$A \subset G,\ |A| = 12 \quad \cdots\cdots \text{①}$$

이다. 꼭지점 i와 $x \in G$에 대하여 정사면체에 x를 작용시켰을 때 i가 가는 꼭지점을 $i \cdot x$로 정의하면 $\cdot$ 은 꼭지점의 집합 $\Omega = \{1, 2\ \ 3, 4\}$상의 G의 작용이다.

꼭지점 $1 \in \Omega$의 궤도 1^G와 스테빌라이저 G_1을 찾아보자.

꼭지점 1은 어떤 강체 운동에 의하여 1, 2, 3, 4 중 어디든지 갈 수 있으므로

$$1^G = \{1, 2, 3, 4\}.$$

$1 \cdot x = 1$을 만족하는 G의 강체운동 x는 $e, r_{1,120}, r_{1,240}$이므로

$$G_1 = \{e, r_{1,120}, r_{1,240}\}.$$

정리 2.6.4에 의하여 $|G| = |1^G||G_1| = 4 \cdot 3 = 12$이다. 그러므로 ①에 의하여 $G = A$이다. ■

정리 2.6.6 (코시-프로베니우스)

◀ Cauchy-Frobenius Theorem

유한군 G가 유한집합 Ω 상에 작용할 때, 궤도의 개수는 $|\mathrm{Fix}(x)|$의 평균이다. 즉,

$$(\text{궤도의 개수}) = \frac{1}{|G|}\sum_{x \in G} |\mathrm{Fix}(x)|$$

증명 $\mathscr{P} = \{(\alpha, x) \mid \alpha \cdot x = \alpha\}$로 두고 $\mathscr{P}$의 원소의 개수 $|\mathscr{P}|$를 헤아려 보자.

$$\mathscr{P} = \cup_{x \in G} \{(\alpha, x) \mid \alpha \in \mathrm{Fix}(x)\},$$

$$x \neq y\text{일 때, } \{(\alpha, x) \mid \alpha \in \mathrm{Fix}(x)\} \cap \{(\alpha, y) \mid \alpha \in \mathrm{Fix}(y)\} = \varnothing$$

이므로

$$|\mathscr{P}| = \sum_{x \in G} |\mathrm{Fix}(x)|. \quad \cdots\cdots \text{②}$$

$$\mathscr{P} = \cup_{\alpha \in \Omega} \{(\alpha, x) \mid x \in G_\alpha\},$$

$$\alpha \neq \beta\text{일 때, } \{(\alpha, x) \mid x \in G_\alpha\} \cap \{(\beta, x) \mid x \in G_\alpha\} = \varnothing$$

이므로

$$|\mathscr{P}| = \sum_{\alpha \in \Omega} |G_\alpha|. \quad \cdots\cdots ③$$

모든 서로 다른 궤도를 $\mathscr{O}_1 = \alpha_1^G,\ \mathscr{O}_2 = \alpha_2^G,\ \cdots,\ \mathscr{O}_n = \alpha_n^G$라 하면, 각 $i = 1, 2, \cdots, n$에 대하여 $\alpha \in \mathscr{O}_i$일 때, $\alpha^G = \mathscr{O}_i$이므로 정리 2.6.4에 의하여

$$|G_\alpha| = \frac{|G|}{|\mathscr{O}_i|} \quad \cdots\cdots ④$$

이다. ③, ④로부터

$$\begin{aligned} |\mathscr{P}| &= \sum_{i=1}^{n} \sum_{\alpha \in \mathscr{O}_i} |G_\alpha| = \sum_{i=1}^{n} \sum_{\alpha \in \mathscr{O}_i} \frac{|G|}{|\mathscr{O}_i|} \\ &= |G| \sum_{i=1}^{n} \sum_{\alpha \in \mathscr{O}_i} \frac{1}{|\mathscr{O}_i|} = |G| \sum_{i=1}^{n} |\mathscr{O}_i| \frac{1}{|\mathscr{O}_i|} = n|G|. \quad \cdots\cdots ⑤ \end{aligned}$$

◀ n은 서로 다른 궤도의 개수

②, ⑤로부터 정리의 등식을 얻는다. ▌

3개의 꼭지점을 2가지 색(붉은색, 검은색)으로 채색한 8 개의 정삼각형의 집합

$$\Omega = \{\alpha_1, \alpha_2, \alpha_3, \alpha_4, \alpha_5, \alpha_6, \alpha_7, \alpha_8\}$$

에 $G = D_3 = \{e, r_1, r_2, f_1, f_2, f_3\}$가 작용하는 경우, 발생하는 궤도의 개수 4를 정리 2.6.6의 방법으로 구하여 보자.

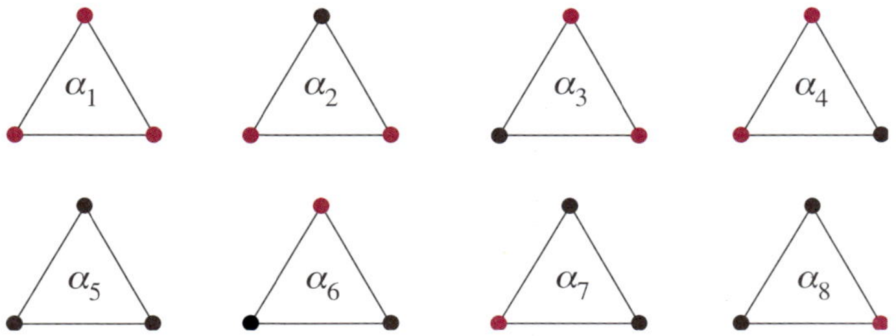

명백히 $\text{Fix}(e) = \Omega$이다.

회전해도 불변인 $\alpha \in \Omega$는 세 꼭지점이 같은 색인 삼각형이므로

$$\text{Fix}(r_1) = \text{Fix}(r_2) = \{\alpha_1, \alpha_5\}$$

f_1에 의하여 불변인 $\alpha \in \Omega$는 꼭지점 2, 3이 같은 색인 삼각형이그로

$$\mathrm{Fix}(f_1) = \{\alpha_1, \alpha_2, \alpha_5, \alpha_6\}$$

같은 이유로

$$\mathrm{Fix}(f_2) = \{\alpha_1, \alpha_3, \alpha_5, \alpha_7\}, \quad \mathrm{Fix}(f_3) = \{\alpha_1, \alpha_4, \alpha_5, \alpha_8\}$$

따라서

$$|\mathrm{Fix}(e)| = 8, |\mathrm{Fix}(r_1)| = |\mathrm{Fix}(r_2)| = 2,$$
$$|\mathrm{Fix}(f_1)| = |\mathrm{Fix}(f_2)| = |\mathrm{Fix}(f_3)| = 4.$$

그러므로

$$(\text{궤도의 개수}) = \frac{1}{|G|} \sum_{x \in G} |\mathrm{Fix}(x)|$$
$$= \frac{1}{6}(8 + 2 + 2 + 4 + 4 + 4) = 4.$$

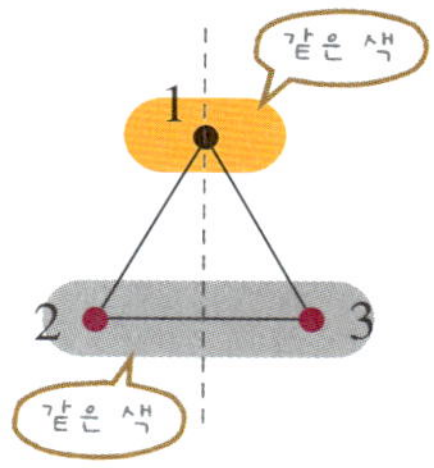

◂ $|\mathrm{Fix}(x)|$의 평균

예제 2.6.7

하나의 막대기를 8등분하는 점과 양 끝점을 합한 9개의 점을 5가는 붉은 색, 4개는 검은 색으로 칠하는 방법수를 구하여라.

풀이 그림과 같이 막대기를 중심이 원점에 오도록 수직선에 고정시켜 놓고 점을 채색하는 방법수는 { ●, ●, ●, ●, ●, ●, ●, ●, ● } 의 순열의 수 $\frac{9!}{4!\cdot5!} = 126$과 같다.

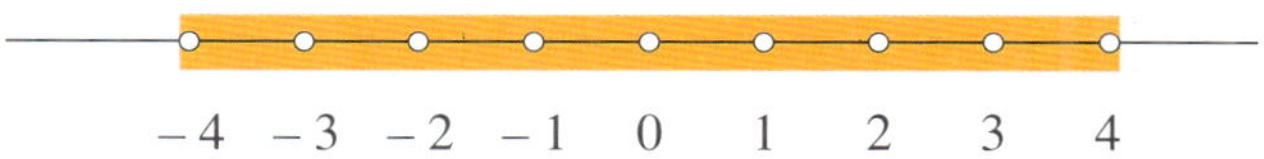

이들 126개의 채색된 막대기의 집합을 Ω라고 하자.
막대기의 강체운동군은 그냥 두는 조작 e와 원점을 중심으로 180° 회전시키는 조작 r로 이루어진 위수 2인 군 $G = \{e, r\}$이다.
$\mathrm{Fix}(e) = \Omega$이므로 $|\mathrm{Fix}(e)| = 126$이다.
$\alpha \in \Omega$가 $\mathrm{Fix}(r)$에 속할 필요충분조건은 원점은 붉은 색이고 점 $i, -i, (i = 1, 2, 3, 4)$가 같은 색일 것이다. 따라서 $|\mathrm{Fix}(r)|$은 점 1, 2, 3, 4에 ●, ●, ●, ●을 나열하는 방법수 $\frac{4!}{2!\cdot2!} = 6$과 같다. 그러므로 구하는 수는 $|\mathrm{Fix}(e)|$, $|\mathrm{Fix}(r)|$의 평균 $\frac{126+6}{2} = 66$이다. ■

◂ 1, 2, 3, 4의 색만 결정되면 반대쪽은 자동으로 결정된다.

예제 2.6.8

정사면체의 4 개의 꼭지점을 n 가지 색으로 칠하는 방법수를 구하라.

풀 이 고정된 정사면체의 꼭지점 1, 2, 3, 4를 n가지의 색으로 칠하는 방법수는 n^4이다. 이들 n^4 개의 채색된 정사면체를 Ω라고 하자.
정사면체의 강체운동군은

$$G = \{r_{i,120}, r_{i,240} \mid i = 1, 2, 3, 4\} \cup \{s_{12\,;\,34}, s_{13\,;\,24}, s_{14\,;\,23}\} \cup \{e\}.$$

$\mathrm{Fix}(e) = \Omega$이므로 $|\mathrm{Fix}(e)| = n^4$이다.

$\alpha \in \Omega$가 $\mathrm{Fix}(r_{1,120})$에 속할 필요충분조건은 꼭지점 2, 3, 4가 같은 색일 것이다. 꼭지점 1을 칠하는 방법이 n 가지, 꼭지점 2, 3, 4를 같은 색으로 칠하는 방법이 n 가지이므로 $|\mathrm{Fix}(r_{1,120})| = n^2$이다. 마찬가지로

$$|\mathrm{Fix}(r_{i,120})| = |\mathrm{Fix}(r_{i,240})| = n^2, \ (i = 1, 2, 3, 4).$$

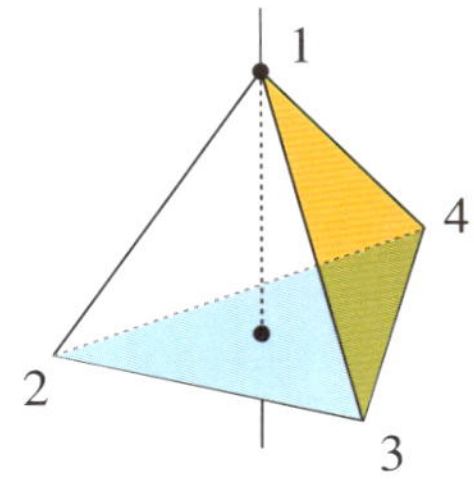

$\alpha \in \Omega$가 $\mathrm{Fix}(s_{12\,;\,34})$에 속할 필요충분조건은 꼭지점 1, 2가 같은 색이고 꼭지점 3, 4가 같은 색일 것이다. 꼭지점 1, 2를 같은 색으로 칠하는 방법이 n 가지, 꼭지점 3, 4에 같은 색으로 칠하는 방법이 n 가지이므로 $|\mathrm{Fix}(s_{12\,;\,34})| = n^2$이다. 마찬가지로

$$|\mathrm{Fix}(s_{13\,;\,24})| = |\mathrm{Fix}(s_{14\,;\,23})| = n^2$$

이다. 그러므로 구하는 수는 $|\mathrm{Fix}(x)|$, $x \in G$, 의 평균

$$\frac{1}{12}(n^4 + 11n^2)$$

이다. ■

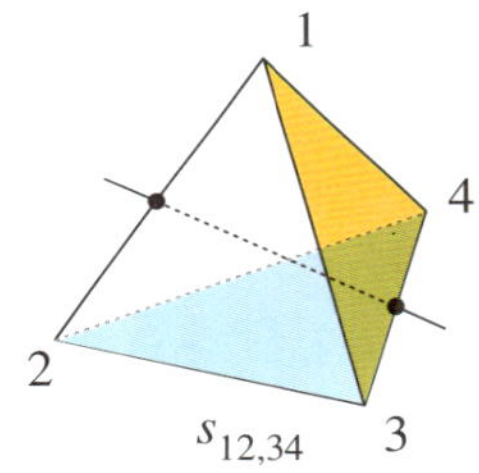

$s_{12,34}$

다중집합의 원순열

고정된 정 n 각형의 꼭지점을 n 개의 서로 다른 색으로 칠하는 방법수는 $n!$이다. $n!$ 개의 채색된 정 n각형의 집합을 Ω라고 하자.
정 n 각형의 강체운동군은

$$D_n = \{e, r_1, r_2, \cdots, r_{n-1}, f_1, f_2, \cdots, f_n\}$$

이다.

$\mathrm{Fix}(e) = \Omega$이므로 $|\mathrm{Fix}(e)| = n!$이다. 모든 꼭지점이 서로 다른 색이므로 $x \neq e$일 때, $\mathrm{Fix}(x) = \varnothing$이고, 따라서 $|\mathrm{Fix}(x)| = 0$이다. 그러므로

회전과 뒤집기를 허용했을 때, 정 n각형의 꼭지점을 서로 다른 n개의 색으로 채색하는 방법수는 $|\mathrm{Fix}(x)|, x \in D_n$, 의 평균

$$\frac{1}{2n}(n! + (2n-1)\cdot 0) = \frac{(n-1)!}{2}$$

이다. 이것이 n개의 서로 다른 구슬로 만들 수 있는 목걸이의 개수이다.

회전만을 허용했을 경우, 그 조작 전체의 군은

$$C_n = \{e, r_1, r_2, \cdots, r_{n-1}\}$$

◀ r_k는 $\frac{2\pi}{n}k$만큼의 회전

이다. $x \in C_n$에 대해서도

$$|\mathrm{Fix}(x)| = \begin{cases} n!, & (x = e\text{일 때}), \\ 0, & (x \neq e\text{일 때}) \end{cases}$$

이므로 n개의 꼭지점을 서로 다른 n개의 색으로 채색하는 방법수는

$$\frac{1}{n}(n! + (n-1)\cdot 0) = (n-1)!$$

이다. 이것이 n개의 서로 다른 대상의 원순열의 개수이다.

자연수 p, q에 대하여 $p + q = n$이라 하자. 정 n 각형 Δ_n의 꼭지점 중 p개를 붉은 색, q개를 검은 색으로 칠하는 방법수를 구하여 보자. 여기서 회전은 허용하지만 뒤집기는 허용하지 않는다.

고정된 Δ_n의 꼭지점을 칠하는 방법수는 $\frac{n!}{p!\,q!}$ 이다. $\frac{n!}{p!\,q!}$ 개의 차색된 Δ_n의 집합을 Ω라고 하자.

Δ_n의 회전 전체로 이루어진 군은

$$C_n = \{e, r_1, r_2, \cdots, r_{n-1}\}$$

이다. r_k는 $\frac{2\pi}{n}k$만큼의 회전이므로 r_k^n 은 $\frac{2\pi}{n}kn = 2\pi k$만큼의 회전이고, 따라서 $r_k^n = e$이다. $r_k^m = e$를 만족하는 최소의 자연수 m을 r_k의 **위수**라고 하고

◀ 位數 order

$$\mathrm{o}(r_k)$$

와 같이 나타낸다. 명백히 $\mathrm{o}(e) = 1$, $\mathrm{o}(r_1) = n$이다.

Δ_n의 꼭지점에 차례로 $1, 2, \cdots, n$의 번호가 붙어 있다고 생각한다.
$x \in C_n$에 대하여 $o(x) = d$라고 할 때, $x, x^2, x^3, \cdots, x^d$에 의하여 꼭지점 i가 옮겨가는 점을 각각 $j_1, j_2, \cdots, j_d$라고 하면 $j_1, j_2, \cdots, j_d$는 정 d각형을 이루며 특히 $j_d = i$이다. 이 정 d각형을 d-사이클이라고 하자.

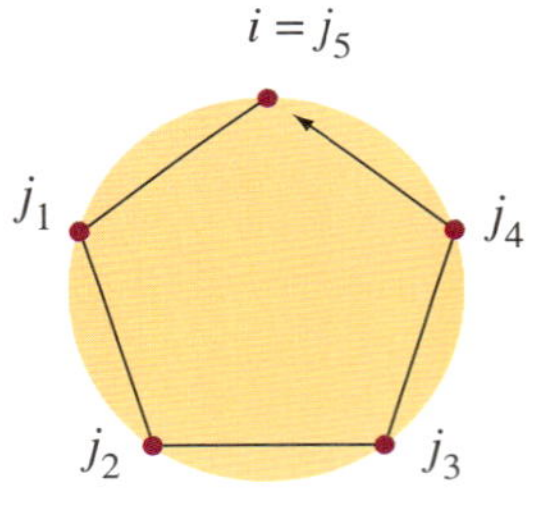

x = (72° 회전)일 때

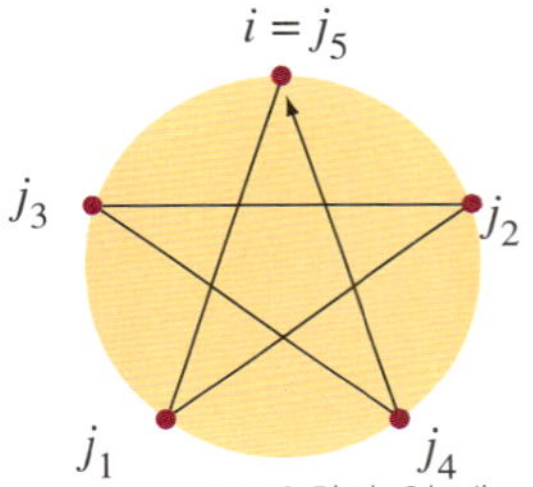

x = (144° 회전)일 때

$\alpha \in \Omega$가 Fix(x)에 속한다고 하고 꼭지점 i가 붉은 점이라면 i를 포함하는 d-사이클은 붉은 사이클, 즉, 모든 꼭지점이 붉은 사이클이다. α의 모든 붉은 점은 어느 한 붉은 d-사이클에 속하고, 단 하나의 d-사이클에만 속하므로

$$(\text{붉은 } d\text{-사이클의 개수}) \times d = (\text{붉은 점의 개수})$$

이다. 그러므로 d는 p의 약수, 즉, $d \mid p$이다.
같은 이유로 $d \mid q$이기도 하므로 d는 p, q의 공약수이다. 따라서

- d가 p, q의 공약수가 아닐 때, $\mathrm{Fix}(x) = \varnothing$이다.
- d가 p, q의 공약수일 때 : $dk = p$, $dl = q$라 하자. 이 때, $d \mid n$이다.

따라서 $\alpha \in \Omega$가 Fix(x)에 속할 필요충분조건은 α를 d개의 부채꼴 섹터로 나누었을 때, 한 섹터에 k개의 붉은 점과 l개의 검은 점이 배열되어 있고 이 패턴이 모든 다른 섹터에도 반복되어 있을 것이다. 한섹터에 k개의 붉은 점과 l개의 검은 점을 배열하는 방법수는 $\frac{(k+l)!}{k!\,l!}$이므로

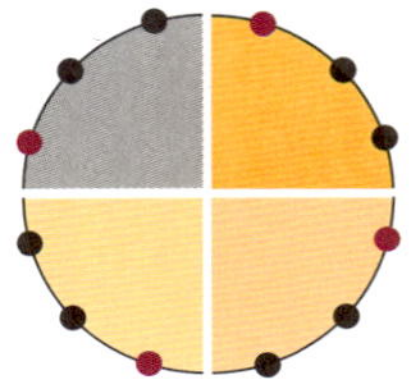

$$|\mathrm{Fix}(x)| = \frac{(k+l)!}{k!\,l!}$$

C_n에는 위수 d인 원소가 $\phi(d)$개 있다. (연습문제 2.6.3) 그러므로 $|\mathrm{Fix}(x)|$, $x \in C_n$, 의 평균은

$$\frac{1}{n} \sum_d \phi(d) \frac{n_d!}{p_d!\,q_d!}$$

이다. 여기서 Σ는 p, q의 모든 공약수 d에 관한 합이고

$$n_d = \frac{n}{d},\ p_d = \frac{p}{d},\ q_d = \frac{q}{d}$$

이다.

자연수 $p, q, \cdots, r$의 공약수는 그들의 최대공약수 $\gcd(p, q, \cdots, r)$의 약수이다. 이 사실과 위의 논의로부터 다음 정리가 성립함을 알 수 있다.

정리 2.6.9

자연수 $p, q, \cdots, r$에 대하여, $p+q+\cdots+r=n$, $\gcd(p, q, \cdots, r)=g$ 라고 할 때,

$$\underbrace{a, a, \cdots, a}_{p\text{개}}, \underbrace{b, b, \cdots, b}_{q\text{개}}, \cdots \underbrace{c, c, \cdots, c}_{r\text{개}}$$

를 원형으로 배열하는 방법수는

$$\frac{1}{n}\sum_{d\mid g}\phi(d)\frac{\left(\frac{n}{d}\right)!}{\left(\frac{p}{d}\right)!\left(\frac{q}{d}\right)!\cdots\left(\frac{r}{d}\right)!}$$

예제 2.6.10

3 개의 a, 6 개의 b, 9 개의 c를 원형으로 배열하는 방법수를 구하라.

풀이 $\gcd(3, 6, 9)=3$의 약수는 1, 3이고, $\phi(1)=1$, $\phi(3)=2$ 이다. 정리 2.6.8에 의하여 구하는 수는

$$\frac{1}{18}\left(1\frac{18!}{3!\,6!\,9!}+2\frac{6!}{1!\,2!\,3!}\right)=226900 \quad ■$$

n-집합의 원소로 만들 수 있는 목걸이의 개수는 n-집합의 원순열의 개수의 $\frac{1}{2}$이다. 그러나 다중집합의 원소로써 만들 수 있는 목걸이의 개수는 각 경우마다 상황이 달라 정리 2.6.9과 같은 정도의 간단한 공식은 없다.

빨간 구슬 p개, 파란 구슬 q개, 노란 구슬 r개로써 만들 수 있는 목걸이의 개수를 구하기 위해서는 이면체군

$$D_n = C_n \cup \{f_1, f_2, \cdots, f_n\}$$

을 사용한다. 단, $n=p+q+r$.

- $p=3, q=6, r=9$일 때 :

$$\sum_{x\in C_{18}}|\mathrm{Fix}(x)| = 1\frac{18!}{3!\,6!\,9!}+2\frac{6!}{1!\,2!\,3!}=4084200$$

Δ_{18}의 꼭지점에 차례로 1, 2, ⋯ , 18의 번호를 붙이고, 각 $i = 1, 2, \cdots, 9$에 대하여 i와 $i+9$를 지나는 대칭축 l_i에 대한 뒤집기를 f_i 라하고, 마주보는 두 변의 중점을 지나는 대칭축에 대한 뒤집기 9개를 $f_{10}, f_{11}, \cdots, f_{18}$이라 하자. Δ_{18}을 고정된 것으로 보고 만든 18개 구슬의 배열 전체의 집합을 Ω라고하자.

$\alpha \in \Omega$가 $\text{Fix}(f_1)$에 속하기 위해서는 우선 l_1의 양쪽에 각 색의 구슬이 같은 개수 만큼 있어야 한다. 그러기 위해서는 꼭지점 1, 10에 각각 빨간색, 노란색 또는 노란색 빨간색 구슬이 있어야 한다. 이 때, l_1의 왼쪽에 빨강, 파랑, 노란색 구슬이 각각 1, 3, 4개 들어 있다. 이들을 배열하는 방법이 $\frac{8!}{1!\,3!\,4!}$가지이므로 $|\text{Fix}(f_1)| = \frac{8!}{1!\,3!\,4!}$이다. 마찬가지로

$$|\text{Fix}(f_i)| = \frac{8!}{1!\,3!\,4!},\ (i = 1, 2, \cdots, 9).$$

마주보는 두 변의 중점을 지나는 직선의 양쪽에 각 색의 구슬이 같은 개수 만큼 있을 수 없으므로

$$|\text{Fix}(f_i)| = 0,\ (i = 10, 11, \cdots, 18)$$

이다. 따라서

$$\begin{aligned}\sum_{x \in D_{18}} |\text{Fix}(x)| &= \sum_{x \in C_{18}} |\text{Fix}(x)| + 9\frac{8!}{1!\,3!\,4!} + 9 \cdot 0 \\ &= 4084200 + 2520 + 0 = 4086720\end{aligned}$$

이고, 만들수 있는 목걸이의 개수는

$$\frac{4086720}{2 \cdot 18} = 113520.$$

- p, q, r이 모두 홀수 일 때 : 대칭축의 양쪽에 각 색의 구슬이 같은 개수 만큼 있을 수 없으므로 $|\text{Fix}(f_i)| = 0,\ (i = 1, 2, \cdots, n)$이다. 그러므로

$$\sum_{x \in D_n} |\text{Fix}(x)| = \sum_{x \in C_n} |\text{Fix}(x)|$$

이고, 따라서 목걸이의 개수는 원순열 개수의 $\frac{1}{2}$이다.

지금까지 이 절에서 살펴 본 일련의 방법은 폴리아에 의하여 개발되었다고 해서 **폴리아 계수법**이라고도 한다.

◂ Pólya enumeration

2-6 EXERCISES 연습문제

1 D_3의 부분군 $H = \{e, f_1\}$의 우잉여류를 모두 찾아라.

2 군 G의 부분군 H에 대하여 다음을 증명하라.

(1) H가 유한군일 때, 임의의 $x \in G$에 대하여 $|Hx| = |H$

(2) $\cup_{x \in G} Hx = G$

(3) $Hx \neq Hy$이면, $Hx \cap Hy = \varnothing$

(4) $x, y \in G$에 대하여 $Hx = Hy \Leftrightarrow Hxy^{-1} = H$

3 $r = (\frac{2\pi}{n}$ 회전)이라고 할 때, 다음을 증명하라.

(1) $C_n = \{e, r, r^2, \cdots, r^{n-1}\}$

(2) $1 \leq k \leq n$인 k에 대하여 $\text{o}(r^k) = \dfrac{n}{\gcd(k, n)}$

4 정리 2.6.4를 이용하여 다음을 증명하라.

(1) $|D_n| = 2n$

(2) 정육면체의 강체운동군의 위수는 24이다.

5 정육면체의 강체운동을 모두 찾고, 꼭지점을 n가지 색으로 칠하는 방법수를 구하라.

6 10명의 사람을 직사각형 테이블에 오른쪽 그림과 같이 앉히는 방법수를 구하라.

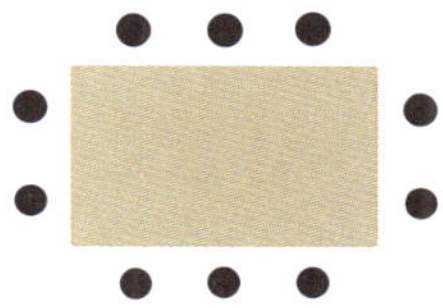

7 오른쪽 그림의 25개 점 중 5개는 빨강, 10개는 파랑, 10개는 검은색으로 채색하는 방법수를 구하라.

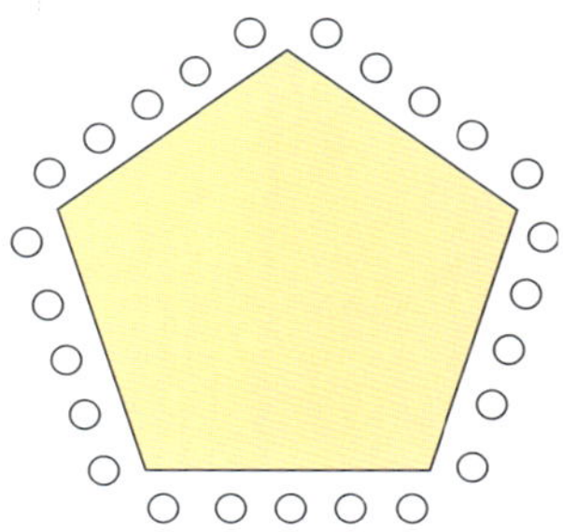

8 빨강, 파랑, 검은 구슬이 각각 n개, $n-1$개, $n+1$개 있다. 이들 $3n$개의 구슬을 다음과 같이 배열하는 방법수를 구하라.

(1) 원형 배열 (2) 목걸이

III 배열과 분배

사람마다 자기가 태어난 년, 월, 일 시를 갑자, 을축 등의 간지로 표현한 이른바 사주라는 것을 가지고 있다. 12960001 명 중에는 같은 사주를 가진 사람이 반드시 2 명 이상 있다. 이 사실은 이 단원에서 공부할 비둘기집의 원리에 의하여 성립한다. 이 단원에서는 비둘기집의 원리와 포함배제의 원리 및 그 원리를 사용하여 배열의 존재성, 배열의 개수를 헤아리는 여러가지 상황에 대하여 알아 본다.

3-1 비둘기집의 원리

3마리의 비둘기를 2개의 집에 넣으면 2마리 이상 들어가는 집이 반드시 있다. 이 사실을 이용하여 3개의 정수 중에는 그 합이 짝수인 두 수가 반드시 존재함을 설명하여 보자.

비둘기집의 원리

4마리의 비둘기를 3개의 집에 넣으면 2마리 이상 들어간 집이 반드시 있다. 이것이 이른 바 비둘기집의 원리이다. 이 원리는 지극히 당연하고 사소하게 보이지만 이산수학의 주요 관심사의 하나인 배열이나 패턴의 존재성 문제를 해결할 수 있는 가장 강력한 도구 중 하나이다.

비둘기집의 원리

$n+1$마리의 비둘기를 n개의 비둘기집에 넣으면, 2마리 이상 들어간 집이 있다.

비둘기집의 원리를 이용하여 배열의 존재성을 증명하고자 할 때 무엇을 비둘기로 보고 무엇을 비둘기집으로 볼 것인가를 결정하는 것이 문제 해결의 관건이다. 이를테면, 13사람 중에는 생월이 같은 사람이 2명 이상 있음을 증명하기 위하여, 사람을 $x_1, x_2, \cdots, x_{13}$이라 하고 비둘기와 비둘기 집을 각각 다음과 같이 둔다.

비둘기 : $x_1, x_2, \cdots, x_{13}$
비둘기집 : 1월, 2월, …, 12월

각 '비둘기'를 태어난 달에 해당하는 '집'에 넣으면, '2마리 이상 들어간 집이 반드시 존재'하므로 생월이 같은 사람이 반드시 2명 이상 있다.

비둘기집의 원리를 이용하여 배열의 존재성을 증명하여 보자.

예제 3.1.1

한 변의 길이가 2 인 정삼각형 안에 5개의 점을 찍었을 때, 거리가 1 이하인 한 쌍의 점이 존재한다.

증명 오른쪽 그림과 같이 주어진 정삼각형을 한변의 길이가 1인 4개의 정삼각형으로 분할한다. 5개의 점을 비둘기로 보고, 4개의 정삼각형을 비둘기집으로 보면 비둘기집의 원리에 의하여 2개의 점이 찍힌 삼각형이 존재한다. 이 때, 그 두 점 사이의 거리는 1 이하이다. ■

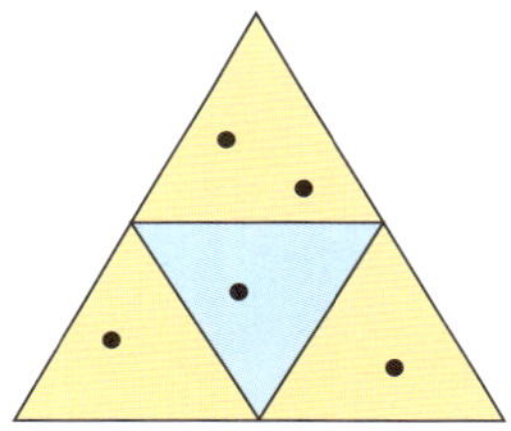

비둘기 ●●●●●은 5마리
비둘기 집 △△▽△은 4개

예제 3.1.2

집합 $\{0, 1, 2, \cdots, 10\}$의 임의의 7-부분집합 S의 원소 중에는 합이 10인 두 수가 존재한다.

증명 S의 원소가 적힌 7장의 카드를 다음 그림의 6개의 박스 중 카드의 번호가 적힌 박스에 넣으면 2장의 카드가 들어가는 박스가 있다. ■

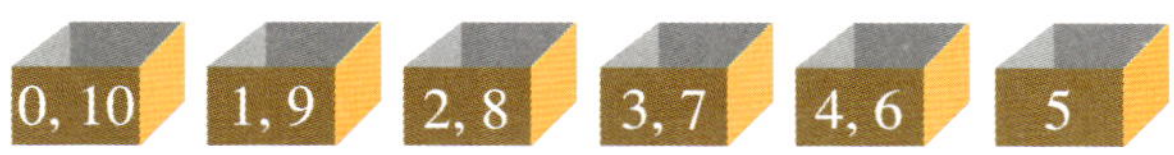

◀ 카드는 비둘기
박스는 비둘기 집

예제 3.1.3

쪽 수가 100인 책에는 그 안에 들어 있는 글자의 수가 100의 배수인 연이은 몇 개의 쪽이 존재한다.

증명 제 i 쪽에 들어있는 글자 수를 x_i라 하고,

$$s_i = x_1 + x_2 + \cdots + x_i, \ (i = 1, 2, \cdots, 100)$$

이라하자.

- 어떤 s_i가 100의 배수인 경우 : 1쪽부터 i 쪽까지에 들어 있는 글자의 수가 100의 배수이다.
- 어떤 s_i도 100의 배수가 아닌 경우 : 각 $i = 1, 2, \cdots, 100$에 대하여 s_i를 100으로 나눈 나머지를 r_i라 하면

$$\underbrace{r_1, r_2, \cdots, r_{100}}_{\text{비둘기}} \in \underbrace{\{1, 2, \cdots, 99\}}_{\text{비둘기집}}$$

로서 100 마리의 비둘기가 99개의 집에 들어가는 경우가 된다. 따라서 $r_i = r_j$를 만족하는 $i < j$가 존재한다. 이 때,

$$x_{i+1} + x_{i+2} + \cdots + x_j = s_j - s_i$$

는 100의 배수이다. ∎

◀ $i+1$쪽부터 j쪽까지에 들어 있는 글자의 수

예제 3.1.4

철수는 연이은 열흘 동안 매일 한 권 이상 총 12 권의 책을 읽었다. 이 때, 철수가 7권을 읽은 연이은 몇 날들이 있다.

증명 제 1 일에서 제 i 일까지 읽은 책의 수를 s_i라 하면,

$$s_1 < s_2 < \cdots < s_{10} = 12$$
$$s_1 + 7 < s_2 + 7 < \cdots < s_{10} + 7 = 19$$

이다. 20 마리의 '비둘기'

$$s_1, \ s_2, \cdots, \ s_{10}, \ s_1 + 7, \ s_2 + 7, \cdots, \ s_{10} + 7$$

은 모두 $\{1, 2, \cdots, 19\}$의 원소이므로 이들 중 어느 둘은 서로 같다.
s_i들 끼리는 서로 다르고, $s_i + 7$ 들 끼리는 서로 다르므로

$$s_i = s_j + 7$$

을 만족하는 $i > j$가 존재한다. 이 때, $s_i - s_j = 7$은 제 $j+1$ 일에서 제 i 일까지 읽은 책의 권수이다. ∎

예제 3.1.5

100 이하의 자연수 10개를 원소로 가지는 임의의 집합 X는 원소의 합이 같은 두 부분집합을 가진다.

증명 X의 $2^{10} = 1024$개의 부분집합을 $X_1, X_2, \cdots, X_{1024}$라 하고 각 i에 대하여 X_i의 원소의 합을 s_i라 하면

$$s_i \le 91 + 92 + \cdots + 100 = 955$$

이므로 1024 마리의 '비둘기' $s_1, s_2, \cdots, s_{1024}$는 모두 $\{1, 2, \cdots, 955\}$의 원소이므로 이들 중 어느 둘은 서로 같다. ■

비둘기집의 원리(일반형)

보다 일반적인 형태의 비둘기집의 원리에 대하여 알아 보자.

정리 3.1.6

일단의 실수 중에는 그들의 평균 이상인 수가 존재한다.

증명 실수 $x_1, x_2, \cdots, x_n$의 평균을 a라고 하면

$$x_1 + x_2 + \cdots + x_n = na.$$

모든 i에 대하여 $x_i < a$이라고 하면

$$na = x_1 + x_2 + \cdots + x_n < na$$

이 되어 모순이므로 $x_i \ge a$인 i가 존재한다. ■

보기 $n + 1$ 마리의 비둘기를 n개의 집에 넣었을 때, 제 i번 째 집에 들어간 비둘기의 수를 x_i라 하면, $x_1, x_2, \cdots, x_n$의 평균이

$$\frac{x_1 + x_2 + \cdots + x_n}{n} = \frac{n+1}{n} > 1$$

이므로, $x_i > 1$인 i가 존재한다. x_i는 자연수이므로 $x_i \ge 2$이다.

◀ 비둘기집의 원리의 논리적 증명

예제 3.1.7

크기가 다른 두 개의 디스크가 있다. 이들 각각을 $2n$개의 섹터로 등분하여 각 섹터를 다음과 같이 채색한다.

- 작은 디스크 : 전 섹터의 반은 검은색, 나머지 반은 흰색으로 채색.
- 큰 디스크 : 각 섹터를 임의로 검은색 또는 흰색으로 채색.

이와 같이 채색된 두 디스크를 색깔이 일치하는 섹터가 n 쌍 이상이 되도록 포갤 수 있다.

증명 큰 디스크의 섹터에 $1, 2, \cdots, 2n$의 번호를 하나씩 붙이고, 작은 디스크의 한 섹터에 핀을 꽂는다. 중심이 일치하도록 두 디스크를 포개어 핀이 큰 섹터 i에 왔을 때, 큰 섹터 j가 같은 색의 작은 섹터를 만나면 $a_{ij} = 1$, 다른 색의 작은 섹터를 만나면 $a_{ij} = 0$이라 하고, a_{ij}를 (i, j) 성분으로 하는 $2n \times 2n$행렬 $A = [a_{ij}]$를 만든다.

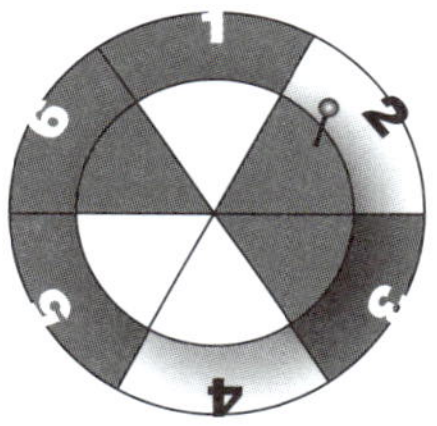

$$A = \begin{bmatrix} 1 & 0 & 0 & 1 & 1 & 0 \\ 0 & 0 & 1 & 1 & 0 & 1 \\ 1 & 1 & 1 & 0 & 0 & 0 \\ 0 & 0 & 0 & 0 & 1 & 0 \\ 0 & 1 & 1 & 1 & 1 & 1 \\ 1 & 1 & 0 & 0 & 0 & 1 \end{bmatrix}$$

$$r_i = (A\text{의 제 } i \text{ 행의 성분의 합}),$$
$$c_j = (A\text{의 제 } j \text{ 열의 성분의 합})$$

이라고 하면, 핀이 큰 섹터 i에 왔을 때 나타나는 칼라매치의 개수가 r_i이므로 $r_1, r_2, \cdots, r_{2n}$중 하나가 n 이상임을 보이면 된다.

작은 섹터가 한 바퀴 도는 동안 큰 섹터 j가 만나는 칼라매치의 개수가 c_j이므로

$$c_j = n, (j = 1, 2, \cdots, 2n).$$

이다.

$$r_1 + r_2 + \cdots + r_{2n} = (A\text{의 성분의 합}) = c_1 + c_2 + \cdots + c_{2n} = 2n^2$$

이므로, $r_1 + r_2 + \cdots + r_{2n}$의 평균은 $\frac{2n^2}{2n} = n$이다. 따라서 정리 3.1.6에 의하여 $r_i \geq n$을 만족하는 i가 존재한다. ■

정리 3.1.6은 본질적으로 "**일단의 실수 중에는 그들의 평균 이하인 수가 존재한다**"는 내용이기도 하다.

예제 3.1.8

8명의 운동선수가 5개의 라커를 같이 사용한다. 각 라커는 그 라커의 키를 가지고 있는 사람만 사용할 수 있다. 다음 조건

(∗) 어떤 5명의 선수가 왔을 때에도 5개의 라커를 모두 사용할 수 있다.

를 충족하려면 최소한 20개의 키가 필요함을 보여라.

증명 키의 개수가 20일 때, 선수를 $P_1, P_2, \cdots, P_8$이라 하고,

	P_1	P_2	P_3	P_4	P_5	P_6	P_7	P_8
라커 1	🔑					🔑	🔑	🔑
라커 2		🔑				🔑	🔑	🔑
라커 3			🔑			🔑	🔑	🔑
라커 4				🔑		🔑	🔑	🔑
라커 5					🔑	🔑	🔑	🔑

와 같도록 키를 만들어 분배하면 조건 (∗)를 만족한다.

키의 개수가 19라고 하고, 라커 i의 키의 개수를 k_i라고 하면

$$k_1 + k_2 + k_3 + k_4 + k_5 = 19$$

이므로 k_1, k_2, k_3, k_4, k_5의 평균은 $\frac{19}{5} = 3.8$이다. 따라서 $k_i \le 3$인 i가 존재한다. 라커 i의 키를 갖고 있지 않은 5명이 왔을 때는 모든 라커를 사용할 수 있는 경우가 아니므로 조건 (∗)를 충족하지 못한다. ■

라틴스퀘어

각 행 각 열이 $1, 2, \cdots, n$의 순열인 $n \times n$행렬을 **n차 라틴스퀘어**라고 한다. 예를들어 오른쪽 행렬 A는 4차 라틴스퀘어이다.

$$A = \begin{bmatrix} 4 & 3 & 2 & 1 \\ 3 & 4 & 1 & 2 \\ 2 & 1 & 4 & 3 \\ 1 & 2 & 3 & 4 \end{bmatrix}$$

◂ Latin square

2개의 n차 라틴스퀘어 $A=[a_{ij}]$, $B=[b_{ij}]$ 에 대하여 n^2개의 순서쌍

$$(a_{ij}, b_{ij}),\ (1 \le i, j \le n)$$

를 (i, j)-성분으로 하는 행렬을 $A \times B$로 나타내자. $A \times B$의 n^2개의 성분이 모두 다를 때, A, B는 **직교**한다고 한다. 예를들어

$$\begin{bmatrix} 1 & 2 & 3 \\ 2 & 3 & 1 \\ 3 & 1 & 2 \end{bmatrix}, \begin{bmatrix} 3 & 2 & 1 \\ 1 & 3 & 2 \\ 2 & 1 & 3 \end{bmatrix}$$

는 직교하는 라틴스퀘어이지만

$$\begin{bmatrix} 1 & 2 & 3 \\ 2 & 3 & 1 \\ 3 & 1 & 2 \end{bmatrix}, \begin{bmatrix} 1 & 3 & 2 \\ 3 & 2 & 1 \\ 2 & 1 & 3 \end{bmatrix}$$

는 직교하지 않는 라틴스퀘어이다.

◀ 6개 연대 각각에서 나온 6개 계급의 장교(소위, 중위, 대위, 소령 중령, 대령)가 한명씩 36명이 있다. 이들을 6×6 행렬꼴로 배열하는데 각 행, 각열에 각 연대 소속, 각 계급의 장교가 있도록 할 수 있겠는가? 이것은 오일러가 제시한 소위 '36명의 장교 문제'로서 전형적인 직교 라틴 스퀘어문제이다.

예제 3.1.9

r 개의 n차 라틴스퀘어가 서로 직교할 때, $r \le n-1$이다.

증명 $A_1, A_2, \cdots, A_r$이 서로 직교하는 n차 라틴스퀘어라고 하자. $A_1=[a_{ij}]$라 하자. $a_{11}=k \ne 1$일 때, A_1의 성분 중 1을 k로, k를 1로 바꾼 행렬을 $A_1'=[a_{ij}']$이라 하면 명백히 A_1'은 라틴스퀘어이고, 더욱이 A_1', $A_2, \cdots, A_r$도 서로 직교한다.

∵ 하나의 $p \in \{2, 3, \cdots, r\}$에 대하여 $A_p=[b_{ij}]$라 하고, $A_1 \times A_p$의 원소를

$$\begin{matrix} (c_{11}, 1), & (c_{12}, 2), \cdots, & (c_{1n}, n), \\ (c_{21}, 1), & (c_{22}, 2), \cdots, & (c_{2n}, n), \\ \vdots & \vdots & \vdots \\ (c_{n1}, 1), & (c_{n2}, 2), \cdots, & (c_{nn}, n) \end{matrix}$$

와 같이 재배열하면 각 $l=1, 2, 3, \cdots, n$에 대하여 $c_{1l}, c_{2l}, \cdots, c_{nl}$은 $1, 2, 3, \cdots, n$의 순열이고, 따라서 그 중 둘은 1과 k이다.

$$(a_{ij}, b_{ij})=(k, l) \Leftrightarrow (a_{ij}', b_{ij})=(1, l)$$
$$(a_{ij}, b_{ij})=(1, l) \Leftrightarrow (a_{ij}', b_{ij})=(k, l)$$

이므로 $A_1' \times A_p$는 $A_1 \times A_p$에서 몇 개의 성분의 위치를 바꾼 것에 불과하다. 따라서 A_1'과 A_p는 직교한다. ▮

이와 같은 방법으로 A_1의 제 1 행이 $(1, 2, \cdots, n)$이 되도록 바꾸어도 직교성이 유지된다. 각 $A_2, \cdots, A_r$에 대해서도 마찬가지 논리가 적용되므로 $A_1, A_2, \cdots, A_r$의 제 1 행이 모두 $(1, 2, \cdots, n)$이라고 해도 좋다.

이제 $A_1, A_2, \cdots, A_r$의 (2, 1)-성분을 각각 $x_1, x_2, \cdots, x_r$이라고 하면, $x_1, x_2, \cdots, x_r \in \{2, 3, \cdots, n\}$이다. 서로 다른 $s, t, (1 \le s, t \le r)$, 에 대하여 $x_s = x_t = y$라고 하면

◀ 각 A_p의 제 1 열은 $1, 2, \cdots, n$의 순열이고 (1, 1)-성분은 1

$$(A_s \times A_t\text{의 } (1, y)\text{-성분}) = (y, y) = (A_s \times A_t\text{의 } (2, 1)\text{-성분})$$

이되어 직교성에 위배된다. 따라서 r 마리의 '비둘기'

$$x_1, x_2, \cdots, x_r \in \{2, 3, \cdots, n\}$$

은 모두 다르고, 그러므로 $r \le n - 1$이다. ■

다음 정리는 비둘기집의 원리의 또 다른 일반형이다.

정리 3.1.10

자연수 $p_1, p_2, \cdots, p_n$에 대하여 $p_1 + p_2 + \cdots + p_n + 1$마리의 비둘기를 n개의 비둘기 집에 넣으면 i 번 째 집에 $p_i + 1$ 마리 이상 들어 가는 i가 존재한다.

◀ 각 i에 대하여 i 번 째 집에 p_i 마리 이하의 비둘기가 들어갔다면 전체 비둘기의 수는 $p_1 + p_2 + \cdots + p_n$ 이하가 된다.

램지 수

다음 예제는 정리 3.1.10의 간단한 응용 중 하나이다.

예제 3.1.11

6명의 사람 중에는 서로 아는 3명이 있거나 서로 모르는 3명이 있다.

증명 6명의 사람을 6개의 점으로 나타내고, 각 쌍의 점을 그 점에 해당하는 2명이 서로 알 때는 황색 선으로 서로 모를 때는 흑색 선으로 연

결하기로 하면, 문제는 변의 색이 같은 삼각형 (동색 삼각형이라 하자) 이 존재한다는 것을 보이는 것이다.

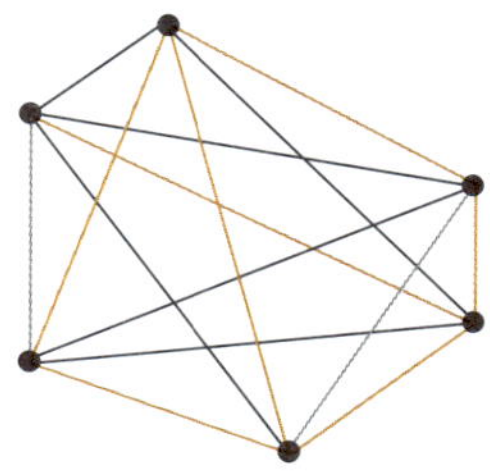

6개의 점 중 임의의 한 점을 택하여 A라고 하면, 정리 3.1.10에 의하여, 나머지 5개의 점 중 3개 (X, Y, Z라 하자) 는 A와 이어진 선의 색깔이 같다. 일반성을 잃지 않고 이들 선의 색깔이 모두 황색이라고 하자.
X, Y, Z중 어느 두 점이, 이를테면 X, Y가 황색 선으로 이어졌다면 $\triangle AXY$는 황색 삼각형이다.
X, Y, Z중 어느 두 점도 황색 선으로 이어져 있지 않다면 $\triangle XYZ$는 흑색 삼각형이다. ■

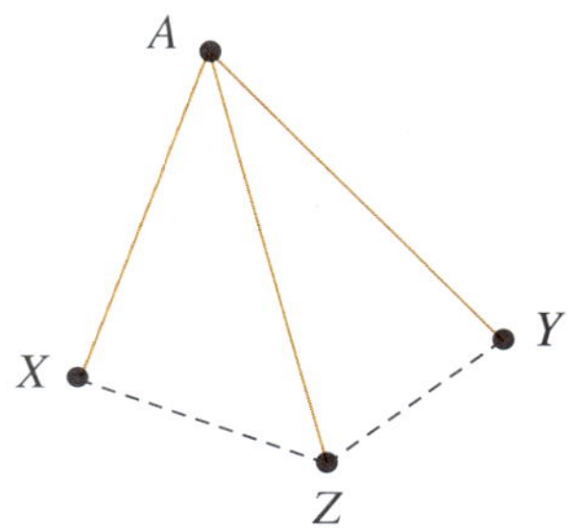

두 자연수 $p, q \geq 2$ 에 대하여 자연수 N이
"N명의 사람 중에는 서로 아는 p명이 있거나 서로 모르는 q명이 있다"
라는 조건을 만족할 때, N은 **(p, q)-램지 성질**을 가진다고 한다. 이를테면, 예제 3.1.11에 의하여, 6은 (3, 3)-램지성질을 가진다. 임의의 자연수 에 $p, q \geq 2$ 대하여 (p, q)-램지성질을 가지는 자연수가 존재한다는 사실이 알려져 있다.(램지의 정리). 그러한 수 중 최소의 수를

◂ (p, q)-Ramsey property

$$R(p, q)$$

로 나타내고, **램지 수**라고 한다. 이를테면, 예제 3.1.11에 의하여 $R(3, 3) \leq 6$이고, 또 원탁에 둘러 앉은 5명이 각각 양 옆에 있는 사람만 아는 경우를 생각하면 $R(3, 3) > 5$이다. 그러므로 $R(3, 3) = 6$이다.

◂ Ramsey number

램지(Frank P. Ramsey, 1903 -1930)는 26세의 젊은 나이에 요절한 영국의 수학자, 논리학자.

3-1 EXERCISES 연습문제

1 200 이하의 자연수 중에서 101개를 택하면 그 중 하나는 다른 하나의 약수임을 증명하라.

2 “n 명의 사람 중에는 태어난 달이 같은 사람이 4명이 있다”라는 명제가 성립하기 위한 최소의 자연수 n을 구하라.

3 100 이하의 자연수 중 51개를 택할 때, 다음이 성립함을 증명하라.
(1) 합이 101이 되는 두 수가 존재한다.
(2) 합이 100이 되는 두 수가 반드시 존재하는 것은 아니다.

4 어느 학과 학생 50명 각각은 3 개의 동아리 A, B, C 중 하나 또는 둘의 회원이다. 적어도 몇 사람이 같은 동아리의 회원일까?

5 다음을 증명하라.
(1) 13개의 정수 중에는 차가 12의 배수가 되는 두 수가 존재한다.
(2) 5개의 정수 중에는 합이 3의 배수인 세 수가 존재한다.
(3) 100 이하의 자연수 53개 중에는 차가 12가 되는 두 수는 존재하지만 차가 11이 되는 두 수가 반드시 존재하는 것은 아니다.
(4) $n \geq 2$일 때, $n+2$개의 $3n$ 이하의 자연수 중에는 그 차가 n보다 크고, $2n$보다 작은 두 수가 존재한다.
(5) $2n$ 이하인 $n+1$ 개의 서로 다른 자연수 중에는 서로 소인 두 수가 존재한다.
(7) 1, 4, 7, 10, $\cdots$, 100에서 임의로 택한 20 개의 수 중에는 그 합이 104인 수의 쌍이 적어도 2개 존재한다.

6 n^2+1 개의 서로 다른 정수로 이루어진 수열은 항의 수가 $n+1$인 증가 또는 감소하는 부분수열을 가짐을 증명하라.

7 $m, n \neq 0$이 정수일 때, 유리수 $\frac{m}{n}$의 소수표현은 유한소수 또는 순환소수임을 증명하라.

3-1 · E · X · E · R · C · I · S · E · S · 연습문제

8 임의로 주어진 서로 다른 11 개의 정수 중에는, 적당한 연산 부호로 연결하면 그 결과가 1155의 배수가 되는 8개의 정수가 존재함을 증명하라.

9 청, 적, 황, 백, 흑색 구슬이 각각 10 개, 20개, 8개, 15개, 25개 들어 있는 주머니에서 임의로 꺼낸 구슬 중 같은 색이 12개 이상이기 위해서는 몇 개 이상을 꺼내야 하겠는가?

10 10시간 동안 45 km를 걸어간 어떤 사람이 첫 한 시간에는 6 km를 걷고 마지막 한 시간에는 3 km만 걸었다고 한다. 이 사람은 어느 연속된 2 시간 동안 9 km 이상 걸었음을 증명하라.

11 어떤 운동 선수는 매일 한 번 이상, 일주일에 12번 이하의 연습을 12주간(84일) 계속하였다고 한다. 이 선수가 꼭 23회 연습한 연속된 몇 날이 있음을 증명하라.

12 원탁에 10명의 손님의 자리가 명찰과 함께 놓여 있다. 10명의 손님이 명찰을 확인하지 않고 아무렇게나 앉았는데, 제자리에 앉은 손님이 한 사람도 없었다. 이 때, 명찰이 놓인 원탁을 적당히 회전시키면 적어도 2명의 손님이 제자리에 앉게 됨을 증명하라.

13 한 변의 길이가 1인 정삼각형의 내부에 있는 점에 대하여 다음을 증명하라.

(1) 17개의 점 중에는 거리가 $\frac{1}{4}$ 이하인 두 점이 존재한다.

(2) 33개의 점 중 적어도 세 점은 반지름의 길이가 $\frac{3}{20}$인 원의 내부에 있다.

14 한 변의 길이가 1인 정사각형의 내부에 있는 9개의 점 중 적어도 세 점은 넓이가 $\frac{1}{8}$이하인 삼각형의 꼭지점이 됨을 증명하라. 단, 어느 세 점도 한 직선 위에 있지 않다고 한다.

3-1 · E · X · E · R · C · I · S · E · S · 연습문제

15 다음을 증명하라.

(1) 가로, 세로의 길이가 각각 5, 6인 직사각형의 내부에 있는 8개의 점 중에는 거리가 $\sqrt{10}$ 이하인 두 점이 존재한다.

(2) 좌표평면 위에 있는 5개의 격자점 중에는, 그 점을 양 끝 점으로 하는 선분의 중점도 격자점인 두 점이 존재한다.

(3) 평면 위에 있는 임의의 볼록 오각형에 대하여 $\angle ABC \le 36°$인 세 개의 꼭지점 A, B, C가 존재한다.

16 n명이 출전하는 바둑 대회에서 각 사람은 $n-1$명의 모든 다른 사람과 대전하였다. 각 사람의 이긴 회수가 1 이상이라고 할 때, 이긴 회수가 같은 두 사람이 존재함을 증명하라.

17 7개의 자연수 중에는 합 또는 차가 10의 배수인 두 수가 존재함을 증명하라.

18 10명의 사람 중에는 서로 아는 3명이 있든지, 서로 모르는 4명이 있음을 증명하라.

3-2 포함배제의 원리

자동차에 대하여 배출 가스

산화질소 NO_x, 탄화수소 HC, 일산화탄소 CO

허용 기준치 초과 여부를 검사한 결과가 오른쪽 표와 같다고 한다. 검사 받은 자동차의 대수 n과 3종의 가스 모두가 기준치를 초과한 차량의 대수 x 사이에는 어떠한 관계가 있는가?

허용기준치 초과 차량

가스	대수
NO_x	6
HC	4
CO	3
NO_x & HC	3
NO_x & CO	2
HC & CO	1
NO_x & HC & CO	x

포함배제의 원리

이제부터 집합 X의 원소의 개수 $|X|$를 간단히 집합의 크기라고 부르기로 하자.

이 절에서는 여러 개의 집합의 합집합의 크기를 헤아리는 문제에 대하여 알아 보자. 먼저, 두 집합 A, B의 합집합 $A \cup B$의 크기는

$$|A \cup B| = |A| + |B| - |A \cap B|$$

이다.

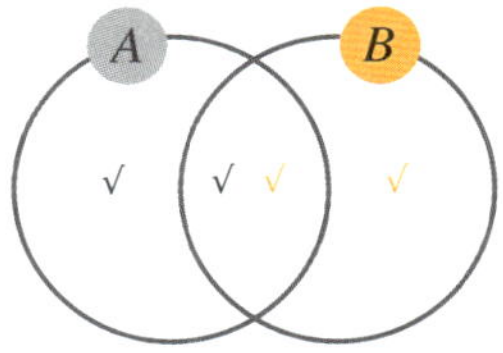

◀ $A \cup B$의 원소의 개수를 헤아리기 위하여 먼저 A의 원소를 헤아리고 다시 B의 원소를 헤아리면, $A \cap B$의 원소는 두 번 헤아린 것이 된다.

세 집합 A, B, C에 대하여 $A \cup B \cup C$의 크기를 헤아리기 위하여, 먼저 A의 원소, B의 원소, C의 원소의 개수를 헤아려 더하면 여기에는 $A \cap B$, $B \cap C$, $A \cap C$의 원소의 개수는 두 번 헤아린 것이 되므로 이들 각각의 크기를 한 번씩 뺀다. 그 결과에는 $A \cap B \cap C$의 원소의 개수는

앞의 과정에서 세 번 헤아리고 세 번 뺀 것이 되므로 이를 한 번 더해줌으로써 $A \cup B \cup C$의 크기를 구할 수 있다. 즉,

$$\begin{aligned}|A \cup B \cup C| = &|A| + |B| + |C| \\ &- |A \cap B| - |B \cap C| - |A \cap C| \\ &+ |A \cap B \cap C|\end{aligned}$$

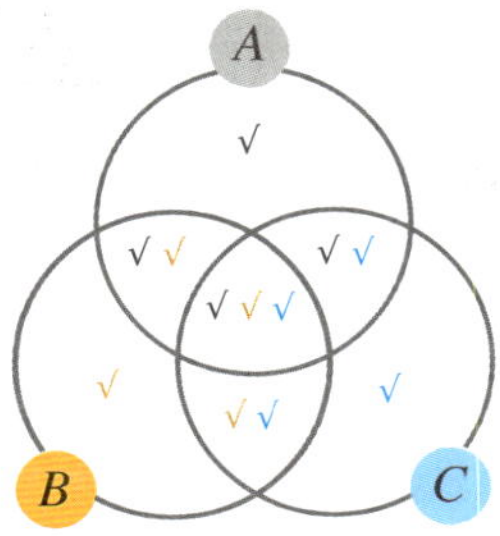

보기 어느 학과 신입생 30명은 모두 A, B, C 3개의 동아리 중 하나이상에 회원으로 가입하였다. 회원수 현황이 오른쪽 표와 같을 때, 3개의 동아리 모두에 가입한 학생수 x는 등식

$$30 = 14 + 16 + 21 - 8 - 10 - 9 + x$$

를 만족하므로 $x = 6$이다.

동아리	회원수
A	14
B	16
C	21
A & B	8
A & C	10
B & C	9

2개 또는 3개 집합의 합집합의 크기는

(각 집합의 크기의 합)
− (2개씩의 교집합의 크기의 합)
+ (3개씩의 교집합의 크기의 합)

으로서, 일단의 집합의 크기의 합을 교대로 더하고 빼서 구하였다. 이 방법은 다음 정리에서와 같이 임의의 유한개의 집합의 합집합의 크기를 구할 때도 적용된다.

정리 3.2.1 (포함배제의 원리)

유한집합 S의 부분집합 $A_1, A_2, \cdots, A_n$이 주어졌을 때, 각 $k = 1, 2, \cdots, n$에 대하여, 이들 중 모든 k개의 집합의 교집합의 크기의 합을 β_k라고 하면,

$$|A_1 \cup A_2 \cup \cdots \cup A_n| = \beta_1 - \beta_2 + \beta_3 - \cdots + (-1)^{n-1}\beta_n$$

◀ 包含排除의 원리 inclusion-exclusion principle

증 명 $n \le 3$인 경우는 정리의 등식이 성립한다. 이를 이용하여 귀납적으로 $n=4$인 경우를 증명한다.

집합 $A_1, A_2, A_3, A_4 \subset S$에 대하여,

$$A_i \cap A_4 = B_i,\ (i=1, 2, 3)$$

라 하면,

$$|A_1 \cup A_2 \cup A_3 \cup A_4| = |A_1 \cup A_2 \cup A_3| + |A_4| - |B_1 \cup B_2 \cup B_3|$$

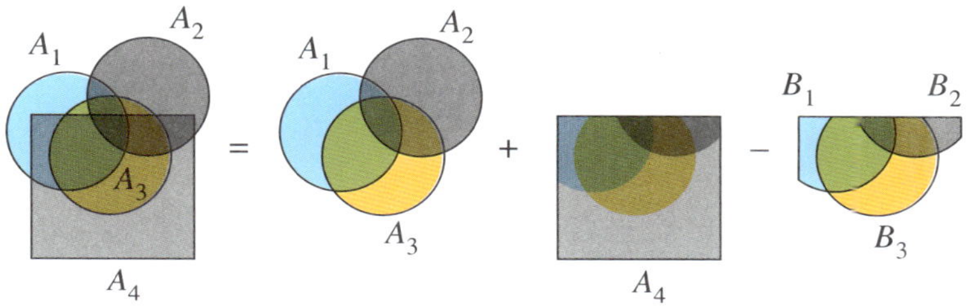

$$|A_i| = f_i,\ \ |A_i \cap A_j| = f_{ij},\ \ |A_i \cap A_j \cap A_k| = f_{ijk},\ \ |\cap_{i=1}^{4} A_i| = f_{1234}$$
$$|B_i| = g_i,\ \ |B_i \cap B_j| = g_{ij},\ \ |B_i \cap B_j \cap B_k| = g_{ijk}$$

로 나타내면 위의 그림에서

$$g_i = f_{i4},\quad g_{ij} = f_{ij4},\quad g_{123} = f_{1234}$$

임을 알 수 있다.

◀ 이 때, $\beta_1 = f_1 + f_2 + f_3 + f_4$, $\beta_2 = f_{12} + f_{13} + f_{14} + f_{23} + f_{24} + f_{34}$, $\beta_3 = f_{123} + f_{124} + f_{134} + f_{234}$, $\beta_4 = f_{1234}$

$$|A_1 \cup A_2 \cup A_3| + |A_4| - |B_1 \cup B_2 \cup B_3|$$
$$= \begin{pmatrix} f_1 + f_2 + f_3 \\ -(f_{12} + f_{13} + f_{23}) \\ +\ f_{123} \end{pmatrix} + f_4 - \begin{pmatrix} g_1 + g_2 + g_3 \\ -(g_{12} + g_{13} + g_{23}) \\ +\ g_{123} \end{pmatrix}$$

$= f_1 + f_2 + f_3 + f_4$
$\quad -(f_{12} + f_{13} + f_{23} + g_1 + g_2 + g_3)$
$\quad + f_{123} + g_{12} + g_{13} + g_{23}$
$\quad - g_{123}$

$= f_1 + f_2 + f_3 + f_4$ ← 모든 2개 집합의 교집합의 크기의 합
$\quad -(f_{12} + f_{13} + f_{23} + f_{14} + f_{24} + f_{34})$ ← 모든 2개 집합의 교집합으 크기의 합
$\quad + f_{123} + f_{124} + f_{134} + f_{234}$ ← 모든 3개 집합의 교집합의 크기의 합
$\quad - f_{1234}$ ← 모든 4개 집합의 교집합의 크기의 합
$= \beta_1 - \beta_2 + \beta_3 - \beta_4$

이므로 정리의 등식이 성립한다.

◀ $f_{12} + f_{13} + f_{23}$은 A_4가 아닌 두 집합의 교집합의 크기의 합
$f_{14} + f_{24} + f_{34}$은 A_4를 포함하는 두 집합의 교집합의 크기의 합

일반적인 경우 : 집합 $A_1, A_2, \cdots, A_n \subset S$에 대하여,

$$A_i \cap A_n = B_i, (i = 1, 2, \cdots, n-1)$$

이라 하고, $\{1, 2, \cdots, n-1\}$의 임의의 부분집합 J에 대하여,

$$|\cap_{i \in J} A_i| = f_J, \quad |\cap_{i \in J} B_i| = g_J$$

로 나타내기로 하면, $g_J = f_{J \cup \{n\}}$이다. $\{A_1, A_2, \cdots, A_n\}$의 k-조합은

$\{A_1, A_2, \cdots, A_{n-1}\}$의 k-조합

또는

($\{A_1, A_2, \cdots, A_{n-1}\}$의 $(k-1)$-조합) $\cup \{A_n\}$

이다. 그러므로, $n = 4$인 경우와 같은 논리에 의하여 정리의 등식이 설명된다.

◂ 수학적귀납법

다른 증명 집합 $A_1, A_2, \cdots, A_n \subset S$에 대하여

$$A = A_1 \cup A_2 \cup \cdots \cup A_n$$

을 벤 다이어그램으로 나타낸 다음, A의 모든 원소를 들어내고 원래의 위치만 기억해 둔다. 이 상태에서 $A_1 = A_2 = \cdots = A_n = \varnothing$이므로

$$|A| = \beta_1 - \beta_2 + \beta_3 - \cdots + (-1)^{n-1}\beta_n \quad \cdots\cdots\cdots\cdots \text{①}$$

이 성립한다.

◂ $A_1 = A_2 = \cdots = A_n = \varnothing$일 때, ①의 양변은 모두 0이다.

들어낸 원소를 다시 하나씩 제 자리로 복원시키는 과정에서 ①의 양 변의 값이 같이 1씩 늘어감을 보인다.

들어낸 원소 x를 다시 제 자리로 넣었을 때, ①의 좌변은 1 늘어난다. x가 정확히 r개의 A_i, 이를테면 $A_1, A_2, \cdots, A_r$에 속한다고 하자. 이 때, 각 $k = 1, 2, \cdots, r$과 $\{1, 2, \cdots, r\}$의 각 k-부분집합 J에 대하여 f_J의 값이 1 늘어나고, 따라서 β_k의 값은 $\binom{r}{k}$만큼 늘어난다. 그러므로 ①의 우변의 값은

$$\binom{r}{1} - \binom{r}{2} + \binom{r}{3} - \cdots + (-1)^r\binom{r}{r} = 1$$

◂ $\sum_{k=0}^{r} (-1)^k \binom{n}{k} = 0$

만큼 늘어난다. 따라서 x를 복원했을 때 등식 ①이 성립한다. 이 과정을 반복하여 모든 원소를 복원했을 때도 ①이 성립한다. ▮

정리 3.2.1의 등식

$$|A_1 \cup A_2 \cup \cdots \cup A_n| = \beta_1 - \beta_2 + \beta_3 - \cdots + (-1)^{n-1}\beta_n$$

을 **체공식**이라고도 한다.

◂ sieve formula

예제 3.2.2

1, 2, 3, 4 모두를 자리의 숫자로 가지는 99999 이하의 음이 아닌 정수의 개수를 구하라.

풀이 각 $k = 1, 2, 3, 4$에 대하여, k를 자리의 숫자로 가지지 않는 99999이하의 음이 아닌 정수의 집합을 A_k라 하면, 구하는 수는

$$10^5 - |A_1 \cup A_2 \cup A_3 \cup A_4|$$

이다. 임의의 $J \subset \{1, 2, 3, 4\}$에 대하여, $|\cap_{i \in J} A_i| = f_J$로 두면,

$$f_1 = f_2 = f_3 = f_4 = 9^5,$$
$$f_{12} = f_{13} = f_{14} = f_{23} = f_{24} = f_{34} = 8^5,$$
$$f_{123} = f_{124} = f_{134} = f_{234} = 7^5,$$
$$f_{1234} = 6^5$$

이므로,

$$|A_1 \cup A_2 \cup A_3 \cup A_4| = 4 \cdot 9^5 - 6 \cdot 8^5 + 4 \cdot 7^5 - 6^5 = 99040$$

이다. 그러므로 구하는 수는 $10^5 - 99040 = 960$. ■

◀ 99999 이하의 음이 아닌 정수는 0, 1, 2, ⋯ , 9 의 5-중복순열로 볼 수 있다.

음이 아닌 정수 $\lambda_1, \lambda_2, \cdots, \lambda_n$에 대하여

$$x_1 + x_2 + \cdots + x_n = r, \quad x_i \geq \lambda_i, \ (i = 1, 2, \cdots, n)$$

꼴의 디오판투스방정식은 중복조합을 이용하여 풀었다. (2-3절).

$$x_1 + x_2 + \cdots + x_n = r, \quad 0 \leq x_i \leq \lambda_i, \ (i = 1, 2, \cdots, n)$$

꼴의 디오판투스방정식은 포함배제의 원리를 이용하여 풀 수 있다. 예를 들어 디오판투스방정식

$$x_1 + x_2 + x_3 = 15$$
$$0 \leq x_1 \leq 4, \quad 0 \leq x_2 \leq 7, \quad x_3 \geq 0$$

을 풀기 위하여

$$A_1 = \{(x_1, x_2, x_3) \mid x_1 + x_2 + x_3 = 15, x_1 \geq 5, x_2 \geq 0, x_3 \geq 0\},$$
$$A_2 = \{(x_1, x_2, x_3) \mid x_1 + x_2 + x_3 = 15, x_1 \geq 0, x_2 \geq 8, x_3 \geq 0\}$$

라고 하자.

$$|A_1| = {}_3H_{15-5}, \quad |A_2| = {}_3H_{15-8}, \quad |A_1 \cap A_2| = {}_3H_{15-(5+8)}$$

이므로 $|A_1 \cup A_2| = 66 + 36 - 6 = 96$이고, 따라서 구하는 해의 개수는

$${}_3H_{15} - |A_1 \cup A_2| = 136 - 96 = 40.$$

예제 3.2.3

자리 숫자의 합이 25인 9999 이하의 자연수의 개수를 구하라.

풀 이 구하는 수는

$$x_1 + x_2 + x_3 + x_4 = 25, \quad 0 \le x_i \le 9 \ (i = 1, 2, 3, 4)$$

의 정수해의 개수와 같다. 방정식 $x_1 + x_2 + x_3 + x_4 = 25$의 음이 아닌 정수해의 개수는 ${}_4H_{25} = \binom{28}{25} = 3276$이다.

각 $i = 1, 2, 3, 4$에 대하여

$$x_1 + x_2 + x_3 + x_4 = 25, \ x_i \ge 10$$

의 음이 아닌 정수해의 집합을 A_i라 하면, 구하는 수는

$${}_4H_{25} - |A_1 \cup A_2 \cup A_3 \cup A_4|.$$

임의의 $J \subset \{1, 2, 3, 4\}$에 대하여, $|\cap_{i \in J} A_i| = f_J$로 두면

$$f_1 = f_2 = f_3 = f_4 = {}_4H_{15} = \binom{18}{15} = 816,$$
$$f_{12} = f_{13} = f_{14} = f_{23} = f_{24} = f_{34} = {}_4H_5 = \binom{8}{5} = 56,$$
$$f_{123} = f_{124} = f_{134} = f_{234} = 0,$$
$$f_{1234} = 0$$

이므로,

$$|A_1 \cup A_2 \cup A_3 \cup A_4| = 4 \cdot 816 - 6 \cdot 56 + 4 \cdot 0 - 1 \cdot 0 = 2928$$

따라서 구하는 수는 $3276 - 2928 = 348$이다. ■

자연수 n이 합성수이면

$$n = ab, \quad 1 < a \le b < n$$

인 정수 a, b가 존재한다. 이 때, $a \le \sqrt{n}$이다. 그러므로 $1, 2, \cdots, n$ 중 $\sqrt{n}$ 이하의 어떤 소수로도 나누어지지 않는 수는 소수이다.

$p_1, p_2, \cdots, p_r$을 $\sqrt{n}$ 이하의 모든 소수라고 하고 $1, 2, \cdots, n$ 중 p_i의 배수 전체의 집합을 A_i라고 하면 n 이하의 소수 전체의 집합은

$$[\{2, 3, \cdots, n\} - (A_1 \cup A_2 \cup \cdots \cup A_r)] \cup \{p_1, p_2, \cdots, p_r\}$$

이다. 이것이 곧 **에라토스테네스의 체**이다.

◂ Sieve of Eratosthenes

이 사실로부터 포함배제의 원리를 이용하여 자연수 n이 주어졌을 때, n 이하의 소수의 개수 $\pi(n)$을 구할 수 있다.

예제 3.2.4

100 이하의 소수의 개수 $\pi(100)$을 구하라.

풀이 $\sqrt{100}=10$ 이하의 소수는 2, 3, 5, 7.
$i=2, 3, 5, 7$에 대하여 i의 배수인 100 이하의 자연수 전체의 집합을 A_i라고 하고, $J \subset \{2, 3, 5, 7\}$에 대하여, $|\cap_{i \in J} A_i| = f_J$로 두면

$$f_2+f_3+f_5+f_7=\left\lfloor \frac{100}{2} \right\rfloor+\left\lfloor \frac{100}{3} \right\rfloor+\left\lfloor \frac{100}{5} \right\rfloor+\left\lfloor \frac{100}{7} \right\rfloor=117,$$

$$f_{23}+f_{25}+f_{27}+f_{35}+f_{37}+f_{57}$$
$$=\left\lfloor \frac{100}{2\cdot3} \right\rfloor+\left\lfloor \frac{100}{2\cdot5} \right\rfloor+\left\lfloor \frac{100}{2\cdot7} \right\rfloor+\left\lfloor \frac{100}{3\cdot5} \right\rfloor+\left\lfloor \frac{100}{3\cdot7} \right\rfloor+\left\lfloor \frac{100}{5\cdot7} \right\rfloor=45,$$

$$f_{357}+f_{257}+f_{237}+f_{235}$$
$$=\left\lfloor \frac{100}{3\cdot5\cdot7} \right\rfloor+\left\lfloor \frac{100}{2\cdot5\cdot7} \right\rfloor+\left\lfloor \frac{100}{2\cdot3\cdot7} \right\rfloor+\left\lfloor \frac{100}{2\cdot3\cdot5} \right\rfloor=6,$$

$$f_{2357}=\left\lfloor \frac{100}{2\cdot3\cdot5\cdot7} \right\rfloor=0$$

이므로,

$$\pi(100)=99-117+45-6+0+4=25.$$ ■

◂ $\lfloor \star \rfloor$는 ★를 넘지 않는 최대의 정수를 나타낸다.

◂ $99=|\{2, 3, \cdots, 100\}|$
$4=|\{2, 3, 5, 7\}|$

예제 3.2.5

자연수 n의 소인수가 p, q, r일 때, n과 서로 소인 n 이하의 자연수의 개수 $\phi(n)$을 구하라.

◂ ϕ를 오일러 함수라고 한다.

풀이 n 이하의 자연수 중 p, q, r의 배수의 집합을 각각 A_p, A_q, A_r이라 하면 구하는 수는 $n-|A_p \cup A_q \cup A_r|$이다. $J \subset \{p, q, r\}$에 대하여, $|\cap_{i \in J} A_i| = f_J$로 두면,

$$f_p+f_q+f_r=\frac{n}{p}+\frac{n}{q}+\frac{n}{r},$$
$$f_{pq}+f_{pr}+f_{qr}=\frac{n}{pq}+\frac{n}{pr}+\frac{n}{qr},$$
$$f_{pqr}=\frac{n}{pqr}$$

이므로,

$$\phi(n)=n\left[1-\left(\frac{1}{p}+\frac{1}{q}+\frac{1}{r}\right)+\left(\frac{1}{pq}+\frac{1}{pr}+\frac{1}{qr}\right)-\frac{1}{pqr}\right]$$
$$=n\left(1-\frac{1}{p}\right)\left(1-\frac{1}{q}\right)\left(1-\frac{1}{r}\right).$$ ■

예제 3.2.5에서와 같이 생각하면 n의 모든 소인수가 $p_1, p_2, \cdots, p_r$일 때,

$$\begin{aligned}\phi(n) &= n\left(1-\frac{1}{p_1}\right)\left(1-\frac{1}{p_2}\right)\cdots\left(1-\frac{1}{p_r}\right)\\ &= \frac{n}{p_1p_2\cdots p_r}(p_1-1)(p_2-1)\cdots(p_r-1)\end{aligned}$$

이 성립함을 알 수 있다.

예제 3.2.6

n-집합에서 r-집합으로 가는 전사함수의 개수 $T(n, r)$은

$$T(n, r) = \sum_{k=0}^{r} (-1)^k \binom{r}{k} (r-k)^n$$

임을 증명하라.

◀ 등식의 우변은 다음과 같이 표현될 수도 있다.

$$\sum_{j=0}^{r} (-1)^{r+j} \binom{r}{j} j^n$$

풀이 $\{1, 2, \cdots, n\}$에서 $\{1, 2, \cdots, r\}$로 가는 함수의 개수는 r^n이다. 그들 함수 중 치역이 i를 포함하지 않는 것 전체의 집합을 A_i라고 하면

$$T(n, r) = r^n - |A_1 \cup A_2 \cup \cdots \cup A_r|$$

이다. $J \subset \{1, 2, \cdots, r\}$일 때, $|\cap_{i\in J} A_i| = f_J$로 둔다. $\cap_{i\in J} A_i$는 $\{1, 2, \cdots, n\}$에서 $\{1, 2, \cdots, r\} - J$로 가는 함수 전체의 집합이므로 $f_J = (r-|J|)^n$ 이다.

각 $k = 1, 2, \cdots, r$에 대하여 $\{1, 2, \cdots, r\}$의 k-부분집합의 개수가 $\binom{r}{k}$이므로, $A_1, A_2, \cdots, A_r$의 모든 k개의 집합의 교집합의 크기의 합은

$$\binom{r}{k}(r-k)^n$$

이다. 그러므로,

$$|A_1 \cup A_2 \cup \cdots \cup A_r| = \sum_{k=1}^{r} (-1)^{k-1} \binom{r}{k} (r-k)^n$$

이고, 따라서

$$\begin{aligned}T(n, r) &= r^n - \sum_{k=1}^{r} (-1)^{k-1} \binom{r}{k} (r-k)^n\\ &= \sum_{k=0}^{r} (-1)^k \binom{r}{k} (r-k)^n. \quad \blacksquare\end{aligned}$$

제한된 위치를 가지는 순열

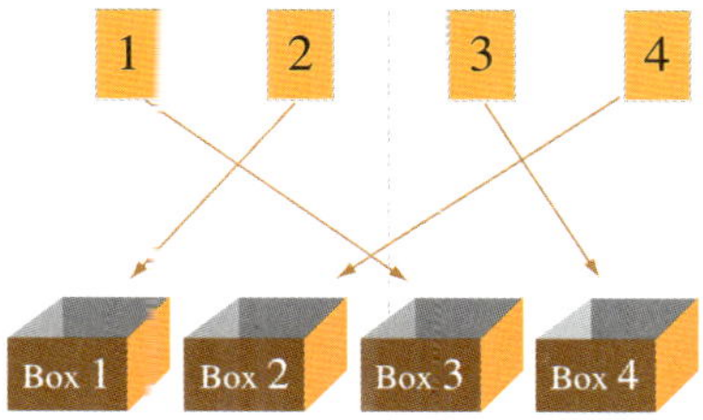

대각선 위치의 제한 1, 2, 3, 4가 적힌 카드를 일렬로 배열된 4개의 박스에 한 장씩 넣고, 왼쪽부터 차례로 읽었을 때, 순열 $k_1k_2k_3k_4$가 나타난다. 각 카드를 자기 번호의 박스에 들지 않도록 넣었을 때, $k_1k_2k_3k_4$는 조건

$$k_i \neq i, \ \ (i = 1, 2, 3, 4)$$

를 만족한다. 이와 같이 조건

$$k_i \neq i, \ \ (i = 1, 2, \cdots, n)$$

을 만족하는 $1, 2, \cdots, n$의 순열 $k_1k_2 \cdots k_n$을 $1, 2, \cdots, n$의 **교란순열**이라고 한다. $1, 2, \cdots, n$의 교란순열의 개수를 n 번째 **교란수**라고 하고

$$D_n$$

으로 나타낸다.

◂ 攪亂順列 derangement

◂ 攪亂數 derangement number

$1, 2, \cdots, n$의 교란순열은 조건 $\sigma(i) \neq i, (i = 1, 2, \cdots, n)$ 을 만족하는 치환

$$\sigma = \begin{pmatrix} 1 & 2 & \cdots & n \\ \sigma(1) & \sigma(2) & \cdots & \sigma(n) \end{pmatrix}$$

과 같은 것으로 볼 수 있고, 대각 성분이 0인 n 차 치환행렬과 같은 것으로 볼 수도 있다. 따라서 D_n은 대각 성분은 0이고 나머지 성분은 모두 1인 $n \times n$ 행렬

$$\begin{bmatrix} 0 & 1 & 1 & \cdots & 1 & 1 \\ 1 & 0 & 1 & \cdots & 1 & 1 \\ 1 & 1 & 0 & \cdots & 1 & 1 \\ \vdots & \vdots & \vdots & \ddots & \vdots & \vdots \\ 1 & 1 & 1 & \cdots & 0 & 1 \\ 1 & 1 & 1 & \cdots & 1 & 0 \end{bmatrix}$$

의 각 행, 각 열에서 1이 하나씩 나오도록 n 개의 1을 택하는 방법수와 같다. 포함배제의 원리를 이용하여 교란수를 구하여 보자.

명백히 $D_1 = 0, D_2 = 1, D_3 = 2$이다.
일반적인 n에 대한 D_n의 값은 다음과 같다.

정리 3.2.7 (교란수 D_n)

$$D_n = n! \sum_{k=0}^{n} \frac{(-1)^k}{k!}$$

증명 $1, 2, \cdots, n$의 치환 전체의 집합을 S_n이라 하고, 각 $i = 1, 2, \cdots, n$에 대하여

$$A_i = \{ \sigma \in S_n \mid \sigma(i) = i \}$$

라 하면 구하는 수는 $n! - |A_1 \cup A_2 \cup \cdots \cup A_n|$이다.
$J \subset \{1, 2, \cdots, n\}$에 대하여, $|\cap_{i \in J} A_i| = f_J$로 두면, $|J| = k$ 일 때, $f_J = (n-k)!$ 이다.
$\{1, 2,, \cdots, n\}$의 k-부분집합의 개수가 $\binom{n}{k}$이므로, $A_1, A_2, \cdots, A_n$의 모든 k개의 집합의 교집합의 크기의 합은

$$\binom{n}{k}(n-k)! = \frac{n!}{k!}$$

이다. 그러므로

$$|\cup_{i=1}^{n} A_i| = \frac{n!}{1!} - \frac{n!}{2!} + \frac{n!}{3!} - \cdots + (-1)^{n-1}\frac{n!}{n!} = n! \sum_{k=1}^{n} \frac{(-1)^{k-1}}{k!}$$

이고, 따라서

$$D_n = n! - n! \sum_{k=1}^{n} \frac{(-1)^{k-1}}{k!} = n! \sum_{k=0}^{n} \frac{(-1)^k}{k!} \quad ▌$$

$1, 2, \cdots, n$의 순열 중 임의로 하나를 택했을 때, 그것이 교란 순열이 될 확률을 p_n이라 하면

$$p_n = \frac{D_n}{n!} = \sum_{k=0}^{n} \frac{(-1)^k}{k!}$$

이다. 따라서

$$\lim_{n \to \infty} p_n = \frac{1}{0!} - \frac{1}{1!} + \frac{1}{2!} - \frac{1}{3!} + \cdots = e^{-1}.$$

이 등식으로부터, n이 충분히 클 때, 전체 순열의 약 $\frac{1}{e}$ 정도가 교란순열임을 알 수 있다.

예제 3.2.8

$1, 2, \cdots, n$의 순열 중 $12, 23, 34, \cdots, (n-1)n$의 어느 것도 나타나지 않는 것의 개수 T_n을 구하라.

풀 이 각 $i = 1, 2, \cdots, n-1$에 대하여, $i(i+1)$이 나타나는 순열 전체의 집합을 A_i라고 하면 구하는 수는

$$T_n = n! - |A_1 \cup A_2 \cup \cdots \cup A_{n-1}|$$

이다. $J \subset \{1, 2, \cdots, n\}$에 대하여, $|\cap_{i \in J} A_i| = f_J$로 둔다.

A_1의 원소는 $(12), 3, \cdots, n$의 순열이므로 $f_1 = (n-1)!$이고, 같은 식으로 $f_i = (n-1)!, (i = 1, 2, \cdots, n-1)$ 이다. 따라서

$$f_1 + f_2 + \cdots + f_{n-1} = \binom{n-1}{1}(n-1)!\,.$$

$A_1 \cap A_2$의 원소는 $(123), 4, 5, \cdots, n$의 순열이므로 $f_{12} = (n-2)!$이고 $A_1 \cap A_3$의 원소는 $(12), (34), 5, \cdots, n$의 순열이므로 $f_{12} = (n-2)!$이다. 같은 식으로 임의의 $1 \le i < j \le n-1$에 대하여, $f_{ij} = (n-2)!$이다. 그러므로

$$\sum_{i<j} f_{ij} = \binom{n-1}{2}(n-2)!$$

이다. 이와 같이 생각하면 각 $k = 1, 2, \cdots, n-1$에 대하여,

$$\sum_{|J|=k} f_J = \binom{n-1}{k}(n-k)!$$

임을 알 수 있다. 따라서

$$\begin{aligned} T_n &= n! - \sum_{k=1}^{n-1} (-1)^{k-1} \binom{n-1}{k}(n-k)! \\ &= n! + \sum_{k=1}^{n-1} (-1)^k \left[\frac{n!}{k!} - \frac{(n-1)!}{(k-1)!}\right] \\ &= n! \sum_{k=0}^{n-1} \frac{(-1)^k}{k!} - (n-1)! \sum_{k=1}^{n-1} \frac{(-1)^k}{(k-1)!} \\ &= n! \sum_{k=0}^{n-1} \frac{(-1)^k}{k!} + (n-1)! \sum_{k=0}^{n-2} \frac{(-1)^j}{j!} \\ &= [D_n - (-1)^n] + [D_{n-1} - (-1)^{n-1}] \\ &= D_n + D_{n-1}\,. \end{aligned}$$

■

$k-1=j$ 로 둔다.

◀ $$\binom{n-1}{k}(n-k)! = \frac{(n-1)!(n-k)!}{k!(n-k-1)!} = \frac{(n-1)!(n-k)}{k!} = \frac{n! - (n-1)!k}{k!} = \frac{n!}{k!} - \frac{(n-1)!}{(k-1)!}$$

일반적인 위치의 제한 교란순열은 대각선 위치에 제한을 두는 순열로서 그 개수를 헤아리는 일이 다소 간단하였다.
일반적인 위치에 제한을 두는 순열의 개수는 구하는 여러 가지 방법 중 다음과 같이 루크 수를 이용하여 구하는 방법이 있다.

예제 3.2.9

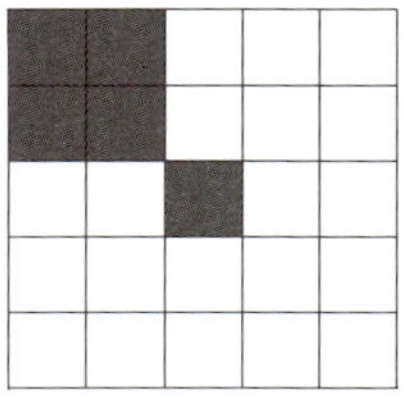

오른쪽 그림과 같은 체스판의 흰 칸에 5개의 루크를 서로 잡을 수 없도록 놓는 방법수를 구하라

풀이 구하는 수는 행렬

$$A=\begin{bmatrix} a & b & 1 & 1 & 1 \\ c & d & 1 & 1 & 1 \\ 1 & 1 & e & 1 & 1 \\ 1 & 1 & 1 & 1 & 1 \\ 1 & 1 & 1 & 1 & 1 \end{bmatrix}$$

에서 같은 행, 같은 열에 있지 않는 5 개의 1을 택하는 방법수 N과 같다. 아무런 제약 조건 없이 같은 행, 같은 열에 있지 않는 5 개의 성분을 택하는 방법수는 $5!$ 이다. 이들 $5!$ 개의 선택 중 a, b, c, d, e를 각각 포함하는 것 전체의 집합을 A_a, A_b, A_c, A_d, A_e라고 하면

$$N=5!-|A_a \cup A_b \cup A_c \cup A_d \cup A_e|$$

이다. A에서 a, b, c, d, e를 1로, 1을 0으로 바꾼 행렬

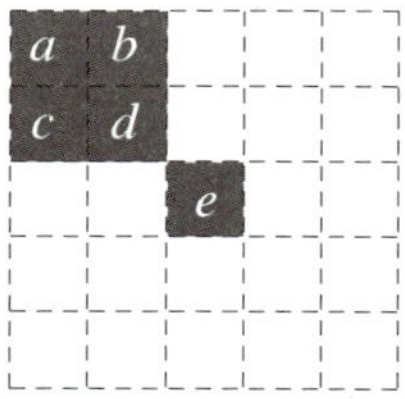

$$B=\begin{bmatrix} 1 & 1 & 0 & 0 & 0 \\ 1 & 1 & 0 & 0 & 0 \\ 0 & 0 & 1 & 0 & 0 \\ 0 & 0 & 0 & 0 & 0 \\ 0 & 0 & 0 & 0 & 0 \end{bmatrix}$$

은 그림의 체스판의 검은 칸으로 이루어진 부분을 나타내는 행렬이고,

$$r_1(B)=5,\quad r_2(B)=6,\quad r_3(B)=2,\quad r_4(B)=0,\quad r_5(B)=0$$

이다. $J \subset \{a, b, c, d, e\}$에 대하여, $|\cap_{i \in J} A_i| = f_J$로 두면,

$f_a=f_b=f_c=f_d=f_e=4!$ ($r_1(B)$개가 $4!$이다.)

$f_{ad}=f_{bc}=f_{ae}=f_{be}=f_{ce}=f_{de}=3!$, ($r_2(B)$개가 $3!$이다.)

$f_{ade}=f_{bce}=2!$, ($r_3(B)$개가 $2!$이다.)

이고, 그 이외의 $J \subset \{a, b, c, d, e\}$에 대해서는 $f_J = 0$이다. 그러므로

$$\begin{aligned}&|A_a \cup A_b \cup A_c \cup A_d \cup A_e| \\ &= 4!\,r_1(B) - 3!\,r_2(B) + 2!\,r_3(B) - 1!\,r_4(B) + 0!\,r_5(B)\end{aligned}$$

이고, 따라서

$$\begin{aligned}N &= 5! - [4!\,r_1(B) - 3!\,r_2(B) + 2!\,r_3(B) - 1!\,r_4(B) + 0!\,r_5(B)] \\ &= 5!\,r_0(B) - 4!\,r_1(B) + 3!\,r_2(B) - 2!\,r_3(B) + 1!\,r_4(B) - 0!\,r_5(B) \\ &= 5! - 4! \cdot 5 + 3! \cdot 6 - 2! \cdot 2 + 1! \cdot 0 - 0! \cdot 0 \\ &= 32.\end{aligned}$$

예제 3.2.9와 같이 생각하면 다음 정리가 성립함을 알 수 있다. 여기서 J_n은 모든 성분이 1인 행렬을 나타낸다.

정리 3.2.10

$n \times n$ (0, 1) 행렬 A에 대하여 $J_n - A = B$라고 하면 A의 각 행, 각 열에서 하나씩 뽑히도록 n 개의 1을 택하는 방법수는

$$\sum_{k=0}^{n} (-1)^k (n-k)!\,r_k(B)$$

예제 3.2.11

4개의 일 x_1, x_2, x_3, x_4를 5명의 사람 y_1, y_2, y_3, y_4, y_5에게 하나씩 분배하려고 하는데, 각 일을 할 수 없는 사람은 오른쪽 표와 같다. 몇 가지 방법이 있겠는가?

	y_1	y_2	y_3	y_4	y_5
x_1	×	o	o	o	o
x_2	×	×	o	o	o
x_3	o	×	×	×	o
x_4	o	o	o	o	o
x_5	o	o	o	o	o

풀이 '그냥 노는 일' x_5를 생각하면 구하는 방법수는 오른쪽 5×5 행렬 A의 각 행 각 열에서 하나씩 뽑히도록 5 개의 1을 택하는 방법수 N과 같다. $B = J_5 - A$에 대하여

$$A = \begin{bmatrix} 0 & 1 & 1 & 1 & 1 \\ 0 & 0 & 1 & 1 & 1 \\ 1 & 0 & 0 & 0 & 1 \\ 1 & 1 & 1 & 1 & 1 \\ 1 & 1 & 1 & 1 & 1 \end{bmatrix}$$

$$R_B(x) = 1 + 6x + 9x^2 + 2x^3$$

이므로 정리 3.2.10에 의하여

$$N = 5! \cdot 1 - 4! \cdot 6 + 3! \cdot 9 - 2! \cdot 2 = 26.$$

3-2 E·X·E·R·C·I·S·E·S 연습문제

1 다음과 같은 네자리의 자연수의 개수를 구하라.

(1) 0 또는 1을 포함하지 않는다.

(2) 0과 1중 적어도 한 숫자를 포함한다.

2 123, 456, 789중 적어도 하나를 포함하는 1, 2, ⋯ , 9의 순열의 개수를 구하라.

4 정 n각형의 꼭지점들을 연결하여 만들 수 있는 삼각형 가운데 그 다각형의 변을 포함하지 않는 삼각형의 개수를 구하라.

5 집합 X의 부분집합의 개수를 $\sigma(X)$로 나타내자. 집합 A, B, C에 대하여, $|A| = |B| = 100$, $\sigma(A) + \sigma(B) + \sigma(C) = \sigma(A \cup B \cup C)$일 때, $|A \cap B \cap C|$의 최소값을 구하라.

7 갑식이는 어느 일주일 동안 매일 8명의 친구중 2명씩을 저녁식사에 초대한다는 계획을 세웠다. 8명 모두를 적어도 한 번 이상 올 수 있도록 초대하는 방법의 수를 구하라.

8 1학년부터 6학년까지 한 학년에 한 반씩 6개 반과 한 반에 한 명씩 6명의 교사로 구성된 어느 초등 학교가 있다. 다음 해에 학생들이 한 학년씩 진급을 하는데 각 학년의 학생들이 모두 새로운 담임을 만나도록 교사를 배정하는 방법수를 구하라.

9 1에서 9까지의 자연수를 배열하는데 1이 2의 오른쪽에 또는 2가 3의 오른쪽에 또는 3이 4의 오른쪽에 있도록 배열하는 방법의 수를 구하라. 단, 여기서 '오른쪽'이라고 해서 반드시 인접할 필요는 없다.

3-2 · E · X · E · R · C · I · S · E · S · 연습문제

10 (1) 어떤 모임에 온 n 쌍의 부부가 서로 동시에 악수하는 방법의 수를 구하라.
(2) n쌍의 부부가 서로 동시에 악수하되 어느 누구도 자신의 배우자와는 악수하지 않는 방법의 수를 구하라.

11 (1) 3쌍의 부부가 원탁에 앉는데 어느 부인도 자신의 남편과 인접하여 앉지 않도록 배열하는 방법의 수를 구하라.
(2) 5쌍의 부부가 일렬로 서는데 어느 부인도 자신의 남편 뒤에 서지 않도록 배열하는 방법의 수를 구하라.

12 디오판투스 방정식 $x_1 + x_2 + x_3 + x_4 = 25$, $x_1 > x_4$의 음이 아닌 정수해의 개수를 구하라.

14 아래 그림과 같은 체스판의 백색 칸에 6개의 루크를 서로 잡지 못하게 놓는 방법의 수를 구하라.

(1)
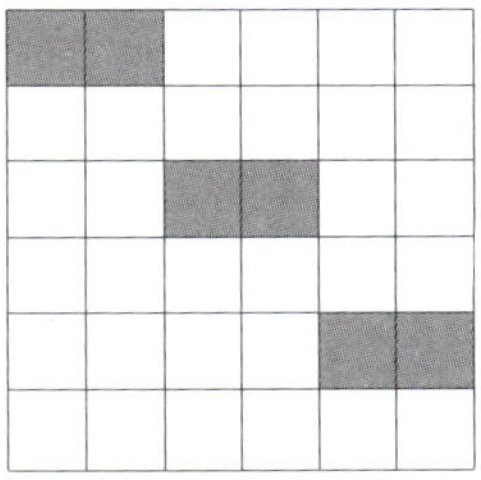
(2)
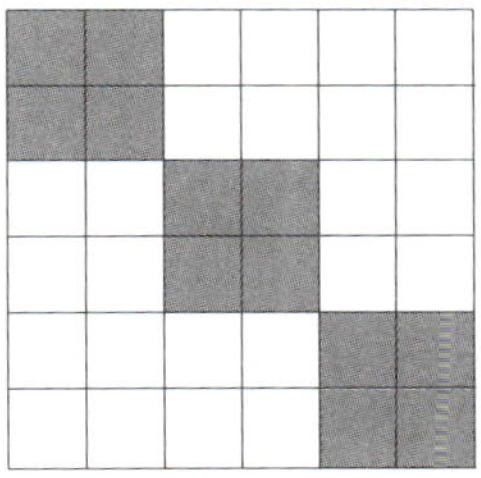
(3)

15 k, m, n은 $k \le m \le n$을 만족하는 자연수이다. $m \times n$ (0, 1) 행렬 A에 대하여 $B = J_{m \times n} - A$라고 할 때,

$$r_k(A) = \sum_{i=0}^{k} (-1)^i \binom{m-i}{k-i}\binom{n-i}{k-i}(k-i)!\, r_i(B)$$

가 성립함을 증명하라.

16 집합 $\{1, 2, \cdots, 280\}$의 임의의 n-부분집합이 서로 소(2개씩)인 원소를 5개 이상 포함하도록 하는 최소의 자연수 n을 구하라.

3-2 · E · X · E · R · C · I · S · E · S · 연습문제

17 0, 1, 2, $\cdots$, 9의 순열 중 첫 번째 오는 숫자는 1보다 크고 마지막에 오는 숫자는 8보다 작은 것의 개수를 구하라.

18 70 이하의 자연수 중 70과 서로 소인 수의 개수를 구하라.

19 상자 안에 n 종의 품질 검사 테스트 $T_1, T_2, \cdots , T_n$을 마친 제품이 N개 들어 있다. 각 $i = 1, 2, \cdots , n$에 대하여 N개 중 테스트 T_i에 합격한 제품의 개수를 m_i라 하고, $x_i = \frac{m_i}{N}$ 라고 할 때, 다음 물음에 답하라.

(1) $(1-x_1)(1-x_2)\cdots(1-x_n)$ 은 무엇을 나타내는 수값인가?

(2) $J \subset \{1, 2, \cdots , n\}$에 대하여 $\prod_{i \in J} x_i$ 는 무엇을 나타내는 수값인가?

(3) $(1-x_1)(1-x_2)\cdots(1-x_n)$의 전개식과 (2)를 이용하여 포함배제의 원리에 대한 또 다른 증명을 만들어라.

20 디오판투스 방정식

$x_1 + x_2 + x_3 + x_4 = 25,$

$1 \le x_1 \le 3,\quad 2 \le x_2 \le 4,\quad 3 \le x_3 \le 5,\quad 4 \le x_4 \le 6$

의 정수해의 개수를 구하라.

21 $\displaystyle\sum_{r=1}^{n} \frac{D_r}{r!(n-r)!} = 1$을 증명하여라.

3-3 분배와 분할

(1) 2명, 3명, 4명을 2개의 그룹으로 가르는 방법은 각각 몇 가지인가?

(2) 똑같은 바둑돌 8개, 9개, 10개를 3개의 그룹으로 가르는 방법은 각각 몇 가지인가?

$0 \le k \le n$인 정수 n, k에 대하여, n개의 대상을 k개의 상자에 넣는 방법으로 다음과 같은 8가지 경우를 생각할 수 있다.

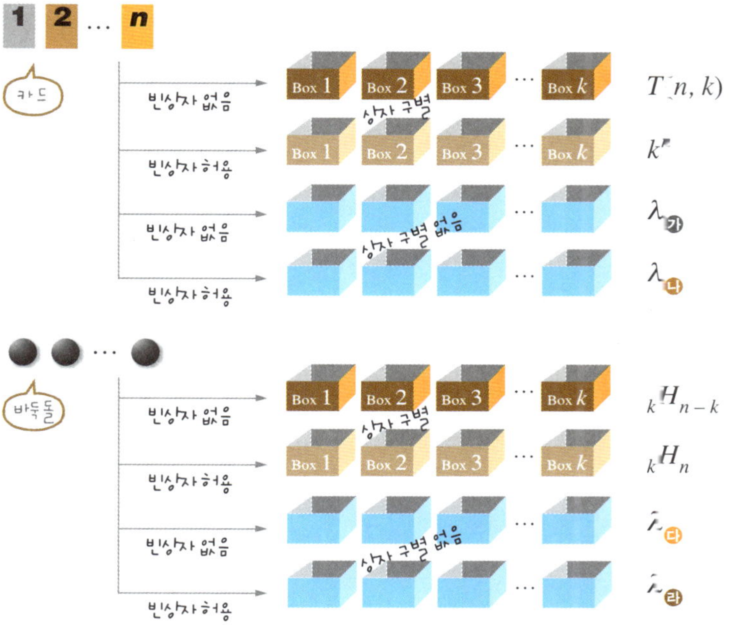

◀ $T(n, k)$는 n-집합에서 k-집합으로 가는 전사함수의 개수 (예제 3.2.6)

◀ $x_1 + \cdots + x_k = n$의 양의 정수해의 개수

◀ $x_1 + \cdots + x_k = n$의 음이 아닌 정수해의 개수

$\lambda_{㉮}$는 n 명을 k개의 그룹으로 나누는 방법수이고, $\lambda_{㉰}$는 n개의 같은 바둑돌을 k개의 그룹으로 나누는 방법수이다.

일반적인 n, k의 값에 대하여, $\lambda_{㉮}$를 알면 $\lambda_{㉯}$를 알 수 있고, 또 $\lambda_{㉰}$를 알면 $\lambda_{㉱}$를 알 수 있다. (이 사실은 곧 이 절에서 설명된다.)

$\lambda_{㉮}$와 $T(n, k)$ 사이에는 다음 관계가 성립한다.

$$\lambda_{㉮} \times k! = T(n, k)$$

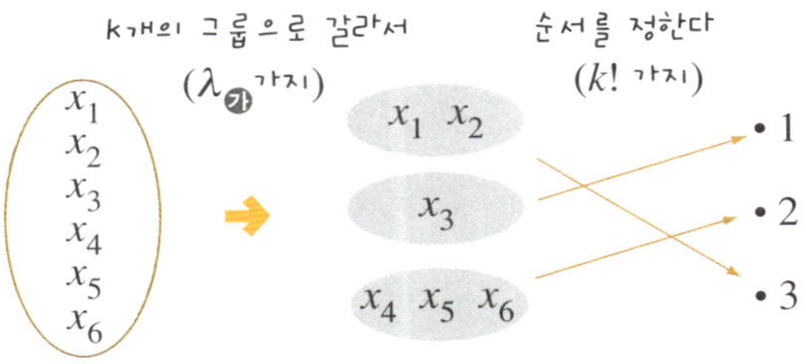

집합의 분할

집합 X의 분할 $\{S_1, S_2, \cdots, S_k\}$에 대하여 S_i들 사이에 순서를 고려한 분할을 **순서분할**이라고 한다. 이들테면 일단의 학생을 몇 개의 그룹으로 나누는 것은 분할이고, 나누어서 몇 개의 동아리에 배속시키는 것은 순서분할이다. 순서분할은 2.3절에서 공부한 일반화된 조합이다. 여기서는 분할의 수에 대하여 알아 본다.

◂ ordered partition

■ **제 2종 스털링 수**

음이 아닌 정수 n, k에 대하여, n명을 k개의 그룹으로 나누는 방법수

$$S(n, k)$$

를 **제 2종 스털링 수**라고 한다. $S(n, k)$는 n-집합을 k 개의 공집합이 아닌 부분집합으로 분할하는 방법수 $\lambda_{㉮}$와 같다. 이를테면 집합

◂ 스털링(James Stirling, 1692-1770)은 스코틀랜드 수학자

◂ Stirling numbers of the second kind

$X = \{x, y, z\}$를 k 개의 집합으로 나누는 방법은

$k = 1$일 때, $\{x, y, z\}$ 1가지,

$k = 2$일 때, $\{x\}, \{y, z\}$ / $\{y\}, \{x, z\}$ / $\{z\}, \{x, y\}$의 3가지,

$k = 3$일 때, $\{x\}, \{y\}, \{z\}$의 1가지이므로

$$S(3, 1) = 1,\quad S(3, 2) = 3,\quad S(3, 3) = 1$$

이다.

제 2종 스털링 수를 Stirling set number 라고도 한다.

$S(n, k)$값을 오른쪽 그림과 같이 어떤 행렬의 (n, k)-성분으로 생각하면 관찰하기에 편리하다. 이 행렬을 **제 2 스털링 행렬**이라 하자.

n \ k	0	1	2	3	4	5	6
0		0	0	0	0	0	0
1	0	1	0	0	0	0	0
2	0	1	1	0	0	0	0
3	0	1	3	1	0	0	0
4	0	1	7	6	1	0	0
5	0	1		㉮	㉯	1	0
6	0	1			㉰		1

$n < k$일 때는 n 명을 k 개의 그룹으로 나눌 수 없으므로

$$S(n, k) = 0,\quad (k > n),$$

이고, 따라서 이 행렬의 대각선 오른쪽의 성분은 모두 0이다.

n명을 0개의 그룹으로 나눌 수 없으므로

$$S(n, 0) = 0,\quad (n > 0)$$

이다. 따라서 $(0, 0)$-성분을 제외한 제 0열의 성분은 모두 0이다.

$S(3, 1) = S(3, 3) = 1$이듯이 일반적으로

$$S(n, 1) = 1,\ S(n, n) = 1,\quad (n = 1, 2, \cdots)$$

이 성립한다. 따라서 $(0, 0)$-성분을 제외한 대각 성분과 $(0, 1)$-성분을 제외한 제 1열의 성분은 모두 1이다.

위의 특수한 경우와 몇 개의 작은 n, k값에 대한 $S(n, k)$값을 찾아 보면, "ㄱ"자로 인접한 세 수 ㉮, ㉯, ㉰에 대하여

$$㉮ + ㉯ \times (\text{열번호}) = ㉰$$

와 같은 관계를 관찰할 수 있다. 이것은 일반적으로 성립하는 성질로서 **ㄱ열-법칙**이라고 부르기로 한다.

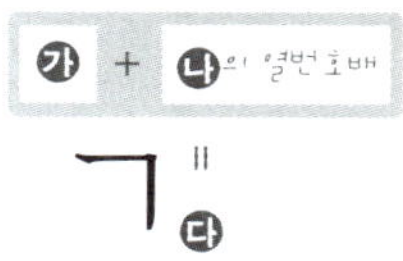

다음 정리에서 ㄱ열-법칙을 증명한다.

정리 3.3.1

$0 < k < n$인 정수 n, k에 대하여,

$$S(n, k) = S(n-1, k-1) + kS(n-1, k)$$

증명 n 명의 사람 $1, 2, \cdots, n$을 k 개의 그룹으로 나누는 방법은 다음의 두 가지 경우가 있다.

- n이 혼자서 1개의 그룹을 이루는 경우 :

이 경우는 $1, 2, \cdots, n-1$을 $k-1$개의 그룹 $X_1, X_2, \cdots, X_{k-1}$으로 분할하므로써 k개의 그룹 $X_1, X_2, \cdots, X_{k-1}, \{n\}$을 얻을 수 있다. 그러므로 이와 같은 분할의 수는 $S(n-1, k-1)$이다.

- n이 다른 사람과 함께 1개의 그룹을 이루는 경우 :

이 경우는 $1, 2, \cdots, n-1$을 k개의 그룹 $X_1, X_2, \cdots, X_k$로 분할하고 (그 분할의 방법 수는 $S(n-1, k)$), n을 $X_1, X_2, \cdots, X_k$중 어느 한 그룹에 포함시키면 된다. (포함시키는 방법 수는 k). 따라서 이 경우의 분할의 수는 $kS(n-1, k)$이다.

그러므로 정리의 등식을 얻는다. ∎

$S(n, k)$

$n \backslash k$	0	1	2	3	4	5	6	$\cdots$
0	1	0	0	0	0	0	0	$\cdots$
1	0	1	0	0	0	0	0	$\cdots$
2	0	1	1	0	0	0	0	$\cdots$
3	0	1	3	1	0	0	0	$\cdots$
4	0	1	7	6	1	0	0	$\cdots$
5	0	1	15	25	10	1	0	$\cdots$
6	0	1	31	90	65	15	1	$\cdots$
$\vdots$	$\vdots$	$\vdots$	$\vdots$	$\vdots$	$\vdots$	$\vdots$	$\vdots$	$\ddots$

$S(0, 0) = 1$로 정의하면 ㄱ자 모양으로 인접한 모든 3개의 성분에 대하여 ㄱ열-법칙이 성립한다. 이제 ㄱ열-법칙을 사용하여 제 2 스털링 행렬의 모든 성분을 찾을 수 있다.

예제 3.3.2

자연수 30030을 1보다 큰 세 자연수의 곱으로 표현하는 방법수를 구하라. 단, 곱하는 순서는 무시한다.

풀이 $30030 = 2 \cdot 3 \cdot 5 \cdot 7 \cdot 11 \cdot 13$이므로, 구하는 수는 6 개의 소인수를 공집합이 아닌 3개의 부분집합으로 분할하는 방법수 $S(6, 3) = 90$이다. ∎

예제 3.3.3

다음 등식을 증명하라.

(1) $S(n, 2) = 2^{n-1} - 1$　　　　(2) $S(n, n-1) = \binom{n}{2}$

풀이 (1)은 $n = 2$일 때 성립한다. $n = m$일 때 (1)이 성립한다면

$$S(m+1, 2) = S(m, 1) + 2S(m, 2) = 1 + 2(2^{m-1} - 1) = 2^m - 1$$

이므로 모든 n에 대하여 (1)이 성립한다.

(2) n명을 $n-1$개의 그룹으로 가르는 것은 어느 2명을 한 그룹으로 묶고 나머지 $n-2$명은 각각이 하나의 그룹을 이루게 하면 되므로 그 방법수는 n명 중 2명을 뽑는 방법수 $\binom{n}{2}$와 같다. ■

◂ $n = m$일 때, (2)가 성립함을 가정하고 다음과 같이 n에 관한 귀납법으로 증명할 수도 있다.

$$S(m+1, m) = S(m, m-1) + mS(m, m) = \binom{m}{2} + m = \binom{m+1}{2}$$

우리는 2.5절에서 x^p은 $\binom{x}{0}, \binom{x}{1}, \binom{x}{2}, \cdots, \binom{x}{p}$의 상수배의 합의 꼴로 표현될 수 있음을 알았다.

$$\binom{x}{k} = \frac{[x]_k}{k!}$$

이므로, x^p은 $[x]_0, [x]_1, \cdots, [x]_p$의 상수배의 합의 꼴로 표현될 수 있다. 스털링에 의해 밝혀진 다음 정리는 $x^0, x^1, x^2, \cdots$과 $[x]_0, [x]_1, [x]_2, \cdots$ 사이의 관계를 연결하는 수가 제 2 종 스털링 수임을 말하고 있다.

정리 3.3.4

실수 x와 자연수 n에 대하여

$$x^n = \sum_{k=0}^{\infty} S(n, k)[x]_k \quad \cdots\cdots ①$$

◂ $k > n$일 때, $S(n, k) = 0$이므로 이합은 실제로 $\sum_{k=0}^{n} S(n, k)[x]_k$ 와 같다.

증명 먼저 $x = r$이 자연수일 때, ①이 성립함을 증명한다.

r^n은 n개의 서로 다른 공을 r개의 서로 다른 상자에 넣는 방법수(빈 상자 허용)이다.

n개의 서로 다른 공을 r개의 서로 다른 상자에 넣을 때, 각 $k = 1, 2, \cdots, r$에 대하여, k개의 상자를 택하여($\binom{r}{k}$ 가지) 빈 상자가 없도록 넣으면 ($T(n, k)$ 가지) 되므로

$$r^n = \sum_{k=1}^{r} \binom{r}{k} T(n, k)$$

이다. 여기서 $T(n, k) = S(n, k)k!$이므로

$$r^n = \sum_{k=1}^{r} \binom{r}{k} S(n, k)\, k! = \sum_{k=1}^{r} S(n, k)\, [r]_k$$

◀ $\binom{r}{k} = \frac{[r]_k}{k!}$

이다. $k = 0$ 또는 $k > n$일 때 $S(n, k) = 0$이고, $k > r$일 때는 $[r]_k = 0$이므로,

$$\sum_{k=1}^{r} S(n, k)\, [r]_k = \sum_{k=0}^{\infty} S(n, k)\, [r]_k$$

이다. 따라서 x가 임의의 자연수일 때, ①이 성립한다.
일반적인 x값에 대하여 ①이 성립함을 보이기 위하여

$$f(x) = x^n - \sum_{k=0}^{\infty} S(n, k)\, [x]_k$$

라 하면 $f(x)$는 x에 관한 n차 이하의 다항식이다. $n+1$개 이상의 x값에 대하여 $f(x) = 0$이므로 $f(x)$는 상수함수 0이다. 따라서 ①은 모든 실수값 x에 대하여 성립한다.

◀ x가 자연수값을 취할 때 $f(x) = 0$

다른 증명 n에 관한 귀납법으로 증명한다.
$n = 0$일 때는 ①의 양변이 모두 1로서 서로 같고, $n = 1$일 때는 양변이 모두 x로서 서로 같다.
$n \ge 1$에 대하여, ①이 성립한다고 가정하자.
$[x]_{k+1} = [x]_k(x - k)$이므로, $[x]_k x = [x]_{k+1} + [x]_k k$이다.

$$S(n, 0) = S(n, n+1) = S(n, n+2) = \cdots = 0$$

이므로, n에 관한 귀납법에 의하여

$$\begin{aligned}
x^{n+1} &= x^n x \\
&= \sum_{k=0}^{\infty} S(n, k)[x]_k x \\
&= \sum_{k=0}^{\infty} S(n, k)[x]_{k+1} + \sum_{k=0}^{\infty} k S(n, k)[x]_k \\
&= \qquad\qquad S(n, 1)[x]_2 + S(n, 2)[x]_3 + \cdots \\
&\quad + S(n, 1)[x]_1 + 2S(n, 2)[x]_2 + 3S(n, 3)[x]_3 + \cdots \\
&= S(n+1, 1)[x]_1 + S(n+1, 2)[x]_2 + S(n+1, 3)[x]_3 + \cdots \\
&= \sum_{k=1}^{\infty} S(n+1, k)[x]_k \\
&= \sum_{k=0}^{\infty} S(n+1, k)[x]_k \quad \blacksquare
\end{aligned}$$

◀ ㄱ열-법칙

정리 3.3.4는 다음과 같이 행렬의 곱으로 표현된다.

$$\begin{bmatrix} S(0,0) & 0 & 0 & 0 & \cdots \\ S(1,0) & S(1,1) & 0 & 0 & \cdots \\ S(2,0) & S(2,1) & S(2,2) & 0 & \cdots \\ S(3,0) & S(3,1) & S(3,2) & S(3,3) & \cdots \\ \vdots & \vdots & \vdots & \vdots & \end{bmatrix} \begin{bmatrix} 1 \\ [x]_1 \\ [x]_2 \\ [x]_3 \\ \vdots \end{bmatrix} = \begin{bmatrix} 1 \\ x^1 \\ x^2 \\ x^3 \\ \vdots \end{bmatrix}$$

$T(n, k) = S(n, k)\,k!$이고

$$T(n, k) = \sum_{j=0}^{k} (-1)^j \binom{k}{j} (k-j)^n$$

◀ 예제 3.2.6

이므로 $S(n, k)$와 이항계수와의 관계를 나타내는 다음 정리를 얻는다.

정리 3.3.5

$$S(n, k) = \frac{1}{k!} \sum_{j=0}^{k} (-1)^j \binom{k}{j} (k-j)^n$$

◀ 등식의 우변은 다음과 같이 표현될 수도 있다.

$$\frac{1}{k!} \sum_{j=0}^{k} (-1)^{k+j} \binom{k}{j} j^n$$

■ **제 1 종 스털링 수**

n명을 k개의 원형으로 배열하는 방법수

$$s(n, k)$$

를 **제 1종 스털링 수**라고 한다. 이를테면 a, b, c 세 사람을

◀ Stirling numbers of the first kind
제 1종 스털링 수를 Stirling cycle number라고도 한다.

- 1개의 원탁에 앉히는 것은 $(3-1)! = 2$ 가지이므로 $s(3, 1) = 2$,
- 2개의 원탁에 앉히는 것은

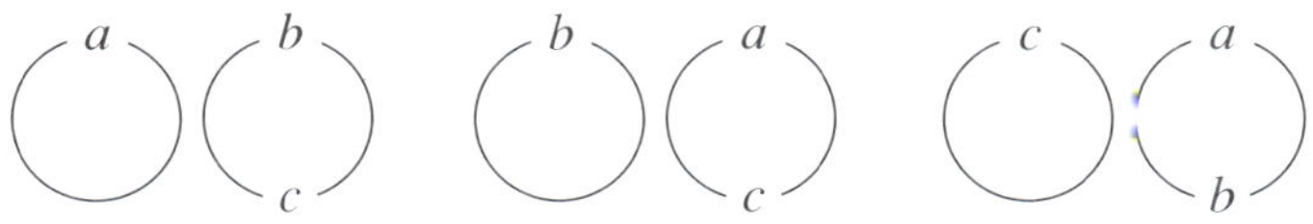

의 3가지이므로 $s(3, 2) = 3$,

- 3개의 원탁에 앉히는 것은 한 사람을 한 원탁에 앉히는 1가지이므로 $s(3, 3) = 1$이다.

$s(n, k)$값을 오른쪽 그림과 같이 어떤 행렬의 (n, k)-성분으로 생각하면 관찰하기에 편리하다. 이 행렬을 **제 1 스털링 행렬**이라 하자.

n＼k	0	1	2	3	4	5	6
0		0	0	0	0	0	0
1	0	1	0	0	0	0	0
2	0	1	1	0	0	0	0
3	0	2	3	1	0	0	0
4	0				1	0	0
5	0					1	0
6	0						1

$k > n$일 때는 n 명을 k 개의 원형으로 배열할 수 없으므로

$$s(n, k) = 0, \ \ (k > n)$$

이고, 따라서 이 행렬의 대각선 오른쪽의 성분은 모두 0이다.
n 명을 0 개의 원형으로 배열할 수도 없으므로

$$s(n, 0) = 0, \ \ (n > 0)$$

이다. n 명을 n 개의 원탁에 앉히는 것은 하나의 원탁에 한 사람씩 앉히는 한 가지 방법 뿐이므로

$$s(n, n) = 1, \ \ (n = 1, 2, \cdots)$$

이 성립한다. 따라서 $s(0, 0) = 1$로 두면 이 행렬의 대각 성분은 모두 1이다.

n 명을 1 개의 원탁에 앉히는 방법은 $(n-1)!$가지이므로

$$s(n, 1) = (n-1)!, \ \ (n = 1, 2, \cdots)$$

n 명을 $n-1$개의 원탁에 앉히는 방법은 n명 중 2명을 뽑아 한 원탁에 앉히고 나머지 $n-2$명은 각각 하나씩의 원탁에 앉히면 되므로

$$s(n, n-1) = \binom{n}{2}, \ \ (n = 1, 2, \cdots)$$

이다.

n＼k	0	1	2	3	4	5	6
0		0	0	0	0	0	0
1	0	1	0	0	0	0	0
2	0	1	1	0	0	0	0
3	0	2!	3	1	0	0	0
4	0	3!		6	1	0	0
5	0	4!	㉮	㉯	10	1	0
6	0	5!		㉰		15	1

제 1 스털링행렬에서는 오른쪽 그림과 같이 "ㄱ"자로 인접한 세 수 ㉮, ㉯, ㉰에 대하여

$$㉮ + ㉯ \times (\text{행번호}) = ㉰$$

와 같은 관계가 성립한다. 이것을 **ㄱ행-법칙**이라고 부르기로 한다. 다음 정리에서 ㄱ행-법칙을 증명한다.

정리 3.3.6

$0 < k < n$인 정수 n, k에 대하여,

$$s(n, k) = s(n-1, k-1) + (n-1)s(n-1, k)$$

증명 n명의 사람 $1, 2, \cdots, n$을 k개의 원형으로 배열하는 방법은 다음 두 가지이다.

■ 유형 1 : n 혼자 하나의 원형 배열을 이룬다.

이 유형의 배열은 n을 제외한 나머지 1, 2, $\cdots$, $n-1$이 $k-1$개의 원형 배열을 이루어야 하므로 그 개수는 $s(n-1, k-1)$이다.

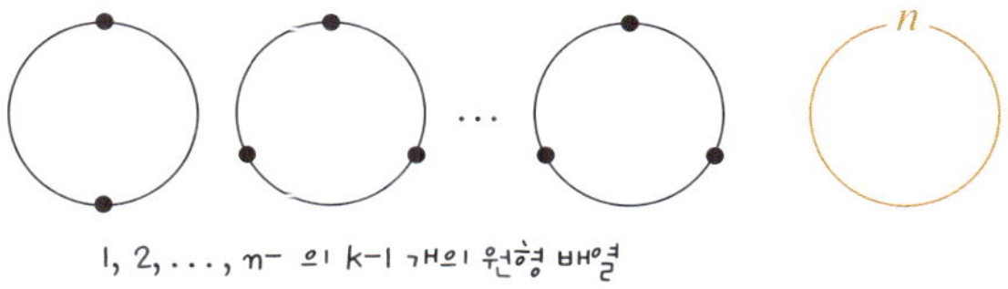

■ 유형 2 : n이 다른 사람과 함께 원형 배열을 이룬다.

1, 2, $\cdots$, $n-1$을 k 개의 원탁에 앉힌 다음 n을 그들 원탁 중 하나에 앉힌다.

1, 2, $\cdots$, $n-1$을 k 개의 원탁에 앉히는 방법수는 $s(n-1, k)$ 가지이다. $n=7$, $k=3$인 경우의 예로 다음 그림과 같이 생각하면 1, 2, $\cdots$, $n-1$이 앉았을 때, n을 앉히는 방법수는 $n-1$가지임을 알 수 있다.

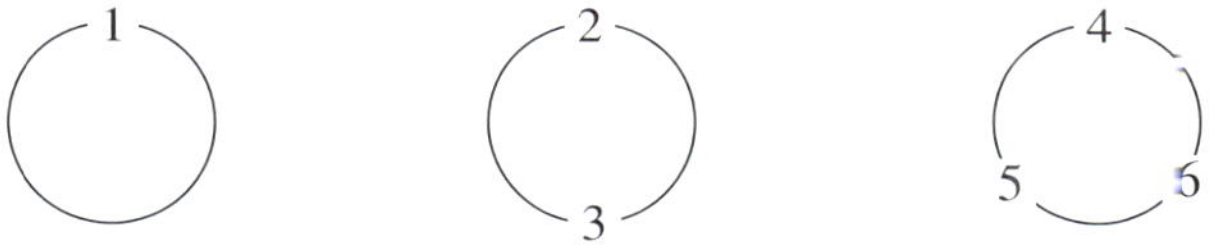

1, 2, 3, 4, 5, 6이 위와 같이 앉아 있는 상황에서 7이 각 원탁에 앉을 수 있는 위치의 개수는 그 원탁에 앉아 있는 사람 수와 같다. 그러므로 7이 앉을 수 있는 자리의 총 개수는 현재 앉아 있는 전체 사람수 6과 같다.

따라서 이 유형의 배열의 개수는 $(n-1)s(n-1, k)$이다. 그러므로 정리의 등식을 얻는다. ▌

이제 $S(0, k) = 0$, $(k = 1, 2, \cdots)$, 으로 두면 제 1 스털링 행렬 전체 범위에서 ㄱ[행]-법칙이 성립하고, 따라서 행렬의 임의의 성분을 결정할 수 있다.

$s(n, k)$

n \ k	0	1	2	3	4	5	6	$\cdots$
0	1	0	0	0	0	0	0	$\cdots$
1	0	1	0	0	0	0	0	$\cdots$
2	0	1	1	0	0	0	0	$\cdots$
3	0	2	3	1	0	0	0	$\cdots$
4	0	6	11	6	1	0	0	$\cdots$
5	0	24	50	35	10	1	0	$\cdots$
6	0	120	274	225	85	15	1	$\cdots$
$\vdots$	$\vdots$	$\vdots$	$\vdots$	$\vdots$	$\vdots$	$\vdots$	$\vdots$	

x^n을 $[x]_0$, $[x]_1$, $[x]_2$, $\cdots$ 의 상수배의 합으로 나타낼 때, 사용되는 상수는 제 2종 스털링 수이었다. 다음 정리에서는 $[x]_n$을 x의 다항식으로 나타낼 때, 나타나는 계수가 제 1종 스털링 수임을 증명한다.

정리 3.3.7

실수 x와 자연수 n에 대하여

$$[x]_n = \sum_{k=0}^{\infty} (-1)^{n+k} s(n, k) x^k \quad \cdots\cdots ①$$

증명 $n=0$일 때, 양변이 모두 1로서 서로 같고, $n=1$일 때, 양 변이 모두 x로서 서로 같다.

$n \geq 1$에 대하여, ①이 성립한다고 가정하자.

$[x]_{n+1} = [x]_n(x-n)$이므로,

$$\begin{aligned}
[x]_{n+1} &= [x]_n x - [x]_n n \\
&= \sum_{k=0}^{\infty} (-1)^{n+k} s(n, k) x^{k+1} - \sum_{k=0}^{\infty} (-1)^{n+k} ns(n, k) x^k \\
&= (-1)^n [\quad s(n, 0)x - \quad s(n, 1)x^2 + \quad s(n, 2)x^3 - \cdots] \\
&\quad + (-1)^n [\quad ns(n, 1)x - \quad ns(n, 2)x^2 + \quad ns(n, 3)x^3 - \cdots] \\
&= (-1)^n [s(n+1, 1)x - s(n+1, 2)x^2 + s(n+1, 3)x^3 - \cdots] \\
&= (-1)^{n+1} [-s(n+1, 1)x + s(n+1, 2)x^2 - s(n+1, 3)x^3 + \cdots] \\
&= \sum_{k=0}^{\infty} (-1)^{n+1+k} s(n+1, k) x^k \ \blacksquare
\end{aligned}$$

◂ $S(n, 0) = 0 \ \therefore \ nS(n, 0) = 0$

◂ ㄱ-행 법칙

◂ $S(n+1, 0) = 0$

정리 3.3.7은 다음과 같이 행렬의 곱으로 표현된다.

$$\begin{bmatrix} s(0,0) & 0 & 0 & 0 & \cdots \\ -s(1,0) & s(1,1) & 0 & 0 & \cdots \\ s(2,0) & -s(2,1) & s(2,2) & 0 & \cdots \\ -s(3,0) & s(3,1) & -s(3,2) & s(3,3) & \cdots \\ \vdots & \vdots & \vdots & \vdots & \end{bmatrix} \begin{bmatrix} 1 \\ x^1 \\ x^2 \\ x^3 \\ \vdots \end{bmatrix} = \begin{bmatrix} 1 \\ [x]_1 \\ [x]_2 \\ [x]_3 \\ \vdots \end{bmatrix}$$

◂ 등식의 좌변의 행렬은 제 1 스털링행렬의 홀수 번호 행과 열을 -1배한 행렬이다.

행 번호 열번호가 $0, 1, 2, \cdots, n$인 $n+1$ 차 제 1 스털링행렬, 제 2 스털링행렬을 각각 $\boldsymbol{F}_n, \boldsymbol{S}_n$으로 나타내고, $\boldsymbol{F}_n$의 홀수 번호 행과 열을 -1 배한 행렬을 $\boldsymbol{F}_n'$ 으로 나타낸다. 이를테면

$$\boldsymbol{F}_3' = \begin{bmatrix} s(0,0) & 0 & 0 & 0 \\ -s(1,0) & s(1,1) & 0 & 0 \\ s(2,0) & -s(2,1) & s(2,2) & 0 \\ -s(3,0) & s(3,1) & -s(3,2) & s(3,3) \end{bmatrix}$$

정리 3.3.8

$$F_n' S_n = I \quad (\text{단, } I \text{ 는 단위행렬})$$

◀ F_n' 과 S_n은 서로의 역행렬

증명

$$X_n = \begin{bmatrix} 1 & 1 & 1 & \cdots & 1 \\ 0 & 1 & 2 & \cdots & n \\ 0 & 1 & 2^2 & \cdots & n^2 \\ \vdots & \vdots & \vdots & & \vdots \\ 0 & 1 & 2^n & \cdots & n^n \end{bmatrix}, \quad Y_n = \begin{bmatrix} 1 & 1 & 1 & \cdots & 1 \\ 0 & [1]_1 & [2]_1 & \cdots & [n]_1 \\ 0 & 0 & [2]_2 & \cdots & [n]_2 \\ \vdots & \vdots & \vdots & & \vdots \\ 0 & 0 & 0 & \cdots & [n]_r \end{bmatrix}$$

이라 하면 정리 3.3.4, 정리 3.3.7에 의하여

$$S_n Y_n = X_n, \quad F_n' X_n = Y_n$$

이고, 따라서

$$F_n' S_n Y_n = F_n' X_n = Y_n$$

이다. Y_n이 가역행렬이므로, 이 등식의 양변의 오른쪽에 Y_n^{-1}를 곱하면 $F_n' S_n = I$를 얻는다. ▌

◀ Y_n 의 행렬식은 $\det Y_n = [1]_1[2]_2 \cdots [n]_n = 1! \cdot 2! \cdot \cdots \cdot n! \neq 0$

▪ 벨 수

지금까지 n 명을 k 개의 그룹으로 나누는 방법수 $S(n, k)$에 대하여 알아보았다. 이제 n 명을 수 개의 그룹으로 나누는 방법수, 즉, 분할의 수

$$B_n$$

에 대하여 알아 보자. B_n을 **벨 수**라고 한다.

◀ 벨(Eric T. Bell, 1983-1960)은 스코틀랜드 출생 미국 수학자

◀ Bell number

n 명을 수 개의 그룹으로 나눌 때, 0 개, 1 개, ⋯ , n 개의 그룹드로 나눌 수 있으므로

$$B_n = S(n, 0) + S(n, 1) + \cdots + S(n, n) \quad \cdots\cdots\cdots \text{①}$$

즉, B_n은 제 2 스털링 행렬의 제 n 행의 성분들의 합이다. ①을 다음과 같이 나타낼 수 있다.

$$\begin{bmatrix} S(0,0) & 0 & 0 & 0 & \cdots \\ S(1,0) & S(1,1) & 0 & 0 & \cdots \\ S(2,0) & S(2,1) & S(2,2) & 0 & \cdots \\ S(3,0) & S(3,1) & S(3,2) & S(3,3) & \cdots \\ \vdots & \vdots & \vdots & \vdots & \end{bmatrix} \begin{bmatrix} 1 \\ 1 \\ 1 \\ 1 \\ \vdots \end{bmatrix} = \begin{bmatrix} B_0 \\ B_1 \\ B_2 \\ B_3 \\ \vdots \end{bmatrix}$$

벨 수는 다음 등식을 만족한다.

정리 3.3.9

$$B_n = \sum_{k=0}^{n-1} \binom{n-1}{k} B_k$$

증명 n 명의 사람 1, 2, ⋯, n을 수 개의 그룹으로 나누는 것은, 각 $j = 0, 1, 2, \cdots, n-1$에 대하여,
n이 j명의 다른 사람과 그룹을 이루는 ("경우 j"라고 하자.) n가지의 경우가 있다.

경우 0 : n이 혼자서 그룹을 이루기 때문에 나머지 1, 2, ⋯, $n-1$을 분할하면 되므로, 그 방법수는 B_{n-1}.

경우 $j > 0$: 1, 2, ⋯, $n-1$중 n과 같은 그룹을 이룰 j명을 뽑고 ($\binom{n-1}{j}$가지), 나머지 $n-(j+1)$명을 분할 ($B_{n-(j+1)}$가지) 하면 되므로, 그 방법수는 $\binom{n-1}{j} B_{n-(j+1)}$.

그러므로

$$\begin{aligned} B_n &= B_{n-1} + \sum_{j=1}^{n-1} \binom{n-1}{j} B_{n-(j+1)} = \sum_{j=0}^{n-1} \binom{n-1}{j} B_{n-(j+1)} \\ &= \sum_{j=0}^{n-1} \binom{n-1}{n-1-j} B_{n-(j+1)} = \sum_{k=0}^{n-1} \binom{n-1}{k} B_k \end{aligned}$$ ∎

정리 3.3.9를 다음과 같이 나타낼 수 있다.

$$\begin{bmatrix} 1 & 0 & 0 & \cdots \\ 1 & 1 & 0 & \cdots \\ 1 & 2 & 1 & \cdots \\ 1 & 3 & 3 & \cdots \\ \vdots & \vdots & \vdots & \\ \binom{n-1}{0} & \binom{n-1}{1} & \binom{n-1}{2} & \cdots \\ \vdots & \vdots & \vdots & \end{bmatrix} \begin{bmatrix} B_0 \\ B_1 \\ B_2 \\ B_3 \\ \vdots \\ B_{n-1} \\ \vdots \end{bmatrix} = \begin{bmatrix} B_1 \\ B_2 \\ B_3 \\ B_4 \\ \vdots \\ B_n \\ \vdots \end{bmatrix}$$

16-집합을 9개의 부분집합으로 분할하는 방법수는 $S(16, 9)$이다.

분할을 이루는 집합에 제약을 주어, 이를테면, 16-집합을

와 같이

4개의 1-집합, 3개의 2-집합, 2개의 3-집합

으로 분할하는 방법수 N를 구하여 보자.

이들 $4+3+2=9$개의 집합이 구별이 있을 경우 그 가지수는

$$C(16;\ 1,1,1,1,2,2,2,3,3)=\frac{16!}{(1!)^4(2!)^3(3!)^2}$$

이다. 이들 중 1-집합끼리는 구별이 없고, 2-집합끼리는 구별이 없고, 3-집합끼리는 구별이 없으므로

$$N=\frac{C(16;\ 1,1,1,1,2,2,2,3,3)}{4!\,3!\,2!}=\frac{16!}{4!(1!)^4\,3!(2!)^3\,2!(3!)^2}$$

이다.

이와 같이 생각하면 다음 정리가 성립함을 알 수 있다.

정리 3.3.10

서로 다른 자연수 $p, q, \cdots, r$과 자연수 $k, l, \cdots, m$에 대하여, $kp+lq+\cdots+mr=n$이라고 할 때, n-집합을

k개의 p-집합, l개의 q-집합, $\cdots$, m개의 r-집합

으로 분할하는 방법수는

$$\frac{n!}{[k!(p!)^k]\,[l!(q!)^l]\cdots[m!(r!)^m]}$$

자연수 n에 대하여

$$p_1+2p_2+\cdots+np_n=n$$

을 만족하는 음이 아닌 정수의 n-짝 $(p_1, p_2, \cdots, p_n)$ 전체의 집합을 Ω_n으로 나타내자. n-집합의 임의의 분할은 어떤 $(p_1, p_2, \cdots, p_n)\in\Omega_n$에

대하여

$$p_1 \text{ 개의 1-집합, } p_2 \text{ 개의 2-집합, } \cdots, p_n \text{ 개의 } n\text{-집합}$$

으로 이루어져 있다. 따라서 B_n은 다음과 같이 주어진다.

정리 3.3.11

$$B_n = n! \sum_{(p_1, p_2, \cdots, p_n) \in \Omega_n} \frac{1}{[p_1!(1!)^{p_1}][p_2!(2!)^{p_2}] \cdots [p_n!(n!)^{p_n}]}$$

자연수의 분할

자연수 n, k에 대하여, n개의 바둑돌을 k개의 그룹으로 나누는 방법수

$$p(n, k)$$

를 n의 k **분할수**라고 한다. $p(n, k)$는 자연수 n을 k 개의 자연수의 합으로나타내는 방법수와 같다. 이를테면 7을 3개의 자연수의 합으로 나타내는 방법은

$$7 = 5 + 1 + 1 = 4 + 2 + 1 = 3 + 3 + 1 = 3 + 2 + 2$$

와 같이 4가지이므로 7의 3-분할수는 $p(7, 3) = 4$이다.

◀ k-partition number

스털링 수를 행렬로 나타내듯이 $p(n, k)$값을 오른쪽 그림과 같이 배열한 행렬을 **분할행렬**이라하자.

$k > n$일 때는 n개의 바둑돌을 k개의 그룹으로 나눌 수 없으므로

$$p(n, k) = 0, \ (k > n)$$

이고, 따라서 이 행렬의 대각선 오른쪽의 성분은 모두 0이다.
n개의 바둑돌을 1개의 그룹 또는 n개의 그룹으로 나누는 방법은 모두 1이므로

$$p(n, 1) = 1, p(n, n) = 1, \ (n = 1, 2, \cdots)$$

이다. 따라서 이 행렬의 제 1 열의 성분과 대각 성분은 모두 1이다.

n \ k	1	2	3	4	5	6
1	1	0	0	0	0	0
2	1	1	0	0	0	0
3	1	1	1	0	0	0
4	1	2	1	1	0	0
5	1				1	0
6	1					1

분할수에 대해서는 다음 등식이 성립한다.

정리 3.3.12

$1 < k < n$인 정수 n, k에 대하여,

$$p(n, k) = p(n-k, 1) + p(n-k, 2) + \cdots + p(n-k, k)$$

증명 $p(n, k)$는 p 개의 바둑돌을 똑같은 모양의 k 개의 통에 빈 통이 없도록 넣는 방법수이다.
우선, 각 통에 1 개씩 넣고 남은 $n-k$ 개의 바둑돌을, 각 $i = 1, 2\ \cdots, k$에 대하여, i 개의 통에 빈 통이 없도록 넣으면 (p(n − k, i) 가지) 된다.
따라서 정리의 등식을 얻는다. ▌

정리 3.3.12에 의하면, 분할행렬의 행은 다음 그림과 같이 결정됨을 알 수 있다.

n\k	1	2	3	4	5	6		행합
1	1	0	0	0	0	0	→	1
2	1	1	0	0	0		→	2
3	1	1	1	0			→	3
4	1	2	1				→	4
5	1	2					→	3
6	1						→	1

$p(n, k)$

n\k	1	2	3	4	5	6	7	⋯
1	1	0	0	0	0	0	0	⋯
2	1	1	0	0	0	0	0	⋯
3	1	1	1	0	0	0	0	⋯
4	1	2	1	1	0	0	0	⋯
5	1	2	2	1	1	0	0	⋯
6	1	3	3	2	1	1	0	⋯
7	1	3	4	3	2	1	1	⋯
⋮	⋮	⋮	⋮	⋮	⋮	⋮	⋮	

자연수 n을 k개 이하의 자연수의 합으로 나타내는 방법수를

$$p_k(n)$$

으로 나타낸다. 이를테면 5를 3 개 이하의 합으로 나타내는 방법은

$5 = 5$ (1개의 자연수의 합 : p(5, 1)가지)

$= 4 + 1 = 3 + 2$ (2개의 자연수의 합 : p(5, 2)가지)

이므로 $p_2(5) = p(5, 1) + p(5, 2) = 1 + 2 = 3$ 가지이다.

이와 같이 $p_k(n)$은

$$p_k(n) = p(n, 1) + p(n, 2) + \cdots + p(n, k)$$

로 주어진다.

n을 수 개의 자연수의 합으로 나타내는 방법수를 **분할수**라고 하고

$$p(n)$$

으로 나타낸다. 명백히

$$p(n) = p_n(n) = p(n, 1) + p(n, 2) + \cdots + p(n, n)$$

이다.

◀ 分割數 partition number

◀ $p(n) \approx \dfrac{1}{4n\sqrt{3}} e^{\pi\sqrt{2n/3}}$

자연수 n을 k 이하의 자연수의 합으로 나타내는 방법수를

$$q_k(n)$$

으로 나타낸다. 오른쪽 그림과 같이 일단의 점을 계단 꼴로 배열한 것을 **페러즈 다이어그램**이라고 한다. 자연수의 분할을 페러즈 다이어그램으로 나타낼 수 있다. 이를테면 오른쪽 그림의 페러즈 다이어그램은 13의 분할

$$13 = 5 + 3 + 3 + 2$$

를 나타낸다. 여기서 5, 3, 3, 2는 각각 이 다이어그램의 각 행에 있는 점의 개수이다. 한편 이 다이어그램의 각 열에 있는 점의 개수 4, 4, 3, 1, 1은 모두 4이하이고 또

$$13 = 4 + 4 + 3 + 1 + 1$$

임에 유의하면 $p_k(n) = q_k(n)$임을 알 수 있다.

◀ Ferrers diagram

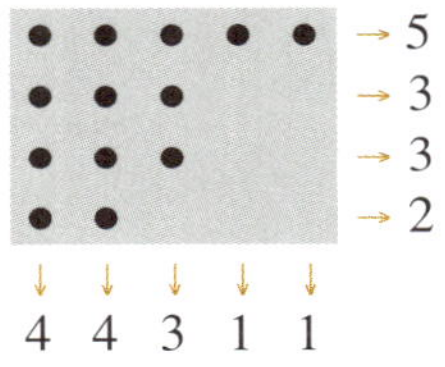

페러즈(Norman M. Ferrers, 1829-1903)은 영국 수학자

n을 k이하의 자연수의 합으로 나타낸 것은

$$n = \underbrace{1 + 1 + \cdots + 1}_{s_1 \text{개}} + \underbrace{2 + 2 + \cdots + 2}_{s_2 \text{개}} + \cdots + \underbrace{k + k + \cdots + k}_{s_k \text{개}}$$

꼴이므로 다음 정리가 성립한다.

정리 3.3.13

$p_k(n) = q_k(n)$은

$$s_1 + 2s_2 + \cdots + ks_k = n$$

의 음이 아닌 정수해 $(s_1, s_2, \cdots, s_k)$의 개수와 같다.

요약

❶ n명을 k 개의 서로 다른 방에 빈방 없이 배치 : $T(n, k) = k!S(r, k)$

❷ n통의 편지를 k 개의 우체통에 넣음(빈 통 허용) : k^n

❸ n명을 k 개의 그룹으로 나눔 : $S(n, k)$

❹ n명을 k 개 이하의 그룹으로 나눔 : $\sum_{i=0}^{k} S(n, i)$

❺ n개의 바둑돌을 k 개의 서로 다른 통에 빈 통 없이 넣음 : ${}_kH_{n-k}$

❻ n개의 바둑돌을 k 개의 서로 다른 통에 넣음(빈 통 허용) : ${}_kH_n$

❼ n개의 바둑돌을 k 개의 그룹으로 나눔 : $p(n, k)$

❽ n개의 바둑돌을 k 개 이하의 그룹으로 나눔 : $p_k(n)$

◀ n개의 공을 k개의 상자에 넣는 것은

- 공 구별 유무
- 상자 구별 유무
- 빈상자의 허용, 불허

에 따른 8가지의 경우가 있다. 왼쪽 요약은 이 8가지 경우를 모두 나열한 것이다.

카탈란 수

◀ 카탈란(Eugene C. Catalan, 1814-1894)은 벨기에 수학자

이항계수를 다음 그림과 같이 '파스칼삼각형'으로 배열하고, 좌우 대칭축 위에 있는 수를 읽으면 수열

$$(a_0, a_1, a_2, \cdots, a_n, \cdots) = (1, 2, 6, 20, 70, 252, \cdots, \binom{2n}{n}, \cdots)$$

을 얻는다.

1
1 1
1 2 1
1 3 3 1
1 4 6 4 1
1 5 10 10 5 1
1 6 15 20 15 6 1
1 7 21 35 35 21 7 1
1 8 28 56 70 56 28 8 1

$a_0, a_1, a_2, \cdots, a_n, \cdots$ 을 차례로

$$1, 2, 3, 4, 5, 6, \cdots, n+1, \cdots$$

으로 나누면 수열

$$1, 1, 2, 5, 14, 42, \cdots, \frac{1}{n+1}\binom{2n}{n}, \cdots$$

을 얻는다. 이들 수를 **카탈란수**라고 하고 일반항을 C_n으로 나타낸다. :

◀ Catalan number

$$C_n = \frac{1}{n+1}\binom{2n}{n}, (n = 0, 1, 2, \cdots)$$

카탈란 수는 헤아리기와 관련된 문제에서 많이 나타나는 수로서 조합론에서 가장 중요한 수 중 하나이므로, 여러가지 분배의 수를 다루는 이 절의 마지막 주제로 다룬다.

다음 정리에서 카탈란수는 자연수임을 알 수 있다.

정리 3.3.14

$$C_n = \binom{2n}{n} - \binom{2n}{n+1}$$

증명 $\binom{2n}{n} - \binom{2n}{n+1} = \binom{2n}{n} - \frac{n}{n+1}\binom{2n}{n} = \frac{1}{n+1}\binom{2n}{n}$ ∎

◂ $\binom{k}{r+1} = \frac{k-r}{r+1}\binom{k}{r}$

정리 3.3.15

좌표평면에서 원점 O(0, 0)에서 출발하여 → 또는 ↑로 1칸씩 가는 동점이 직선 $y = n$의 아랫 부분를 지나지 않고 점 $P(n, n)$까지 가는 경로의 개수는 C_n이다.

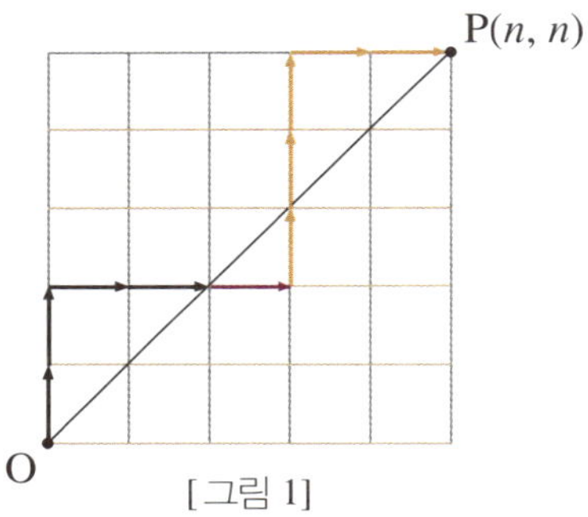

[그림 1]

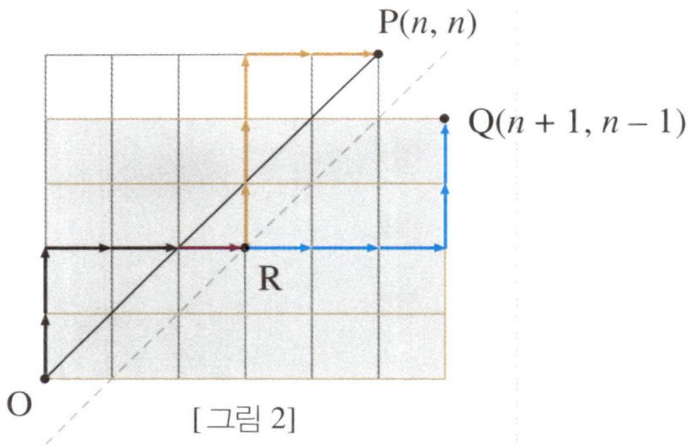

[그림 2]

증명 O에서 $P(n, n)$까지 가는 경로 전체의 집합을 $\mathscr{P}$, $Q(n+1, n-1)$까지 가는 경로 전체의 집합을 $\mathscr{Q}$라고 하자.
→ 방향, ↑ 방향의 길이 1인 벡터를 각각 **i**, **j** 라고 하면, $\mathscr{P}$의 원소는 곧

$$\{\underbrace{\mathbf{i}, \mathbf{i}, \cdots, \mathbf{i}}_{n\text{개}}, \underbrace{\mathbf{j}, \mathbf{j}, \cdots, \mathbf{j}}_{n\text{개}}\}$$

의 순열이므로 $|\mathscr{P}| = \binom{2n}{n}$이고, $\mathscr{Q}$의 원소는 곧

$$\{\underbrace{\mathbf{i}, \mathbf{i}, \cdots, \mathbf{i}}_{n+1\text{개}}, \underbrace{\mathbf{j}, \mathbf{j}, \cdots, \mathbf{j}}_{n-1\text{개}}\}$$

의 순열이므로 $|\mathscr{Q}| = \binom{2n}{n+1}$이다.

먼저 $\mathscr{P}$에 속하면서 직선 $y = x$의 아랫 부분를 지나는 경로 전체의 집합을 $\mathscr{A}$라하고 $|\mathscr{A}| = |\mathscr{Q}|$를 보인다.

$\mathscr{A}$ 또는 $\mathscr{Q}$에 속하는 경로 $\alpha = (\mathbf{v}_1, \mathbf{v}_2, \cdots, \mathbf{v}_{2n})$은 반드시 직선 $y = x$의 아랫 부분을 지난다. $\mathbf{v}_1, \mathbf{v}_2, \cdots, \mathbf{v}_{2n}$중 처음으로 $y = x$의 아랫 부분에 나타나는 벡터를 $\mathbf{v}_k$라고 하면 $\mathbf{v}_k = \mathbf{i}$ 이고 $k < 2n$이다. 그러한 $\mathbf{v}_k$를 경로 α의 '키벡터'라고 하자. 이제 α에서 키벡터 다음에 나타나는 부분 경로를 직선 $y = x - 1$에 관하여 대칭시켜 얻은 경로를 α^*라 하자. 예를 들어 [그림 2]에서 α = (경로 O→R→P)일 때, α^* = (경로 O→R→Q)이다. 이때, $\alpha^{**} = \alpha$이고,

$$\alpha \in \mathscr{A} \Leftrightarrow \alpha^* \in \mathscr{Q}$$

이다. 그러므로 $\mathscr{A}$와 $\mathscr{Q}$는 일대일 대응관계에 있고, 따라서 $|\mathscr{A}| = |\mathscr{Q}|$가 성립한다. $\mathscr{P}$에 속하면서 직선 $y = x$의 아랫 부분를 지나지 않는 경로 전체의 집합은 $\mathscr{P} - \mathscr{A}$이다.

◂ $\mathbf{v}_k$의 종점은 반드시 직선 $y = x - 1$ 위에 위치한다.

$$|\mathscr{P} - \mathscr{A}| = |\mathscr{P}| - |\mathscr{A}| = |\mathscr{P}| - |\mathscr{Q}| = \binom{2n}{n} - \binom{2n}{n+1} = C_n$$

◂ 정리 3.3.14

이므로 정리가 증명되었다. ▌

다음 수는 모두 C_n과 같다.

❶ n개의 ╱와 n개의 ╲로써 산을 그릴 수 있는 방법수
❷ n개의 마디를 가지는 평면에 그려진 수형도의 개수
❸ n개의 수 $2, 3, \cdots, n, n+1$을

$$2^{3^{4^5}}, \quad (2^3)^{4^5}, \quad 2^{(3^4)^5}$$

와 같이 이 순서대로 사용하여 만들 수 있는 거듭제곱의 가지수

❹ n개의 수 $2, 3, \cdots, n, n+1$을

$$(2 \times (3 \times 4)) \times 5, \quad 2 \times ((3 \times 4) \times 5)$$

와 같이 이 순서대로 두고 곱하는 방법수

❺ 원주 위에 있는 $2n$개 점을 2개씩 잡아 선분으로 잇는데, 어느 두 선분도 만나지 않도록 이을 수 있는 방법수

❻ $n+2$각형을 그 꼭지점 중 세 점을 꼭지점으로 하는 삼각형으로 가르는 방법수(꼭지점을 잇는 선분끼리 만나지 않음)

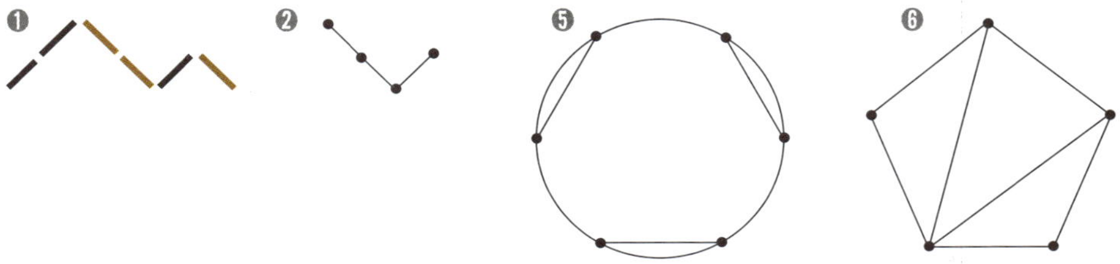

$n=3$인 경우로써 위의 수가 모두 같음을 설명한다.

$n=3$일 때, 직선 $y=x$의 아랫쪽을 지나지 않고, 원점에서, 점 (n, n)까지 가는 경로는 다음의 $C_3 = 5$가지이고, 이들을 각각 시계 방향으로 45° 회전시키면 3개의 ╱와 3개의 ╲로 그려진 산(山)을 얻는다.
그러므로 (❶의 수) $= C_n$이다.

또, 산 아래의 그림에서 (❶의 수) = (❷의 수)임을 알 수 있다.

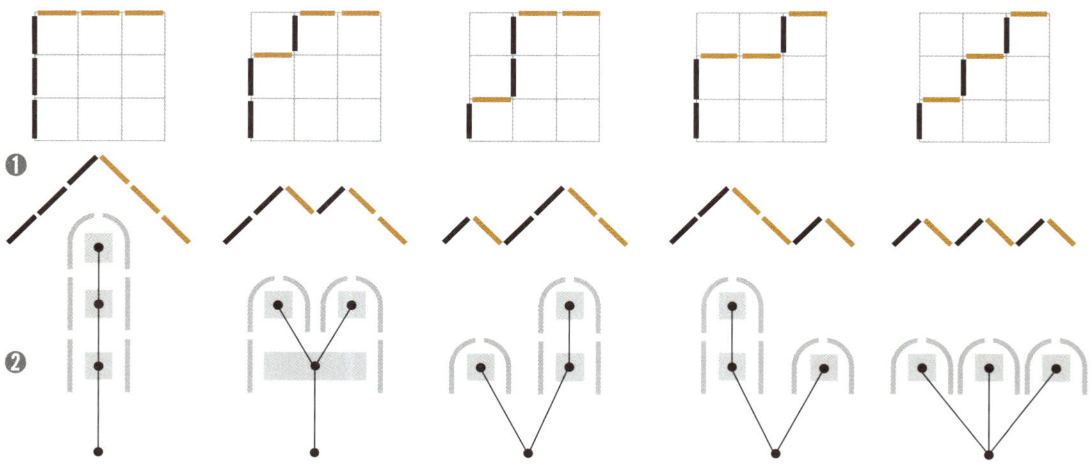

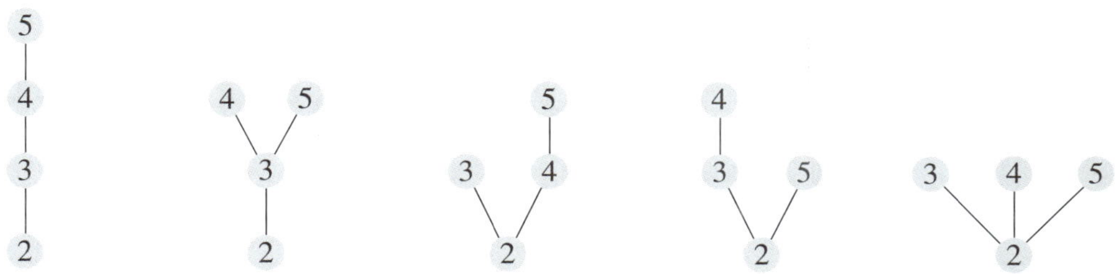

수 매기는 순서 : 아래에서 위로 왼쪽 가지부터 차례대로 오른쪽 가지로

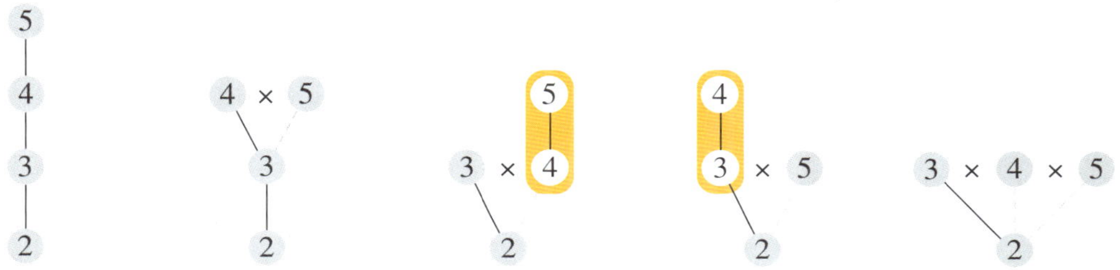

같은 높이에 있는 마디는 가장 왼쪽 것을 제외하고 모두 ×로 바꾸고, 마디 위의 수를 지수로 간주한다

❸ $2^{3^{4^5}}$ $2^{3^{4\times 5}}$ $2^{3\times 4^5}$ $2^{3^4\times 5}$ $2^{3\times 4\times 5}$

$2^{(3^{(4^5)})}$ $2^{((3^4)^5)}$ $(2^3)^{(4^5)}$ $(2^{(3^4)})^5$ $((2^3)^4)^5$

2^(3^(4^5)) 2^((3^4)^5) (2^3)^(4^5) (2^(3^4))^5) ((2^3)^4)^5

❹ $2\times(3\times(4\times 5))$ $2\times((3\times 4)\times 5)$ $(2\times 3)\times(4\times 5)$ $(2\times(3\times 4))\times 5)$ $((2\times 3)\times 4)\times 5$

❻

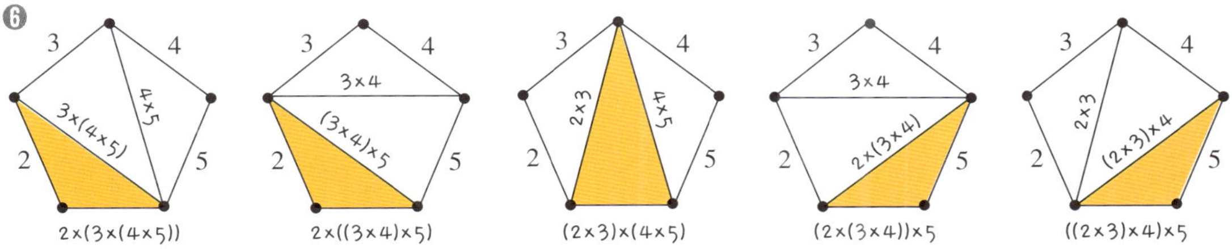

이상에서 (❷의 수) = (❸의 수) = (❹의 수) = (❻의 수)이다.

❶

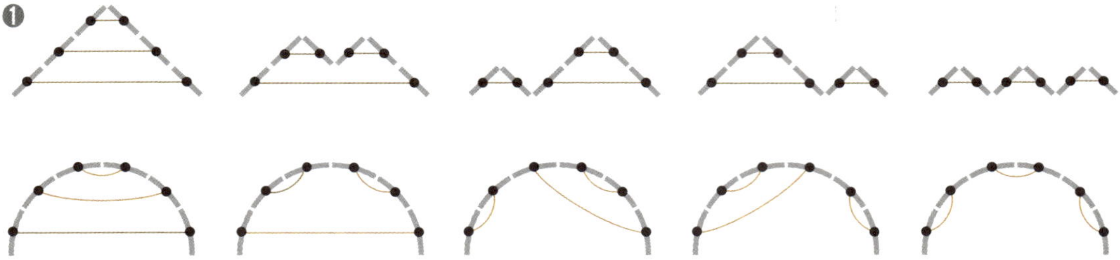

❺

따라서 (❶의 수) = (❺의 수)이다.

예제 3.3.16

n 개의 1과 n 개의 -1로 이루어진 길이 $2n$인 수열 $(x_1, x_2, \cdots, x_{2n})$ 중 조건 $x_1 + x_2 + \cdots + x_k \geq 0$, $(k = 1, 2, \cdots, 2n)$, 을 만족하는 것의 개수를 구하라.

풀이 좌표평면의 원점에서 출발하여, 오른쪽 또는 위로 1 씩 이동하여 점 (n, n)까지 가는데, 위로 1칸 가는 것을 1, 오른쪽으로 1칸 가는 것을 -1로 나타내면, 직선 $y = x$의 아래쪽을 지나지 않으면서, (n, n)까지 가는 경로 전체의 집합과 문제의 수열 전체의 집합은 일대일 대응관계에 있다. 따라서 구하는 수는 C_n이다. ■

3-3 EXERCISES 연습문제

1 7사람을 4개의 그룹으로 가르는 방법수를 구하라.

2 수의 집합 X의 원소의 합을 $\sigma(X)$로 나타내기로 하자. 집합 $\{1, 2, \cdots, 101\}$을 조건
$\sigma(X_{k+1}) = \sigma(X_k) + 6, \ (k = 1, 2, 3, 4, 5)$
를 만족하는 6개의 부분집합 $X_1, X_2, \cdots, X_6$으로 분할하는 것이 가능한가?

3 n개의 서로 다른 소수의 곱으로 표현되는 자연수를 $k\ (\le n)$개의 인수의 곱으로 나타내는 방법수를 구하라.

4 집합 $\{1, 2, \cdots, 1989\}$는 다음 두 조건
(i) $|A_1| = |A_2| = \cdots = |A_{117}| = 17$
(ii) $\sigma(A_1) = \sigma(A_2) = \cdots = \sigma(A_{117})$
을 만족하는 서로 소인 부분집합 $A_i(i = 1, 2, \cdots, 117)$들의 합집합으로 나타낼 수 있음을 증명하라.

5 n과 k는 서로 소인 자연수이고, 집합 $M = \{1, 2, \cdots, n-1\}$의 각 원소는 청색 또는 백색으로 채색되어 있다고 하자. 조건
(i) 각 $i \in M$에 대하여 i와 $n-i$는 같은 색이다.
(ii) 모든 $i \in M, i \ne k$에 대하여, i와 $|i-k|$가 모두 같은 색이다.
가 성립한다고 할 때, M의 원소는 모두 같은 색임을 증명하라.

6 자연수 n을 1과 2의 합으로 나타내는 방법(더하는 순서를 바꾸는 것은 다른 방법으로 간주) 수를 $A(n)$이라 하고, 2이상의 자연수의 합으로 나타내는 방법(더하는 순서를 바꾸는 것은 다른 방법으로 간주) 수를 $B(n)$이라고 할 때, $A(n) = B(n+2)$임을 증명하라.

7 모든 자연수 n에 대하여, n을 서로 다른 자연수들의 합으로 나타내

3-3 · E · X · E · R · C · I · S · E · S · 연습문제

는 방법수와 홀수인 자연수들의 합으로 나타내는 방법수가 같음을 증명하라. (단, 순서만 바꾸어 합하는 것은 같은 방법으로 간주)

8 자연수 n의 임의의 분할 π에 대해

$A(\pi)$ = (π에 나타나 있는 1의 개수)

$B(\pi)$ = (π에 나타나 있는 서로 다른 정수의 개수)

라고 할 때, 고정된 n에 대하여, $\sum_{\pi} A(\pi) = \sum_{\pi} B(\pi)$가 성립함을 증명하라.

9 제 1스털링 행렬의 제 n행의 합을 구하라.

10 좌표평면에서 한 동점이 오른쪽 또는 위로 1씩 갈 수 있다고 할 때, 이 동점이 $(0, 0)$에서 출발하여 $(1, 1), (2, 2), \cdots, (n, n)$의 어느 점도 거치지 않고 점 $(n+1, n+1)$에 이르는 최단 경로의 개수를 구하라.

11 n, m, k는 자연수이고 $m \geq n$이라고 한다. $1 + 2 + 3 + \cdots + n = mk$일 때, $1, 2, \cdots, n$을 k개의 그룹으로 나누고 각 그룹에 속하는 수의 합이 m이 되도록 할 수 있음을 증명하라.

12 다음 등식을 증명하라.

(1) $S(n, k) = \frac{1}{k!} \sum_{j=0}^{k} (-1)^{k+j} \binom{k}{j} j^n$

(2) $S(n, k) = \sum_{j=0}^{n-1} \binom{n-1}{j} S(j, k-1)$

(3) $[x+y]^n = \sum_{r=0}^{n} \binom{n}{r} [x]^{n-r} [y]^r$

13 $\boldsymbol{S}_n$의 홀수 번호 행과 열을 -1배한 행렬을 $\boldsymbol{S}_n'$ 이라할 때, $\boldsymbol{F}_n \boldsymbol{S}_n' = I$ 임을 증명하여라.

3-3 · E · X · E · R · C · I · S · E · S · 연습문제

14 집합 $X = \{1, 2, \cdots, 14\}$에 대하여 다음을 구하라.

(1) X를 4개의 공집합이 아닌 부분집합으로 분할하는 방법수

(2) X를 크기가 3, 3, 4, 4인 4개의 부분집합으로 분할하는 방법수

15 다음을 구하라.

(1) 합이 n인 자연수열의 개수

(2) 합이 n인 단조증가 자연수열의 개수

16 p, q가 서로 소인 자연수일 때, 좌표평면에서 원점 O(0, 0)에서 출발하여 → 또는 ↑로 1칸씩 가는 동점이 직선 $y = \frac{q}{p}x$의 아랫 부분를 지나지 않고 점 P(p, q)까지 가는 경로의 개수를 구하라.

17 다음 수는 C_n임을 증명하여라.

(1) 입장료 오천 원인 영화관 입장권을 사려는 $2n$명 중 n명이 오천 원을 가지고 있고 나머지 n명은 일만 원 권만을 가지고 있다. 거스름돈이 없는 매표소에서 누구에게나 거스름돈을 줄 수 있도록 줄을 세우는 방법 수

(2) 그림과 같이 벽돌을 쌓아 올리는데 맨 밑에 있는 벽돌을 제외하고는 2개의 벽돌 위에 1 개의 벽돌을 놓는다. 이와 같은 방법으로 n개의 벽돌을 쌓아 올리는 방법수

(3) 어떤 연이은 세 수 a_i, a_{i+1}, a_{i+2}도 증가수열이 아닌 $\{1, 2, \cdots, n\}$의 순열 $a_1a_2 \cdots a_n$의 개수

(4) $n \times n$ 체스판의 대각선 윗부분을 잘라낸 부분판을 n개의 직사각형으로 분할하는 방법수

18 n-집합에서 k-집합으로 가는 함수로서 치역의 원소의 개수가 r이상인 것의 개수는 ${}_kP_r S(n, r)$임을 증명하라.

ENV Discrete Mathematics

IV 점화식과 생성함수

4-1 재귀함수와 알고리즘
4-2 점화식
4-3 생성함수

지금까지 공부한 피보나치수, 교란수, 분할수, 카탈란수 등 많은 수들은 어떤 수열의 일반항이다. 수열은 그 일반항으로 주어질 수도 있지만 점화식으로 정의될 수도 있고 어떤 함수를 급수전개했을 때, 계수로 나타날 수도 있다. 이러한 사실은 이 단원에서는 공부할 점화식과 생성함수가 말해 준다.

4-1 재귀함수와 알고리즘

다음과 같이 정의된 함수 $f(n)$에 대하여 $f(3)$, $f(100)$을 각각 구하라.

(1) $f(0) = 2,\ f(n+1) = 2f(n)$,

(2) $f(0) = f(1) = 1, f(n+2) = f(n+1) + f(n)$

재귀함수

◂ 재귀함수보다는 재귀적으로 정의되는 함수라는 표현이 정확하다.

다음 알고리즘을 살펴 보자.

n을 입력한다.
STEP 1. $k = 1,\ f(k) = 1$로 둔다.
STEP 2. $k = n$이면 $f(k)$를 출력하고, $k < n$이면 STEP 3으로 간다.
STEP 3. $k+1$을 새로운 k로, $(k+1)f(k)$를 새로운 $f(k)$로 두고 STEP 2로 간다.

이 알고리즘은 간단히

$$f(1) = 1,\ f(k+1) = (k+1)f(k),\ (k = 1, 2, \cdots) \quad \cdots\cdots ①$$

와 같이 표현될 수 있으며, 함수 $f(n) = n!$의 값을 계산한다.

함수 f는 보통 $f(n) = n!$과 같이 하나의 식으로 정의되지만 ①과 같이 **재귀적**으로 정의되기도 한다. 이와같이 재귀적으로 정의된 함수를 편의상

◂ 再歸的 recursive

재귀함수라고 부르기로 한다. 피보나치수열의 경우와 같이 재귀적 정의가 오히려 편리할 뿐만 아니라 필요할 때도 있다.

◀ 再歸函數 recursive function

음이 아닌 정수 전체의 집합을 정의역으로 하는 재귀함수 f를 정의하는 데는 $f(k)$의 값이 정해졌을 때 $f(k+1)$의 값을 결정해 주는 ①과 같은 등식이 필요하다. 이러한 등식을 **점화식**이라고 한다.

◀ 漸化式 recurrence relation

예제 4.1.1

점화식

$$f(0)=1,\ f(n+1)=\frac{4n+2}{n+2}f(n),\ (n=0,1,\ 2,\cdots)$$

으로 정의되는 함수는 $f(n)=C_n$ (카탈란 수)임을 보여라.

풀이 $C_0=\frac{1}{0+1}\binom{2\cdot 0}{0}=1=f(0)$이다. $f(n)=C_n$이라고 하면

$$f(n+1)=\frac{4n+2}{n+2}f(n)=\frac{4n+2}{n+2}C_n=\frac{4n+2}{n+2}\ \frac{1}{n+1}\ \frac{(2n)!}{(n!)^2}$$

$$=\frac{2}{n+2}\ \frac{(2n+2)(2n+1)(2n)!}{(2n+2)(n+1)(n!)^2}=\frac{1}{n+2}\ \frac{(2(n+1))!}{((n+1)!)^2}=C_{n+1}$$

수학적 귀납법에 의하여 $f(n)=C_n$, $(n=0,1,\ 2,\cdots)$, 이 성립한다. ■

알고리즘의 복잡도

n 개의 실수 $a_1, a_2, \cdots, a_n$을 작은 수부터 크기순으로 일렬로 세우는 삽입정렬 알고리즘의 내용은 간단히 다음과 같다고 할 수 있다.

◀ 예제 1.1.3

$\mathbf{v}_1=(a_1)$로 둔다.

a_2를 a_1과 비교하여 위치 결정 : $\mathbf{v}_2=(x_1, x_2)$

◀ x_1, x_2는 $x_1 \le x_2$ 되도록 a_1, a_2를 재배열 한 것

…

a_n을 $x_1, x_2, \cdots, x_{n-1}$과 비교하여 위치 결정 : $\mathbf{v}_n=(x_1, x_2, \cdots, x_n)$

이 알고리즘의 복잡도로서 '비교'의 회수 $f(n)$을 잡는다고 하자.
$\mathbf{v}_1$의 결정에 필요한 비교의 회수는 0이므로 $f(0)=0$이다. $\mathbf{v}_{k-1}$이 결정되었을 때, $\mathbf{v}_k$의 결정에 필요한 비교의 회수는, 최악의 경우, $k-1$이므로 $f(n)$은

$$f(0)=0, \quad f(k)=f(k-1)+k-1, \ (k=1, 2, \cdots)$$

와 같이 재귀함수로 주어진다. 따라서

$$f(n)=0+1+2+\cdots+(n-1)=\frac{n(n-1)}{2}.$$

남성팀, 여성팀 멤버들이 각 팀별로 키가 작은 사람부터 차례로 일렬로 서있다. 현재 배열에서 맨 앞에 서 있는사람을 선두라고 하자. 각 팀의 선두를 비교하여 작은 사람을 뽑아내어 혼성팀 선두로 세운다. 남은 사람 중 각 팀의 선두를 비교하여 혼성팀 선두 다음에 세운다. 이 과정을 반복하면 전체를 크기 순으로 세울 수 있다.

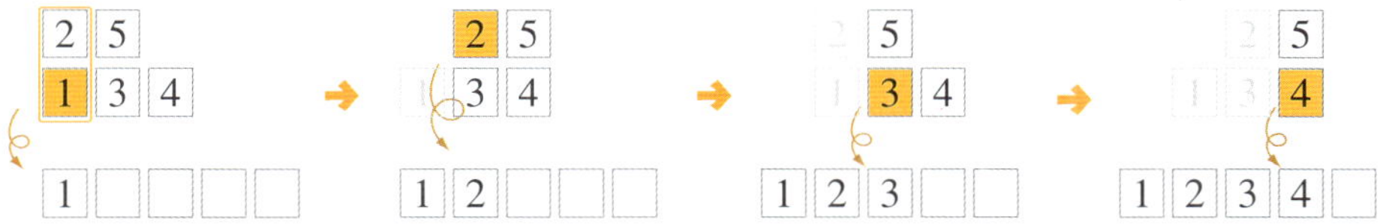

정렬된 두 팀을 정렬된 한 팀으로 병합하기 위한 이 알고리즘의 수행에 필요한 '비교'의 회수는, 최악의 경우, (전체 사람 수) – 1이다.

다음은 $2^3=8$ 개의 수 8, 3, 4, 2, 7, 5, 6, 1을 여러 개의 병합을 통하여 정렬 시키는 과정이다.

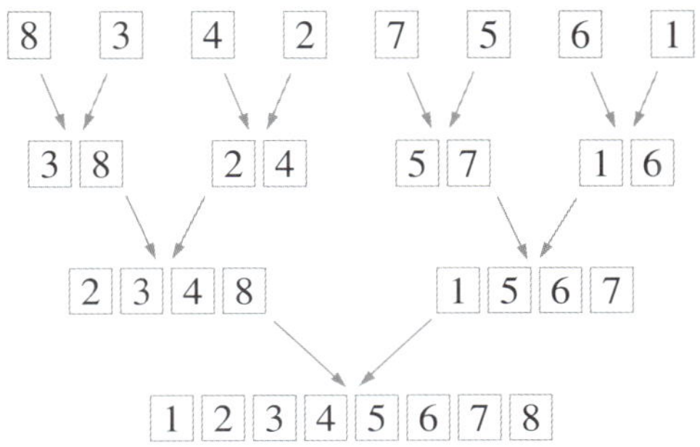

이와 같은 정렬 알고리즘을 **병합정렬**이라고 한다.

◀ 併合整列 merge sort

$n = 2^k$일 때, 병합 알고리즘의 수행에 필요한 비교의 회수를 $f(n)$이라고 하면

$$f(2^k) = (k-1)2^k + 1 \quad \cdots\cdots ①$$

이다. k에 관한 귀납법으로 ①을 증명한다.

$k = 0$일 때, $f(1) = 0$이므로 ①이 성립한다.

한 k에 대하여 ①이 성립한다고 가정한다. 2 개의 길이 2^k인 열을 병합하여 하나의 길이 2^{k+1}인 열을 얻으므로

$$f(2^{k+1}) = 2f(2^k) + (2^{k+1} - 1)$$

이다. 그러므로

$$\begin{aligned} f(2^{k+1}) &= 2[(k-1)2^k + 1] + (2^{k+1} - 1) \\ &= (k-1)2^{k+1} + 2 + (2^{k+1} - 1) \\ &= [(k+1) - 1]2^{k+1} + 1 \end{aligned}$$

이고, 따라서 ①이 증명되었다. ①은

$$f(n) = n(\log_2 n - 1) + 1 \quad \cdots\cdots ②$$

과 같이 표현될 수 있다.

n이 충분히 클 때,

$$\frac{n(n-1)}{2} \approx \frac{n^2}{2}, \quad n(\log_2 n - 1) + 1 \approx n \log_2 n$$

이고, 또

$$\lim_{n\to\infty} \frac{n^2/2}{n \log_2 n} = \infty$$

이므로 병합정렬이 삽입정렬보다 효율적이라고 말할 수 있다.

n 개의 실수 $a_1, a_2, \cdots, a_n$의 정렬 알고리즘으로 삽입정렬, 병합정렬 이외도 잘 알려진 몇 가지가 있다. 이를 소개한다.

■ 선택정렬

1. $\min\{a_1, a_2, \cdots, a_n\} = x_1$을 찾아 맨 앞에 쓴다.
2. $\min(\{a_1, a_2, \cdots, a_n\} - \{x_1\}) = x_2$를 찾아 x_1 다음에 쓴다.
3. 위와 같은 과정을 반복한다.

◀ 選擇整列 selection sort

■ 빠른정렬

1. $a_1, a_2, \cdots, a_n$ 중 a_1 이하인 수는 a_1의 왼쪽에, a_1보다 큰 수는 a_1 의 오른쪽에 배치하여 $(\mathbf{v}_1, a_1, \mathbf{v}_2)$와 같이 정렬한다.
2. $\mathbf{v}_1, \mathbf{v}_2$ 각각에 위의 조작을 시행한다.
3. 위와 같은 과정을 반복한다.

◀ quick sort

■ 버블정렬

각 단계에서 머리 위에 왼쪽 방향의 화살표를 단 하나의 수를 모빌이라고 한다.

1. a_n을 모빌로하여 $\mathbf{v}_1 = (a_1, a_2, \cdots, a_{n-1}, \overleftarrow{a_n})$에서 시작한다. 모빌은 그 앞의 수가 자신보다 크면 뛰어 넘고, 자신 이하이면 화살표를 앞 수에게 건네준다. 위의 과정을 반복하면
$$(x_1, x_2, \cdots, x_{n-1}, x_n), \quad x_1 = \min\{a_1, a_2, \cdots, a_n\}$$
되게 정렬할 수 있다.
2. $\mathbf{v}_2 = (x_2, \cdots, x_{n-1}, \overleftarrow{x_n})$로써 다시 위의 과정을 시행한다.
3. 위와 같은 과정을 반복한다.

◀ bubble sort
버블(물방울)은 가벼운 것이 위로 뜬다. 여기서 가벼운 것은 작은 수이고 위로 뜨는 것은 왼쪽으로 가는 것이다.

4-1 EXERCISES 연습문제

1 [하노이 탑] 크기가 서로 다른 n개의 원판이 오른쪽 그림과 같이 크기 순서대로 막대기에 끼워져 있다. 나머지 두 개의 막대기를 이용하여 이 n개의 원판을 다른 하나의 막대기로 옮기려고 한다. 단, 한 번에 한 개의 원판을 한 막대기에서 다른 막대기로 옮길 수 있고 어떤 경우도 어떤 원판 위에 그보다 큰 원판을 놓아서는 안된다. 이 n개의 원판을 옮기는데 필요한 최소 이동 회수 $f(n)$의 점화식을 구하고 $f(n)$을 n에 관한식으로 나타내어라.

2 다음 문제의 해결을 위한 알고리즘을 작성하라.

(1) 주어진 정수 $x_1, x_2, \cdots, x_n$이 모두 다르면 1을, 같은 것이 있으면 0을 출력한다.

(4) 9개의 동전 가운데 다른 것들보다 가볍거나 무거운 한 개의 위조동전이 있다고 하자. 양팔저울로 최대한 3회까지 달아서 위조동전을 찾는다.

3 2차 정사각행렬의 곱

$$\begin{bmatrix} a & b \\ c & d \end{bmatrix}\begin{bmatrix} p & q \\ r & s \end{bmatrix} = \begin{bmatrix} ap+br & aq+bs \\ cp+dr & cq+ds \end{bmatrix}$$

은 8회의 곱과 4회의 합으로써 계산될 수 있다. 이 곱은 7회의 곱으로 계산될 수 있음을 보여라.

4 삽입정렬, 병합정렬, 선택정렬, 빠른정렬, 버블정렬 중 비교의 회수가 가장 작은 것을 찾아라.

5 (5, 3, 2, 1, 4)를 삽입정렬, 병합정렬, 선택정렬, 빠른정렬, 버블정렬을 이용하여 작은 수부터 차례로 나열하는 과정을 기술하라.

6 $f(n) = \frac{1}{\sqrt{5}}\left(\frac{1+\sqrt{5}}{2}\right)^{n+1} - \frac{1}{\sqrt{5}}\left(\frac{1-\sqrt{5}}{2}\right)^{n+1}$에 대하여

$$f(0) = f(1) = 1, \quad f(n) = f(n-1) + f(n-2), \ (n \ge 2)$$

이 성립함을 증명하라.

4-2 점화식

다음 초기값과 점화식으로 정의되는 수열

$$a_0, a_1, a_2, \cdots$$

의 일반항을 n에 관한 식으로 나타내어라.

(1) $a_0 = a_1 = 1,\ a_n = 3a_{n-1} - 2a_{n-2},\ (n \geq 2)$

(2) $a_0 = a_1 = 1,\ a_n = a_{n-1} + a_{n-2},\ (n \geq 2)$

점화식

수열 $\mathbf{a} = (a_0, a_1, a_2, \cdots)$은 $f(n) = a_n,\ (n = 0, 1, 2, \cdots)$, 으로 정의되는 함수 f이다. f가 재귀함수로 정의될 때, f의 점화식은 특정한 번호 이후의 각 항 a_n과 하나 또는 수개의 그 앞 항과의 관계를 규정하는 방정식이다. 이 때, 수열 $\mathbf{a}$는 (또는 간단히 a_n은) 그 점화식을 만족한다고 한다.

보기 (1) 공차가 d인 등차수열 $\mathbf{a} = (a_0, a_1, a_2, \cdots)$는 점화식

$$a_n = a_{n-1} + d,\ (n \geq 1)$$

을 만족한다.

(2) 공비가 r인 등비수열 $\mathbf{b} = (b_0, b_1, b_2, \cdots)$는 점화식

$$b_n = rb_{n-1},\ (n \geq 1)$$

을 만족한다.

점화식

$$a_n = a_{n-1} + a_{n-2},\ (n \geq 2)$$

을 만족하는 수열은 여러 개 있을 수 있다. 그러나 $a_0 = a_1 = 1$이면 수열 $\mathbf{a} = (a_0, a_1, a_2, \cdots)$는 하나로 결정된다. $a_0 = a_1 = 1$과 같이 그 다음 항의 값을 결정하기 위하여 필요한 첫 몇 개 항의 값을 **초기값**이라고 한다.

◀ 初期値 initial value

개수를 헤아리는 여러 가지 이산수학의 문제에서 구하는 값은 점화식으로 주어지는 경우가 많다.

예제 4.2.1

2 개의 시그널 x, y를 전송하는데 소요되는 시간은 각각 1 단위 시간, 2 단위 시간이라고 하자. 임의의 x, y의 열을 코드워드라고 한다. 전송 소요시간이 n 단위 시간인 코드워드의 개수를 a_n이라고 할 때, $\mathbf{a} = (a_0, a_1, a_2, \cdots)$의 점화식을 구하고, 또, 일반항을 구하는데 필요한 초기값을 구하라.

풀이 전송 소요 시간이 n단위 시간인 코드워드는 x로 시작되는 것 a_{n-1}개, y로 시작되는 것 a_{n-2}개가 있으므로

$$a_n = a_{n-1} + a_{n-2}$$

소요 시간이 1단위 시간인 코드워드는 x이므로 $a_1 = 1$.

소요 시간이 2단위 시간인 코드워드는 xx, y이므로 $a_2 = 2$. ■

예제 4.2.2

교란수 D_n은 다음 점화식을 만족함을 증명하여라.

(1) $D_n = (n-1)(D_{n-1} + D_{n-2}),\ (n \geq 3)$

(2) $D_n = nD_{n-1} + (-1)^n,\ (n \geq 2)$

풀이 (1) 교란 순열을 만들기 위하여 $2 \leq r \leq n$인 어떤 r과 1의 위치를 서로 바꾼다.

- 1이 r의 위치에 계속 머무를 경우 : 1, r을 제외한 나머지 $n-2$개의

수의 위치를 교란시키는 방법 D_{n-2}가지.

- 1이 r의 위치에 있지 않을 경우 : 현재 위치

$$2, 3, \cdots, r-1, 1, r+1, \cdots, n$$

에서 이들 $n-1$개의 모든 수의 위치를 교란시키는 방법 D_{n-1}가지.
r을 택하는 방법이 $n-1$가지이므로 점화식 (1)이 성립한다.

(2) $E_n = D_n - nD_{n-1}$, $(n \geq 2)$, 로 두면, $n \geq 3$일 때,

$$\begin{aligned} E_n &= D_n - nD_{n-1} = (n-1)D_{n-1} + (n-1)D_{n-2} - nD_{n-1} \\ &= -D_{n-1} + (n-1)D_{n-2} = -E_{n-1} \end{aligned}$$

$E_2 = D_2 - 2D_1 = 1 - 0 = 1$이므로

$$E_n = -E_{n-1} = (-1)^2 E_{n-2} = \cdots = (-1)^{n-2} E_2 = (-1)^n$$

이다. 따라서

$$D_n = nD_{n-1} + E_n = nD_{n-1} + (-1)^n \quad ■$$

선형동차 점화식

$$(*) \qquad a_n = c_1 a_{n-1} + c_2 a_{n-2} + \cdots + c_r a_{n-r} + f(n), \ (n \geq r)$$

(단, $c_1, c_2, \cdots, c_r$은 상수, $c_r \neq 0$, $f(n)$은 n에 관한 식)

꼴의 점화식을 **r계 선형점화식**이라고 한다. 이를테면 공차 d인 등차수열의 점화식

◀ r階 線形漸化式
linear recurrenc relation of order r

$$a_n = a_{n-1} + d$$

와 피보나치 수열의 점화식

$$f_n = f_{n-1} + f_{n-2}$$

는 선형점화식이다. 그러나 예제 4.2.2의 점화식은 선형점화식이 아니다.

특히 $f(n) = 0$인 선형점화식 (*)를 **선형동차점화식**이라고 한다. 이를테면 $f_n = f_{n-1} + f_{n-2}$는 선형동차점화식이지만 $a_n = a_{n-1} - d$는 선형동차 점화식이 아니다.

◀ 線形同次漸化式
linear homogeneous recurrenc relation

다음 점화식을 살펴 보자.

❶ $a_0 = 2, a_1 = 5, a_n = 3a_{n-1} - 2a_{n-2}\ (n \geq 2)$
❷ $a_0 = 1, a_1 = 1, a_n = 5a_{n-1} - 6a_{n-2}\ (n \geq 2)$

점화식 ❶은 $a_n - a_{n-1} = 2(a_{n-1} - a_{n-2})$와 같이 나타낼 수 있고 $a_{n+1} - a_n = b_n$으로 두면 수열 $(b_0, b_1, b_2, \cdots)$은 초항이 3이고 공비가 2인 등비수열이므로 $a_n = 3 \times 2^n - 1$임을 쉽게 알 수 있다. 그러나 ❷로 정의되는 수열의 일반항은 이 방법으로는 쉽게 계산될 것 같지 않다.

지금부터 r계 선형동차점화식

(**) $\quad a_n = c_1 a_{n-1} + c_2 a_{n-2} + \cdots + c_r a_{n-r}, \quad (c_r \neq 0)$

의 풀이법에 대하여 생각해보자. 이 점화식에 대하여 방정식

$$x^r - c_1 x^{r-1} - c_2 x^{r-2} - \cdots - c_{r-1} x - c_r = 0$$

을 (**)의 **특성방정식**이라 하고 특성방정식의 근을 (**)의 **특성근**이라고 한다. $c_r \neq 0$이므로 특성근은 0이 아니다. 이를테면 ❶의 점화식의 특성방정식은 $x^2 - 3x + 2 = 0$이고 특성근은 1, 2이다.

◀ 特性方程式 characteristic equation
特性根 characteristic root

일반적으로 선형동차점화식으로 정의되는 수열의 일반항은 특성근의 식으로 표현된다. 이에 대하여 알아보자.

보조정리 4.2.3

$\lambda \neq 0$일 때, $a_n = \lambda^n$이 점화식 (**)를 만족할 필요충분조건은 λ가 특성근일 것이다.

증명 $a_n = \lambda^n$이 점화식 (**)를 만족할 필요충분조건은

$$\lambda^n - c_1 \lambda^{n-1} - \cdots - c_r \lambda^{n-r} = 0 \quad \cdots\cdots ①$$

이다.

$$\begin{aligned} ① &\Leftrightarrow \lambda^{n-r}(\lambda^r - c_1 \lambda^{r-1} - \cdots - c_{r-1}\lambda - c_r) = 0 \\ &\Leftrightarrow \lambda^r - c_1 \lambda^{r-1} - \cdots - c_{r-1}\lambda - c_r = 0 \\ &\Leftrightarrow \lambda\text{는 특성근} \quad ▌ \end{aligned}$$

보조정리 4.2.4

n에 관한 식 $\phi_1(n), \cdots, \phi_p(n)$이 각각 (**)를 만족하면 이들의 임의의 일차결합도 (**)를 만족한다.

증명 상수 $\alpha_1, \cdots, \alpha_p$에 대하여 $F(n) = \sum_{i=1}^{p} \alpha_i \phi_i(n)$이라 할 때,

$$F(n) = c_1 F(n-1) + \cdots + c_r F(n-r), \quad (n \geq r)$$

이 성립함을 보이면 된다. r개의 등식

$$c_1 F(n-1) = c_1 \alpha_1 \phi_1(n-1) + \cdots + c_1 \alpha_p \phi_p(n-1)$$
$$c_2 F(n-2) = c_2 \alpha_1 \phi_1(n-2) + \cdots + c_2 \alpha_p \phi_p(n-2)$$
$$\vdots$$
$$c_r F(n-r) = c_r \alpha_1 \phi_1(n-r) + \cdots + c_r \alpha_p \phi_p(n-r)$$

을 변끼리 더하면

$$\sum_{i=1}^{r} c_i F(n-i) = \alpha_1 \sum_{i=1}^{r} c_i \phi_1(n-i) + \cdots + \alpha_p \sum_{i=1}^{r} c_i \phi_p(n-i)$$
$$= \alpha_1 \phi_1(n) + \cdots + \alpha_p \phi_p(n) = F(n). \quad \blacksquare$$

보조정리 4.2.3, 4.2.4로부터 다음이 성립함을 알 수 있다.

따름정리 4.2.5

$\lambda_1, \cdots, \lambda_p$가 점화식 (**)의 특성근이면 $\lambda_1^n, \lambda_2^n, \cdots, \lambda_p^n$의 임의의 일차결합은 (**)를 만족한다.

점화식

$$a_0 = 2, \ a_1 = 5, \ a_n = 3a_{n-1} - 2a_{n-2}, \ (n \geq 2)$$

의 일반항을 구하여 보자. 주어진 점화식의 특성근은 1, 2이다.

$$\xi_n = \alpha 1^n + \beta 2^n, \ (\alpha, \beta\text{는 상수})$$

로 두면 따름정리 4.2.5에 의하여

$$\xi_n = 3\xi_{n-1} - 2\xi_{n-2}, \ (n \geq 2).$$

$\xi_0 = a_0 = 2,\ \xi_1 = a_1 = 5$라고 하면

$$\alpha 1^0 + \beta 2^0 = 2,\ \ \alpha 1^1 + \beta 2^1 = 5$$

이어야 하고 따라서 $\alpha = -1, \beta = 3$이다. 그러므로

$$\xi_n = -1 \cdot 1^n + 3 \cdot 2^n,\ \ (n = 0, 1, 2, \cdots)$$

이다. 이제, $\xi_0 = a_0,\ \xi_1 = a_1$이므로

$$\xi_2 = 3\xi_1 - 2\xi_0 = 3a_1 - 2a_0 = a_2$$
$$\xi_3 = 3\xi_2 - 2\xi_1 = 3a_2 - 2a_1 = a_3$$
$$\cdots$$

가 성립하고 따라서 $a_n = \xi_n, (n = 0, 1, 2, \cdots)$, 즉,

$$a_n = -1 \cdot 1^n + 3 \cdot 2^n,\ \ (n = 0, 1, 2, \cdots)$$

을 얻는다. 이와 같이 $\xi_n = \alpha 1^n + \beta 2^n$으로 두었을 때, 초기값

$$\xi_0 = a_0 = 2,\ \ \xi_1 = a_1 = 5$$

를 만족하는 α, β의 값만 정할 수 있으면 a_n을 1^n과 2^n의 일차결합으로 나타낼 수 있음을 알 수 있다. 실제로 이것은 각 **특성근이 중근이 아닐 때**에는 항상 가능하다.

정리 4.2.6

r계 선형동차점화식 (**)가 r개의 서로 다른 특성근 $\lambda_1, \lambda_2, \cdots, \lambda_r$를 가질 때, (**)를 만족하는 수열의 일반항은

$$a_n = \alpha_1 \lambda_1^n + \cdots + \alpha_r \lambda_r^n,\ \ (\alpha_1, \alpha_2, \cdots, \alpha_r\text{은 상수})$$

꼴로 나타낼 수 있다.

증명 먼저, 임의로 주어진 초기값 $a_0, a_1, \cdots, a_{r-1}$에 대하여,

$$a_n = \alpha_1 \lambda_1^n + \cdots + \alpha_r \lambda_r^n, (n = 0, 1, 2, \cdots, r-1) \quad \cdots\cdots ①$$

을 만족하는 상수 $\alpha_1, \alpha_2, \cdots, \alpha_r$을 결정할 수 있음을 보인다.

$$A = \begin{bmatrix} 1 & 1 & \cdots & 1 \\ \lambda_1 & \lambda_2 & \cdots & \lambda_r \\ \lambda_1^2 & \lambda_2^2 & \cdots & \lambda_r^2 \\ \vdots & \vdots & & \vdots \\ \lambda_1^{r-1} & \lambda_2^{r-1} & \cdots & \lambda_r^{r-1} \end{bmatrix},\ \ \mathbf{x} = \begin{bmatrix} \alpha_1 \\ \alpha_2 \\ \alpha_3 \\ \vdots \\ \alpha_r \end{bmatrix},\ \ \mathbf{v} = \begin{bmatrix} a_0 \\ a_1 \\ a_2 \\ \vdots \\ a_{r-1} \end{bmatrix}$$

구해야 할 벡터 　　 주어진 벡터

로 두면 ①은 $A\mathbf{x} = \mathbf{v}$와 같이 표현될 수 있다. 임의로 주어진 초기값 벡터 $\mathbf{v}$에 대하여 $A\mathbf{x} = \mathbf{v}$를 만족하는 $\mathbf{x}$가 존재한다는 것은 A가 가역행렬이라는 사실과 동치이다. A가 가역임을 증명하기 위하여 A의 행들이 일차독립임을 보인다.

◀ 정리 1.1.2

실수 $b_0, b_1, \cdots, b_{r-1}$에 대하여

$$\begin{aligned} & b_0(\ 1\ ,\ 1\ ,\cdots,\ 1\ ) \\ +\ & b_1(\ \lambda_1\ ,\ \lambda_2\ ,\cdots,\ \lambda_r\ ) \\ \vdots\ & \\ +\ & b_{r-1}(\lambda_1^{r-1}, \lambda_2^{r-1}, \cdots, \lambda_r^{r-1}) \\ =\ & (\ 0\ ,\ 0\ ,\cdots,\ 0\ ) \end{aligned}$$

이라고 하면

$$\sum_{k=0}^{r-1} b_k \lambda_1^k = 0,\quad \sum_{k=0}^{r-1} b_k \lambda_2^k = 0,\quad \cdots,\quad \sum_{k=0}^{r-1} b_k \lambda_r^k = 0$$

이다.

$$g(x) = b_0 + b_1 x + \cdots + b_{r-1} x^{r-1}$$

으로 두면 위의 r개의 등식은

$$g(\lambda_1) = g(\lambda_2) = \cdots = g(\lambda_r) = 0$$

이라는 뜻이다. $g(x)$는 $r-1$차 이하의 다항식으로서 r개의 서로 다른 근 $\lambda_1, \lambda_2, \cdots, \lambda_r$을 가지므로 $g(x)$는 항등적으로 0, 즉

$$b_0 = b_1 = \cdots = b_r = 0$$

이 된다. 따라서 A의 행들은 일차독립이다.

이제, 주어진 초기값 $a_0, a_1, \cdots, a_{r-1}$에 대하여, ①을 만족하는 상수 $\alpha_1, \alpha_2, \cdots, \alpha_r$이 결정되었다고 하자.

$$\xi_n = \alpha_1 \lambda_1^n + \cdots + \alpha_r \lambda_r^n$$

으로 두면

$$(a_0, a_1, \cdots, a_{r-1}) = (\xi_0, \xi_1, \cdots, \xi_{r-1})$$

이다. 따름정리 4.2.5에 의하여 수열 $(\xi_0, \xi_1, \xi_2, \cdots)$도 점화식 (**)를 만족하므로

$$a_n = \xi_n,\ (n = r, r+1, \cdots)$$

이다. 그러므로

$$a_n = \alpha_1 \lambda_1^n + \cdots + \alpha_r \lambda_r^n,\ (n = 0, 1, 2, \cdots)$$

이다. ∎

예제 4.2.7

$$a_0 = a_1 = 1,\ a_n = 5a_{n-1} - 6a_{n-2}\ (n \ge 2)$$

로 정의되는 수열 $(a_0, a_1, a_2, \cdots)$의 일반항을 구하라.

풀이 주어진 점화식의 특성방정식이 $x^2 - 5x + 6 = 0$이므로 특성근은 2, 3이다.

$$a_n = \alpha 2^n + \beta 3^n$$

으로 두면 초기값으로부터 $\alpha + \beta = 1,\ 2\alpha + 3\beta = 1$을 만족하는 $\alpha = 2$, $\beta = -1$을 얻는다. 그러므로

$$a_n = 2^{n+1} - 3^n,\ (n \ge 0).$$ ■

예제 4.2.8

세 종류의 스티커 (1 × 1), (1 × 2), (1 × 2), 로써 $1 \times n$보드를 덮는 방법 수 a_n을 n에 관한 식으로 나타내어라.

풀이 명백히 $a_1 = 1$이다.

1×2보드를 덮는 방법은 오른쪽 그림과 같이 3 가지이므로 $a_2 = 3$.

$n \ge 3$일 때, $1 \times n$ 보드를 덮는 방법은 다음 두 가지 경우로 나뉜다.

- 왼쪽 끝을 로 덮는 경우 : 이와 같이 전체 $1 \times n$ 보드를 덮는 방법 수는 남은 $1 \times (n-1)$ 보드를 덮는 방법 수와 같으므로 a_{n-1}.

- 왼쪽 끝을 또는 로 덮는 경우 : 각 경우 남은 $1 \times (n-2)$ 보드를 덮는 방법이 a_{n-2}가지이므로 이와 같이 전체 $1 \times n$ 보드를 덮는 방법 수는 $2a_{n-2}$.

$$\therefore\ a_n = a_{n-1} + 2a_{n-2}.$$

이 점화식의 특성방정식 $x^2 - x - 2 = 0$의 근은 -1, 2이다.

$$a_n = \alpha(-1)^n + \beta 2^n,\ (\alpha, \beta\text{는 상수})$$

로 두면 초기값 $a_1 = 1, a_2 = 3$으로부터

$$-\alpha + 2\beta = 1,\ \alpha + 4\beta = 3$$

이고 여기에서 $\alpha = \frac{1}{3},\ \beta = \frac{2}{3}$를 얻는다. 그러므로

$$a_n = \tfrac{1}{3}(-1)^n + \tfrac{2}{3}2^n,\ (n \ge 1).$$ ■

예제 4.2.9

피보나치수열의 일반항을 구하라.

풀이 피보나치수열 $(f_0, f_1, f_2, \cdots)$은

$$(f_0, f_1) = (1, 1),\ \ f_n = f_{n-1} + f_{n-2},\ \ (n \ge 2)$$

을 만족한다. 이 점화식의 특성방정식 $x^2 - x - 1 = 0$의 근은 $\frac{1 \pm \sqrt{5}}{2}$이다.

$$f_n = \alpha\left(\frac{1+\sqrt{5}}{2}\right)^n + \beta\left(\frac{1-\sqrt{5}}{2}\right)^n$$

으로 두면 초기값으로부터

$$\alpha + \beta = 1$$

$$\alpha\left(\frac{1+\sqrt{5}}{2}\right) + \beta\left(\frac{1-\sqrt{5}}{2}\right) = 1$$

이다. 여기에서

$$\alpha = \frac{1+\sqrt{5}}{2\sqrt{5}},\quad \beta = -\frac{1-\sqrt{5}}{2\sqrt{5}}$$

이므로

$$f_n = \frac{1}{\sqrt{5}}\left(\frac{1+\sqrt{5}}{2}\right)^{n+1} - \frac{1}{\sqrt{5}}\left(\frac{1-\sqrt{5}}{2}\right)^{n+1},\ \ (n \ge 0).$$ ■

◀ 비네(Binet)의 공식

특성근이 중근일 경우에는 위와 같은 방법을 적용할 수 없다. 예를들어

$$a_n = 6a_{n-1} - 9a_{n-2},\ (n \ge 2)$$

의 특성방정식 $x^2 - 6x + 9 = 0$은 $x = 3$을 중근으로 가진다. 앞서 한 방법과 같이 $a_n = \alpha 3^n + \beta 3^n$으로 두면,

$$a_0 = \alpha + \beta,\ a_1 = 3\alpha + 3\beta = 3a_0$$

이다. 초기값이 $a_1 = 3a_0$이 아닐 경우 그러한 α, β를 잡을 수 없다.

임의의 $n \ge 2$에 대하여 $x = 3$은

$$x^n - 6x^{n-1} + 9x^{n-2} = 0$$

의 중근이므로

$$(x^n - 6x^{n-1} + 9x^{n-2})\,|_{x=3} = 0$$

미분한다

$$(nx^{n-1} - 6(n-1)x^{n-2} + 9(n-2)x^{n-3})\,|_{x=3} = 0$$

x를 곱한다

$$\therefore\ (nx^n - 6(n-1)x^{n-1} + 9(n-2)x^{n-2})\,|_{x=3} = 0$$

◀ $f(x)\,|_{x=3} = f(3)$

즉,

$$n3^n - 6(n-1)3^{n-1} + 9(n-2)3^{n-2} = 0$$

이것을 a_n이라 하면, 이것은 a_{n-1}이고 이것은 a_{n-2}이다.

마지막 등식은 $a_n = n3^n$이 주어진 점화식을 만족한다는 뜻이다.

$a_n = \alpha 3^n + \beta n 3^n$으로 두면,

$$\alpha = a_0,\quad 3\alpha + 3\beta = a_1$$

이 되어 초기값이 어떻게 주어지더라도 α, β를 잡을 수 있다.

중근인 특성근이 있는 일반적인 경우도 이 아이디어를 사용하여 일반항을 구할 수 있다. 이에 대하여 알아 보자.

먼저 다항식 $f(x)$에 대하여 $f^{(k)}(x)$, $f^{[k]}(x)$, $(k = 0, 1, 2, \cdots)$를 다음과 같이 정의한다.

$$f^{(0)} = f,\quad f^{(k+1)} = \frac{d}{dx} f^{(k)}$$

$$f^{[0]} = f,\quad f^{[k+1]} = x\frac{d}{dx} f^{[k]}$$

보조정리 4.2.10

$f(x)$가 다항식일 때, 각 $n = 0, 1, 2, \cdots$에 대하여 $f^{(k)}(x), f^{[k]}(x)$ 사이에 다음 관계가 성립한다.

$$\begin{bmatrix} 1 & 0 & 0 & \cdots & 0 \\ * & x & 0 & \cdots & 0 \\ * & * & x^2 & \cdots & 0 \\ \vdots & \vdots & \vdots & & \vdots \\ * & * & * & \cdots & x^n \end{bmatrix} \begin{bmatrix} f^{(0)}(x) \\ f^{(1)}(x) \\ f^{(2)}(x) \\ \vdots \\ f^{(n)}(x) \end{bmatrix} = \begin{bmatrix} f^{[0]}(x) \\ f^{[1]}(x) \\ f^{[2]}(x) \\ \vdots \\ f^{[n]}(x) \end{bmatrix}$$

여기서 각 $*$는 x의 다항식을 나타낸다.

증명 음이 아닌 정수 n에 대하여

(i) $f^{[n]} = (f^{(0)}, f^{(1)}, \cdots, f^{(n-1)}$의 다항식배의 합$) + x^n f^{(n)}$

임을 보이면 충분하다.

$f^{[0]} = f = f^{(0)}$이므로 $n = 0$일때 (i)이 성립한다.

$n \geq 0$에 대하여 (i)이 성립한다고 가정하면

$$\begin{aligned} \frac{d}{dx} f^{[n]} &= (f^{(0)}, f^{(1)}, \cdots, f^{(n)}\text{의 다항식배의 합}) \\ &\quad + nx^{n-1} f^{(n)} + x^n f^{(n+1)} \\ &= (f^{(0)}, f^{(1)}, \cdots, f^{(n)}\text{의 다항식배의 합}) + x^n f^{(n+1)} \end{aligned}$$

이므로

$$\begin{aligned} f^{[n+1]} &= x \frac{d}{dx} f^{[n]} \\ &= (f^{(0)}, f^{(1)}, \cdots, f^{(n)}\text{의 다항식배의 합}) + x^{n+1} f^{(n+1)} \end{aligned}$$

이다. 그러므로 모든 n에 대하여 (i)이 성립한다. ▌

따름정리 4.2.11

$\lambda \neq 0$일 때,

$$f^{(0)}(\lambda) = f^{(1)}(\lambda) = \cdots = f^{(p-1)}(\lambda) = 0$$

일 필요충분조건은

$$f^{[0]}(\lambda) = f^{[1]}(\lambda) = \cdots = f^{[p-1]}(\lambda) = 0$$

이다.

증명 보조정리 4.2.10의 행렬을 $A(x)$라고 하면, $\lambda \neq 0$일 때,
$\det A(\lambda) = \lambda \lambda^2 \cdots \lambda^n \neq 0$이므로 $A(\lambda)$는 가역행렬이다. ▌

◀ 정리 1.1.2 참조

따름정리 4.2.12

$x = \lambda$가 점화식 (**)의 특성방정식의 p 중근일 때,

$$\lambda^n,\ n\lambda^n,\ n^2\lambda^n, \ldots,\ n^{p-1}\lambda^n$$

의 각각은 점화식 (**)를 만족한다.

증명
$$f(x) = x^n - c_1 x^{n-1} - \cdots - c_r x^{n-r}$$
로 두면 $x = \lambda$는 $f(x) = 0$의 p 중근이므로
$$f^{(0)}(\lambda) = f^{(1)}(\lambda) = \cdots = f^{(p-1)}(\lambda) = 0$$
이다. 따라서 따름정리 4.2.11에 의하여
$$f(\lambda) = f^{[1]}(\lambda) = \cdots = f^{[p-1]}(\lambda) = 0$$
이다. $f(x)$로 시작하여 x에 관하여 미분한 다음 x를 곱하는 연산을 반복하면 각 $s = 0, 1, \cdots, p-1$에 대하여 등식
$$f^{[s]}(x) = n^s x^n - c_1(n-1)^s x^{n-1} - \cdots - c_r(n-r)^s x^{n-r}$$
이 성립함을 알 수 있고, 따라서 고정된 s에 대하여
$$n^s\lambda^n - c_1(n-1)^s\lambda^{n-1} - \cdots - c_r(n-r)^s\lambda^{n-r} = 0$$
이 성립한다. $\xi_n = n^s\lambda^n$으로 두면 위의 등식은
$$\xi_n - c_1\xi_{n-1} - \cdots - c_r\xi_{n-r} = 0$$
과 같고, 따라서 $\xi_n = n^s\lambda^n$은 점화식 (**)를 만족한다 ▮

점화식
$$a_n = c_1 a_{n-1} + c_2 a_{n-2} + c_3 a_{n-3} + c_4 a_{n-4} + c_5 a_{n-5} \quad \cdots\cdots ①$$
의 특성방정식이
$$(x-\lambda)^3(x-\mu)^2 = 0, \text{(단, } \lambda \neq \mu),$$
라고 하자. 따름 정리 4.2.12에 의하여
$$\lambda^n, \quad n\lambda^n, \quad n^2\lambda^n, \quad \mu^n, \quad n\mu^n$$
의 각각이 점화식 ①을 만족하므로 이들의 임의의 일차결합도 ①을 만족한다. 이제
$$\xi_n = \alpha_1\lambda^n + \alpha_2 n\lambda^n + \alpha_3 n^2\lambda^n + \beta_1\mu^n + \beta_2 n\mu^n$$
으로 두고 주어진 임의의 초기값 a_0, a_1, a_2, a_3, a_4에 대하여
$$\xi_n = a_n, \ (n = 0, 1, 2, 3, 4) \quad \cdots\cdots ②$$
을 만족하는 상수 $\alpha_1, \alpha_2, \alpha_3, \beta_1, \beta_2$를 결정할 수 있음을 보인다.

$$A = \begin{bmatrix} 1 & 0 & 0 & 1 & 0 \\ \lambda & \lambda & \lambda & \mu & \mu \\ \lambda^2 & 2\lambda^2 & 4\lambda^2 & \mu^2 & 2\mu^2 \\ \lambda^3 & 3\lambda^3 & 9\lambda^3 & \mu^3 & 3\mu^3 \\ \lambda^4 & 4\lambda^4 & 16\lambda^4 & \mu^4 & 4\mu^4 \end{bmatrix}, \quad \mathbf{x} = \begin{bmatrix} \alpha_1 \\ \alpha_2 \\ \alpha_3 \\ \beta_1 \\ \beta_2 \end{bmatrix}, \quad \mathbf{v} = \begin{bmatrix} a_0 \\ a_1 \\ a_2 \\ a_3 \\ a_4 \end{bmatrix}$$

라 할 때, ②는

$$A\mathbf{x} = \mathbf{v}$$

로 나타낼 수 있다. 먼저 A의 행들이 일차독립이다. 왜냐하면, 그렇지 않을 경우

$$\begin{aligned} & b_0(\,1,\quad 0,\quad 0,\quad 1,\quad 0\,) \\ +\, & b_1(\,\lambda,\quad \lambda,\quad \lambda,\quad \mu,\quad \mu\,) \\ +\, & b_2(\,\lambda^2,\ 2\lambda^2,\ 4\lambda^2,\ \mu^2,\ 2\mu^2) \\ +\, & b_3(\,\lambda^3,\ 3\lambda^3,\ 9\lambda^3,\ \mu^3,\ 3\mu^3) \\ +\, & b_4(\,\lambda^4,\ 4\lambda^4,\ 16\lambda^4,\ \mu^4,\ 4\mu^4) \\ =\, & \ (\,0,\quad 0,\quad 0,\quad 0,\quad 0\,) \end{aligned}$$

을 만족하는 실수벡터 $(b_0, b_1, b_2, b_3, b_4) \neq (0, 0, 0, 0, 0)$이 존재한다. 이 때,

$$\begin{aligned} b_0 + b_1\lambda + b_2\ \lambda^2 + b_3\ \lambda^3 + b_4\ \lambda^4 &= 0, \\ b_1\lambda + b_2\, 2\lambda^2 + b_3\, 3\lambda^3 + b_4\ 4\lambda^4 &= 0, \\ b_1\lambda + b_2\, 4\lambda^2 + b_3\, 9\lambda^3 + b_4\, 16\lambda^4 &= 0, \\ b_0 + b_1\mu + b_2\ \mu^2 + b_3\ \mu^3 + b_4\ \mu^4 &= 0, \\ b_1\mu + b_2\, 2\mu^2 + b_3\, 3\mu^3 + b_4\ 4\mu^4 &= 0 \end{aligned}$$

이다. 이제,

$$g(x) = b_0 + b_1x + b_2x^2 + b_3x^3 + b_4x^4$$

으로 두면 위의 5개의 등식은 각각

$$g(\lambda) = 0,\quad g^{[1]}(\lambda) = 0,\quad g^{[2]}(\lambda) = 0,\quad g(\mu) = 0,\quad g^{[1]}(\mu) = 0$$

과 같고, 따라서, 따름정리 4.2.11에 의하여

$$g(\lambda) = g^{(1)}(\lambda) = g^{(2)}(\lambda) = 0,\quad g(\mu) = g^{(1)}(\mu) = 0$$

이 성립한다. 그러므로

$$(x-\lambda)^3 \mid g(x),\quad (x-\mu)^2 \mid g(x)$$

이다. 따라서 $g(x)$의 차수는 5이상이어야 한다. 그런데 $g(x)$의 차수는 4 이하이므로 이는 모순이다. 그러므로 A의 행들은 일차독립이고 따라서 A는 가역이다. A가 가역이므로 임의로 주어진 $\mathbf{v}$에 대하여 $A\mathbf{x} = \mathbf{v}$를 만족하는 $\mathbf{x}$가 유일하게 결정된다.

이와 같이 생각하면 일반적으로 다음 정리가 성립함을 알 수 있다.

정리 4.2.13

서로 다른 수 $\lambda_1, \lambda_2, \cdots, \lambda_q$에 대하여 점화식 (**)의 특성방정식이

$$(x-\lambda_1)^{p_1}(x-\lambda_2)^{p_2}\cdots(x-\lambda_q)^{p_q}=0$$

이라고 할 때, 점화식 (**)으로 주어지는 수열의 일반항은

$$\begin{matrix} \lambda_1^n, & n\lambda_1^n, & n^2\lambda_1^n, & \cdots, & n^{p_1-1}\lambda_1^n, \\ \lambda_2^n, & n\lambda_2^n, & n^2\lambda_2^n, & \cdots, & n^{p_2-1}\lambda_2^n, \\ & & \cdots & & \\ \lambda_q^n, & n\lambda_q^n, & n^2\lambda_q^n, & \cdots, & n^{p_q-1}\lambda_q^n \end{matrix}$$

의 일차결합으로 표현될 수 있다.

예제 4.2.14

다음과 같이 정의되는 수열의 일반항을 구하라.

(1) $(a_0, a_1)=(1, 6), \quad a_n=6a_{n-1}-9a_{n-2}, (n\geq 2)$

(2) $(a_0, a_1, a_2, a_3)=(2, -2, 8, -12),$

$a_n=-2a_{n-1}+2a_{n-3}+a_{n-4}, (n\geq 4)$

풀이 (1) 특성방정식은 $x^2-6x+9=(x-3)^2=0$이다.

$$a_n=\alpha 3^n+\beta n3^n$$

으로 두면 초기값으로부터

$$\alpha=1, \quad 3\alpha+3\beta=6$$

이고 여기에서 $\alpha=1, \beta=1$을 얻는다. 그러므로

$$a_n=3^n+n3^n=(n+1)3^n, (n\geq 0).$$

(2) 특성방정식은 $x^4+2x^3-2x-1=(x+1)^3(x-1)=0$이다.

$$a_n=\alpha(-1)^n+\beta n(-1)^n+\gamma n^2(-1)^n+\delta 1^n$$

으로 두면 초기값으로부터 $\alpha=\beta=\gamma=\delta=1$을 얻는다. 그러므로

$$a_n=(1+n+n^2)(-1)^n+1, \quad (n\geq 0).$$ ■

일반 선형점화식

이제 $f(n) \neq 0$인 선형점화식

(*) $\quad a_n = c_1 a_{n-1} + c_2 a_{n-2} + \cdots + c_r a_{n-r} + f(n), \ (n \geq r)$

의 풀이법에 대하여 알아 보자.

점화식 (*)의 선형동차점화식 부분

$$a_n = c_1 a_{n-1} + c_2 a_{n-2} + \cdots + c_r a_{n-r}$$

을 (*)의 **부속동차점화식**이라고 한다.

(*)의 한 특수해를 $p(n)$이라고 하면

$p(n) = c_1 p(n-1) + c_2 p(n-2) + \cdots + c_r p(n-r) + f(n), \ (n \geq r).$

부속동차점화식의 일반해를 $g(n)$이라 하고,

$$g(n) + p(n) = F(n)$$

으로 두면

$$\begin{aligned} &\sum_{i=1}^{r} c_i F(n-i) + f(n) \\ &= \sum_{i=1}^{r} c_i [g(n-i) + p(n-i)] + f(n) \\ &= \sum_{i=1}^{r} c_i g(n-i) + \sum_{i=0}^{r} c_i p(n-i) + f(n) \\ &= g(n) + p(n) = F(n) \end{aligned}$$

이므로 $F(n)$은 (*)의 일반해이다.

그러므로 일반 선형점화식 (*)의 일반해는 다음과 같이 구할 수 있다.

❶ 부속동차점화식의 일반해 $g(n)$을 구한다.

❷ 비동차점화식의 특수해 $p(n)$을 구한다.

❸ $g(n), p(n)$을 결합하여 일반해를 구한다.

보기 점화식 $a_n = 2a_{n-1} + 3^{n-1}$을 살펴 보자.
직관에 의하여 $p(n) = 3^n$은 점화식을 만족하므로 한 특수해이다.
부속동차점화식 $a_n = 2a_{n-1}$의 일반해는 $g(n) = \alpha 2^n$이다.
따라서 이 점화식의 일반해는 $F(n) = \alpha 2^n + \beta 3^n$이다.

◀ $2p(n-1) + 3^{n-1}$
$= 2 \cdot 3^{n-1} + 3^{n-1} = 3^n$
$= p(n)$

문제는 특수해 $p(n)$을 구하는 일이다. 특수해는 다음과 같이 시도하면 통하는 수가 있다.

(i) $f(n)$이 n에 관한 d차 다항식일 때,

- 1이 부속 동차점화식의 특성근이 아니면

  $p(n) = (n$에 관한 d차 다항식$)$

- 1이 부속 동차점화식의 중복도 p인 특성근이면

  $p(n) = n^p \times (n$에 관한 d차 다항식$)$

(ii) $f(n) = kc^n$, (k는 상수), 일 때,

- c가 부속 동차점화식의 특성근이 아니면

  $p(n) = \beta c^n$, (β는 상수)

- c가 부속 동차점화식의 중복도 p인 특성근이면

  $p(n) = \beta n^p c^n$, (β는 상수)

예제 4.2.15

다음과 같이 정의되는 수열의 일반항을 구하라.

(1) $a_0 = 2,\ a_n = 3a_{n-1} - 4n,\ (n \geq 1)$

(2) $a_0 = 2,\ a_n = 3a_{n-1} + 3^n,\ (n \geq 2)$

풀이 (1) 부속동차점화식 $a_n = 3a_{n-1}$의 일반해는

$$g(n) = \alpha 3^n.$$

$f(n) = 4n$이고 1이 특성근이 아니므로 특수해로 n에 관한 일차다항식

$$p(n) = \beta n + \gamma$$

를 잡는다. $p(n)$이 점화식을 만족해야 하므로

$$\beta n + \gamma = 3(\beta(n-1) + \gamma) - 4n = (3\beta - 4)n + 3\gamma - 3\beta.$$

따라서

$$\beta = 3\beta - 4,\ \ \gamma = 3\gamma - 3\beta,\ \ \text{즉},\ \ \beta = 2,\ \ \gamma = 3.$$

그러므로 $p(n) = 2n + 3$이다. 이제 $g(n)$과 $p(n)$을 결합하여

$$a_n = \alpha 3^n + 2n + 3,\ (n \geq 0)$$

으로 두고 초기값 $a_0 = 2$를 이용하면 $2 = \alpha + 3$, 즉, $\alpha = -1$. 따라서

$$a_n = -3^n + 2n + 3,\ \ (n \geq 0).$$

(2) 부속동차점화식 $a_n = 3a_{n-1}$의 일반해는 $g(n) = \alpha 3^n$이다.
$f(n) = 3^n$이고 3이 중복도 1인 특성근이므로 특수해로

$$p(n) = \beta n 3^n$$

을 잡는다. $p(n)$이 점화식을 만족해야 하므로

$$\beta n 3^n = 3\beta(n-1)3^{n-1} + 3^n. \quad \therefore \beta n = \beta(n-1) + 1. \quad \therefore \beta = 1.$$

그러므로 $p(n) = n3^n$이다. 이제 $g(n)$과 $p(n)$을 결합하여

$$a_n = \alpha 3^n + n3^n = (\alpha + n)3^n, (n \geq 0)$$

으로 두고 초기값 $a_0 = 2$를 이용하면 $\alpha = 2$. 따라서

$$a_n = (n+2)3^n, \ (n \geq 0). \ ■$$

예제 4.2.16

점화식을 이용하여 $\sum_{k=0}^{n} k^2$을 n의 식으로 나타내어라.

풀이 $a_n = \sum_{k=0}^{n} k^2$이라 하면

$$a_0 = 0, \quad a_n = a_{n-1} + n^2, (n \geq 1)$$

이다. 부속동차점화식 $a_n = a_{n-1}$의 일반해는 $g(n) = \alpha 1^n$이다.
$f(n) = n^2$이고 1이 중복도 1인 특성근이므로 특수해로

$$p(n) = n^1(\beta + \gamma n + \delta n^2) = \beta n + \gamma n^2 + \delta n^3$$

을 잡는다. $p(n)$이 점화식을 만족해야 하므로

$$\beta n + \gamma n^2 + \delta n^3 = \beta(n-1) + \gamma(n-1)^2 + \delta(n-1)^3 + n^2$$

이 등식은 모든 자연수 n에 대하여 성립하므로 미정계수법에 의하여

$$\beta = \frac{1}{6}, \ \gamma = \frac{1}{2}, \ \delta = \frac{1}{3}$$

을 얻는다. 따라서

$$p(n) = \frac{1}{6}n + \frac{1}{2}n^2 + \frac{1}{3}n^3.$$

이제 $g(n)$과 $p(n)$을 결합하여

$$a_n = \alpha 1^n + \frac{1}{6}n + \frac{1}{2}n^2 + \frac{1}{3}n^3, (n \geq 0)$$

으로 두고 초기값 $a_0 = 0$을 이용하면 $\alpha = 0$. 따라서

$$a_n = \frac{1}{6}n + \frac{1}{2}n^2 + \frac{1}{3}n^3 = \frac{n(n+1)(2n+1)}{6}. \ ■$$

예제 4.2.17

0이 짝수 개 들어 있는 0, 1, 2, ⋯ , 9의 n-중복순열의 개수 a_n을 구하라.

풀이 0, 1, 2, ⋯ , 9의 n-중복순열 전체의 집합을 P_n이라 하면 $|P_n| = 10^n$이다.

예제의 조건을 만족하는 n-중복 순열의 집합 A_n이라 하면 $|A_n| = a_n$이고, 명백히 $a_1 = 9$이다.

A_n의 원소는 다음 두 유형으로 나뉜다.

(i) □□⋯□x, $(x \neq 0)$ 유형 :

□□⋯□은 0을 짝수개 가지며 길이가 $n-1$이므로 A_{n-1}의 원소이고, 따라서 이 유형의 중복순열의 개수는 $9a_{n-1}$.

(ii) ■■⋯■0 유형 :

■■⋯■은 0을 홀수개 가지며 길이가 $n-1$이므로 $P_{n-1} - A_{n-1}$의 원소이고, 따라서 이 유형의 중복순열의 개수는 $10^{n-1} - a_{n-1}$.

(i), (ii)로부터

$$\begin{aligned} a_n &= 9a_{n-1} + 10^{n-1} - a_{n-1} \\ &= 8a_{n-1} + 10^{n-1}, \ (n \geq 2). \end{aligned}$$

부속동차점화식 $a_n = 8a_{n-1}$의 일반해는

$$g(n) = \alpha 8^n.$$

$f(n) = 10^{n-1} = \frac{1}{10}10^n$이고, 10은 특성근이 아니므로 특수해로

$$p(n) = \beta 10^n$$

을 잡는다. $p(n)$이 점화식을 만족해야 하므로

$$\beta 10^n = 8\beta 10^{n-1} + 10^{n-1}.$$

$$\therefore \ \beta = \frac{1}{2}$$

그러므로 $p(n) = \frac{1}{2}10^n$이다.

$$a_n = g(n) + p(n) = \alpha 8^n + \frac{1}{2}10^n, \ (n \geq 0)$$

으로 두고 초기값 $a_1 = 9$를 이용하면 $\alpha = \frac{1}{2}$. 따라서

$$a_n = \frac{8^n + 10^n}{2}, \ (n \geq 1). \ \blacksquare$$

예제 4.2.18

점화식을 이용하여 인접한 자리의 숫자가 서로 다른 n자리의 짝수의 개수 a_n을 구하라.

◀ 예제 2.3.3 참고

풀이 예제 2.3.3에서

$$a_1 = 4,\ a_n = -a_{n-1} + 5 \cdot 9^{n-1},\ (n \ge 2).$$

부속동차점화식 $a_n = -a_{n-1}$의 일반해는 $g(n) = \alpha(-1)^n$.

$f(n) = 5 \cdot 9^{n-1} = \frac{5}{9}9^n$이고, 9는 특성근이 아니므로 특수해로

$$p(n) = \beta 9^n$$

을 잡는다. $p(n)$이 점화식을 만족해야 하므로

$$\beta 9^n = -\beta 9^{n-1} + 5 \cdot 9^{n-1}. \quad \therefore\ \beta = \frac{1}{2}$$

그러므로 $p(n) = \frac{1}{2}9^n$이다. $g(n)$과 $p(n)$을 결합하여

$$a_n = g(n) + p(n) = \alpha(-1)^n + \frac{1}{2}9^n,\ (n \ge 1)$$

으로 두고 초기값 $a_1 = 4$를 이용하면 $\alpha = \frac{1}{2}$. 따라서

$$a_n = \frac{9^n + (-1)^n}{2},\ (n \ge 1).$$ ■

분할-정복 점화식

실수 x_1, x_2, x_3, x_4, x_5의 최대값 $M = \max\{x_1, x_2, x_3, x_4, x_5\}$는 다음과 같이 찾을 수 있다.

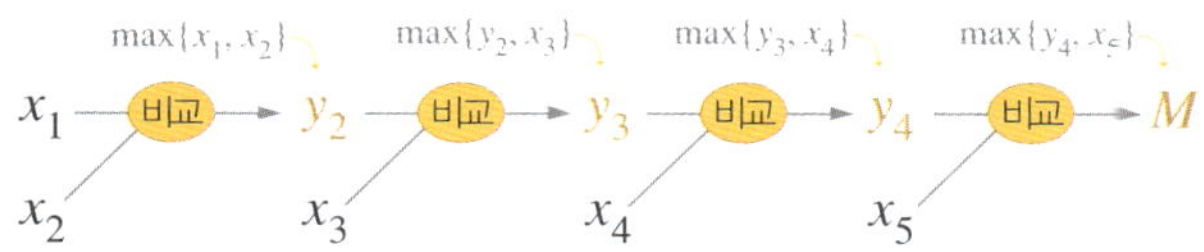

이 때 발생한 비교의 회수는 4이다. 이어서 최소값 $\min\{x_1, x_2, x_3, x_4, x_5\}$는 x_1, x_2, x_3, x_4, x_5 중 M을 제외한 4개의 수로써 3회의 비교 과정에 의하여 찾을 수 있다.

같은 방법으로 n개의 실수 $x_1, x_2, \cdots, x_n$의 최대값과 최소값은

$$(n-1) + (n-2) = 2n - 3$$

회의 비교 과정을 통하여 한꺼번에 찾을 수 있다.

$n=2m$일 때, n-집합 X를 2 개의 m-부분집합 X_1, X_2로 나누어 생각하면 max X_1, max X_2를 비교하여 max X를 찾고, min X_1, min X_2를 비교하여 min X를 찾을 수 있으므로 총

$$(2m-3)+(2m-3)+2=4m-4=2n-4$$

회의 비교 과정에 의하여 max X, min X를 한꺼번에 찾을 수 있다.

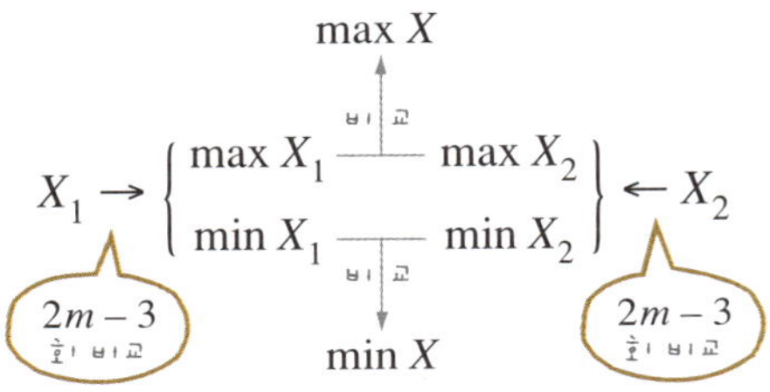

$n=2^k$일 때, n-집합 X를 2 개의 2^{k-1}-부분집합 X_1, X_2로 나누고, 이들 각각을 다시 절반씩 나누는 과정을 반복했을 때, max X, min X를 한꺼번에 찾는데 필요한 비교의 회수를 $f(n)$이라고 하면 $f(n)$은 점화식

$$f(n)=2f(\tfrac{n}{2})+2, \quad f(2)=1$$

를 만족한다. 이 점화식을 **분할-정복 점화식**이라고 한다.

◂ divide-and-conquer relation

$n=2^k$임에 유의하여 $f(2^k)=\phi(k)$로 두면 원래의 점화식은

$$\phi(k)=2\phi(k-1)+2, \quad \phi(1)=1$$

과 같이 선형점화식으로 변환된다. 이 점화식의 해는

$$\phi(k)=\tfrac{3}{2}2^k-2$$

◂ 특수해로 $p(k)=\beta$ (β는 상수)로 둔다. $p(k)$가 점화식을 만족해야 하므로 $\beta=2\beta+2$.
$\therefore \beta=-2$
$\phi(k)=\alpha 2^k+p(k)$
$=\alpha 2^k-2$
로 두고 양 변에 $k=1$을 대입하면 $1=2\alpha-2$.
$\therefore \alpha=\frac{3}{2}$

이므로

$$f(n)=\tfrac{3}{2}n-2$$

를 얻는다.

선형이 아닌 점화식을 다루는 일반적인 방법은 없다. 그러나 위와 같이 특별한 경우에는 그 점화식을 선형 점화식으로 변환하여 풀 수 있다.

4-2 EXERCISES 연습문제

1 다음 각각은 점화식 $a_n = 15a_{n-1} - 44a_{n-2}$를 만족함을 보여라.

(1) $a_n = 4^n$ (2) $a_n = 3 \cdot 11^n$

(3) $a_n = 4^n - 11^n$ (3) $a_n = 4^{n+1}$

2 다음 수열은 점화식 $a_n = 3a_{n-1} - 3a_{n-2} + a_{n-3}$을 만족함을 보여라.

(1) $(1, 1, 1, \cdots)$ (2) $(0, 1, 2, 3, \cdots)$ (3) $(0, 1, 4, 9, \cdots)$

3 1이 2개 들어 있고 마지막 항이 1인 길이 n이하의 이진수열의 개수 a_n의 점화식을 구하라.

4 다음 초기값과 점화식으로 정의되는 수열의 일반항을 구하라.

(1) $(a_0, a_1) = (1, 2)$, $a_n = 4a_{n-1} - 3a_{n-2}$

(2) $(a_0, a_1, a_2) = (1, 2, 2)$, $a_n + 2a_{n-1} - a_{n-3} = 0$

(3) $(a_0, a_1, a_2) = (1, 2, 3)$, $a_n = 6a_{n-1} - 12a_{n-2} + 8a_{n-3}$

(4) $(a_0, a_1, a_2) = (1, 2, 3)$, $a_n + a_{n-1} + a_{n-2} + a_{n-3} = 2$

(5) $(a_0, a_1) = (1, 5)$, $a_n + 3a_{n-1} + 2a_{n-2} = 2n^2$

5 다음 조건을 만족하는 수열의 일반항을 구하라.

(1) $(a_0, a_1) = (0, 1)$, $a_n^2 = a_{n-1}^2 + 2a_{n-2}^2$

(2) $(a_0, a_1) = (1, 2)$, $na_n + (n-1)a_{n-1} = 2^n$

6 각 항이 0, 1, 2 중 하나이고 항 수가 n인 수열 중 다음 조건을 단족하는 것의 개수 a_n의 점화식을 구하라.

(1) 짝수 개의 0을 가진다.

(2) 00이 나타나지 않는다.

(3) 012가 나타나지 않는다.

7 집합 $\{1, 2, \cdots, n\}$의 k-부분집합으로서 연속된 두 수를 포함하지 않는 것의 개수 $a_{n,k}$가 만족하는 점화식을 구하라.

4-2 · E · X · E · R · C · I · S · E · S · 연습문제

8 다음 두 종류의 스티커로 $2 \times n$ 체스판을 덮는 방법수 a_n의 점화식을 구하라.

(1) 2×1 또는 2×2 스티커

(2) 1×1 또는 2×2 스티커에서 1×1 코너를 잘라낸 스티커

9 오른쪽 그림과 같이 한 변의 길이가 n인 정삼각형이 한 변의 길이가 1인 정삼각형으로 분할되어 있는 도형에서 택할 수 있는 삼각형의 개수를 n에 관한 식으로 나타내어라.

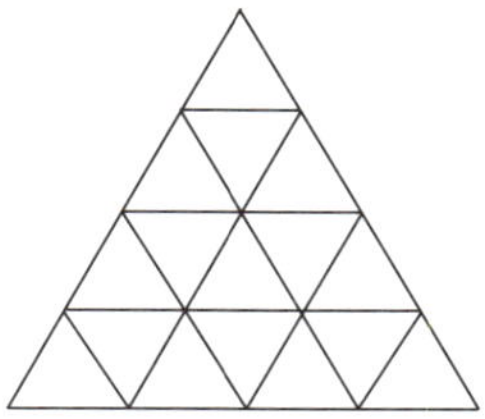

10 임의의 두 대각선은 한 점에서 만나고 세 개 이상의 대각선은 한 점에서 만나지 않는 볼록 n 각형이 있다고 하자. 이 n 각형의 내부가 대각선들에 의하여 나누어지는 영역의 개수를 n에 관한 식으로 나타내어라.

11 행렬 $A = \begin{bmatrix} 1 & 1 \\ 1 & 0 \end{bmatrix}$에 대하여 A^n의 성분의 합을 구하라.

12 a_1, a_2가 10000보다 작은 두 양의 정수라고 하고,

$$a_k = \min\{|a_i - a_j| : 1 \le i < j \le k-1\}, \ (k \ge 3),$$

라고할 때, $a_{21} = 0$임을 증명하라.

13 $(a_0, a_1) = (1, 1), \ a_{n+1} = a_n + 2a_{n-1}, \ (n = 1, 2, 3, \cdots),$

$(b_0, b_1) = (1, 7), \ b_{n+1} = 2b_n + 3b_{n-1}, (n = 1, 2, 3, \cdots)$

로 정의되는 수열 $(a_0, a_1, a_2, \cdots), (b_0, b_1, b_2, \cdots)$에 공통으로 나타나는 항은 1 밖에 없음을 증명하라.

14 $2n$명의 사람을 2명씩 n개의 그룹으로 나누는 방법수 a_n의 점화식을 구하고 a_n을 n의 식으로 나타내어라.

15 집합 $\{1, 2, \cdots, n\}$의 인접한 두 수를 포함하지 않는 부분집합의 개

4-2 · E · X · E · R · C · I · S · E · S · 연습문제

수(공집합 포함)는 f_{n+1}임을 보여라. 단, $(f_0, f_1, f_2, f_2, \cdots) = (1, 1, 2, 3, \cdots)$은 피보나치 수열.

16 $1, 2, \cdots, n$을 원형으로 배열하여 n과 1이 인접하게 되었다. 이 배열에서 인접한 두 수를 포함하지 않는 $\{1, 2, \cdots, n\}$의 부분집합의 개수(공집합 포함)를 L_n이라고 할 때 다음 물음에 답하라.

(1) $L_n = f_n + f_{n-2}$, $(n \geq 2)$, 를 증명하라. 단, $(f_0, f_1, f_2, f_2, \cdots) = (1, 1, 2, 3, \cdots)$은 피보나치 수열.

(2) L_1, L_2를 구하라.

(3) $L_n = L_{n-1} + L_{n-2}$, $(n \geq 3)$, 를 증명하라.

(4) L_n 을 n의 식으로 나타내어라.

◂ L_n을 **루카스 수**(Lucas number)라고 한다.

17 $n = 3^k$일 때, n-집합 X를 3 개의 3^{k-1}-부분집합 X_1, X_2, X_3로 나누고, 이들 각각을 다시 3개로 나누는 과정을 반복했을 때, max X, min X를 한꺼번에 찾는데 필요한 비교의 회수 $f(n)$에 관한 분할-정복 점화식을 찾고, $f(n)$을 n의 식으로 나타내어라.

18 $(a_0, b_0) = (1, 0)$, $a_n = 2a_{n-1} + b_{n-1}$, $b_n = a_{n-1} + 2b_{n-1}$ 일 때, a_n, b_n을 각각 n의 식으로 나타내어라.

4-3 생성함수

(1) $f(x)=\binom{m}{0}+\binom{m}{1}x+\binom{m}{2}x^2+\cdots+\binom{m}{m}x^m$

$g(x)=\binom{n}{0}+\binom{n}{1}x+\binom{n}{2}x^2+\cdots+\binom{n}{n}x^n$

이라고 할 때, $f(x)g(x)$에서 x^k의 계수를 구하라.

(2) $(1+x)^{m+n}$의 전개식에서 x^k의 계수를 구하라.

(3) $\binom{m+n}{k}=\sum_{i+j=k}\binom{m}{i}\binom{n}{j}$임을 설명하라.

생성함수

수열 $\mathbf{a}=(a_0, a_1, a_2, \cdots)$에 대하여 형식적인 멱급수

$$g(x)=a_0+a_1x+a_2x^2+\cdots$$

를 $\mathbf{a}$의 **생성함수**라고 한다.

◀ 生成函數 generating function

보기 (1) 수열 $(1, 1, 1, \cdots)$의 생성함수는

$$g(x)=1+x+x^2+\cdots \underset{\star}{=} \frac{1}{1-x}$$

◀ ★는 $|x|<1$일 때 성립

(2) 수열 $(\binom{n}{0}, \binom{n}{1}, \binom{n}{2}, \cdots)$의 생성함수는

$$g(x)=\binom{n}{0}+\binom{n}{1}x+\binom{n}{2}x^2+\cdots=(1+x)^n$$

(3) 수열 $({}_nH_0, {}_nH_1, {}_nH_2, \cdots)$의 생성함수는

$$g(x)={}_nH_0+{}_nH_1x+{}_nH_2x^2+\cdots \underset{\star}{=} \frac{1}{(1-x)^n}$$

◀ 중복조합의 개수

◀ 뉴턴의 이항정리
★는 $|x|<1$일 때 성립

일반적으로 무한회 연속 미분가능한 함수 $f(x)$의 $x = 0$ 근방에서의 매크로린 급수가

$$f(x) = \sum_{k=0}^{n} \frac{f^{(k)}(0)}{k!}x^k = f(0) + \frac{f'(0)}{1!}x + \frac{f''(0)}{2!}x^2 + \cdots$$

이므로 $f(x)$는 수열 $\left(f(0), \frac{f'(0)}{1!}, \frac{f''(0)}{2!}, \cdots\right)$의 생성함수이다. 이를테면

$$e^x = 1 + \frac{1}{1!}x + \frac{1}{2!}x^2 + \frac{1}{3!}x^3 + \cdots$$

이므로 e^x은 수열 $\left(1, \frac{1}{1!}, \frac{1}{2!}, \frac{1}{3!}, \cdots\right)$의 생성함수이다.

앞의 보기의 생성함수는 모두 x의 어떤 구간에서 x의 식으로 표현된다. 그러나 수열 $(0!, 1!, 2!, \cdots)$의 생성함수

$$g(x) = 1 + 1!\,x + 2!\,x^2 + \cdots$$

는 $x = 0$이외의 값에 대해서는 수렴하지 않으므로 x의 식으로 표현될 수 없다. 생성함수는 형식적인 합이므로 수렴하든 안하든 상관없이 자유롭게 덧셈, 곱셈, 상수배, 항별 미분, 항별적분 등을 한다.

보기 수열 $(1, -1, 1, -1, \cdots)$의 생성함수는

$$\frac{1}{1+x} = 1 - x + x^2 - x^3 + x^4 + \cdots \quad \cdots\cdots\cdots\cdots ①$$

이다. ①을 항별미분하여 양 변에 -1을 곱하면

$$\frac{1}{(1+x)^2} = 1 - 2x + 3x^2 - 4x^3 + \cdots \quad \cdots\cdots\cdots\cdots ②$$

와 같이 $(1, -2, 3, -4, \cdots)$의 생성함수를 얻는다.

①을 항별적분하면

$$\log(1+x) = x - \frac{1}{2}x + \frac{1}{3}x^2 - \frac{1}{4}x^4 - \cdots$$

와 같이 $\left(0, 1, -\frac{1}{2}, \frac{1}{3}, -\frac{1}{4}, \cdots\right)$의 생성함수를 얻는다.

②는 ①을 두 번 곱하여 다음과 같이 계산할 수도 있다.

$$\begin{aligned}\frac{1}{(1+x)^2} &= (1 - x + x^2 - x^3 + \cdots)(1 - x + x^2 - x^3 + \cdots)\\ &= 1 - 2x + 3x^2 - 4x^3 + \cdots\end{aligned}$$

조합과 생성함수

음이 아닌 각 정수 n에 대하여
$a_n =$ (X, Y, Z 3 종의 대상 중 중복을 허락하여 n개를 택하는 방법 수)
라고 하고, 다음 곱을 관찰하여 보자.

$$(1+x+x^2+x^3+\cdots)(1+y+y^2+y^3+\cdots)(1+z+z^2+z^3+\cdots)$$
$$=1+\sum_{p+q+r=1} x^p y^q z^r + \sum_{p+q+r=2} x^p y^q z^r + \sum_{p+q+r=3} x^p y^q z^r + \cdots$$

$\sum_{p+q+r=n} x^p y^q z^r$에 더해지는 단항식의 개수는 $p+q+r=n$의 음이 아닌 정수해의 개수$(=a_n)$과 같다. 따라서 위의 전개식에서 y, z를 모두 x로 바꾸어 넣으면

$$(1+x+x^2+x^3+\cdots)^3 = a_0 + a_1x + a_2x^2 + a_3x^3 + \cdots$$

을 얻는다. 그러므로 $(1+x+x^2+\cdots)^3$은 수열 $(a_0, a_1, a_2, \cdots)$의 생성함수이다. 그런데

$$(1+x+x^2+\cdots)^3 = \frac{1}{(1-x)^3} = {}_3H_0 + {}_3H_1x + {}_3H_2x^2 + \cdots$$

이므로 $a_n = {}_3H_n$, $(n=0, 1, 2, \cdots)$이다.

◂ 지금까지 알고 있던 중복조합의 개수와 일치한다.

2 종의 대상 X, Y 중 중복을 허락하여, X를 p개 Y를 q개 택한 것을 $x^p y^q$로 나타내면 X가 2개 이하 Y가 1개 이상 뽑히도록 n 개를 택한 것 전체의 개수 b_n은 단항식

$$x^p y^q,\ (p+q=n,\ p \le 2,\ q \ge 1)$$

전체의 개수이다. 이들 단항식은

$$(1+x+x^2)(y+y^2+y^3+\cdots)$$

의 전개식에서 차수가 n인 단항식 전체이므로 b_n은

$$(1+x+x^2)(x+x^2+x^3+\cdots)$$

의 전개식에서 x^n의 계수이다. 따라서 이 곱은 수열 $(b_0, b_1, b_2, \cdots)$의 생성함수이다.

$$(1+x+x^2)(x+x^2+x^3+\cdots)$$
$$= x\sum_{n=0}^{\infty} x^n + x^2\sum_{n=0}^{\infty} x^n + x^3\sum_{n=0}^{\infty} x^n$$

$$= \sum_{n=1}^{\infty} x^n + \sum_{n=2}^{\infty} x^n + \sum_{n=3}^{\infty} x^n$$
$$= x + 2x^2 + \sum_{n=3}^{\infty} 3x^n$$

이다. 그러므로

$$(b_0, b_1, b_2, b_3, b_4, \cdots) = (0, 1, 2, 3, 3, \cdots)$$

이다.

예제 4.3.1

X, Y, Z 세 종류의 대상 중 중복을 허락하여 각각 1개, 2개, 3개 이상 뽑히도록, n개를 택하는 방법 수를 a_n이라 할 때, 수열 $\langle a_n \rangle$의 생성함수를 구하고 a_{100}의 값을 구하라.

풀이 수열 $\langle a_n \rangle$의 생성함수는

$$g(x) = (x + x^2 + \cdots)(x^2 + x^3 + \cdots)(x^3 + x^4 + \cdots)$$
$$= x^6(1 + x + x^2 + \cdots)^3 = x^6 \frac{1}{(1-x)^3}$$

이다.

$$x^6 \frac{1}{(1-x)^3} = x^6 \sum_{k=0}^{\infty} {}_3H_k x^k = \sum_{k=0}^{\infty} {}_3H_k x^{k+6}$$
$$= \sum_{n=6}^{\infty} {}_3H_{n-6} x^n$$

이므로

$$a_{100} = {}_3H_{100-6} = {}_3H_{94} = \binom{96}{94} = 4560 \quad \blacksquare$$

예제 4.3.2

7개의 통에 각각 같은 종류의 장난감이 들어있다. 이들 통으로부터 중복을 허락하여 뽑되, 각 통에서 2개 이상 6개 이하가 뽑히도록 25개를 택하는 방법수를 구하라.

풀이 주어진 조건을 만족하도록 n개를 선택하는 방법수를 a_n이라 할 때, 수열 $\langle a_n \rangle$의 생성함수는

$$g(x) = (x^2 + x^3 + x^4 + x^5 + x^6)^7 = x^{14}(1 + x + x^2 + x^3 + x^4)^7$$

이다. $g(x)$의 전개식에서 x^{25}의 계수 a_{25}는

$$h(x) = (1 + x + x^2 + x^3 + x^4)^7$$

의 전개식 에서 x^{11}의 계수와 같다.

$$h(x) = \left(\frac{1 - x^5}{1 - x}\right)^7 = \frac{(1 - x^5)^7}{(1 - x)^7}$$

이고, 또

$$(1 - x^5)^7 = 1 - \binom{7}{1}x^5 + \binom{7}{2}x^{10} - \binom{7}{3}x^{15} + \cdots$$

$$\frac{1}{(1 - x)^7} = 1 + {}_7H_1 x + {}_7H_2 x^2 + {}_7H_3 x^3 + \cdots$$

이므로 $h(x)$에서 x^{11}의 계수는

$$1 \cdot {}_7H_{11} + \left[-\binom{7}{1} \cdot {}_7H_6 + \binom{7}{2} \cdot {}_7H_1\right] = 6055$$ ■

예제 4.3.3

고정된 p에 대하여 $x_1 + x_2 + \cdots + x_p = n$, (각 x_i는 홀수), 의 양의 정수해의 개수를 a_n이라 할 때, 다음 물음에 답하라.

(1) 수열 $\langle a_n \rangle$의 생성함수를 구하라.

(2) $p = 3$일 때, a_n을 n의 식으로 나타내어라.

풀이 (1) 수열 $\langle a_n \rangle$의 생성함수는

$$g(x) = (x + x^3 + x^5 + \cdots)^p = \left(\frac{x}{1 - x^2}\right)^p$$

(2) $p = 3$일 때 :

$$g(x) = \left(\frac{x}{1 - x^2}\right)^3 = x^3 \sum_{k=0}^{\infty} {}_3H_k x^{2k} = \sum_{k=0}^{\infty} {}_3H_k x^{2k+3}$$

$$= {}_3H_0 x^3 + {}_3H_1 x^5 + {}_3H_2 x^7 + {}_3H_3 x^9 + \cdots.$$

$2k + 3 = n$이라고 하면 n은 홀수이고

$$k = \frac{n - 3}{2}, \quad {}_3H_k = {}_3H_{(n-3)/2} = \binom{(n+1)/2}{2}.$$

$$\therefore \quad a_n = \begin{cases} 0, & (n\text{이 } 1\text{또는 짝수일 때}), \\ \binom{(n+1)/2}{2}, & (n \geq 3\text{이 홀수일 때}). \end{cases}$$ ■

• 분할수 $p(n)$의 생성함수

자연수 n, r에 대하여 n을 r이하의 자연수의 합으로 나타내는 방법수 $q_r(n)$은

$$s_1 + 2s_2 + \cdots + rs_r = n$$

의 음이 아닌 정수해 $(s_1, s_1, \cdots, s_r)$의 개수와 같다.

◀ 정리 3.3.13

$$g(x) = (1 + x + x^2 + \cdots)(1 + x^2 + x^4 + \cdots) \cdots (1 + x^r + x^{2r} + \cdots)$$

로 두면,

$$\begin{aligned} g(x) &= \sum_{s_1, s_2, \cdots, s_r = 0}^{\infty} x^{s_1 + 2s_2 + \cdots + rs_r} \\ &= \sum_{n=0}^{\infty} \left(\sum_{s_1 + 2s_2 + \cdots + rs_r = n} x^{s_1 + 2s_2 + \cdots + rs_r} \right) \\ &= \sum_{n=0}^{\infty} \left(\sum_{s_1 + 2s_2 + \cdots + rs_r = n} x^n \right) = \sum_{n=0}^{\infty} q_r(n) x^n. \end{aligned}$$

따라서 $g(x)$는 수열 $\langle q_r(n) \rangle_{n=0}^{\infty}$ 의 생성함수이다.

$$1 + x^k + x^{2k} + \cdots = \frac{1}{1 - x^k}, \ (k = 1, 2, \cdots)$$

이므로

> 고정된 자연수 r에 대하여, $\langle q_r(n) \rangle_{n=0}^{\infty}$ 의 생성함수는
>
> $$\frac{1}{(1-x)(1-x^2) \cdots (1-x^r)}$$

◀ $\langle p_r(n) \rangle_{n=0}^{\infty}$ 의 생성함수이기도 하다.

또

$$q_n(n) = q_{n+1}(n) = \cdots = p(n)$$

◀ $p(n)$은 n을 수 개의 자연수의 합으로 나타내는 방법수

이므로

> $\langle p(n) \rangle$의 생성함수는
>
> $$\frac{1}{(1-x)(1-x^2) \cdots}$$

◀ 오일러의 공식

예제 4.3.4

n을 3개 이하의 자연수의 합으로 나타내는 방법수 $p_3(n)$을 n의 식으로 나타내어라.

> $p_3(n)$은 $x+2y+3z=n$의 음이 아닌 정수해의 개수

풀이 (1) $\langle p_3(n)\rangle$의 생성함수는

$$g(x)=\frac{1}{(1-x)(1-x^2)(1-x^3)}=\frac{1}{(1-x)^3(1+x)(1+x+x^2)}$$

이다. $\omega=\frac{1}{2}(-1+\sqrt{3}\,i)$, (단 i는 허수단위), 라 하면

> ω, ω^2은 $1+x+x^2=0$의 서로 다른 다른 두 근

$$g(x)=\frac{1}{(1-x)^3(1+x)(1-\omega x)(1-\omega^2 x)}$$
$$=\frac{A}{1-x}+\frac{B}{(1-x)^2}+\frac{C}{(1-x)^3}+\frac{D}{1+x}+\frac{E}{1-\omega x}+\frac{F}{1-\omega^2 x}$$

를 만족하는 상수 A, B, C, D, E, F는

$$A=\frac{17}{72},\ B=\frac{1}{4},\ C=\frac{1}{6},\ D=\frac{1}{8},\ E=\frac{1}{9},\ F=\frac{1}{9}$$

이다. 따라서

$$g(x)=\sum_{n=0}^{\infty}\left(\frac{17}{72}+\frac{1}{4}{}_2H_n+\frac{1}{6}{}_3H_n+\frac{1}{8}(-1)^n+\frac{1}{9}\omega^n+\frac{1}{9}\omega^{2n}\right)x^n$$
$$=\sum_{n=0}^{\infty}\left(\frac{17}{72}+\frac{n+1}{4}+\frac{(n+1)(n+2)}{12}+\frac{1}{8}(-1)^n+\frac{1}{9}\delta_n\right)x^n,$$

단, $\delta_n=\begin{cases}2, & (n\text{이 }3\text{의 배수일 때}),\\ -1, & (n\text{이 }3\text{의 배수가 아닐 때}).\end{cases}$

그러므로

$$p_3(n)=\frac{17}{72}+\frac{n+1}{4}+\frac{(n+1)(n+2)}{12}+\frac{1}{8}(-1)^n+\frac{1}{9}\delta_n \quad ■$$

예제 4.3.5

임의의 자연수는 서로 다른 2의 거듭제곱의 합으로 유일하게 표현될 수 있다는 사실을 생성함수를 이용하여 증명하라.

> 임의의 자연수는 유일한 이진법의 전개식을 가진다는 뜻

풀이 자연수 n을 서로 다른 2의 거듭제곱의 합으로 나타낼 수 있는 방법수를 a_n이라고 할 때, 수열 $\langle a_n\rangle$의 생성함수는

$$g(x)=(1+x)(1+x^2)(1+x^4)(1+x^8)\cdots$$

이다.

$$(1-x)g(x) = b_0 + b_1x + b_2x^2 + b_3x^3 + \cdots = 1$$

임을 보인다. $g(0) = (1+0)(1+0^2)(1+0^4)(1+0^8)\cdots = 1$이므로 $b_0 = (1-0)g(0) = 1$이다.

임의로 주어진 하나의 k에 대하여 $2^m > k$되는 m을 잡으면

$$\begin{aligned}(1-x)g(x) &= (1-x)(1+x)(1+x^2)(1+x^4)(1+x^8)\cdots \\ &= (1-x^2)(1+x^2)(1+x^4)(1+x^8)\cdots \\ &= (1-x^4)(1+x^4)(1+x^8)\cdots \\ &\vdots \\ &= (1-x^{2^m})(1+x^{2^m})(1+x^{2^{m+1}})(1+x^{2^{m+2}})\cdots\end{aligned}$$

마지막 식에서 x^k항이 나타나지 않으므로 $b_k = 0$이다. 따라서 $(1-x)g(x) = 1$, 즉,

$$g(x) = \frac{1}{1-x} = 1 + x + x^2 + x^3 + \cdots$$

이다. 그러므로 모든 n에 대하여 $a_n = 1$이다. ∎

◀ $a_n = 1$이란 것은 n을 꼭 한 가지 방법으로 서로 다른 2의 거듭제곱의 합으로 나타낼 수 있다는 뜻이다.

점화식에의 응용

생성함수를 이용하여 점화식을 풀 수 있다. 특히 일반 선형점화식의 풀이에 유용하다.

예제 4.3.6

점화식을 이용하여 피보나치 수열 $\langle f_n \rangle_{n=0}^{\infty}$의 일반항을 구하라.

풀이 $g(x) = \sum_{n=0}^{\infty} f_n x^n$이라 하자.

각 $n \ge 2$에 대하여, $f_n - f_{n-1} - f_{n-2} = 0$이므로,

$$\begin{aligned}g(x) &= f_0 + f_1x + f_2x^2 + f_3x^3 + f_4x^4 + \cdots \\ -xg(x) &= \quad -f_0x - f_1x^2 - f_2x^3 - f_3x^4 - \cdots \\ -x^2g(x) &= \quad\quad -f_0x^2 - f_1x^3 - f_2x^4 - \cdots\end{aligned}$$

이다. 세 등식을 변끼리 더하면,

$$(1-x-x^2)g(x) = f_0 + (f_1 - f_0)x = 1$$

을 얻는다. $\alpha = \frac{1+\sqrt{5}}{2}$, $\beta = \frac{1-\sqrt{5}}{2}$로 두면

$$\begin{aligned} g(x) &= \frac{1}{1-x-x^2} = \frac{1}{\alpha-\beta}\left(\frac{\alpha}{1-\alpha x} - \frac{\beta}{1-\beta x}\right) \\ &= \frac{1}{\sqrt{5}}\alpha \sum_{n=0}^{\infty} \alpha^n x^n - \beta \sum_{n=0}^{\infty} \beta^n x^n \\ &= \frac{1}{\sqrt{5}} \sum_{n=0}^{\infty} (\alpha^{n+1} - \beta^{n+1})x^n \end{aligned}$$

$$\therefore\ f_n = \frac{1}{\sqrt{5}}\left[\left(\frac{1+\sqrt{5}}{2}\right)^{n+1} - \left(\frac{1-\sqrt{5}}{2}\right)^{n+1}\right],\ (n \geq 0)$$ ■

예제 4.3.7

$a_0 = 1$, $a_n = 8a_{n-1} + 10^{n-1}$, $(n \geq 1)$, 으로 정의되는 수열 $\langle a_n \rangle$의 일반항을 구하라.

풀이 수열 $\langle a_n \rangle$의 생성함수를 $g(x) = \sum_{n=0}^{\infty} a_n x^n$이라 하면,

$$\begin{aligned} g(x) - a_0 &= \sum_{n=1}^{\infty} (8a_{n-1} + 10^{n-1})x^n \\ &= 8\sum_{n=1}^{\infty} a_{n-1}x^n + \sum_{n=1}^{\infty} 10^{n-1}x^n \\ &= 8x\sum_{n=1}^{\infty} a_{n-1}x^{n-1} + x\sum_{n=1}^{\infty} 10^{n-1}x^{n-1} \\ &= 8x\sum_{n=0}^{\infty} a_n x^n + x\sum_{n=0}^{\infty} 10^n x^n \\ &= 8xg(x) + \frac{x}{1-10x}. \end{aligned}$$

이 등식을 $g(x)$에 관하여 풀면

$$g(x) = \frac{1-9x}{(1-8x)(1-10x)}$$

이고, 따라서

$$\begin{aligned} g(x) &= \frac{1/2}{1-8x} + \frac{1/2}{1-10x} \\ &= \frac{1}{2}\left(\sum_{n=0}^{\infty} 8^n x^n + \sum_{n=0}^{\infty} 10^n x^n\right) \\ &= \sum_{n=0}^{\infty} \frac{1}{2}(8^n + 10^n)x^n \end{aligned}$$

$$\therefore\ a_n = \frac{1}{2}(8^n + 10^n),\ (n \geq 0)$$ ■

● 카탈란 수 C_n의 생성함수

예제 4.3.8

볼록 $n+1$ 각형을 서로 만나지 않는 대각선을 그어 삼각형으로 나누는 방법 수를 구하라.

풀이 구하는 수를 a_n, $(n \geq 2)$, 이라 하자.

그림과 같이 꼭지점에 순서대로 $0, 1, 2, \cdots, n$의 번호를 매기면, 임의의 분할은 $\Delta 0kn$, $(k = 1, 2, \cdots, n-1)$, 중 하나를 가지고 있다.

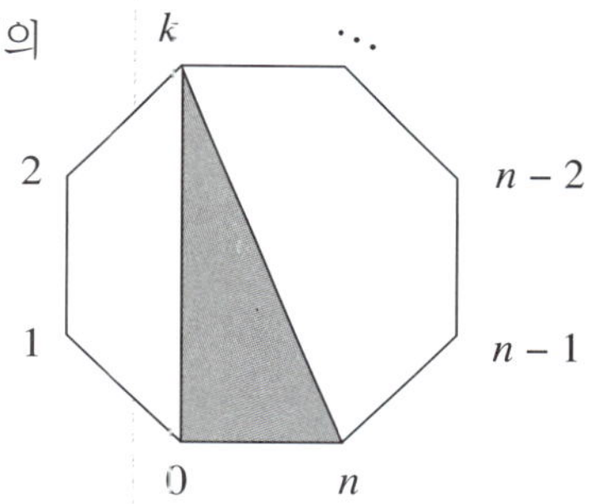

각 $k = 1, 2, \cdots, n-1$에 대하여, $\Delta 0kn$을 가지고 있는 분할의 수를 d_k라고 하면

$$d_1 = a_{n-1}, \quad d_{n-1} = a_{n-1},$$
$$d_k = a_k a_{n-k}, \ (k = 2, 3, \cdots, n-2)$$

이다. 그러므로,

$$a_n = a_{n-1} + \sum_{k=2}^{n-2} a_k a_{n-k} + a_{n-1}.$$

$a_1 = 1$로 별도로 정의하면

$$a_n = \sum_{k=1}^{n-1} a_k a_{n-k}.$$

수열 $\langle a_n \rangle$의 생성함수를 $g(x) = a_1 x + a_2 x^2 + a_3 x^3 + \cdots$이라 하면,

$$\begin{aligned} g(x)^2 &= a_1^2 x^2 + (a_1 a_2 + a_2 a_1)x^3 + (a_1 a_3 + a_2 a_2 + a_3 a_1)x^4 \\ &\quad + \cdots + (a_1 a_{n-1} + a_2 a_{n-2} + \cdots + a_{n-1} a_1)x^n + \cdots \\ &= a_2 x^2 + a_3 x^3 + \cdots + a_n x^n + \cdots \\ &= g(x) - x. \end{aligned}$$

따라서

$$g(x)^2 - g(x) + x = 0.$$

이 방정식을 g(x)에 관하여 풀면 $g(x) = \frac{1}{2}[1 \pm (1-4x)^{1/2}]$인데, $g(0) = 0$이므로

$$g(x) = \frac{1}{2}[1 - (1-4x)^{1/2}].$$

$$\begin{aligned} (1-4x)^{1/2} &= 1 + \sum_{n=1}^{\infty} \binom{1/2}{n} (-1)^n 4^n x^n \\ &= 1 + \sum_{n=1}^{\infty} \frac{(-1)^{n-1}}{n 2^{2n-1}} \binom{2n-2}{n-1} (-1)^n 4^n x^n \\ &= 1 - \sum_{n=1}^{\infty} \frac{2}{n} \binom{2n-2}{n-1} x^n \end{aligned}$$

이므로

$$g(x) = \sum_{n=1}^{\infty} \frac{1}{n}\binom{2n-2}{n-1}x^n$$

$$\therefore\ a_n = \frac{1}{n}\binom{2n-2}{n-1},\ (n \ge 2)\ ■$$

예제 4.3.8에서 $a_1 = 1$이라고 별도로 정의하면, $C_n = \frac{1}{n+1}\binom{2n}{n} = a_{n+1}$, $(n \ge 0)$, 이므로

$$\frac{1}{x}g(x) = \sum_{n=1}^{\infty} a_n x^{n-1} = \sum_{n=0}^{\infty} C_n x^n$$

이다. 그러므로

> 카탈란 수열 $\langle C_n \rangle_{n=0}^{\infty}$ 의 생성함수는
> $$\frac{1}{2x}[1-(1-4x)^{1/2}]$$

- **스털링 수의 생성함수**

제 2 종 스털링수 $S(n, k)$를 $\left\{ {n \atop k} \right\}$로 나타내기로 하면 ㄱ^{열}-법칙에 의하여

$$\begin{aligned}\left\{ {n \atop k} \right\} &= \left\{ {n-1 \atop k-1} \right\} + k\left\{ {n-1 \atop k} \right\} \\ &= \left\{ {n-1 \atop k-1} \right\} + k\left\{ {n-2 \atop k-1} \right\} + k^2\left\{ {n-2 \atop k} \right\} \\ &= \left\{ {n-1 \atop k-1} \right\} + k\left\{ {n-2 \atop k-1} \right\} + k^2\left\{ {n-3 \atop k-1} \right\} + k^3\left\{ {n-3 \atop k} \right\} \\ &\ \ \vdots \\ &= \left\{ {n-1 \atop k-1} \right\} + k\left\{ {n-2 \atop k-1} \right\} + \cdots + k^{n-2}\left\{ {1 \atop k-1} \right\} + k^{n-1}\left\{ {1 \atop k} \right\} \\ &= \left\{ {n-1 \atop k-1} \right\} + k\left\{ {n-2 \atop k-1} \right\} + \cdots + k^{n-2}\left\{ {1 \atop k-1} \right\} + k^{n-1}\left\{ {0 \atop k} \right\} \\ &= \sum_{i+j=n-1} k^i \left\{ {j \atop k-1} \right\} \quad \cdots\cdots\cdots ①\end{aligned}$$

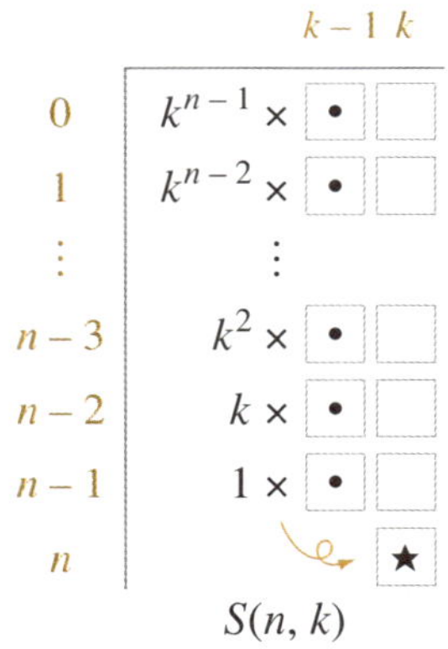

> 고정된 $k \ge 1$에 대하여 수열 $\langle \left\{ {n \atop k} \right\} \rangle_{n=0}^{\infty}$ 의 생성함수는
> $$G_k(x) = \frac{x}{1-x}\,\frac{x}{1-2x}\cdots\frac{x}{1-kx}$$

이다. ①을 이용하여 k에 관한 귀납법으로 이를 증명한다.

$$G_1(x) = \frac{x}{1-x} = x + x^2 + x^3 + \cdots$$
$$= \left\{ {0 \atop 1} \right\} + \left\{ {1 \atop 1} \right\}x + \left\{ {2 \atop 1} \right\}x^2 + \left\{ {3 \atop 1} \right\}x^3 + \cdots$$

이므로 $G_1(x)$는 $\langle \left\{ {n \atop 1} \right\} \rangle_{n=0}^{\infty}$ 의 생성함수이다.

$G_{k-1}(x)$가 $\langle \left\{ {n \atop k-1} \right\} \rangle_{n=0}^{\infty}$ 의 생성함수라고 가정하면

$$G_{k-1}(x) = \left\{ {0 \atop k-1} \right\} + \left\{ {1 \atop k-1} \right\}x + \left\{ {2 \atop k-1} \right\}x^2 + \cdots$$

이다. 따라서

$$G_k(x) = G_{k-1}(x)\frac{x}{1-kx}$$
$$= \left(\left\{ {0 \atop k-1} \right\} + \left\{ {1 \atop k-1} \right\}x + \left\{ {2 \atop k-1} \right\}x^2 + \cdots\right)$$
$$\times x(1 + kx + k^2x^2 + \cdots)$$
$$= x\left[\sum_{n=1}^{\infty}\left(\sum_{i+j=n-1} k^i \left\{ {j \atop k-1} \right\}\right)x^{n-1}\right]$$
$$= \sum_{n=1}^{\infty}\left\{ {n \atop k} \right\}x^n = \sum_{n=0}^{\infty}\left\{ {n \atop k} \right\}x^n. \blacksquare$$

◀ ①에 의하여

제 1 종 스털링수 $s(n, k)$를 $\left[{n \atop k} \right]$로 나타내기로 하면

> 고정된 $n \geq 1$에 대하여 수열 $\langle \left[{n \atop k} \right] \rangle_{k=0}^{\infty}$ 의 생성함수는
> $$g_n(x) = (0+x)(1+x)(2+x)\cdots(n-1+x) = [x]^n$$

◀ 상승계승

이다. n에 관한 귀납법으로 이를 증명한다.

$$g_1(x) = x = 0 + x = \left[{1 \atop 0} \right] + \left[{1 \atop 1} \right]x$$

이므로 $g_1(x)$는 $\langle \left[{1 \atop k} \right] \rangle_{k=1}^{\infty}$ 의 생성함수이다. $g_n(x)$가 $\langle \left[{n \atop k} \right] \rangle_{k=0}^{\infty}$ 의 생성함수라고 가정하면 $g_n(x) = \sum_{k=1}^{n}\left[{n \atop k} \right]x^k$이다. 따라서

$$g_{n+1}(x) = g_n(x)(n+x)$$
$$= \left(\left[{n \atop 0} \right] + \left[{n \atop 1} \right]x + \left[{n \atop 2} \right]x^2 + \cdots + \left[{n \atop n} \right]x^n\right)(n+x)$$
$$= n\left[{n \atop 0} \right] + \sum_{k=1}^{n}\left(\left[{n \atop k-1} \right] + n\left[{n \atop k} \right]\right)x^k + \left[{n \atop n} \right]x^{n+1}$$
$$= \left[{n+1 \atop k} \right] + \sum_{k=1}^{n}\left[{n+1 \atop k} \right]x^k + \left[{n+1 \atop k} \right]x^{n+1}.$$
$$= \sum_{k=0}^{n+1}\left[{n+1 \atop k} \right]x^k. \blacksquare$$

◀ ㄱ행–법칙
$\left[{n+1 \atop k} \right] = \left[{n \atop k-1} \right] + n\left[{n \atop k} \right]$

지수생성함수

고정된 자연수 k에 대하여, 수열 $\langle {}_kP_n \rangle_{n=0}^{\infty}$의 생성함수는

$$g(x) = {}_kP_0\,x^0 + {}_kP_1\,x^1 + {}_kP_2\,x^2 + \cdots + {}_kP_k\,x^k = \sum_{n=0}^{k} \frac{k!}{(k-n)!}\,x^n$$

이다. 이 함수를, 이를테면, $(1+x)^k$과 같이 간단한 함수의 꼴로 나타내는 방도는 없다. 그러나 ${}_kP_0, {}_kP_1, {}_kP_2, \cdots$를 차례로 $\frac{x^0}{0!}, \frac{x^1}{1!}, \frac{x^2}{2!}, \cdots$과 결합하여 합하면

$$\begin{aligned} &{}_kP_0\frac{x^0}{0!} + {}_kP_1\frac{x^1}{1!} + {}_kP_2\frac{x^2}{2!} + \cdots \\ &= \binom{k}{0}x^0 + \binom{k}{1}x^1 + \cdots + \binom{k}{k}x^k = (1+x)^k \end{aligned}$$

을 얻는다. 이로부터 ${}_kP_0, {}_kP_1, {}_kP_2, \cdots$은 $(1+x)^k$의 전개식에서 $\frac{x^0}{0!}, \frac{x^1}{1!}, \frac{x^2}{2!}, \cdots$의 계수로 나타남을 알 수 있다.

이와 같이 수열 $\langle a_n \rangle_{n=0}^{\infty}$의 각 항을 차례로 $\frac{x^0}{0!}, \frac{x^1}{1!}, \frac{x^2}{2!}, \cdots$과 결합하여 합한 함수

$$G(x) = a_0\frac{x^0}{0!} + a_1\frac{x^1}{1!} + a_2\frac{x^2}{2!} + \cdots$$

를 $\langle a_n \rangle_{n=0}^{\infty}$의 **지수생성함수**라고 한다.

◂ 指數生成函數 exponential generating function

보기 (1) 수열 $({}_kP_0, {}_kP_1, {}_kP_2, \cdots)$의 지수생성함수는

$$G(x) = (1+x)^k$$

(2) 수열 $(1, 1, 1, \cdots)$의 지수생성함수는

$$G(x) = \sum_{n=0}^{\infty} \frac{x^n}{n!} = e^x$$

(3) 수열 $(1, a, a^2, \cdots)$의 지수생성함수는

$$G(x) = \sum_{n=0}^{\infty} \frac{(ax)^n}{n!} = e^{ax}$$

순열과 지수생성함수

음이 아닌 정수 n에 대하여

a_n = (X, Y, Z 3 종의 대상 중 중복을 허락하여 n 개를 택하여 일렬로 나열하는 방법 수)

◀ 일렬로 나열한다는 부분이 생성함수의 경우와 다른 점이다.

라고 하자. X, Y, Z를 각각 p개, q개, r개 택했을 때, $p+q+r=n$이고 그들을 나열하는 방법수는 $\frac{n!}{p!q!r!}$이므로

$$a_n = \sum_{p+q+r=n} \frac{n!}{p!\,q!\,r!}$$

이다. 다음 곱을 관찰하여 보자.

$$\left(\frac{x^0}{0!}+\frac{x^1}{1!}+\frac{x^2}{2!}+\cdots\right)\left(\frac{x^0}{0!}+\frac{x^1}{1!}+\frac{x^2}{2!}+\cdots\right)\left(\frac{x^0}{0!}+\frac{x^1}{1!}+\frac{x^2}{2!}+\cdots\right)$$

$$=1+\sum_{p+q+r=1}\frac{1}{p!\,q!\,r!}x^p x^q x^r+\sum_{p+q+r=2}\frac{1}{p!\,q!\,r!}x^p x^q x^r+\cdots$$

$$=1+\sum_{n=1}^{\infty}\left(\sum_{p+q+r=n}\frac{1}{p!\,q!\,r!}\right)x^n=1+\sum_{n=1}^{\infty}\left(\sum_{p+q+r=n}\frac{n!}{p!\,q!\,r!}\right)\frac{x^n}{n!}$$

$$=\sum_{n=0}^{\infty}a_n\frac{x^n}{n!}$$

따라서 수열 $(a_0, a_1, a_2, \cdots)$의 지수생성함수는

$$\left(\frac{x^0}{0!}+\frac{x^1}{1!}+\frac{x^2}{2!}+\cdots\right)^3=(e^x)^3=e^{3x}$$

◀ a_n은 e^{3x}의 전개식에서 $x^n/n!$의 계수로 나타난다.

이다.

보기 서로 다른 k 종의 대상 $X_1, X_2, \cdots, X_k$의 n-중복순열 중 각 X_i가 짝수개 들어 있는 것의 개수를 a_n이라 하면 수열 $\langle a_n\rangle$의 지수생성함수는

$$G(x)=\left(\frac{x^0}{0!}+\frac{x^2}{2!}+\frac{x^4}{4!}+\cdots\right)^k=\left(\frac{e^x+e^{-x}}{2}\right)^k$$

예제 4.3.9

1, 2를 써서 만들 수 있는 n자리의 정수 중 1이 짝수 개, 2가 1개 이상 들어 있는 수의 개수 a_n을 n에 관한 식으로 나타내어라.

풀이 수열 $\langle a_n \rangle$의 지수생성함수는

◀ 순열에 관계되는 문제이므로 지수생성함수를 쓴다.

$$\begin{aligned} G(x) &= \left(\frac{x^0}{0!} + \frac{x^2}{2!} + \frac{x^4}{4!} + \cdots\right)\left(\frac{x^1}{1!} + \frac{x^2}{2!} + \frac{x^3}{3!} + \cdots\right) \\ &= \left(\frac{e^x + e^{-x}}{2}\right)(e^x - 1) = \frac{1}{2}(e^{2x} + 1 - e^x - e^{-x}) \\ &= \frac{1}{2}\left(1 + \sum_{n=0}^{\infty} \frac{2^n x^n}{n!} - \sum_{n=0}^{\infty} \frac{x^n}{n!} - \sum_{n=0}^{\infty} \frac{(-1)^n x^n}{n!}\right) \\ &= \sum_{n=0}^{\infty} \frac{1}{2}[2^n - 1 - (-1)^n] \frac{x^n}{n!} \end{aligned}$$

$$\therefore\ a_n = \frac{1}{2}[2^n - 1 - (-1)^n] \quad ■$$

예제 4.3.10

6, 7, 8, 9를 각각 3, 3, 2, 1개 이하를 써서 만들 수 있는 3자리의 정수의 개수를 구하라.

풀이 6, 7, 8, 9를 각각 3, 3, 2, 1개 이하 써서 만들 수 있는 n 자리의 정수의 개수를 a_n이라 하면 수열 $\langle a_n \rangle$의 지수생성함수는

◀ 순열에 관계되는 문제이므로 지수생성함수를 쓴다.

$$\begin{aligned} G(x) &= \left(\frac{x^0}{0!} + \frac{x^1}{1!} + \frac{x^2}{2!} + \frac{x^3}{3!}\right)^2\left(\frac{x^0}{0!} + \frac{x^1}{1!} + \frac{x^2}{2!}\right)\left(\frac{x^0}{0!} + \frac{x^1}{1!}\right) \\ &= 1 + 4x + 15\frac{x^2}{2!} + 53\frac{x^4}{3!} + 174\frac{x^4}{4!} + \cdots. \end{aligned}$$

$$\therefore\ a_3 = 53 \quad ■$$

• 제 2 종 스털링 수의 지수생성함수

고정된 k에 대하여 n개의 서로 다른 공을 k개의 서로 다른 상자에 빈 상자가 없도록 분배하는 방법 수를 $T(n, k)$라 하고 수열 $\langle T(n, k) \rangle_{n=0}^{\infty}$의

◀ $T(n, k)$는 n-집합에서 k-집합으로 가는 전사함수의 개수

지수 생성함수 $G(x)$를 구하여 보자.

n개의 서로 다른 공을 서로 다른 상자 $B_1, B_2, \cdots, B_k$에 빈 상자 없이 넣는 것은

$$p_1 + p_2 + \cdots + p_k = n \ \ (p_1, p_2, \cdots, p_k \geq 1)$$

의 정수해 $(p_1, p_2, \cdots, p_k)$에 대하여 $p_1, p_2, \cdots, p_k$의 순열로 볼 수 있다. 따라서

$$G(x) = \left(\frac{x^1}{1!} + \frac{x^2}{2!} + \cdots\right)^k = (e^x - 1)^k$$

이다. 실제로

$$(e^x - 1)^k = \sum_{i=0}^{k}\binom{k}{i}(-1)^i e^{(k-i)x} = \sum_{i=0}^{k}\binom{k}{i}(-1)^i \sum_{n=0}^{\infty}\frac{(k-i)^n x^n}{n!}$$
$$= \sum_{n=0}^{\infty}\left(\sum_{i=0}^{k}\binom{k}{i}(-1)^i(k-i)^n\right)\frac{x^n}{n!} = \sum_{n=0}^{\infty} T(n, k)\frac{x^n}{n!}$$

◀ 예제 3.2.6

이다. $T(n, k) = k!\,S(n, k)$이므로

> 고정된 k에 대하여 $\langle S(n, k)\rangle_{n=0}^{\infty}$의 지수생성함수는
> $$\frac{1}{k!}(e^x - 1)^k$$

• 벨 수 B_n의 지수생성함수

$e^x - 1 = \frac{x^1}{1!} + \frac{x^2}{2!} + \frac{x^3}{3!} + \cdots$ 이므로

$$e^{e^x - 1} = e^{x^1/1! + x^2/2! + x^3/3! +}$$
$$= \left(\frac{(x^1/1!)^0}{0!} + \frac{(x^1/1!)^1}{1!} + \frac{(x^1/1!)^2}{2!} + \cdots\right)$$
$$\times \left(\frac{(x^2/2!)^0}{0!} + \frac{(x^2/2!)^1}{1!} + \frac{(x^2/2!)^2}{2!} + \cdots\right)$$
$$\vdots$$
$$\times \left(\frac{(x^n/n!)^0}{0!} + \frac{(x^n/n!)^1}{1!} + \frac{(x^n/n!)^2}{2!} + \cdots\right)$$
$$\vdots$$

이다.

따라서 e^{e^x-1}의 전개식에서 x^n의 계수는

$$\sum_{p_1+2p_2+\cdots+np_n=n} \frac{1}{p_1!(1!)^{p_1}} \frac{1}{p_1!(1!)^{p_1}} \cdots \frac{1}{p_n!(n!)^{p_n}} = \frac{B_n}{n!}$$

◂ 정리 3.3.11

이다. 그러므로

수열 $\langle B_n \rangle$의 지수생성함수는 e^{e^x-1}이다.

• 교란수 D_n의 지수생성함수

예제 4.2.2에 의하여

$$D_n = (n-1)D_{n-1} + (n-1)D_{n-2},\ (n \ge 3)$$

이다. $D_0 = 1, D_1 = 0$으로 두면 위의 등식은 모든 $n \ge 2$에 대하여 성립한다. $G(x) = \sum_{n=0}^{\infty} D_n \frac{x^n}{n!}$으로 두면

$$\int xG'(x)dx = \sum_{n=2}^{\infty} (n-1)D_{n-1}\frac{x^n}{n!},$$

$$\int xG(x)dx = \sum_{n=2}^{\infty} (n-1)D_{n-2}\frac{x^n}{n!}$$

이므로

$$G(x) - 1 = \int xG'(x)dx + \int xG(x)dx$$

◂ $G(x) - 1$
$= G(x) - D_0\frac{x^0}{0!} - D_1\frac{x^1}{1!}$
$D_n = (n-1)D_{n-1}$
$+ (n-1)D_{n-2},\ (n \ge 2)$

이고, 양변을 미분하여 정리하면

$$(1-x)G'(x) = xG(x) \quad \therefore \frac{G'(x)}{G(x)} = \frac{x}{1-x} = -1 + \frac{1}{1-x}$$

위 두 번째 식을 적분하면

$$\log G(x) = -x - \log(1-x) + C = \log \frac{e^{-x}}{1-x}e^C$$

$$\therefore G(x) = \frac{e^{-x}}{1-x}e^C$$

조건 $G(0) = D_0 = 1$로부터

$$G(x) = \frac{e^{-x}}{1-x}$$

그러므로

교란수열 $\langle D_n \rangle$의 지수생성함수는 $\frac{e^{-x}}{1-x}$이다.

4-3 EXERCISES 연습문제

1 생성함수를 이용하여 다음 점화식으로 주어지는 수열의 일반항을 구하라.

(1) $(a_0, a_1) = (0, 1)$, $a_n = 4a_{n-2}$, $(n \ge 2)$

(2) $(a_0, a_1, a_2) = (0, 1, 2)$, $a_n = a_{n-1} + 9a_{n-2} - 9a_{n-3}$, $(n \ge 3)$

2 아래의 주어진 대상으로부터 n개를 선택하는 방법수 a_n을 제 n항으로 하는 수열의 생성함수를 구하라.

(1) 4개의 귤, 6개의 사과, 그리고 5개의 배.

(3) 귤, 사과, 배, 감, 파인애플이 각각 무한히 많이 있다.

3 n개의 바둑돌을 서로 다른 통에 아래와 같이 넣는 방법수 a_n을 제 n항으로 하는 수열의 생성함수를 구하라.

(1) 6개의 통에 각각 4개 이하

(2) 4개의 통에 각각 5개 이상

(3) 5개의 통에 각각 3개 이상 7개 이하

4 다음 수를 제 n항으로 하는 수열의 생성함수를 구하라.

(1) 각 변의 길이가 자연수이고 세 변의 길이의 합이 n인 서로 다른 삼각형의 개수

(2) 각 $i = 1, 2, \cdots, 10$에 대하여 $-2 \le x_i \le 2$를 만족하는 방정식 $x_1 + x_2 + \cdots + x_{10} = n$의 정수해의 개수

(3) n개의 똑같은 주사위를 던졌을 때, 일어나는 경우의 수

(4) n개의 똑같은 주사위를 던졌을 때, 나타나는 눈의 합이 짝수가 되는 경우의 수

5 방정식

$x + y + z = n$, $x, y, z \ge 0$, $x \le 3$, y는 2이상의 짝수, z는 3의 배수의 정수해 (x, y, z)의 개수를 제 n항으로 하는 수열의 생성함수를 구하라.

4-3 · E · X · E · R · C · I · S · E · S · 연습문제

6 조건 「$a+b=n$, $a, b \ge 0$, a는 짝수」를 만족하는 음이 아닌 정수의 순서쌍 (a, b)의 개수 a_n을 n에 관한 식으로 나타내어라.

7 $m \le n$일 때, 생성함수를 이용하여 다음을 증명하라.

$$\sum_{k=0}^{m} \binom{m}{k}\binom{n}{r-k} = \binom{m+n}{r}$$

8 모든 항이 0, 1, 2또는 3이면서 다음 조건을 만족하는 길이 n인 수열의 개수를 n에 관한 식으로 나타내어라.

(1) 짝수개의 0과 홀수개의 1을 가진다.

(2) 0과 1이 합해서 짝수개 있다.

9 4명의 아이에게 10개의 서로 다른 장난감을 나누어 주되, 첫 번째 아이는 1개 이상, 두 번째 아이는 2개 이상 주는 방법의 수를 구하라.

10 6명을 4개의 방에 다음과 같이 배치하는 방법 수를 구하라.

(1) 각 방에 1명 이상 배치한다.

(2) 특정한 2개의 방에는 각각 1명 이상씩 배치한다.

11 좌표평면의 원점에서 출발하여, 오른쪽 또는 위로 1씩 움직이는 동점이 직선 $y=n-3x$에 이르는 방법 수 a_n을 n에 관한 식으로 나타내어라.

12 다음을 증명하라.

(1) $g(x)$, $h(x)$가 각각 $\langle a_n \rangle_{n=0}^{\infty}$, $\langle b_n \rangle_{n=0}^{\infty}$의 생성함수일 때, $g(x)h(x)$는 $\langle \sum_{i=0}^{r} a_i b_{r-i} \rangle_{r=0}^{\infty}$의 생성함수이다.

(2) $G(x)$, $H(x)$가 각각 $\langle a_n \rangle_{n=0}^{\infty}$, $\langle b_n \rangle_{n=0}^{\infty}$의 지수생성함수일 때, $G(x)H(x)$는 $\langle \sum_{i=0}^{r} \binom{r}{i} a_i b_{r-i} \rangle_{r=0}^{\infty}$의 지수생성함수이다.

4-3 · E · X · E · R · C · I · S · E · S · 연습문제

13 $g(x)$, $G(x)$가 각각 $\langle a_n \rangle_{n=0}^{\infty}$의 생성함수, 지수생성함수일 때,
$a_n = \frac{1}{n!} g^{(n)}(0)$, $a_n = G^{(n)}(0)$, $(n = 0, 1, 2, \cdots)$임을 증명하라.

14 예제 4.3.8의 수열 $\langle a_n \rangle$의 생성함수 $g(x)$에 13을 적용하여
$a_n = \frac{1}{n}\binom{2n-2}{n-1}$임을 증명하라.

15 b가 2 이상의 자연수일 때, 임의의 자연수는 b 진법으로 유일하게 표현됨을 증명하라.

16 1, 2, 3, 4를 써서 만들 수 있는 n자리의 정수 중 1이 홀수개 2가 짝수개인 것의 개수를 구하라.

17 $B_n = \sum_{k=0}^{\infty} S(n, k)$를 이용하여 $\langle B_n \rangle$의 지수생성함수는 $e^{e^x - 1}$임을 증명하라.

18 피보나치 수열 $\langle f_n \rangle$의 생성함수는

$$g(x) = \frac{1}{1 - x - x^2} = \frac{1}{1 - x(1 + x)} = 1 + x(x + 1) + x^2(x + 1)^2 + \cdots$$

임을 이용하여 $f_n = \binom{n}{0} + \binom{n-1}{1} + \binom{n-2}{2} + \cdots$ 를 증명하라.

19 수열 $(1, 2, 3, 4, 5, 5, 5, \cdots)$ 의 생성함수를 구하라.

20 다음 수열의 생성함수를 구하라.

(1) $\langle n \rangle$ (2) $\langle n(n-1) \rangle$ (3) $\langle n^2 \rangle$

21 e^{-x}, $(1 - x)^{-1}$의 전개식의 곱과 $D_n = n! \sum_{k=0}^{n} \frac{(-1)^k}{k!}$을 이용하여 D_n의 지수생성함수는 $e^{-x}(1 - x)^{-1}$임을 증명하라.

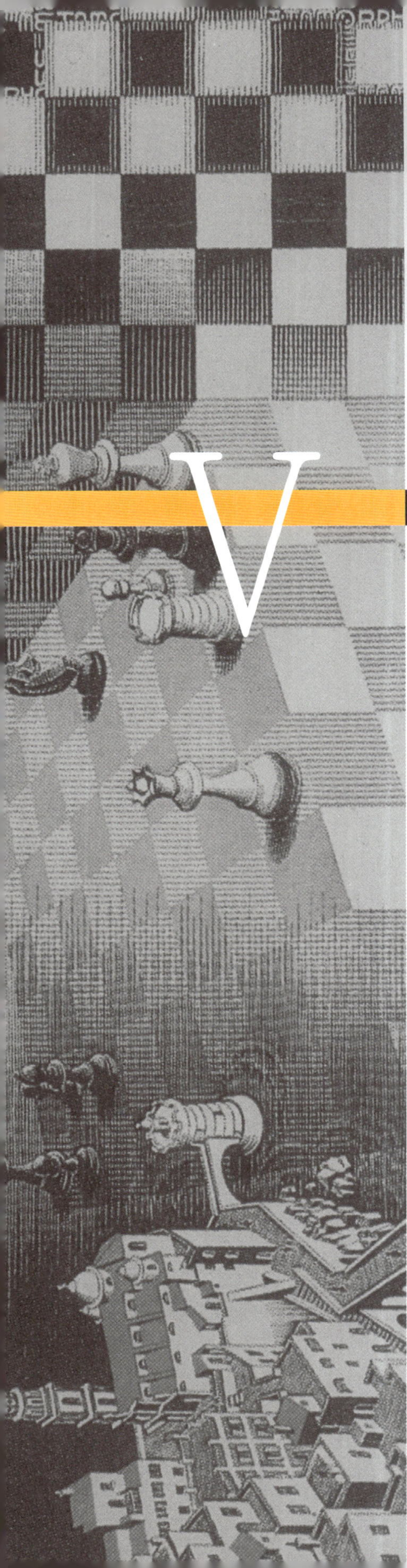

V 최적화 문제

5-1 최적 배당 문제
5-2 최적 게임 전략

우리는 일상생활에서 의식적이든 무의식적이든 게임의 상황에 참여하고 있으며 최적의 해를 도출해야할 상황 속에 있다. 실제로 발생 가능한 다양한 형태의 경쟁적 상황에서 의사를 결정해야 할 방도는 이성적인 행동을 분석하여 최적의 결론을 얻는 것이다. 여기에서 발생한 것이 게임이론이다. 게임이론은 경제적인 활동과 군사 전략은 물론 경쟁적 상황에서 인간의 이성적 행동을 비교 분석하는데도 이용된다.

5-1 최적 배당

3개의 건설회사 X_1, X_2, X_3에게 3개의 공사 Y_1, Y_2, Y_3를 각각 하나씩 맡기기 위하여 입찰을 시킨 바 오른쪽 표와 같은 결과가 나왔다. 경비를 최소화하기 위하여 어느 회사에 어떤 공사를 맡기면 좋을까?

	Y_1	Y_2	Y_3
X_1	3	7	2
X_1	3	6	3
X_1	4	5	3

단위 : 억원

쾨닉-프로베니우스의 정리

n차 (0, 1) 행렬 A에 대하여, $P \le A$를 만족하는 n차 치환행렬 P 전체의 집합을 $\mathscr{P}(A)$로 나타내기로 한다. 행렬

$$A = \begin{bmatrix} 0 & 1 & 0 \\ 1 & 1 & 1 \\ 0 & 1 & 0 \end{bmatrix}$$

의 2행, 3행을 서로 바꾼 다음 1열, 2열을 서로 바꾸면 다음 행렬 B를 얻는다.

$$A = \begin{bmatrix} 0 & 1 & 0 \\ 1 & 1 & 1 \\ 0 & 1 & 0 \end{bmatrix} \to \begin{bmatrix} 0 & 1 & 0 \\ 0 & 1 & 0 \\ 1 & 1 & 1 \end{bmatrix} \to B = \begin{bmatrix} 1 & 0 & 0 \\ 1 & 0 & 0 \\ 1 & 1 & 1 \end{bmatrix}$$

이와 같이 행렬의 행끼리 서로 바꾸는 것을 **행치환**이라 하고, 열끼리 서로 바꾸는 것을 **열치환**이라고 하며, 행치환, 열치환을 통틀어서 **줄치환**이라고 한다.

◀ 行置換 row permutation
列置換 column permutation
줄置換 line permutation

오른쪽 행렬의 오른쪽 위의 코너에 있는 4 × 3 영 부분행렬은 그 왼쪽 아래 코너의 0성분이 대각선 위에 있다. 이와 같이 행렬 A에 대하여, 줄 치환에 의하여 0성분을 오른쪽 위로 모았을 때, 그 왼쪽 아래 코너의 0 성분이 대각선 위에 있는 영 부분행렬을 A의 **영화영블락**이라고 한다. (0, 1) 행렬 A의 차수가 n일 때, $k + l = n + 1$을 만족하는 k, l에 대하여 A의 $k \times l$ 영블락이 곧 영화영블락이다.

$$\begin{array}{cccccc} * & * & * & 0 & 0 & 0 \\ * & * & * & 0 & 0 & 0 \\ * & * & * & 0 & 0 & 0 \\ * & * & * & 0 & 0 & 0 \\ * & * & * & * & * & * \\ * & * & * & * & * & * \end{array}$$

零化零블락 killing zero block

정리 5.1.1 쾨닉-프로베니우스의 정리

König-Frobenius Theorem

정사각 (0, 1) 행렬 A에 대하여 $\mathscr{P}(A) = \varnothing$일 필요충분조건은 A가 영화영블락을 가질 것이다.

증명 (⇒) $A = [a_{ij}]$의 차수가 n이고, $\mathscr{P}(A) = \varnothing$라고 하자. n에 관한 귀납법으로 영화영블락의 존재성을 증명한다.

- $n = 1$일 때 : $\mathscr{P}(A) = \varnothing$인 경우는 $A = O$일 때뿐이므로 자신이 영화영블락이다.

- $n > 1$일 때 : $A = O$이면 당연히 정리가 성립하므로 $A \neq O$이라 하자. 줄치환을 통하여 $a_{n1} = 1$이라고 할 수 있다. A에서 n 행 1 열을 없앤 행렬을 B라 하자. $\mathscr{P}(B) \neq \varnothing$이면 $Q \in \mathcal{P}(B)$가 존재하고 이 때

$$\begin{bmatrix} \mathbf{0} & Q \\ 1 & \mathbf{0}^{\mathrm{T}} \end{bmatrix} \in \mathscr{P}(A)$$

이므로 $\mathscr{P}(B) = \varnothing$이어야 한다. 귀납법에 의하여 B는 영화영블락을 가진다. 그러므로 A는 다음과 같은 꼴을 하고 있다고 할 수 있다.

$$A = \begin{bmatrix} X & O \\ * & Y \end{bmatrix}$$

여기서 X, Y는 $n - 1$ 차 이하의 정사각행렬이다. $\mathscr{P}(A)$의 행렬은

$$\begin{bmatrix} P_1 & O \\ O & P_2 \end{bmatrix}, (P_1 \in \mathcal{P}(X),\ P_2 \in \mathscr{P}(Y))$$

의 꼴이므로 일반성을 잃지 않고 $\mathscr{P}(X) = \varnothing$이라고 할 수 있다. 다시 귀납법에 의하여 X는 영화영블락 O_X를 가지고 그 O_X는 X의 오른쪽 위 코너에 위치한다고 해도 좋다. 이제 O_X와 그 오른쪽에 위치한 영블락을 묶

은 것이 A의 영화영블락이다.

($\Leftarrow$) A가 영화영블락을 가진다고 하면 A는, 필요한 경우 줄치환을 통하여, 다음과 같은 꼴을 하고 있다고 해도 좋다.

$$A = \begin{bmatrix} B & O \\ * & C \end{bmatrix}$$

여기서 영행렬 O는 왼쪽 아래의 0성분이 대각선 위에 있는 영행렬이다. 그 0이 A의 (k, k)-성분이라고 하자.

- $k = 1$이면 A의 행이 $(0, 0, \cdots, 0)$이므로 $\mathscr{P}(A) = \varnothing$이다.
- $k \geq 2$이면 B는 $k \times (k-1)$ 행렬이다. $\mathscr{P}(A) \neq \varnothing$라면, $P \in \mathscr{P}(A)$가 존재한다. P의 1행에서 k행까지에 들어 있는 k개의 1은 P의 1열에서 $k-1$ 열까지 $k-1$ 개의 열에 들어 있어야 한다. 이는 P의 각 열이 꼭 하나씩의 1을 가진다는 사실에 위배된다. 그러므로 $\mathscr{P}(A) = \varnothing$이다. ▮

행렬

$$A = \begin{bmatrix} 0 & 0 & 1 \\ 1 & 1 & 1 \\ 0 & 0 & 1 \end{bmatrix}$$

의 모든 1은 2개의 줄(제 2행과 제 3열)로써 덮을 수 있지만 1개의 줄로써는 덮을 수 없다. 이와 같이 (0, 1) 행렬 A의 모든 1을 덮을 수 있는 최소의 줄의 수를

$$\ell(A)$$

와 같이 나타낸다. 명백히 A가 $n \times n$행렬일 때, $\ell(A) \leq n$이다.

정리 5.1.2

$n \times n$행렬 A에 대하여, $\mathscr{P}(A) \neq \varnothing$일 필요충분조건은 $\ell(A) = n$일 것이다.

증명 ($\Rightarrow$) $\mathscr{P}(A) \neq \varnothing$이면 $P \in \mathscr{P}(A)$가 존재한다. P의 n개의 1은 어느 것도 같은 행 같은 열에 놓여 있지 않으므로 P의 모든 1을 덮기 위해서는 n개의 줄이 필요하다. 그러므로 P의 모든 1을 덮기 위해서 n개

의 줄이 필요하고, 따라서 $\ell(A) = n$이다.

($\Leftarrow$) $\ell(A) \neq n$이라면 $\ell(A) \leq n - 1$이다. 이 때, $p + q = \ell(A) \leq n - 1$을 만족하는 p개의 행, q개의 열이 있어서 A의 모든 1은 이들 행과 열에 놓여 있다. 그러므로 이들 행 또는 열에 있지 아니한 성분들로 이루어진 행렬 Z는 영블락이고 그 크기는 $(n-p) \times (n-q)$이다.

$$(n-p) + (n-q) = 2n - (p+q) \geq 2n - (n-1) = n + 1$$

이므로 Z는 A의 영화영블락이다. ▌

항가리안 방법

3개의 건설회사 X_1, X_2, X_3에게 3개의 공사 Y_1, Y_2, Y_3을 각각 하나씩 맡기기 위하여 입찰을 시킨 바 오른쪽 표와 같은 결과가 나왔다고 할 때, 경비를 최소화하기 위한 배당 방법을 알아 보자.

	Y_1	Y_2	Y_3
X_1	3	7	2
X_2	3	6	3
X_3	4	5	3

[단위 : 1억원]

$n \times n$행렬 $A = [a_{ij}]$가 주어졌을 때, $1, 2, \cdots, n$의 치환

$$\sigma = \begin{pmatrix} 1 & 2 & \cdots & n \\ \sigma(1) & \sigma(2) & \cdots & \sigma(n) \end{pmatrix}$$

를 A의 **배당**이라고 한다.

◀ 配當 assignment

$$f_A(\sigma) = a_{1\sigma(1)} + a_{2\sigma(2)} + \cdots + a_{n\sigma(n)}$$

가 최소인 배당을 A의 **최적 배당**이라 하고 A의 최적 배당 전체의 집합을 S_A로 나타내기로 한다. 배당 σ에 대하여

◀ 最適配當 optimal assignment

$$a'_{ij} = \begin{cases} a_{ij}, & (j = \sigma(i)\text{일 때}) \\ 0, & (j \neq \sigma(i)\text{일 때}) \end{cases}$$

를 (i, j)-성분으로 하는 $n \times n$행렬을 A_σ로 나타내기로 하면, 앞의 입찰 결과를 나타내는 행렬

$$A = \begin{bmatrix} 3 & 7 & 2 \\ 3 & 6 & 3 \\ 4 & 5 & 3 \end{bmatrix}$$

에 대하여 다음을 알 수 있다.

σ	$\sigma_1=\begin{pmatrix}1&2&3\\1&2&3\end{pmatrix}$	$\sigma_2=\begin{pmatrix}1&2&3\\2&3&1\end{pmatrix}$	$\sigma_3=\begin{pmatrix}1&2&3\\3&1&2\end{pmatrix}$	$\sigma_4=\begin{pmatrix}1&2&3\\3&2&1\end{pmatrix}$	$\sigma_5=\begin{pmatrix}1&2&3\\2&1&3\end{pmatrix}$	$\sigma_6=\begin{pmatrix}1&2&3\\1&3&2\end{pmatrix}$
A_σ	$\begin{bmatrix}3&0&0\\0&6&0\\0&0&3\end{bmatrix}$	$\begin{bmatrix}0&7&0\\0&0&3\\4&0&0\end{bmatrix}$	$\begin{bmatrix}0&0&2\\3&0&0\\0&5&0\end{bmatrix}$	$\begin{bmatrix}0&0&2\\0&6&0\\4&0&0\end{bmatrix}$	$\begin{bmatrix}0&7&0\\3&0&0\\0&0&3\end{bmatrix}$	$\begin{bmatrix}3&0&0\\0&0&3\\0&5&0\end{bmatrix}$
$f_A(\sigma)$	12	14	10	12	13	11

여기서 A의 최적 배당은 σ_3이고, 따라서

$$X_1 \to Y_3,\quad X_2 \to Y_1,\quad X_3 \to Y_2$$

가 최소 경비의 배당임을 알 수 있다. A의 제 1 행의 모든 성분에서 2를 뺀 행렬을 B라 하면 각 σ에 대한 $B_\sigma, f_B(\sigma)$는

σ	$\sigma_1=\begin{pmatrix}1&2&3\\1&2&3\end{pmatrix}$	$\sigma_2=\begin{pmatrix}1&2&3\\2&3&1\end{pmatrix}$	$\sigma_3=\begin{pmatrix}1&2&3\\3&1&2\end{pmatrix}$	$\sigma_4=\begin{pmatrix}1&2&3\\3&2&1\end{pmatrix}$	$\sigma_5=\begin{pmatrix}1&2&3\\2&1&3\end{pmatrix}$	$\sigma_6=\begin{pmatrix}1&2&3\\1&3&2\end{pmatrix}$
B_σ	$\begin{bmatrix}1&0&0\\0&6&0\\0&0&3\end{bmatrix}$	$\begin{bmatrix}0&5&0\\0&0&3\\4&0&0\end{bmatrix}$	$\begin{bmatrix}0&0&0\\3&0&0\\0&5&0\end{bmatrix}$	$\begin{bmatrix}0&0&0\\0&6&0\\4&0&0\end{bmatrix}$	$\begin{bmatrix}0&5&0\\3&0&0\\0&0&3\end{bmatrix}$	$\begin{bmatrix}1&0&0\\0&0&3\\0&5&0\end{bmatrix}$
$f_B(\sigma)$	12 − 2	14 − 2	10 − 2	12 − 2	13 − 2	11 − 2

와 같이 주어지므로 B의 최적 배당도 σ_3이다. 이와 같이 생각하면 다음 정리가 성립함을 알 수 있다.

정리 5.1.3

행렬 A의 한 행, 또는 한 열의 모든 성분에서 일정한 상수를 더하여 얻은 행렬을 B라고 하면 $S_A = S_B$이다.

이제 $n \times n$ 행렬 A가 주어졌을 때, A의 최적 배당을 구하는 방안으로 **헝가리안 방법**이라고 알려진 다음 알고리즘을 소개한다.

◀ Hungarian method

항가리안 방법

❶ 각 행의 최소 성분을 그 행의 모든 성분에서 뺀다.

❷ 각 열의 최소 성분을 그 열의 모든 성분에서 뺀다.

❸ 최소 개수의 줄로써 모든 0 성분을 덮는다.

(i) 줄의 개수가 n 이라면 S_A 를 찾는 것이 가능하고 여기서 멈춘다.

(ii) 줄의 개수가 $n-1$ 이하이면 ❹로 간다.

❹ 줄에 의하여 덮이지 않은 최소 성분 c 를 택하여, 줄에 의하여 덮이지 않은 모든 성분에서 c 를 빼고, 두 개의 줄에 의하여 동시에 덮인 성분에는 c 를 더한 다음 ❸으로 간다.

알고리즘의 정당성

조작 ❹는 모든 안 덮힌 행의 성분에서 c를 빼고 모든 덮인 열의 성분에 c를 더하는 것과 같으므로 ❹를 시행해도 0은 0으로 남는다.

각 성분이 음이 아닌 행렬로 시작, 항가리안 방법을 적용하면 ❶, ❷, ❹의 각 단계마다 0의 개수가 1 이상 늘어난 음이 아닌 행렬이 생긴다. 따라서 이 알고리즘은 유한 회의 단계 후에 멈춘다.

행렬 A로 시작하여 항가리안 방법을 적용한 후 알고리즘이 멈춘 행렬을 B라고 하면 정리5.1.3에 의하여 $S_A = S_B$가 성립한다. 한편 정리 5.1.2에 의하여 행렬 B는 각 행, 각 열에 하나씩 놓이는 n개의 0성분을 가지게 된다. 이 n 개의 위치가 최적 배당이 된다.

예제 5.1.4

입찰 결과가 행렬

$$A = \begin{bmatrix} 9 & 7 & 7 & 8 \\ 4 & 8 & 5 & 6 \\ 9 & 8 & 7 & 9 \\ 4 & 10 & 9 & 11 \end{bmatrix}$$

와 같을 때 최적 배당과 그 때의 경비를 구하라.

풀이 행렬 A에서 출발하여 항가리안 방법을 수행한다.

$$\begin{bmatrix} 9 & 7 & 7 & 8 \\ 4 & 8 & 5 & 6 \\ 10 & 8 & 7 & 9 \\ 4 & 10 & 9 & 11 \end{bmatrix} \xrightarrow{❶} \begin{bmatrix} 2 & 0 & 0 & 1 \\ 0 & 4 & 1 & 2 \\ 3 & 1 & 0 & 2 \\ 0 & 6 & 5 & 7 \end{bmatrix} \xrightarrow{❷} \begin{bmatrix} 2 & 0 & 0 & 0 \\ 0 & 4 & 1 & 1 \\ 3 & 1 & 0 & 1 \\ 0 & 6 & 5 & 6 \end{bmatrix}$$

$$\xrightarrow{❸} \begin{bmatrix} 2 & 0 & 0 & 0 \\ 0 & 4 & 1 & 1 \\ 3 & 1 & 0 & 1 \\ 0 & 6 & 5 & 6 \end{bmatrix} \xrightarrow{❹} \begin{bmatrix} 3 & 0 & 0 & 0 \\ 0 & 3 & 0 & 0 \\ 4 & 1 & 0 & 1 \\ 0 & 5 & 4 & 5 \end{bmatrix} \longrightarrow \begin{bmatrix} 3 & 0 & 0 & 0 \\ 0 & 3 & 0 & 0 \\ 4 & 1 & 0 & 1 \\ 0 & 5 & 4 & 5 \end{bmatrix}$$

3개 이하의 줄로써 모든 0을 덮을 수 없으므로 여기서 멈춘다.

각 행 각 열에 하나씩 놓이는 4개의 0을 잡는다.

$$\longrightarrow \begin{bmatrix} 9 & 7 & 7 & 8 \\ 4 & 8 & 5 & 6 \\ 10 & 8 & 7 & 9 \\ 4 & 10 & 9 & 11 \end{bmatrix}$$

← 원래 행렬 A의 해당 위치의 성분을 잡는다.

따라서 최적 배당은

$$\sigma = \begin{pmatrix} 1 & 2 & 3 & 4 \\ 2 & 4 & 3 & 1 \end{pmatrix}$$

이고, 최소 경비는 σ에 대응되는 A의 성분의 합

$$f_A(\sigma) = 7 + 6 + 7 + 4 = 24$$

이다. ■

5-1 EXERCISES 연습문제

1 다음에서 X_i는 사람, Y_j는 일을 나타낸다. Y_j를 수행하기 위하여 X_i를 고용하는데 소요되는 비용이 다음과 같다고 할 때, 최소 비용으로 각 사람에게 하나씩의 일을 배당하는 방안을 찾으라.

(1)
$$\begin{array}{c} \\ X_1 \\ X_2 \\ X_3 \end{array}\begin{array}{c} \begin{array}{ccc} Y_1 & Y_2 & Y_3 \end{array} \\ \begin{bmatrix} 8 & 3 & 2 \\ 10 & 9 & 3 \\ 2 & 1 & 1 \end{bmatrix} \end{array}$$

(2)
$$\begin{array}{c} \\ X_1 \\ X_2 \\ X_3 \\ X_4 \end{array}\begin{array}{c} \begin{array}{cccc} Y_1 & Y_2 & Y_3 & Y_4 \end{array} \\ \begin{bmatrix} 17 & 5 & 8 & 11 \\ 3 & 9 & 2 & 10 \\ 4 & 2 & 8 & 6 \\ 7 & 6 & 4 & 5 \end{bmatrix} \end{array}$$

2 어떤 회사에 근무하는 4명의 회사원 각각을 5개의 부서 중 1개 부서에 배치하려고 한다. 회사에서는 회사원 각각에 대하여 5개의 부서에 근무하는데 따른 잠재적 수행 능력의 정도를 표와 같이 1에서 10까지의 점수로 매겼다. 각 사원의 능력을 최대로 발휘하도록 하기 위하여 부서 배치를 어떻게 하여야 할까?

	총무	경리	인사	영업	자재
일수	7	4	7	3	10
이철	5	9	3	8	7
삼식	3	5	6	2	9
사훈	6	5	0	4	8

3 $\ell(A)$는 정사각이 아닌 (0, 1) 행렬에 대해서도 정의된다. 행렬 A에 대하여 $\ell(A)$는 A의 루크다항식의 차수와 같음을 증명하여라.

4 비용행렬이 정사각행렬이 아닌 경우는 모든 성분이 0인 행 또는 열을 기존의 비용행렬에 추가하여 정사각행렬로 만든 다음 헝가리안 방법을 적용할 수 있다. 이 방법의 정당성을 설명하라.

5 비용이 최대인 배당을 찾을 때는 비용 행렬의 모든 성분에 -1을 곱한 뒤 헝가리안 방법을 적용하면 원하는 최적 배당을 구할 수 있다. 이 방법의 정당성을 설명하라.

5-2 최적 게임전략

갑식이와 을수는 다음과 같은 게임을 한다.

주사위를 한 번 던져 홀수의 눈이 나오면 을수는 갑식이에게 눈의 수 × 1만 원을 주어야 하고, 짝수의 눈이 나오면 갑식이가 을수에게 1만 원을 주어야 한다.

누가 더 유리한가?

영합게임과 비영합게임

갑, 을 두 사람이 하는 다음과 같은 게임을 생각해 보자.

게임이론은 1921년 보렐(E. Borel)에 의하여 처음으로 제창되었다. 지금의 수학적 게임이론의 거의 모든 기초는 폰 노이만(J. von Neumann)과 모르겐슈테른(O. Morgenstern)에 의하여 자리잡게 되었다. 게임이론은 1944년 그들에 의해 출판된 경제적인 활동(Theory of Games and Economic Behaviour)이라는 행본에 의해 세상에 알려지게 되었다.

■ *손가락 게임* 각 사람은 동시에 손가락 하나 또는 둘을 펴고, 펴진 손가락의 개수를 k라고 할 때, 갑은 을로부터 $(-1)^k k$ 원을 받는다. 여기서 $-k$ 원을 받는다는 것은 k 원을 준다는 뜻이다. 두 사람이 편 손가락 개수에 따라 갑이 을로부터 받을 수 있는 금액을 오른쪽 표와 같이 나타낼 수 있다.

갑 \ 을	1	2
1	2	− 3
2	− 3	4

■ *치킨 게임* 각 사람은 동시에 서로를 향해 자동차를 운전해 달리고 있다. 각자에게는 비키든지 바로 가든지의 두 가지의 선택이 있다. 둘 다 바로 갈 때는 충돌이라는 큰 손실이 있다. 이 게임에서 나타나는 결과는 오른쪽 표와 같다고 하자.

갑 \ 을	비켜감	바로감
비켜감	0, 0	− 1, 1
바로감	1, − 1	− 10, − 10

◀ 비켜가는 사람을 치킨(겁쟁이, 바보)에 비유했다.

손가락 게임의 표에 나타난 행렬

$$A = \begin{bmatrix} 2 & -3 \\ -3 & 4 \end{bmatrix}$$

의 (i, j)-성분은 갑, 을이 각각 손가락 i 개, j 개를 폈을 때의 갑의 이익이다. 갑의 이익이 k라는 것은 을의 이익은 $-k$라는 뜻이고 그들의 이익의 합은 0이다. 이와 같이 갑의 이익과 을의 이익의 합이 0인 게임을 **영합 게임**이라고 한다.

◂ 零合게임 zero-sum game

이에 반하여 치킨게임에서는 두 사람의 이익의 합이 항상 0인 것은 아니다. 이러한 게임을 **비영합 게임**이라고 한다.

행렬게임

(i, j)-성분이 a_{ij}인 행렬 $A = [a_{ij}]$ 가 주어졌을 때, 갑, 을 두 사람이 하는 **행렬 게임**을 다음과 같이 정의한다.

◂ 行列게임 matrix game

갑은 A의 행을 하나 택하고, 동시에 을은 A의 열을 하나 택한다. 갑이 i 행, 을이 j 열을 택했을 때, 갑은 을로부터 a_{ij} (원)을 받는다.

이 때 a_{ij}를 **성과**라고 하고, A를 **성과행렬**이라고 한다.

◂ 成果 payoff
成果行列 payoff matrix

두 사람 모두에게 가장 안전한 방법을 찾아 보자.
갑이 i 행을 택했을 때, 갑의 성과는 최소한

$$\alpha_i = \min_j a_{ij}$$

이상이다. 갑은 α_i 값이 가장 큰 i를 택함으로써

$$\alpha = \max_i \alpha_i = \max_i \min_j a_{ij}$$

만큼의 성과를 보장받는다.
한편 을이 j 열을 택했을 때, 지불해야할 액수는

$$\beta_j = \max_i a_{ij}$$

이하이다. 을은 β_j 값이 가장 작은 j를 택함으로써 지불해야할 액수가

$$\beta = \min_j \beta_j = \min_j \max_i a_{ij}$$

이하 되게 할 수 있다. $\max_i \alpha_i$, $\min_j \beta_j$가 k행 l열에서 일어난다면 $\alpha = \alpha_k$, $\beta = \alpha_l$이고, 따라서 오른쪽 그림에서 항상 α는 β를 넘지 못함을 알 수 있다. 즉,

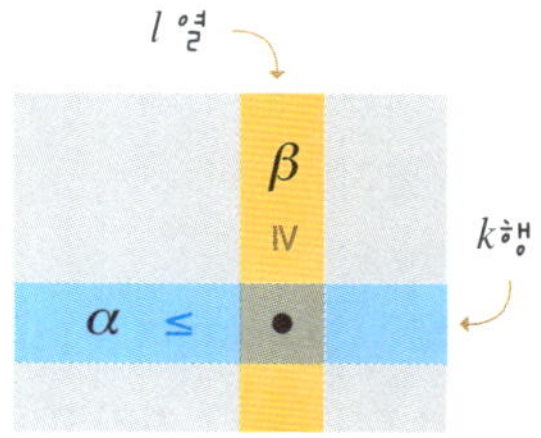

$$\alpha \le \beta$$

보기

$$A = \begin{bmatrix} 3 & 5 & 1 & 7 \\ 8 & 3 & 4 & 2 \\ 3 & 4 & 6 & 5 \end{bmatrix}$$

일 때, 1, 2, 3은 각각 1행, 2행, 3행의 최소값이다. 이 중 최대값은 $\alpha = 3$. 한편 8, 5, 6, 7은 각각 1열, 2열, 3열, 4열의 최대값이다. 이 중 최소값은 $\beta = 5$.

갑은 3 행을 택함으로써 을의 선택에 관계없이 $\alpha = 3$은 받을 수 있고, 을은 2 열을 택함으로써 갑의 선택에 관계없이 지불액이 $\beta = 5$를 넘지 않게 된다.

α, β를 각각 게임의 maximin 값, minimax 값이라고 한다. maximin 값과 minimax 값이 일치하는, 즉, $\alpha = \beta$인 게임을 **결정적 게임**이라고 하고 결정적 게임이 아닌 게임을 **비결정적 게임**이라고 하고 한다. 이를테면 행렬

◂ strictly determined game

$$A = \begin{bmatrix} 0 & 1 \\ 3 & 2 \end{bmatrix}$$

로 정의되는 게임은 결정적 게임이다. 그러나 위의 보기의 게임은 비결정적 게임이다.

행렬 A의 (k, l)-성분이 k 행 중 최소값이고 l 열 중 최대값일 때, (k, l)-성분을 게임의 (또는 A의) **안장점**이라고 한다. 이를테면 위의 행렬 A의 (2, 2)-성분은 안장점이다. 주어진 게임이 결정적인지 아닌지는 안장점의 존재성에 의존한다. 다음 정리에서 이를 밝힌다.

◂ 鞍裝點 saddle point

정리 5.2.1

행렬 게임이 결정적 게임이기 위한 필요충분조건은 그 게임이 안장점을 가질 것이다.

증명 $\alpha = \max_i \alpha_i$, $\beta = \min_j \beta_j$ 이므로 어떤 k, l이 있어서 $\alpha = \alpha_k$, $\beta = \beta_l$ 이다. $\alpha = \beta$라고 하면,

$$\alpha = \alpha_k \le a_{kl} \le \beta_l = \beta$$

로부터 $a_{kl} = \alpha_k = (k$ 행 중 최소값$)$, $a_{kl} = \beta_l = (l$ 열 중 최대값$)$, 즉, (k, l)-성분은 안장점이다.

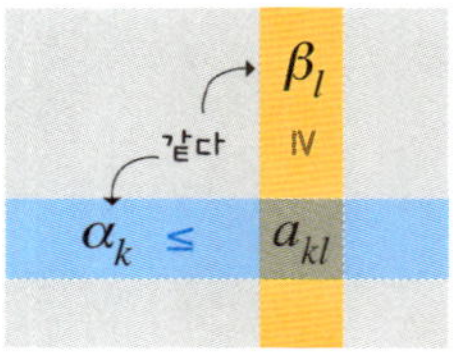

역으로 (k, l)-성분이 안장점이라면

$$\beta \le \beta_l = (l \text{ 열 중 최대값}) = a_{kl} = (k \text{ 행 중 최소값}) = \alpha_k \le \alpha.$$

일반적으로 $\alpha \le \beta$이므로, 이 때, $\alpha = \beta$, 즉 게임은 결정적 게임이다. ▌

(k, l)-성분 a_{kl}을 안장점으로 가지는 행렬 게임에서 을이 l 열을 택했을 경우 갑이 기대할 수 있는 액수는 $a_{kl} = \beta$ 이하이다. 그런데 갑이 k행을 택했을 경우 실제로 갑은 $a_{kl} = \beta$만큼 받는다. 그러므로 k행을 택하는 것이 갑으로서는 최선의 선택이다. 이를 갑의 **최적전략**이라고 한다. 마찬가지로 을의 최적전략은 l 열을 택하는 것이다. 이 때, $\alpha = a_{kl} = \beta$의 값을 **게임의 값**이라고 한다.

◂ 最適戰略 optimum strategy

보기

$$A = \begin{bmatrix} 4 & 1 & 1 & 7 \\ 3 & 4 & 2 & 2 \\ 2 & 8 & 0 & 5 \end{bmatrix}$$

의 안장점은 (2, 3)-성분 2이다. 따라서 갑의 최적 전략은 2행을 택하는 것이고 을의 최적 전략은 3열을 택하는 것이다.
게임의 값은 안장점의 값 2이다.

혼합전략

갑, 을 두 사람이 하는 다음과 같은 게임을 생각해 보자.

두 사람은 각각 다음과 같은 넓이 1인 회전 판을 하나씩 가지고 있다. 여기에 적힌 x, $1-x$, y, $1-y$는 그 부분의 넓이를 나타낸다.

각자 회전하는 자신의 원판에 화살을 쏘아 맞힌 영역의 색깔에 따라 갑은 을로부터 다음 표에 의하여 돈을 받는다.

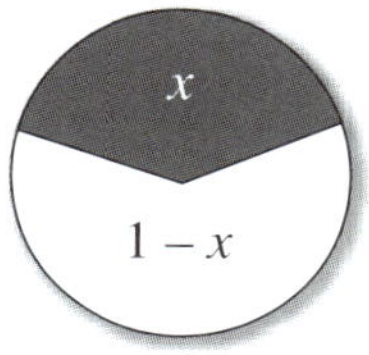

[갑의 원판]

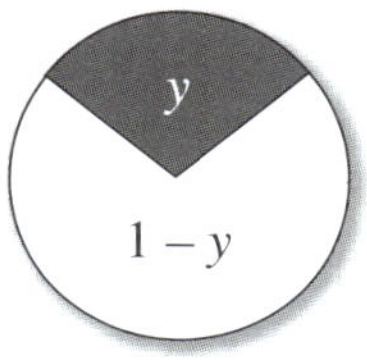

[을의 원판]

단위 : 1 만원

갑 \ 을	흑	백
흑	3	0
백	1	2

갑이 어떤 섹터를 맞히는 것은 을이 어떤 섹터를 맞히는 것과 독립적이므로, 동시에 쏘았을 때 나타나는 각 결과에 대한 확률은 오른쪽 표와 같이 주어진다. 여기서

갑 \ 을	흑	백
흑	xy	$x(1-y)$
백	$(1-x)y$	$(1-x)(1-y)$

$$A=\begin{bmatrix}3 & 0\\ 1 & 2\end{bmatrix},\quad \mathbf{x}=\begin{bmatrix}x\\ 1-x\end{bmatrix},\quad \mathbf{y}=\begin{bmatrix}y\\ 1-y\end{bmatrix}$$

로 두면 갑의 기대값은

$$E(\mathbf{x},\mathbf{y})=\left(\begin{bmatrix}3xy & 0x(1-y)\\ 1(1-x)y & 2(1-x)(1-y)\end{bmatrix}\text{의 성분의 합}\right)=\mathbf{x}^{T}A\mathbf{y}$$

◀ 벡터 $\mathbf{v}$에 대하여 $\mathbf{v}^T$는 $\mathbf{v}$의 transpose, 즉, $[a, b]^T=\begin{bmatrix}a\\ b\end{bmatrix}$, $\begin{bmatrix}a\\ b\end{bmatrix}^T=[a, b]$

이다. 갑은 이 값을 최대화하고 을은 이 값을 최소화하기 위하여 각자 자신의 회전판의 색깔별 넓이를 조정할 수 있다. 그런 뜻에서 $\mathbf{x}$, $\mathbf{y}$를 각각 갑, 을의 **전략**이라고 한다. 실제로 위의 $E(\mathbf{x},\mathbf{y})$ 값은

◀ 戰略 strategy

$$E(\mathbf{x},\mathbf{y})=4xy-2x-y+2$$

이다. 갑이 전략

$$\mathbf{x}_0=\begin{bmatrix}x_0\\ 1-x_0\end{bmatrix}=\begin{bmatrix}1/4\\ 3/4\end{bmatrix}$$

를 택하면 을의 임의의 전략 $\mathbf{y} = [y, 1-y]^{\mathrm{T}}$에 대하여

$$E(\mathbf{x}_0, \mathbf{y}) = 4x_0 y - 2x_0 - y + 2 = 4\ \frac{1}{4}y - 2\ \frac{1}{4} - y + 2 = \frac{3}{2}$$

이므로 갑은 최소한 $\frac{3}{2}$이란 값은 보장 받는다. 한편 을이

$$\mathbf{y}_0 = \begin{bmatrix} y_0 \\ 1-y_0 \end{bmatrix} = \begin{bmatrix} 1/2 \\ 1/2 \end{bmatrix}$$

를 택할 때, 갑의 임의의 전략 $\mathbf{x} = [x, 1-x]^{\mathrm{T}}$에 대하여

$$E(\mathbf{x}, \mathbf{y}_0) = 4xy_0 - 2x - y_0 + 2 = 4\frac{1}{2}x - 2x - \frac{1}{2} + 2 = \frac{3}{2}$$

이므로 을은 $\frac{3}{2}$을 초과하여 지불하지 않는다는 것을 보장 받는다. 그러므로 $\mathbf{x}_0$는 갑의 최선의 선택이고, $\mathbf{y}_0$는 을의 최선의 선택이다.

갑이 전략 $\mathbf{e}_1 = [1, 0]^{\mathrm{T}}$을 택했을 때,

$$E(\mathbf{e}_1, \mathbf{y}) = 4y - 2 - y + 2 = 3y$$

이므로 을이 $0 \le y < \frac{1}{2}$되게 $\mathbf{y}$를 잡으면 $E(\mathbf{e}_1, \mathbf{y}) < \frac{3}{2}$가 된다. 그러므로 $\mathbf{e}_1$은 갑의 최선의 전략이 아니다. 마찬가지로 $\mathbf{e}_2 = [0, 1]^{\mathrm{T}}$도 최선의 전략이 아니다.

손가락 게임의 경우 갑의 1 행을 택하는 전략은 $\mathbf{e}_1 = [1, 0]^{\mathrm{T}}$이고 2 행을 택하는 전략은 $\mathbf{e}_2 = [0, 1]^{\mathrm{T}}$이다. 회전판 게임의 전략 $\mathbf{x} = \left[\frac{1}{4}, \frac{3}{4}\right]^{\mathrm{T}}$는

$$\mathbf{x} = \frac{1}{4}\mathbf{e}_1 + \frac{3}{4}\mathbf{e}_2$$

이므로 1 행, 2 행을 1 대 3으로 혼합한 것으로 볼 수 있으므로 **혼합전략**이라고 한다. 이에 반하여 어느 한 행 또는 한 열을 택하는 전략을 **순수전략**이라고 한다.

◂ 混合戰略 mixed strategy

◂ 純粹戰略 pure strategy

회전판 게임은 안장점을 가지지 않으므로 최적 순수전략은 존재하지 않는다. 그러나 앞서 살펴 본 바와 같이 최선의 혼합 전략은 존재한다. 일반적으로 임의의 행렬게임에 대하여 갑과 을의 최선의 혼합 전략은 존재한다. 이에 대하여 알아 보기 위하여 몇 가지 준비가 필요하다.

먼저 자연수 n에 대하여 집합 $\boldsymbol{R}^n$, Ω_n을 다음과 같이 정의한다.

$$\boldsymbol{R}^n = \{(x_1, x_2, \cdots, x_n)^{\mathrm{T}} \mid x_1, x_2, \cdots, x_n\text{은 실수}\},$$
$$\Omega_n = \{(x_1, x_2, \cdots, x_n)^{\mathrm{T}} \in \boldsymbol{R}^n \mid x_i \geq 0,\ \textstyle\sum_{i=1}^{n} x_i = 1\}$$

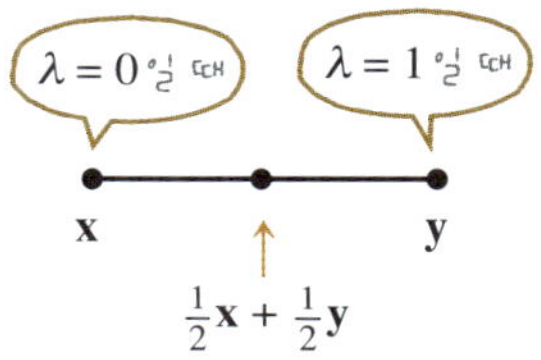

벡터 $\mathbf{x}, \mathbf{y} \in \boldsymbol{R}^n$을 잇는 선분은

$$\{(1-\lambda)\mathbf{x} + \lambda\mathbf{y} \mid 0 \leq \lambda \leq 1\}$$

이다. $\boldsymbol{R}^n$의 부분집합 H가 조건

$$\mathbf{x}, \mathbf{y} \in H \Rightarrow \{(1-\lambda)\mathbf{x} + \lambda\mathbf{y} \mid 0 \leq \lambda \leq 1\} \subset H$$

를 만족할 때, H를 **볼록집합**이라고 한다.

◂ convex set

$S = \{\mathbf{v}_1, \mathbf{v}_2, \cdots, \mathbf{v}_r\} \subset \boldsymbol{R}^n$에 대하여, 집합

$$\{\textstyle\sum_{i=1}^{r} x_i\mathbf{v}_i \mid (x_1, x_2, \cdots, x_n)^{\mathrm{T}} \in \Omega_n\}$$

을 S의 **볼록덮개**라고 한다. S의 볼록덮개는 S를 포함하는 최소의 볼록집합이다.

◂ convex hull
여기서 최소란 집합의 포함관계에 관한 최소를 의미한다.

$$A = [\mathbf{v}_1, \mathbf{v}_2, \cdots, \mathbf{v}_r], \quad \mathbf{x} = (x_1, x_2, \cdots, x_n)^{\mathrm{T}}$$

에 대하여 $\sum_{i=1}^{r} x_i\mathbf{v}_i$는 간단히 $A\mathbf{x}$로 표현될 수 있다.

◂ 이 행렬 A는 $\mathbf{v}_1, \mathbf{v}_2, \cdots, \mathbf{v}_r$을 열로 하는 행렬이란 뜻

$\mathbf{x} = (x_1, x_2, \cdots, x_n)^{\mathrm{T}},\ \mathbf{y} = (y_1, y_2, \cdots, y_n)^{\mathrm{T}} \in \boldsymbol{R}^n$의 내적 $\mathbf{x} \cdot \mathbf{y}$를

$$\mathbf{x} \cdot \mathbf{y} = \textstyle\sum_{i=1}^{n} x_i y_i = \mathbf{x}^{\mathrm{T}}\mathbf{y}$$

와 같이 정의 한다. $\|\mathbf{x}\| = (\mathbf{x} \cdot \mathbf{x})^{1/2}$을 $\mathbf{x}$의 크기라고 한다.

$$\begin{aligned}(\mathbf{x}+\mathbf{y})^{\mathrm{T}}(\mathbf{x}+\mathbf{y}) &= (\mathbf{x}^{\mathrm{T}} + \mathbf{y}^{\mathrm{T}})(\mathbf{x}+\mathbf{y}) \\ &= \mathbf{x}^{\mathrm{T}}\mathbf{x} + \mathbf{x}^{\mathrm{T}}\mathbf{y} + \mathbf{y}^{\mathrm{T}}\mathbf{x} + \mathbf{y}^{\mathrm{T}}\mathbf{y} \\ &= \mathbf{x}^{\mathrm{T}}\mathbf{x} + 2\mathbf{x}^{\mathrm{T}}\mathbf{y} + \mathbf{y}^{\mathrm{T}}\mathbf{y}\end{aligned}$$

◂ 행렬의 곱 연산

이므로 다음 등식이 성립한다.

$$(\mathbf{x}+\mathbf{y}) \cdot (\mathbf{x}+\mathbf{y}) = \|\mathbf{x}\|^2 + 2(\mathbf{x} \cdot \mathbf{y}) + \|\mathbf{y}\|^2$$

벡터 $\mathbf{v}$의 모든 성분이 양수일 때 이를

$$\mathbf{v} > \mathbf{0}$$

와 같이 나타낸다. 또, $\mathbf{v}$의 어떤 성분도 양수가 아닐 때, 이를

$$\mathbf{v} \leq \mathbf{0}$$

와 같이 나타낸다.

보조정리 5.2.2

$\boldsymbol{R}^n$의 어떤 유한 개의 벡터들의 볼록덮개 H가 영벡터 $\mathbf{0} = (0, 0, \cdots, 0)^{\mathrm{T}}$를 포함하지 않으면, 조건

「모든 $\mathbf{c} \in H$에 대하여 $\mathbf{b} \cdot \mathbf{c} > 0$」

을 만족하는 $\mathbf{b} \in \boldsymbol{R}^n$이 존재한다.

증명 H의 벡터 중 크기가 가장 작은 것을 $\mathbf{b} = (b_1, b_2, \cdots, b_n)^{\mathrm{T}}$라 하면, $\mathbf{0} \notin H$이므로, $\mathbf{b} \neq \mathbf{0}$이고 따라서 $\|\mathbf{b}\| > 0$이다.

◀ H가 소위 유계 폐집합이기 때문에 이러한 벡터 $\mathbf{b}$의 존재성이 보장된다. 유계 폐집합의 개념은 해석학 또는 위상수학에서 다룬다

$\mathbf{c} \in H$, $\mathbf{c} \neq \mathbf{b}$라 하고 $\lambda = \frac{\|\mathbf{b}\|^2}{\|\mathbf{c}-\mathbf{b}\|^2}$ 라 하자.

$\mathbf{c}_\lambda = (1-\lambda)\mathbf{b} + \lambda\mathbf{c}$라 하면 $\mathbf{c}_\lambda \in H$이고, $\mathbf{c}_\lambda = \mathbf{b} + \lambda(\mathbf{c}-\mathbf{b})$이다.

$$\begin{aligned}\|\mathbf{b}\|^2 \leq \|\mathbf{c}_\lambda\|^2 &= (\mathbf{b} + \lambda(\mathbf{c}-\mathbf{b})) \cdot (\mathbf{b} + \lambda(\mathbf{c}-\mathbf{b})) \\ &= \|\mathbf{b}\|^2 + 2\lambda\mathbf{b} \cdot (\mathbf{c}-\mathbf{b}) + \lambda^2\|\mathbf{c}-\mathbf{b}\|^2\end{aligned}$$

이므로 $2\lambda\mathbf{b} \cdot (\mathbf{c}-\mathbf{b}) + \lambda^2\|\mathbf{c}-\mathbf{b}\|^2 \geq 0$이다. $\lambda > 0$이므로

$$\begin{aligned}0 &\leq 2\mathbf{b} \cdot (\mathbf{c}-\mathbf{b}) + \lambda\|\mathbf{c}-\mathbf{b}\|^2 \\ &= 2(\mathbf{b} \cdot \mathbf{c}) - 2\|\mathbf{b}\|^2 + \lambda\|\mathbf{c}-\mathbf{b}\|^2 \\ &= 2(\mathbf{b} \cdot \mathbf{c}) - 2\|\mathbf{b}\|^2 + \|\mathbf{b}\|^2 \\ &= 2(\mathbf{b} \cdot \mathbf{c}) - \|\mathbf{b}\|^2\end{aligned}$$

◀ $\lambda\|\mathbf{c}-\mathbf{b}\|^2 = \|\mathbf{b}\|^2$

이고, 따라서 $\mathbf{b} \cdot \mathbf{c} \geq \frac{\|\mathbf{b}\|^2}{2} > 0$이다. ▌

보조정리 5.2.3

A가 $m \times n$ 행렬일 때, $A\mathbf{v} \leq \mathbf{0}$을 만족하는 $\mathbf{v} \in \Omega_n$이 존재하거나 $\mathbf{u}^{\mathrm{T}}A > \mathbf{0}$을 만족하는 $\mathbf{u} \in \Omega_m$이 존재한다.

증명 $A = [\mathbf{a}_1, \mathbf{a}_2, \cdots, \mathbf{a}_n]$, $I_m = [\mathbf{e}_1, \mathbf{e}_2, \cdots, \mathbf{e}_m]$이라 하고,

◀ I_m은 m차 단위행렬

$$\{\mathbf{a}_1, \mathbf{a}_2, \cdots, \mathbf{a}_n, \mathbf{e}_1, \mathbf{e}_2, \cdots, \mathbf{e}_m\}$$

의 볼록덮개를 H라 하자.

- $\mathbf{0} \in H$일 경우 :

$$\textstyle\sum_{i=1}^{n} y_i\mathbf{a}_i + \sum_{i=1}^{m} z_i\mathbf{e}_i = \mathbf{0}$$

을 만족하는 $(y_1, y_2, \cdots, y_n, z_1, z_2, \cdots, z_m)^{\mathrm{T}} \in \Omega_{n+m}$이 존재한다.
$\mathbf{y} = (y_1, y_2, \cdots, y_n)^{\mathrm{T}}$, $\mathbf{z} = (z_1, z_2, \cdots, z_m)^{\mathrm{T}}$로 두면 위의 등식은

$$A\mathbf{y} + \mathbf{z} = \mathbf{0}$$

와 같이 표현될 수 있다. $\mathbf{y} = \mathbf{0}$이면 $\mathbf{z} = \mathbf{0}$이 되어 $\left[\begin{smallmatrix}\mathbf{y}\\ \mathbf{z}\end{smallmatrix}\right] \in \Omega_{n+m}$이란 사실에 위배된다. 그러므로 $\mathbf{y} \neq \mathbf{0}$이고 따라서

$$y = y_1 + y_2 + \cdots + y_n > 0$$

이다. $\mathbf{v} = \frac{1}{y}\mathbf{y}$로 두면 $\mathbf{v} \in \Omega_n$이다. $A\mathbf{y} = -\mathbf{z}$이므로

$$A\mathbf{v} = \frac{1}{y}A\mathbf{y} = -\frac{1}{y}\mathbf{z} \le 0.$$

- $\mathbf{0} \in H$일 경우 : 보조정리 5.2.2에 의하여 조건

$$\mathbf{b}^{\mathrm{T}}\mathbf{a}_i > 0,\ (i = 1, 2, \cdots, n),$$
$$\mathbf{b}^{\mathrm{T}}\mathbf{e}_j > 0,\ (j = 1, 2, \cdots, m)$$

을 만족하는 벡터 $\mathbf{b} = (b_1, b_2, \cdots, b_m)^{\mathrm{T}}$가 존재한다. 위의 두 번째 조건으로부터

$$\mathbf{b}^{\mathrm{T}} = \mathbf{b}^{\mathrm{T}}I_m = \mathbf{b}^{\mathrm{T}}[\mathbf{e}_1, \mathbf{e}_2, \cdots, \mathbf{e}_m] = [\mathbf{b}^{\mathrm{T}}\mathbf{e}_1, \mathbf{b}^{\mathrm{T}}\mathbf{e}_2, \cdots, \mathbf{b}^{\mathrm{T}}\mathbf{e}_m] > \mathbf{0}^{\mathrm{T}}$$

이므로 $\mathbf{b} > \mathbf{0}$이고, 따라서

$$b = b_1 + b_2 + \cdots + b_m > 0$$

이다. $\mathbf{u} = \frac{1}{b}\mathbf{b}$로 두면 $\mathbf{u} \in \Omega_m$이고, 위의 첫 번째 조건으로부터

$$\mathbf{u}^{\mathrm{T}}A = \mathbf{u}^{\mathrm{T}}[\mathbf{a}_1, \mathbf{a}_2, \cdots, \mathbf{a}_n] = [\mathbf{u}^{\mathrm{T}}\mathbf{a}_1, \mathbf{u}^{\mathrm{T}}\mathbf{a}_2, \cdots, \mathbf{u}^{\mathrm{T}}\mathbf{a}_n] > \mathbf{0}. \blacksquare$$

다시 게임으로 돌아가자. 회전판 게임의 논의에서 알 수 있듯이 일반적으로 $m \times n$ 행렬 $A = [a_{ij}]$로 정의되는 행렬 게임에서, 갑은 임의의 $\mathbf{x} = (x_1, x_2, \cdots, x_m)^{\mathrm{T}} \in \Omega_m$를 전략으로 잡을 수 있고, 을은 임의의 $\mathbf{y} = (y_1, y_2, \cdots, y_n)^{\mathrm{T}} \in \Omega_n$을 전략으로 잡을 수 있다. 이 때 (갑의) 기대값은

$$E(\mathbf{x}, \mathbf{y}) = \mathbf{x}^{\mathrm{T}}A\mathbf{y} = \sum_{i=1}^{m} \sum_{j=1}^{n} x_i a_{ij} y_j$$

이다.

두 사람 모두에게 가장 안전한 방법을 찾아 보자.

갑이 전략 $\mathbf{x}$를 택했을 때, 갑의 성과는 최소한

$$\alpha_{\mathbf{x}} = \min_{\mathbf{y}} E(\mathbf{x}, \mathbf{y})$$

이상이다. 갑은 이 $\alpha_{\mathbf{x}}$ 값이 가장 큰 $\mathbf{x}$를 택함으로써

$$\alpha = \max_{\mathbf{x}} \alpha_{\mathbf{x}} = \max_{\mathbf{x}} \min_{\mathbf{y}} E(\mathbf{x}, \mathbf{y})$$

만큼의 성과를 보장받는다.

한편 을이 전략 **y**를 택했을 때, 지불해야 할 액수는

$$\beta_{\mathbf{y}} = \max_{\mathbf{x}} E(\mathbf{x}, \mathbf{y})$$

이하이다. 을은 $\beta_{\mathbf{y}}$ 값이 가장 작은 **y**를 택함으로써 지불해야 할 액수가

$$\beta = \min_{\mathbf{y}} \beta_{\mathbf{y}} = \min_{\mathbf{y}} \max_{\mathbf{x}} E(\mathbf{x}, \mathbf{y})$$

이하 되게 할 수 있다.

$\max_{\mathbf{x}} \alpha_{\mathbf{x}}$, $\min_{\mathbf{y}} \beta_{\mathbf{y}}$가 얻어지는 벡터를 각각 $\mathbf{x}^*$, $\mathbf{y}^*$라고 하면

$$\alpha_{\mathbf{x}^*} = \max_{\mathbf{x}} \alpha_{\mathbf{x}} = \alpha, \quad \beta_{\mathbf{y}^*} = \min_{\mathbf{y}} \beta_{\mathbf{y}} = \alpha.$$

◀ Ω_m, Ω_n이 유계 폐집합이고, $E(\mathbf{x}, \mathbf{y}) = \mathbf{x}^{\mathrm{T}} A\mathbf{y}$가 **x**, **y**에 관한 연속함수이므로 그러한 $\mathbf{x}^* \in \Omega_m$, $\mathbf{y}^* \in \Omega_n$가 존재한다.

이 때,

$$\alpha = \alpha_{\mathbf{x}^*} = \min_{\mathbf{y}} E(\mathbf{x}^*, \mathbf{y}) \le E(\mathbf{x}^*, \mathbf{y}^*) \le \max_{\mathbf{x}} E(\mathbf{x}, \mathbf{y}^*) = \beta_{\mathbf{y}^*} = \beta$$

이므로

$$\alpha \le \beta$$

이다. 실제로 $\alpha = \beta$이다. 다음 정리에서 이것을 증명한다.

정리 5.2.4 (최소 · 최대 정리)

◀ Minimax Theorem

임의의 $m \times n$행렬 A에 대하여, $\mathbf{x} \in \Omega_m$, $\mathbf{y} \in \Omega_n$일 때,

$$\max_{\mathbf{x}} \min_{\mathbf{y}} \mathbf{x}^{\mathrm{T}} A\mathbf{y} = \min_{\mathbf{y}} \max_{\mathbf{x}} \mathbf{x}^{\mathrm{T}} A\mathbf{y}$$

증명

$$\alpha = \max_{\mathbf{x}} \min_{\mathbf{y}} \mathbf{x}^{\mathrm{T}} A\mathbf{y}, \quad \beta = \min_{\mathbf{y}} \max_{\mathbf{x}} \mathbf{x}^{\mathrm{T}} A\mathbf{y}$$

라 하고, 먼저 $\alpha\beta \ge 0$임을 보인다.

보조정리 5.2.3에 의하여 다음 2 가지 경우 중 하나가 성립한다.

(i) $A\mathbf{v} \le \mathbf{0}$을 만족하는 $\mathbf{v} \in \Omega_n$이 존재할 경우 :

임의의 $\mathbf{x} \in \Omega_m$에 대하여 $\mathbf{x}^{\mathrm{T}} A\mathbf{v} \le 0$이므로 $\beta_{\mathbf{v}} = \max_{\mathbf{x}} \mathbf{x}^{\mathrm{T}} A\mathbf{v} \le 0$.

$$\therefore\ \beta = \min_{\mathbf{y}} \beta_{\mathbf{y}} \le \beta_{\mathbf{v}} \le 0$$

$\alpha \le \beta$이므로 $\alpha \le 0$이고 따라서 $\alpha\beta \ge 0$이다.

(ii) $\mathbf{u}^{\mathrm{T}} A > \mathbf{0}$을 만족하는 $\mathbf{u} \in \Omega_m$이 존재할 경우 :

임의의 $\mathbf{y} \in \Omega_n$에 대하여 $\mathbf{u}^{\mathrm{T}} A\mathbf{y} > 0$이므로 $\alpha_{\mathbf{u}} = \min_{\mathbf{y}} \mathbf{u}^{\mathrm{T}} A\mathbf{y} > 0$.

$$\therefore\ \alpha = \max_{\mathbf{x}} \alpha_{\mathbf{x}} \ge \alpha_{\mathbf{u}} > 0$$

$\alpha \le \beta$이므로 $\beta > 0$이고 따라서 $\alpha\beta > 0$이다.

따라서 어떤 경우도 $\alpha\beta \ge 0$임이 증명되었다.

◀ $\alpha\beta \ge 0$은 A의 선택과 무관함

모든 성분이 1인 $m \times n$행렬을 J라고 할 때, 임의의 $\mathbf{x} = (x_1, x_2, \cdots, x_n)^{\mathrm{T}} \in \Omega_m$, $\mathbf{y} = (y_1, y_2, \cdots, y_n)^{\mathrm{T}} \in \Omega_n$에 대하여

$$\mathbf{x}^{\mathrm{T}} J \mathbf{y} = \sum_{i=1}^{m} \sum_{j=1}^{n} x_i 1 y_j = \left(\sum_{i=1}^{m} x_i\right)\left(\sum_{j=1}^{n} y_j\right) = 1$$

이다. 따라서 임의의 실수 c에 대하여

$$\mathbf{x}^{\mathrm{T}}(A + cJ)\mathbf{y} = \mathbf{x}^{\mathrm{T}} A \mathbf{y} + c$$

이다.

$$\max_{\mathbf{x}} \min_{\mathbf{y}} \mathbf{x}^{\mathrm{T}}(A + cJ)\mathbf{y} = \max_{\mathbf{x}} \min_{\mathbf{y}} \mathbf{x}^{\mathrm{T}} A \mathbf{y} + c = \alpha + c$$

$$\min_{\mathbf{y}} \max_{\mathbf{x}} \mathbf{x}^{\mathrm{T}}(A + cJ)\mathbf{y} = \min_{\mathbf{y}} \max_{\mathbf{x}} \mathbf{x}^{\mathrm{T}} A \mathbf{y} + c = \beta + c$$

이고 앞의 결과에 의하여

$$(\alpha + c)(\beta + c) \geq 0 \quad \cdots\cdots \text{①}$$

◂ ①은 임의의 c에 대하여 성립

이어야 한다. $\alpha < \beta$일 경우 $-\beta < c < -\alpha$ 되게 c를 택하면 $(\alpha + c)(\beta + c) < 0$되어 ①과 모순된다. 그러므로 $\alpha = \beta$이어야 한다.

▮

최소 · 최대 정리로부터 $\alpha = \beta$이므로

$$\alpha = \alpha_{\mathbf{x}^*} = \min_{\mathbf{y}} E(\mathbf{x}^*, \mathbf{y}) \leq E(\mathbf{x}^*, \mathbf{y}^*) \leq \max_{\mathbf{x}} E(\mathbf{x}, \mathbf{y}^*) = \beta_{\mathbf{y}^*} = \beta$$

에 나타나는 모든 식 또는 수의 값은 서로 같음을 알 수 있다. 따라서 $\mathbf{x}^*$, $\mathbf{y}^*$는 각각 갑, 을의 **최적전략**이고, $\alpha = E(\mathbf{x}^*, \mathbf{y}^*) = \beta$는 **게임의 값**이다.

$\max_{\mathbf{x}} \min_{\mathbf{y}} \mathbf{x}^{\mathrm{T}} A \mathbf{y}$, $\min_{\mathbf{y}} \max_{\mathbf{x}} \mathbf{x}^{\mathrm{T}} A \mathbf{y}$를 이용하여 회전판 게임의 최적전략과 게임의 값을 구하여 보자.

$$A = \begin{bmatrix} 3 & 0 \\ 1 & 2 \end{bmatrix}$$

이므로 $\mathbf{x} = (x, 1 - x)^{\mathrm{T}}$, $\mathbf{y} = (y, 1 - y)^{\mathrm{T}} \in \Omega_2$에 대하여

$$E(\mathbf{x}, \mathbf{y}) = \mathbf{x}^{\mathrm{T}} A \mathbf{y} = 4xy - 2x - y + 2$$

이다. 여기서는 x, y가 각각 결정되면 $\mathbf{x}, \mathbf{y}$가 각각 결정되므로 $E(\mathbf{x}, \mathbf{y})$, $\max_{\mathbf{x}}$, $\min_{\mathbf{y}}$, $\alpha_{\mathbf{x}}$, $\beta_{\mathbf{y}}$를 각각 $E(x, y)$, $\max_{x}$, $\min_{y}$, α_x, β_y로 쓰기로 한다.

고정된 하나의 x에 대하여

$$\alpha_x = \min_y E(x, y) = \min_y (4xy - 2x - y + 2)$$
$$= \min_y [(4x-1)y - 2x + 2] .$$

$4x - 1 < 0$일 때,

$$\min_y [(4x-1)y - 2x + 2] = [(4x-1)y - 2x + 2]_{y=1} = 2x + 1,$$

$4x - 1 \geq 0$일 때,

$$\min_y [(4x-1)y - 2x + 2] = [(4x-1)y - 2x + 2]_{y=0} = -2x + 2$$

이므로

$$\alpha_x = \begin{cases} 2x + 1, & (0 \leq x \leq \frac{1}{4}\text{일 때}), \\ -2x + 2, & (\frac{1}{4} \leq x \leq 1\text{일 때}) \end{cases}$$

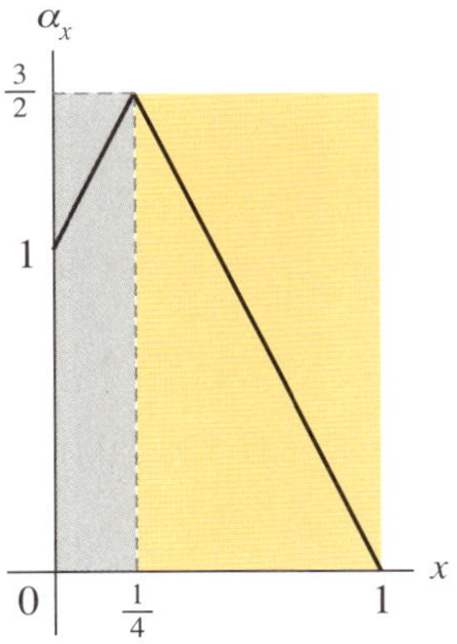

이다. $2x + 1, (0 \leq x \leq \frac{1}{4})$, 은 증가함수이고 $-2x + 2, (\frac{1}{4} \leq x \leq 1)$, 은 감소함수이므로

$$\max_x \alpha_x = [\alpha_x]_{x=\frac{1}{4}} = \frac{3}{2}$$

이다. 그러므로 $\mathbf{x}^* = \left[\frac{1}{4}, \frac{3}{4}\right]^T$이고 게임의 값은 $\frac{3}{2}$임을 알 수 있다.

한편, 고정된 하나의 y에 대하여

$$\beta_y = \max_x E(x, y) = \max_x (4xy - 2x - y + 2)$$
$$= \max_x [(4y-2)x - y + 2] .$$

$4y - 2 < 0$일 때,

$$\max_x [(4y-2)x - y + 2] = [(4y-2)x - y + 2]_{x=0} = -y + 2,$$

$4y - 2 \geq 0$일 때,

$$\max_x [(4y-2)x - y + 2] = [(4y-2)x - y + 2]_{x=1} = 3y$$

이므로

$$\beta_y = \begin{cases} -y + 2, & (0 \leq y \leq \frac{1}{2}\text{일 때}), \\ 3y, & (\frac{1}{2} \leq y \leq 1\text{일 때}) \end{cases}$$

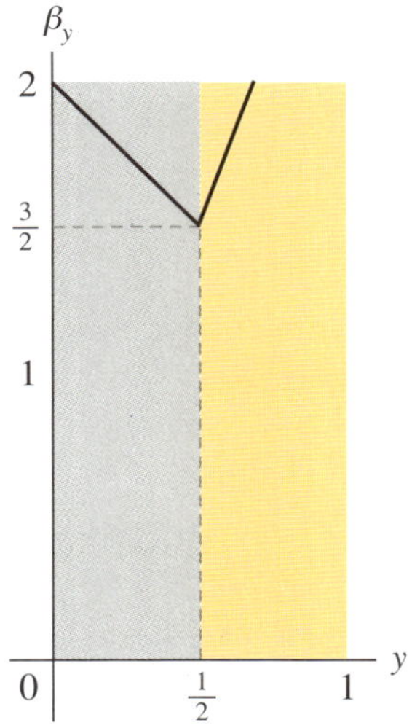

이다. 여기서 $\min_y \beta_y = [\beta_y]_{y=\frac{1}{2}}$임을 알 수 있고 따라서 $\mathbf{y}^* = \left[\frac{1}{2}, \frac{1}{2}\right]^T$ 이다.

보조정리 5.2.5

$m \times n$행렬 A의 행을 $\mathbf{b}_1^{\mathrm{T}}, \mathbf{b}_2^{\mathrm{T}}, \cdots, \mathbf{b}_m^{\mathrm{T}}$, 열을 $\mathbf{a}_1, \mathbf{a}_2, \cdots, \mathbf{a}_n$이라 하자. A로 정의되는 게임에서 갑, 을의 최적전략을 각각

$$\mathbf{x}^* = (s_1, s_2, \cdots, s_m)^{\mathrm{T}}, \quad \mathbf{y}^* = (t_1, t_2, \cdots, t_n)^{\mathrm{T}}$$

라 하고 게임의 값을 w라 하면

(1) 각 $j = 1, 2, \cdots, n$에 대하여, $\mathbf{x}^{*\mathrm{T}}\mathbf{a}_j \geq w$이고,

$$t_j > 0 \Rightarrow \mathbf{x}^{*\mathrm{T}}\mathbf{a}_j = w, \qquad \mathbf{x}^{*\mathrm{T}}\mathbf{a}_j > w \Rightarrow t_j = 0$$

(2) 각 $i = 1, 2, \cdots, m$에 대하여, $\mathbf{b}_i^{\mathrm{T}}\mathbf{y}^* \leq w$이고,

$$s_i > 0 \Rightarrow \mathbf{b}_i^{\mathrm{T}}\mathbf{y}^* = w, \qquad \mathbf{b}_i^{\mathrm{T}}\mathbf{y}^* < w \Rightarrow s_i = 0$$

(3) $w = \min\{\mathbf{x}^{*\mathrm{T}}\mathbf{a}_1, \mathbf{x}^{*\mathrm{T}}\mathbf{a}_2, \cdots, \mathbf{x}^{*\mathrm{T}}\mathbf{a}_n\} = \max\{\mathbf{b}_1^{\mathrm{T}}\mathbf{y}^*, \mathbf{b}_2^{\mathrm{T}}\mathbf{y}^*, \cdots, \mathbf{b}_m^{\mathrm{T}}\mathbf{y}^*\}$

증명 (1) 갑은 전략 $\mathbf{x}^*$를 택함으로써 을의 임의의 전략 $\mathbf{y}$에 대하여 최소한 w만큼의 값을 보장 받으므로 $\mathbf{x}^{*\mathrm{T}}A\mathbf{y} \geq w$이다. 그러므로 특히

$$\mathbf{x}^{*\mathrm{T}}A\mathbf{e}_j \geq w, \ (j = 1, 2, \cdots, n),$$

가 성립한다. $A\mathbf{e}_j = \mathbf{a}_j$이므로 $\mathbf{x}^{*\mathrm{T}}\mathbf{a}_j \geq w$가 성립한다.

◀ $\mathbf{e}_j$는 I_n의 j열

$$\begin{aligned} w &= \mathbf{x}^{*\mathrm{T}}A\mathbf{y}^* = [\mathbf{x}^{*\mathrm{T}}\mathbf{a}_1, \mathbf{x}^{*\mathrm{T}}\mathbf{a}_2, \cdots, \mathbf{x}^{*\mathrm{T}}\mathbf{a}_n]\mathbf{y}^* \\ &= \sum_{j=1}^{n} \mathbf{x}^{*\mathrm{T}}\mathbf{a}_j t_j \geq \sum_{j=1}^{n} w t_j = w \sum_{j=1}^{n} t_j = w \end{aligned}$$

이므로 $\sum_{j=1}^{n} \mathbf{x}^{*\mathrm{T}}\mathbf{a}_j t_j = w$이다. 그러므로

$$\sum_{j=1}^{n} (\mathbf{x}^{*\mathrm{T}}\mathbf{a}_j - w)\, t_j = 0.$$

$\mathbf{x}^{*\mathrm{T}}\mathbf{a}_j - w \geq 0,\ t_j \geq 0$이므로 위의 등식으로부터

$$(\mathbf{x}^{*\mathrm{T}}\mathbf{a}_j - w)\, t_j = 0, \ (j = 1, 2, \cdots, n)$$

를 얻는다. 따라서 어떤 j에 대하여 $\mathbf{x}^{*\mathrm{T}}\mathbf{a}_j > w$이면 $t_j = 0$이다.

(2)도 위와 같은 논리로 증명된다.

(3) $\mathbf{x}^{*\mathrm{T}}\mathbf{a}_j = v_j, \ (i = 1, 2, \cdots, n)$, 라 하고, $\min\{v_1, v_2, \cdots, v_n\} = \lambda$라고 하면 (1)에 의하여 $\lambda \geq w$이다. $\lambda > w$라고 하면

$$\begin{aligned} w &= \mathbf{x}^{*\mathrm{T}}A\mathbf{y}^* = [v_1, v_2, \cdots, v_n]\mathbf{y}^* \\ &= \sum_{j=1}^{n} v_j t_j \geq \lambda \sum_{j=1}^{n} t_j = \lambda > w \end{aligned}$$

와 같은 모순이 발생한다. 그러므로 $\lambda = w$이다.

같은 논리로 $w = \max\{\mathbf{b}_1^{\mathrm{T}}\mathbf{y}^*, \mathbf{b}_2^{\mathrm{T}}\mathbf{y}^*, \cdots, \mathbf{b}_m^{\mathrm{T}}\mathbf{y}^*\}$를 증명할 수 있다. ▌

보조정리 5.2.5를 이용하여 회전판 게임의 최적전략과 게임의 값을 구하여 보자. $\mathbf{x}^* = (s, 1-s)^{\mathrm{T}}$라고 하면,

$$\mathbf{x}^{*\mathrm{T}}A = (s, 1-s)\begin{bmatrix} 3 & 0 \\ 1 & 2 \end{bmatrix} = (2s+1, 2-2s).$$

$\mathbf{y}^* = (t, 1-t)^{\mathrm{T}}$라고 하면, 결정적 게임이 아니므로, $0 < t < 1$이다.
따라서 보조정리 5.2.5에 의하여

$$\begin{aligned} 2s + 1 &= w, \\ 2 - 2s &= w. \end{aligned}$$

이 연립방정식을 풀면 $s = \frac{1}{4}$, $w = \frac{3}{2}$ 을 얻는다.

$$A\mathbf{y}^* = \begin{bmatrix} 3 & 0 \\ 1 & 2 \end{bmatrix}\begin{bmatrix} t \\ 1-t \end{bmatrix} = \begin{bmatrix} 3t \\ 2-t \end{bmatrix}$$

인데, $0 < s < 1$이므로 보조정리 5.2.5에 의하여

$$\begin{aligned} 3t &= w, \\ 2 - t &= w. \end{aligned}$$

이 연립방정식을 풀면 $t = \frac{1}{2}$을 얻는다. 그러므로

$$\mathbf{x}^* = \left[\tfrac{1}{4}, \tfrac{3}{4}\right]^{\mathrm{T}}, \quad \mathbf{y}^* = \left[\tfrac{1}{2}, \tfrac{1}{2}\right]^{\mathrm{T}}, \quad w = \tfrac{3}{2}.$$

정리 5.2.6

행렬 $A = \begin{bmatrix} a & b \\ c & d \end{bmatrix}$ 에 의하여 정의되는 비결정적 게임에서

$$\Delta = a + d - b - c$$

라고 할 때, 갑, 을의 최적 전략은 각각

$$\mathbf{x}^* = \frac{1}{\Delta}\begin{bmatrix} d-c \\ a-b \end{bmatrix}, \quad \mathbf{y}^* = \frac{1}{\Delta}\begin{bmatrix} d-b \\ a-c \end{bmatrix}$$

이고, 게임의 값은 $w = \dfrac{ad-bc}{\Delta}$이다. ▮

증명 결정적 게임이 아니므로 행렬의 성분 사이의 대소 관계는

$$\begin{bmatrix} a > b \\ \vee \quad \wedge \\ c < d \end{bmatrix}, \quad \begin{bmatrix} a < b \\ \wedge \quad \vee \\ c > d \end{bmatrix}$$

중 하나와 같다. 갑, 을의 최적 전략을 각각

$$\mathbf{x}^* = (s, 1-s)^{\mathrm{T}}, \quad \mathbf{y}^* = (t, 1-t)^{\mathrm{T}}$$

라고 하면,

$$\mathbf{x}^{*T}A = (s, 1-s)\begin{bmatrix} a & b \\ c & d \end{bmatrix} = [(a-c)s + c, (b-d)s + d],$$

$$A\mathbf{y}^* = \begin{bmatrix} a & b \\ c & d \end{bmatrix}\begin{bmatrix} t \\ 1-t \end{bmatrix} = \begin{bmatrix} (a-b)t + b \\ (c-d)t + d \end{bmatrix}.$$

결정적 게임이 아니므로 $0 < s < 1$, $0 < t < 1$이고, 따라서 노조정리 5.2.5에 의하여

$$(a-c)s + c = w, \quad (b-d)s + d = w,$$
$$(a-b)t + b = w, \quad (c-d)t + d = w.$$

이 연립방정식으로부터

$$s = \frac{d-c}{\Delta}, \quad t = \frac{d-b}{\Delta}, \quad w = \frac{ad-bc}{\Delta}$$

를 얻는다. 이 때,

$$\mathbf{x}^* = \frac{1}{\Delta}\begin{bmatrix} d-c \\ a-b \end{bmatrix}, \quad \mathbf{y}^* = \frac{1}{\Delta}\begin{bmatrix} d-b \\ a-c \end{bmatrix} \quad \blacksquare$$

보기 회전판 게임에서 행렬이

$$A = \begin{bmatrix} a & b \\ c & d \end{bmatrix} = \begin{bmatrix} 3 & 0 \\ 1 & 2 \end{bmatrix}$$

이므로 $\Delta = a + d - b - c = 3 + 2 - 0 - 1 = 4$이다. 정리 5.2.6에 의하여

$$\mathbf{x}^* = \frac{1}{\Delta}\begin{bmatrix} d-c \\ a-b \end{bmatrix} = \frac{1}{4}\begin{bmatrix} 2-1 \\ 3-0 \end{bmatrix} = \frac{1}{4}\begin{bmatrix} 1 \\ 3 \end{bmatrix},$$

$$\mathbf{y}^* = \frac{1}{\Delta}\begin{bmatrix} d-b \\ a-c \end{bmatrix} = \frac{1}{4}\begin{bmatrix} 2-0 \\ 3-1 \end{bmatrix} = \frac{1}{4}\begin{bmatrix} 2 \\ 2 \end{bmatrix},$$

$$w = \frac{ad-bc}{\Delta} = \frac{3 \cdot 2 - 0 \cdot 1}{4} = \frac{6}{4}$$

예제 5.2.7

행렬

$$A = \begin{bmatrix} 1 & 12 & 4 & 0 \\ 3 & 0 & 1 & 9 \end{bmatrix}$$

로 정의되는 게임에서 갑, 을의 최적 전략과 게임의 값을 구하라.

풀 이 갑의 전략 $\mathbf{x} = (x, 1-x)^T$에 대하여

$$\begin{aligned}\alpha_x &= \min_{\mathbf{y}} \mathbf{x}^T A\mathbf{y} = \min_{\mathbf{y}} (3-2x, 12x, 3x+1, 9-9x)\mathbf{y} \\ &= \min_{\mathbf{y}} [(3-2x)y_1 + 12xy_2 + (3x+1)y_3 + (9-9x)y_4]\end{aligned}$$

◂ $\mathbf{y} = (y_1, y_2, y_3, y_4)^T$

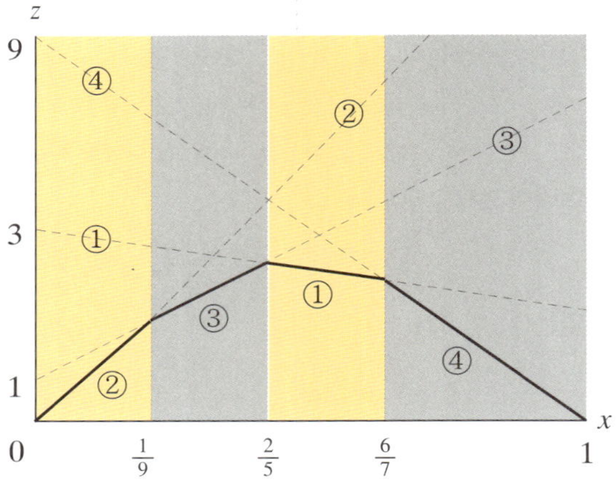

이다. 4개의 직선

① $z = 3-2x$, ② $z = 12x$,

③ $z = 3x+1$, ④ $z = 9-9x$

를 비교해 보면, $0 \le x \le \frac{1}{9}$일 때, ②가 가장 아래에 있으므로 $\min_{\mathbf{y}} \mathbf{x}^T A\mathbf{y}$는

$y_1 = 0,\ y_2 = 1,\ y_3 = 0,\ y_4 = 0$, 즉, $\mathbf{y} = \mathbf{e}_2$

일 때, 얻어진다. 그러므로

$0 \le x \le \frac{1}{9}$일 때 $\alpha_x = 12x$이다. 이와 같이 생각하면 α_x는 다음과 같이 주어짐을 알 수 있다.

x	$0 \le x \le \frac{1}{9}$	$\frac{1}{9} \le x \le \frac{2}{5}$	$\frac{2}{5} \le x \le \frac{6}{7}$	$\frac{6}{7} \le x \le 1$
α_x	$12x$	$3x+1$	$3-2x$	$9-9x$

따라서 $f(x) = \alpha_x$의 그래프는 그림에서 굵은 꺾은 선으로 표시된다. 그러므로 $w = \max_x \alpha_x$는 $x = \frac{2}{5}$일 때, 얻어진다. 따라서

$$\mathbf{x}^* = \left[\frac{2}{5}, \frac{3}{5}\right]^T$$

이다.

$$\mathbf{x}^{*T}A = \left[\frac{2}{5}, \frac{3}{5}\right]\begin{bmatrix} 1 & 12 & 4 & 0 \\ 3 & 0 & 1 & 9 \end{bmatrix} = \left[\frac{11}{5}, \frac{24}{5}, \frac{11}{5}, \frac{27}{5}\right]$$

이므로 보조정리 5.2.5에 의하여

$$w = \min\left\{\frac{11}{5}, \frac{24}{5}, \frac{11}{5}, \frac{27}{5}\right\} = \frac{11}{5}$$

이고, 또, $\mathbf{y}^* = [t_1, t_2, t_3, t_4]^T$ 라고 할 때, $t_2 = t_4 = 0$이다.

$$A\mathbf{y}^* = \begin{bmatrix} 1 & 12 & 4 & 0 \\ 3 & 0 & 1 & 9 \end{bmatrix}\begin{bmatrix} t_1 \\ 0 \\ t_3 \\ 0 \end{bmatrix} = \begin{bmatrix} t_1 + 4t_3 \\ 3t_1 + t_3 \end{bmatrix}$$

이고,

$$t_1 + 4t_3 = \frac{11}{5},$$
$$3t_1 + t_3 = \frac{11}{5}$$

이므로, $t_1 = \frac{3}{5}$, $t_3 = \frac{2}{5}$를 얻는다. 따라서

$$\mathbf{y}^* = \left[\frac{3}{5}, 0, \frac{2}{5}, 0\right]^{\mathrm{T}}$$

이다. ■

예제 5.2.8

행렬

$$A = \begin{bmatrix} 2 & -1 \\ 1 & 1 \\ -1 & 2 \end{bmatrix}$$

로 정의되는 게임에서 갑, 을의 최적 전략과 게임의 값을 구하라.

풀이 을의 전략 $\mathbf{y} = (y, 1-y)^{\mathrm{T}}$에 대하여

$$\beta_y = \max_{\mathbf{x}} \mathbf{x}^{\mathrm{T}} A\mathbf{y} = \max_{\mathbf{x}} \mathbf{x}^{\mathrm{T}} \begin{bmatrix} 3y-1 \\ 1 \\ -3y+2 \end{bmatrix}$$
$$= \max_{\mathbf{x}} [x_1(3y-1) + x_2 + x_3(-3y+2)]$$

◂ $\mathbf{x} = (x_1, x_2, x_3)^{\mathrm{T}}$

이다. 3개의 직선

① $z = 3y - 1$, ② $z = 1$, ③ $z = -3y + 2$

를 비교해 보면, $0 \le y \le \frac{1}{3}$일 때, ③이 가장 위에 있으므로

$\max_{\mathbf{x}} \mathbf{x}^{\mathrm{T}} A\mathbf{y}$는

$$x_1 = 0,\ x_2 = 0,\ x_3 = 1,\ \text{즉, } \mathbf{x} = \mathbf{e}_3$$

일 때, 얻어진다. 그러므로

$$0 \le y \le \frac{1}{3}\text{일 때, } \beta_y = -3y + 2$$

이다. 이와 같이 생각하면 $f(y) = \beta_y$의 그래프는 오른쪽 그림에서 굵은 선으로 표시된 꺽은 선으로 주어짐을 알 수 있다. 그러므로 $w = \min_y \beta_y$는 $\frac{1}{3} \le y \le \frac{2}{3}$일 때 얻어지며 그 값은

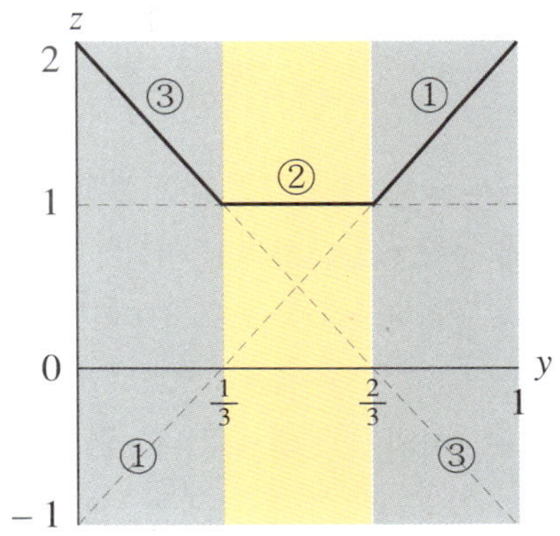

$$w = 1$$

이다. 따라서 $\mathbf{y}^* = (y, 1-y)^T$, $(\frac{1}{3} \le y \le \frac{2}{3})$, 이다.

A의 i 행을 $\mathbf{b}_i^T$라 하면, $\frac{1}{3} \le y \le \frac{2}{3}$일 때,

$\mathbf{b}_1^T\mathbf{y}^* = 3y - 1 < 1$, $\mathbf{b}_2^T\mathbf{y}^* = 1$, $\mathbf{b}_3^T\mathbf{y}^* = 2 - 3y < 1$

이므로 $\mathbf{x}^* = [s_1, s_2, s_3]^T$라고 할 때, $s_1 = s_3 = 0$이다. 그러므로, 보조정리 5.2.5에 의하여, $\mathbf{x}^* = [0, 1, 0]^T$이다. ■

지금까지 최적 전략은 구간에서 일변수 함수를 최소(대)화함으로써 구하였다. 다음 예제는 이를 어떤 영역에서 다변수함수의 최소(대)화 문제로 전환하여 구할 수도 있음을 보여 준다.

예제 5.2.9

행렬

$$A = \begin{bmatrix} 3 & -1 & 4 \\ 6 & 7 & -2 \end{bmatrix}$$

로 정의되는 게임에서 갑, 을의 최적 전략과 게임의 값을 구하라.

풀이 먼저 게임의 값 w는 양수임을 보인다.

$\mathbf{y}^* = [t_1, t_2, t_3]^T$를 을의 최적전략이라고 하면, 갑의 임의의 전략 $\mathbf{x}$에 대하여 을의 지불액이 w를 초과하지 않으므로 $\mathbf{x}^T A\mathbf{y}^* \le w$이다. 특히

$$w \ge \left[\frac{1}{2}, \frac{1}{2}\right]\begin{bmatrix} 3 & -1 & 4 \\ 6 & 7 & -2 \end{bmatrix}\begin{bmatrix} t_1 \\ t_2 \\ t_3 \end{bmatrix}$$
$$= \frac{9}{2}t_1 + \frac{6}{2}t_2 + \frac{2}{2}t_3 \ge t_1 + t_2 + t_3 = 1$$

이므로 w는 양수이다. 갑의 최적전략을 $\mathbf{x}^* = [a, b]^T$라고 하면, 을은 임의의 전략 $\mathbf{y}$에 대하여 w 이상의 값을 보장 받으므로 $\mathbf{x}^{*T}A\mathbf{y} \ge w$이다. 특히 $\mathbf{x}^{*T}A\mathbf{e}_i \ge w$, $(i = 1, 2, 3)$이고, 따라서

$$3a + 6b \ge w, \quad -a + 7b \ge w, \quad 4a - 2b \ge w.$$

각 부등식의 양변을 w로 나누면

$$3\frac{a}{w} + 6\frac{b}{w} \ge 1, \quad -\frac{a}{w} + 7\frac{b}{w} \ge 1, \quad 4\frac{a}{w} - 2\frac{b}{w} \ge 1.$$

$\frac{a}{w} = x$, $\frac{b}{w} = y$로 두면 $x + y = \frac{1}{w}$이고 x, y의 값을 알면 w의 값을 결정할 수 있다. 갑은 가능한 최대의 w를 취하기를 원하므로 문제는

$$3x + 6y \geq 1, \quad -x + 7y \geq 1, \quad 4x - 2y \geq 1, \quad x \geq 0, \quad y \geq 0$$

의 조건하에서 $\frac{1}{w} = x + y$의 최소값을 구하는 문제로 변환되었다.

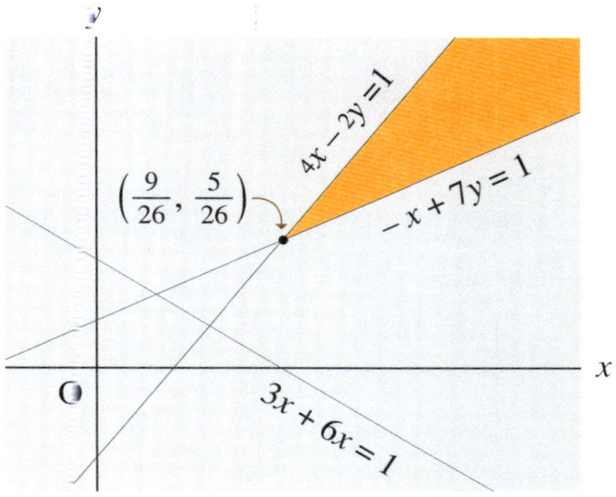

위의 조건을 만족하는 영역은 오른쪽 그림과 같다.

직선 $-x + 7y = 1$과 $4x - 2y = 1$의 교점은

$(x, y) = \left(\frac{9}{26}, \frac{5}{26}\right)$이므로 $\frac{1}{w} = x + y$의 최소값은

$\frac{9}{26} + \frac{5}{26} = \frac{7}{13}$이고, 게임의 값은 $w = \frac{13}{7}$이다.

이 때,

$a = \frac{a}{w}w = \frac{9}{26}\,\frac{13}{7} = \frac{9}{14}, \quad b = \frac{b}{w}w = \frac{5}{26}\,\frac{13}{7} = \frac{5}{14}$

이므로, 갑의 최적 전략은

$$\mathbf{x}^* = \left(\frac{9}{14}, \frac{5}{14}\right)^{\mathrm{T}}$$

이다.

$$\mathbf{x}^{*\mathrm{T}}A = \left(\frac{9}{14}, \frac{5}{14}\right)\begin{bmatrix} 3 & -1 & 4 \\ 6 & 7 & -2 \end{bmatrix} = \left(\frac{57}{14}, \frac{26}{14}, \frac{26}{14}\right)$$

이므로 을의 최적전략을 $\mathbf{y}^* = (t_1, t_2, t_3)^{\mathrm{T}}$라고 할 때, $t_1 = 0$ 이다. $\mathbf{y}^* = (0, t, 1-t)^{\mathrm{T}}$라고 하면

$$A\mathbf{y}^* = \begin{bmatrix} -5t + 4 \\ 9t - 2 \end{bmatrix}$$

이므로 보조정리 5.2.5에 의하여

$$-5t + 4 = w, \quad 9t - 2 = w$$

이다. 여기서 $t = \frac{3}{7}$을 얻고, 따라서

$$\mathbf{y}^* = \left(0, \frac{3}{7}, \frac{4}{7}\right)^{\mathrm{T}}$$

이다. ■

5-2 EXERCISES 연습문제

1 성과행렬이 다음과 같은 게임에서 안장점을 찾고, 갑과 을의 최적 전략과 게임의 값을 구하라.

(1) $\begin{bmatrix} 8 & 0 & -2 \\ -6 & 4 & 1 \\ 4 & 3 & 2 \end{bmatrix}$ (2) $\begin{bmatrix} 2 & 1 & -4 & -3 \\ 0 & 0 & -1 & 1 \\ -1 & 3 & -2 & -5 \end{bmatrix}$

2 성과행렬이 다음과 같은 게임에 대하여 갑과 을의 최적 전략과 게임의 값을 구하라.

(1) $\begin{bmatrix} 4 & 0 \\ 1 & 3 \end{bmatrix}$ (2) $\begin{bmatrix} 2 & -1 \\ -2 & 1 \end{bmatrix}$

3 성과행렬이 다음과 같은 게임에서 가능한 많은 행과 열을 제거하는 방법을 이용하여 갑과 을의 최적 전략과 게임의 값을 구하라.

(1) $\begin{bmatrix} 1 & -1 & 2 \\ 0 & 3 & -3 \\ 3 & 6 & 4 \end{bmatrix}$ (2) $\begin{bmatrix} -1 & 2 & 5 & 7 \\ 4 & 0 & 0 & -2 \\ 4 & 5 & 3 & 5 \end{bmatrix}$

(3) $\begin{bmatrix} 100 & 41 & 56 \\ 99 & 48 & 82 \\ 80 & 26 & 75 \end{bmatrix}$ (4) $\begin{bmatrix} -1 & 3 & -2 & -3 \\ 2 & 3 & 2 & 1 \\ -3 & 4 & -2 & -2 \\ 1 & 2 & 3 & -1 \end{bmatrix}$

4 갑, 을 두 벤처회사가 자동차 부속품을 동시에 개발하였다. 시장 분석가들은 광고와 연간 매출액 변화에 대하여 다음과 같이 예측하였다.

- 갑, 을 모두 광고 : 갑은 5억이 증가, 을은 5억 감소
- 을만 광고 : 갑은 3억 감소, 을은 3억 증가
- 갑만 광고 : 갑은 10억 증가, 을은 10억 감소
- 모두 광고 안함 : 매출액 불변

(1) 각각 회사의 최적 전략과 게임의 값을 구하라.

(2) 을이 광고할 확률이 0.5라고 갑이 생각한다면, 갑의 최적 전략이 변하겠는가?

5-2 · E · X · E · R · C · I · S · E · S · 연습문제

5 갑, 을 두 방송사는 항상 일요일 같은 시간대에 영화 또는 스포츠 방영을 계획하고 있다. 방영 프로와 시청률 사이의 관계는 다음과 같이 조사되었다고 한다.

- 갑, 을 모두 같은 종류의 프로 방영 : 갑 55%, 을 45%
- 갑만 스포츠 방영 : 갑 65%, 을 35%
- 을만 스포츠 방영 : 갑 40%, 을 60%

각 방송사의 최적 전략을 구하라.

6 그래프를 이용하여 다음 행렬로 정의되는 게임의 최적 전략과 게임의 값을 구하라.

(1) $\begin{bmatrix} 1 & 7 & 3 \\ 5 & 4 & 6 \end{bmatrix}$　　　(2) $\begin{bmatrix} -2 & -5 \\ 1 & -1 \\ 0 & 2 \end{bmatrix}$

7 갑과 을이 하는 가위바위보 게임에서 각자는 이기면 1점, 지면 -1점, 비기면 0점을 받는다고 할 때, 갑, 을의 최적 전략과 게임의 값을 구하라.

8 $m \times n$행렬 A로 정의되는 게임의 값이 w라고 할 때, 다음을 증명하라.

(1) $A\mathbf{y} = \mathbf{0}$을 만족하는 $\mathbf{y} \in \Omega_n$이 존재하면 $w \geq 0$이다.

(2) $\mathbf{x}^{\mathrm{T}}A = \mathbf{0}^{\mathrm{T}}$를 만족하는 $\mathbf{x} \in \Omega_m$이 존재하면 $w \geq 0$이다.

9

$$A = \begin{bmatrix} 0 & a & -b \\ -a & 0 & c \\ b & c & -a \end{bmatrix}, (a, b, c > 0)$$

일 때, $A\mathbf{y} = \mathbf{0}$을 만족하는 $\mathbf{y} \in \Omega_n$이 존재함을 보여라.

10 행렬 $\begin{bmatrix} a & c \\ b & d \end{bmatrix}$로 정의되는 게임이 안장점을 가지기 위한 필요충분조건은 두 직선 $ax + by = 1$, $cx + dy = 1$이 제 1 사분면에서 만나지 않을 것임을 증명하라.

ENV *Discrete Mathematics*

VI 그래프

이산적인 문제를 해결하기 위하여 가장 많이 사용되는 도구 중 하나가 그래프 이론이다.

그래프 이론은 오일러(Euler)가 쾨니히스베르크(Königsberg)다리문제를 푸는 과정에서 생겨난 학문으로 처음부터 응용과 밀접한 관련을 가지고 있었다. 오일러 이후에 컬코프(Kirchhoff)에 의해 전기회로에, 케일리(Cayley)에 의해 유기화학에, 해밀턴(Hamilton)에 의해서는 퍼즐의 연구에 응용되었으며 20세기에 와서는 전기공학, 컴퓨터공학, 화학, 정치학, 생태학, 생명공학, 수송, 정보이론등 다양한 분야에의 응용이 확산되고 있다.

6-1 기본개념

오른쪽 그림의 7개의 점은 갑식이의 부, 모 조부, 조모, 고모, 누나 그리고 갑식이를 나타낸 것이다. 이들 사이에 「부모-자식」 관계에 있는 사람끼리 선으로 이어 보아라.

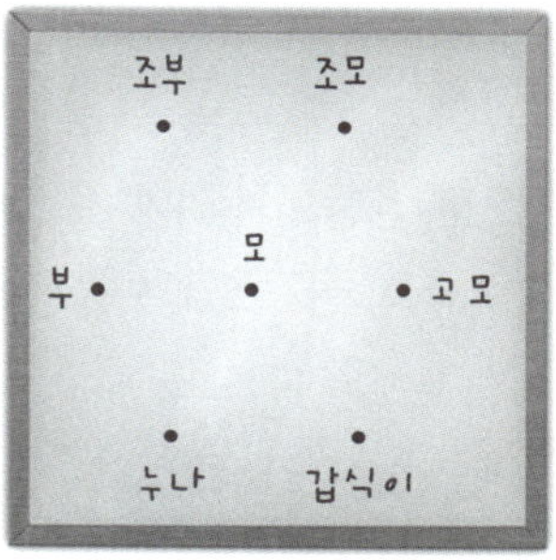

그래프의 뜻과 기본 개념

오른쪽 그림과 같이, 몇 개의 구별되는 점 및 그들 점과 점 사이의 관계를 나타내는 선으로 이루어진 도형을 **그래프**라고 한다.

◂ 그래프 graph

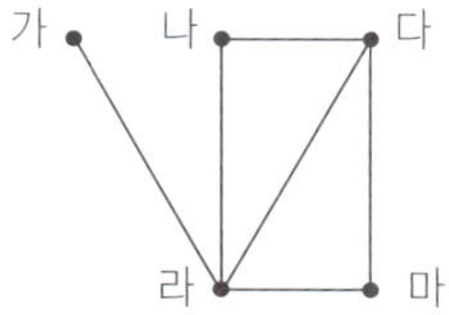

그래프는 도형으로 나타나지만 도형으로서의 성질보다는 그래프를 이루는 점과, 점과 점 사이의 관계 유무를 나타내는 연관성에 주안점을 둔다. 그런 뜻에서 그래프 G는 형식적으로 하나의 유한집합 V와, V의 2-중복조합의 다중집합 E의 쌍

$$G = (V, E)$$

로 정의한다.

V의 원소를 G의 **꼭지점**, E의 원소를 G의 **변**이라고 하고, G의 꼭지점의 개수와 변의 개수를 각각 v_G, e_G로 나타낸다. 특히, 꼭지점의 개수 v_G를 G의 **위수**라고 한다.
향후 논의에서 꼭지점은 간단히 '점'이라고 부르기도 할 것이다.

◂ 꼭지점 vertex, 邊 edge

◂ 位數 order

보기 오른쪽 그림은

$$V = \{x, y, z, u\},$$
$$E = \{\{x, y\}, \{x, z\}, \{x, u\}, \{y, y\}, \{y, z\}, \{z, u\}, \{z, u\}\}$$

로 이루어진 그래프 $G = (V, E)$이며, $v_G = 4$, $e_G = 7$이다.

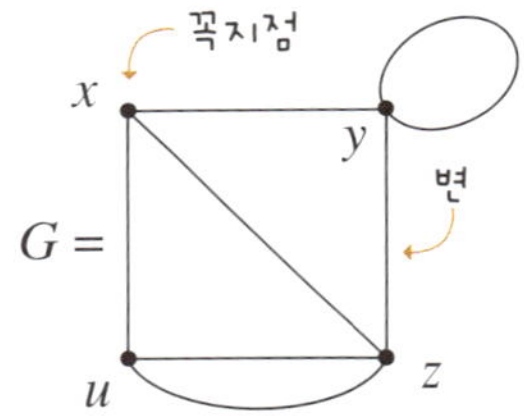

앞으로, 혼동의 우려가 없을 때는 v_G, e_G를 각각 간단히 v, e로 나타내기로 하고, 꼭지점 x, y를 잇는 변을 $[x, y]$와 같이 나타내기로 한다.

꼭지점 x, y가 변으로 이어져 있을 때, x, y는 서로 **인접**하다고 하고, 특히 a가 x, y를 잇는 변일 때, a는 x, y에 **물려있다**고 한다. 두 개의 서로 다른 변이 하나의 꼭지점에 물려 있을 때, 이 두 변은 서로 **인접**하다고 한다.

◂ 隣接 adjacent

◂ 물려있다 incident

두 꼭지점을 잇는 변이 2개 이상일 때, 이들 변을 **다중 변**이라 한다. 다중 변이 있는 경우 변의 집합은 다중집합이다. 꼭지점과 그 자신을 잇는 변을 **고리**라고 한다. 다중 변과 고리가 없는 그래프를 **단순 그래프**라고 한다.

◂ 多重邊 multiple edge

◂ 고리 loop

◂ 單純그래프 simple graph

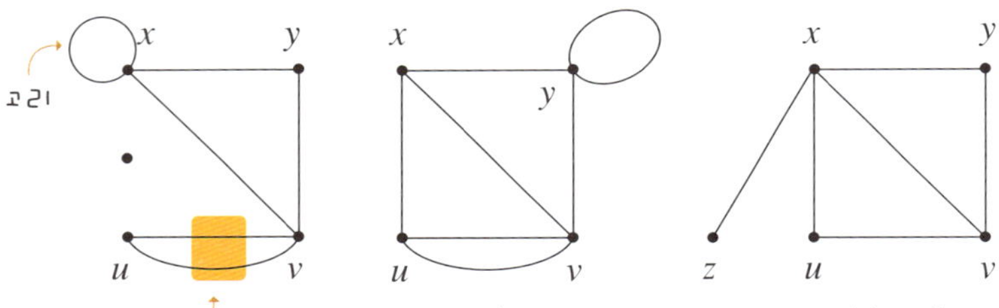

[그래프] [단순그래프]

꼭지점 x에 물려 있는 변의 수를 x의 **차수**라고 하고

$$d(x)$$

로 나타낸다. 차수에서 고리는 두 번 헤아려진다. 이를테면, 오른쪽 그래프에서

$$d(x) = 4, \quad d(y) = 2, \quad d(z) = 3, \quad d(u) = 1, \quad d(v) = 0$$

이다. 이 그래프에서는 꼭지점의 차수가 모두 다르다. 그러나 단순그래프에서는 차수가 같은 점이 반드시 있다.

◂ 次數 degree

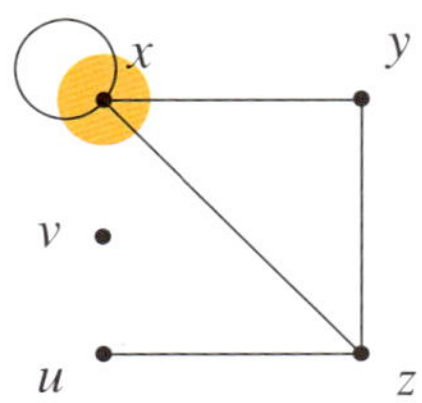

정리 6.1.1

단순 그래프에서는 차수가 같은 꼭지점이 2 개 이상 존재한다.

증명 단순그래프 G의 위수가 n이라고 하자.
$n \le 2$일 때는 명백히 정리가 성립한다.

차수가 0인 꼭지점 x가 있을 때는 G에서 x를 없앤 그래프가, n에 관한 귀납법에 의하여, 차수가 같은 꼭지점을 가지므로, 정리가 성립한다.

차수가 0인 꼭지점이 없다고 하고, 꼭지점을 $x_1, x_2, \cdots, x_n$이라 하면, x_i는 $n-1$개의 꼭지점 $x_1, x_2, \cdots, x_{i-1}, x_{i+1}, \cdots, x_n$ 중 1개 이상과 인접하므로 $1 \le d(x_i) \le n-1$, $(i = 1, 2, \cdots, n)$, 이다. 그러므로,

$d(x_1), d(x_2), \cdots, d(x_n)$은 모두 $\{1, 2, \cdots, n-1\}$에 속한다.

비둘기집의 원리에 의하여 $d(x_i) = d(x_j)$인 서로 다른 i, j가 존재한다. ▌

차수의 합과 변의 수 사이에는 다음과 같은 관계식이 성립한다.

정리 6.1.2

그래프에서 꼭지점의 차수의 합은 변의 수의 2배이다.

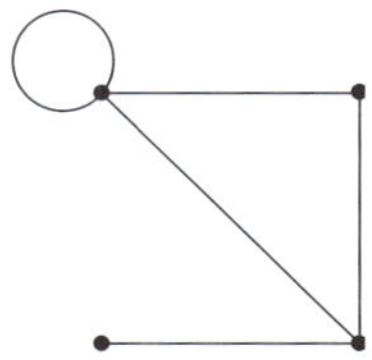

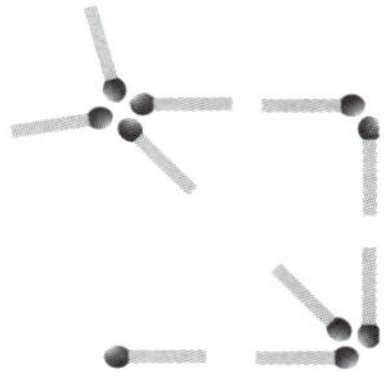

증명 그래프 G의 꼭지점에 물려 있는 변의 가장자리 「●—」를 성냥개비라 하고 G에 있는 성냥개비의 개수 m을 구하여 보자.
각 변마다 2개의 성냥개비가 있으므로

$$m = 2e.$$

꼭지점 x에 $d(x)$ 개의 성냥개비가 붙어 있으므로

$$m = \sum_{x \in V} d(x).$$

따라서 등식

$$\sum_{x \in V} d(x) = 2e$$

를 얻는다. ▌

차수가 홀수인 꼭지점을 **홀수점**, 짝수인 꼭지점을 **짝수점**이라고 한다.

◂ odd vertex, even vertex

정리 6.1.3

그래프에서 홀수점의 개수는 짝수이다.

증명 그래프 G의 홀수점을 $x_1, \cdots, x_p$, 짝수점을 $x_{p+1}, \cdots, x_{p+q}$라 하면, $2e = d(x_1) + \cdots + d(x_p) + d(x_{p+1}) + \cdots + d(x_{p+q})$이므로

$$2e - [d(x_{p+1}) + \cdots + d(x_{p+q})] = d(x_1) + \cdots + d(x_p)$$

이다. 이 등식의 좌변은 짝수이고 우변의 각 $d(x_i)$는 홀수이므로 p가 짝수이어야 한다. ▌

보기 (1) 어떤 모임에서 홀수번 악수한 사람의 수는 짝수이다. 왜냐하면 모임에 참석한 각 사람을 꼭지점으로, 악수를 변으로 하는 그래프를 생각하면 홀수번 악수한 사람은 홀수점이므로 그 수는 짝수이어야 하기 때문이다.

(2) 7개 팀이 출전하는 어떤 축구 시합에서 각 팀을 꼭지점으로, 시합을 변으로 생각하면 대전표는 그래프가 된다. 홀수 번 시합한 팀은 홀수점이므로 7개 팀이 모두 홀수 번 시합할 수 있게 대전표를 짤 수 없다.

두 그래프 $G = (V, E)$, $G' = (V', E')$에 대하여

$$V = V', \quad E = E'$$

일 때, G, G'은 **서로 같다**고 하고 이를

$$G = G'$$

과 같이 나타낸다. G, G'이 같지 않을 때 이를 $G \neq G'$과 같이 나타낸다. 이를테면 다음 그래프 G_1, G_2, G_3에 대하여 $G_1 = G_2 \neq G_3$이다.

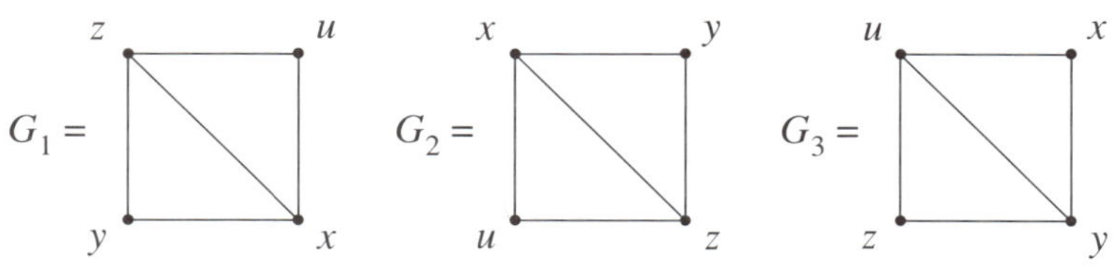

◂ G_2, G_3는 꼭지점의 집합은 같지만 변의 집합이 다르다.

그래프 $G=(V, E)$, $G'=(V', E')$에 대하여 조건

$$[x, y] \in E \Leftrightarrow [f(x), f(y)] \in E'$$

을 만족하는 전단사함수 $f: V \to V'$가 존재할 때, G, G'은 **동형**이라고 한다. 이를테면 다음 그래프 중 G_1, G_2는 동형이지만 G_1, G_3는 동형이 아니다.

◂ 同型 isomorphic

◂ G_1에서는 임의의 두 꼭지점이 인접하지만 G_2에서는 k, l이 인접하지 않다.

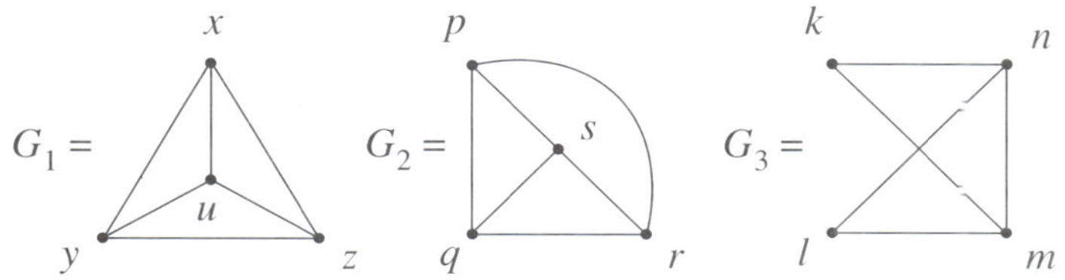

두 그래프가 동형이라는 것은 꼭지점의 이름만 다르다는 뜻이다. 그러므로 어떤 그래프와 동형인 임의의 그래프를 나타낼 때는 꼭지점에 이름을 붙이지 않고 오른쪽 그림과 같이 간단히 표현할 수 있다.

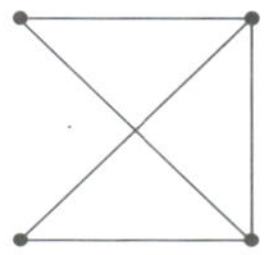

차수열

그래프 $G=(V, E)$에서 $V=\{x_1, x_2, \cdots, x_n\}$일 때,

$$(d(x_1), d(x_2), \cdots, d(x_n))$$

을 G의 **차수열**이라고 한다. 이를테면 오른쪽 그래프의 차수열은(4, 2, 4, 2, 0)이다. 동형인 두 그래프의 차수열은 성분 재배열을 허용했을 때 같은 수열이 될 수 있다. 그러나 다음 예에서 알 수 있듯이, 그 역은 일반적으로 성립하지 않는다.

◂ 次數列 degree sequence

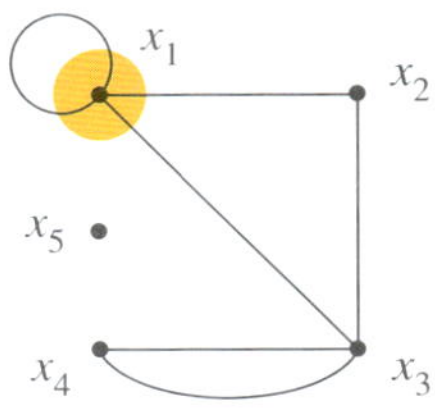

보기 그림의 그래프 G_1, G_2는 같은 차수열 (3, 3, 3, 3, 3, 3)을 가진다. G_1에는 서로 인접한 세 꼭지점이 없지만 G_2에는 그러한 세 꼭지점이 있다. 그러므로 G_1, G_2는 동형이 아니다.

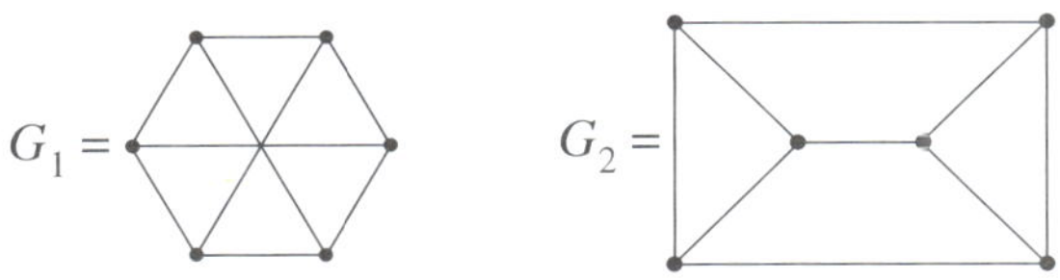

차수열이 $\mathbf{d} = (d_1, \cdots, d_n)$, $d_1 \geq d_2 \geq \cdots \geq d_n$, 인 단순그래프가 존재할 때, 수열 $\mathbf{d}$를 **그래프적**이라고 한다. 이를테면, (3, 3, 2, 2)는 그래프적이지만 (3, 2, 2, 2)는 그래프적이 아니다.

◂ graphic

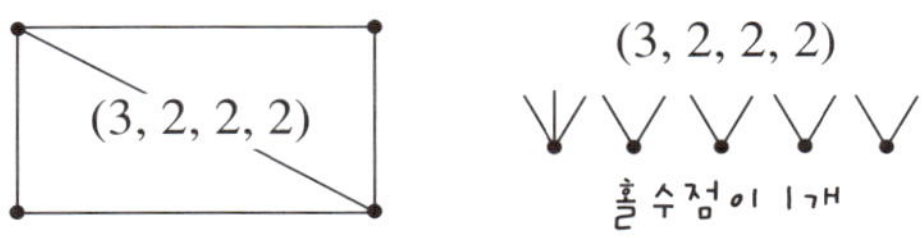

예제 6.1.4

탄소(C) 1 개, 수소(H) 3 개로 이루어진 분자가 있겠는가?

풀 이 탄소, 수소에 붙을 수 있는 변의 개수는 각각 4, 1이므로 탄소 1개, 수소 3개의 근방의 모양이 각각

와 같다. 따라서, 그러한 분자가 있다면 그 모양은 차수열이 (4, 1, 1, 1)인 단순 그래프이다. 홀수점이 짝수 개이어야 하므로 그러한 그래프는 존재하지 않는다. ■

음이 아닌 정수로 된 유한 수열이 그래프적인지 아닌지를 판정하는 방법은 여러가지 있으나 그 중 간단하고 유용한 것 중의 하나를 다음 정리에서 소개한다.

이제부터 그래프 $G = (V, E)$에 대하여, $W \subset V$라 할 때, W의 꼭지점과, W의 꼭지점에 물려 있는 모든 변을 지운 그래프를 $G - W$로 나타내고, $F \subset E$에 대하여, F의 변을 지운 그래프를 $G - F$로 나타낸다.
하나의 꼭지점 x와 하나의 변 a에 대해서는 $G - \{x\}$, $G - \{a\}$를 각각 간단히 $G - x$, $G - a$와 같이 나타낸다.

G의 꼭지점 x에 대하여, x와 인접한 꼭지점 전체의 집합을, $N_G(x)$로, $N_G(x) \cup \{x\}$를 $U_G(x)$로 나타낸다.

정리 6.1.5

$k = d_1 \geq d_2 \geq \cdots \geq d_n$인 음이 아닌 정수 $d_1, d_2, \cdots, d_n$에 대하여,

$$\mathbf{d} = (d_1, d_2, \cdots, d_n)$$

이 그래프적일 필요충분조건은

$$\mathbf{d}' = (d_2 - 1, d_3 - 1, \cdots, d_{k+1} - 1, d_{k+2}, \cdots, d_n)$$

이 그래프적일 것이다.

증명 ($\Leftarrow$) $\mathbf{d}'$이 그래프적이라고 하면, 차수열이 $\mathbf{d}'$인 단순그래프 $G' = (V', E')$이 존재한다.

$$V' = \{x_2, x_3, \cdots, x_n\}, \quad (d(x_2), d(x_3), \cdots, d(x_n)) = \mathbf{d}'$$

이라고 하자. G'에 새로운 꼭지점 x_1을 추가하고, x_1과 $x_2, x_3, \cdot \cdot, x_{k+1}$을 각각 변으로 이으면 차수열이 $\mathbf{d}$인 단순그래프를 얻는다.

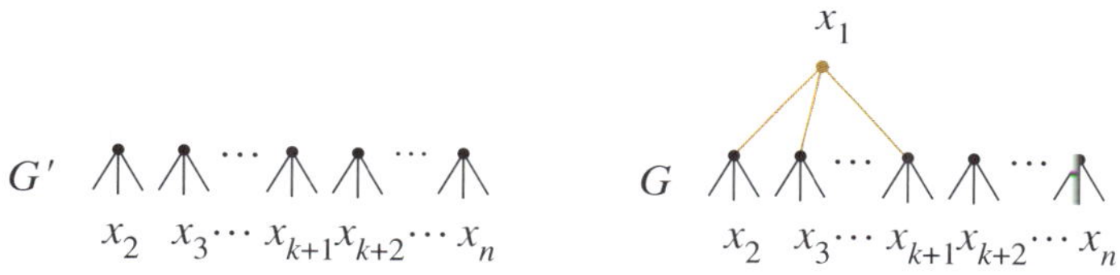

($\Rightarrow$) $G = (V, E)$를 차수열이 $\mathbf{d}$인 단순그래프라 하고,

$$V = \{x_1\} \cup X \cup Y, \quad X = \{x_2, \cdots, x_{k+1}\}, \; Y = \{x_{k+2}, \cdots, x_n\},$$

$$d_i = d(x_i), \; (i = 1, 2, \cdots, n)$$

라 하자.

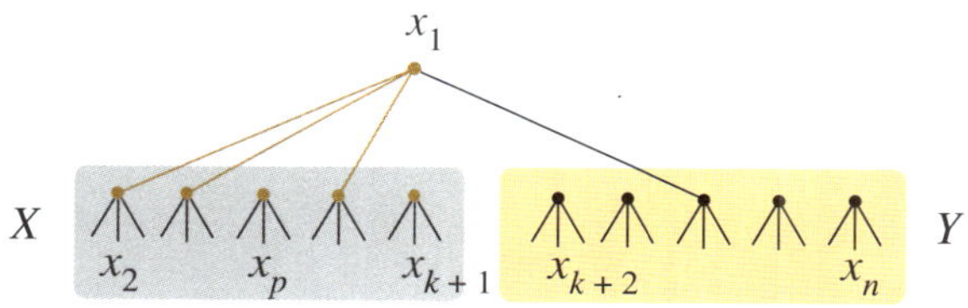

그래프 G는 차수열이 $\mathbf{d}$인 단순그래프 중 $|N_G(x_1) \cap X|$의 값이 최대인 것으로 잡았다고 하자. 이 때, $N_G(x_1) = X$임을 보인다.

$N_G(x_1) \neq X$라고 하면, x_1과 인접한 Y의 점 x_q, $(q \geq k+2)$, 가 존재하고, 따라서 x_1과 인접하지 아니한 X의 점 x_p, $(p \leq k+1)$, 가 존재한다.

$x_1 \in N_G(x_q) - N_G(x_p)$이므로 $N_G(x_p) \neq N_G(x_q)$이다. 만일 $N_G(x_p) \subset N_G(x_q)$이라면 $d_p < d_q$이고 이것은 $d_1 \geq d_2 \geq \cdots \geq d_n$이라는 가정에 위

배된다. 그러므로 x_p와 인접하면서 x_q와는 인접하지 않는 꼭지점 x_r이 존재한다.

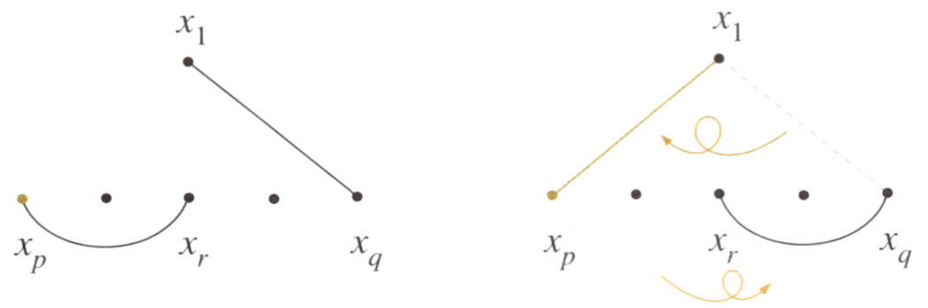

G에서 변 $[x_1, x_q]$, $[x_p, x_r]$를 지우고 변 $[x_1, x_p]$, $[x_r, x_q]$를 추가하여 얻은 그래프를 H라 하면 H의 차수열은 $\mathbf{d}$이고, $N_H(x_1) = N_G(x_1) \cup \{x_p\} - \{x_q\}$이므로 $|N_H(x_1) \cap X| = |N_G(x_1) \cap X| + 1$이 되어 G의 선택에 위배된다. 따라서 $N_G(x_1) = X$가 성립한다.

x_1이 k개의 꼭지점 $x_2, \cdots, x_{k+1}$과 인접하므로, $G - x_1$의 차수열이 $\mathbf{d}'$이고, 따라서 $\mathbf{d}'$은 그래프적이다. ▌

예제 6.1.6

다음 수열이 그래프적인지 아닌지를 판정하라.

(1) (6, 5, 5, 4, 3, 2, 2) (2) (6, 5, 5, 3, 3, 3, 3)

풀이 (1) 홀수점이 홀수개이므로 이 수열을 차수열로 하는 그래프는 존재하지 않는다.

(2) 정리 6.1.5의 $\mathbf{d}$, $\mathbf{d}'$의 정의에 따라 다음과 같이 한다.

6 5 5 3 3 3 3
첫째 항 6을 없애고 남는 항 중 가장 큰 수 6개에서 1을 뺀다.
4 4 2 2 2 2
첫째 항 4를 없애고 남는 항 중 가장 큰 수 4개에서 1을 뺀다.
3 1 1 1 2
첫째 항 3을 없애고 남는 항 중 가장 큰 수 3개에서 1을 뺀다.
1 0 0 1

(1, 0, 0, 1)은 그래프 「•—• • •」의 차수열이다. 그러므로 원래의 수열은 그래프적이다. ▌

차수열이 (6, 5, 5, 3, 3, 3, 3)인 그래프는 실제로 「•—• • •」데서 시작, 예제 6.1.6. (2)의 풀이과정을 역으로 관찰하여 점과 변을 추가해 나감으로써 구할 수 있다.

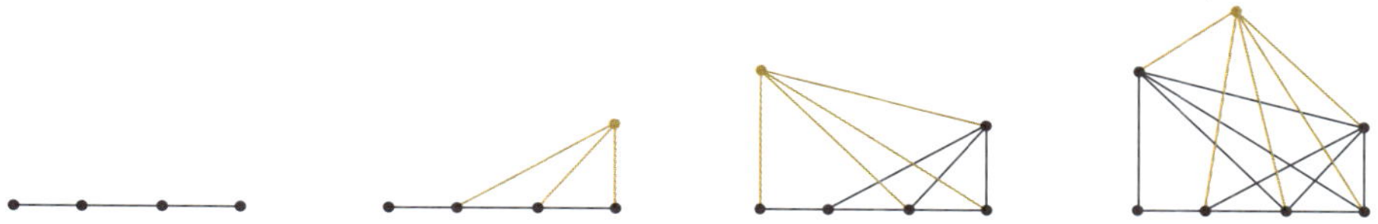

유향그래프

그래프의 각 변 $[x, y]$에 $[x \to y]$ 또는 $[x \leftarrow y]$ 와 같이 방향을 준 것을 **유향그래프**라 하고, 방향을 가진 변을 **유향변**이라고 한다.

◂ 有向그래프 directed graph 또는 digraph
有向邊 arc

유향그래프에서 꼭지점 x로 들어오는 유향변 $[x \leftarrow \bullet]$의 개수와 x에서 나가는 유향변 $[x \to \bullet]$의 개수를 각각 x의 **입차수**, **출차수**라고 하고, 이를 각각

$$id(x),\ od(x)$$

로 나타낸다. 이를테면 오른쪽 그림의 유향그래프에서

$$id(x) = 1, \quad od(x) = 2$$

이다.

◂ 入次數 indegree
出次數 outdegree

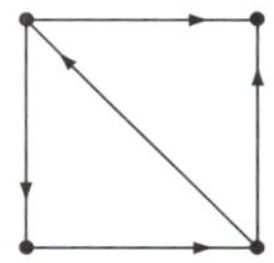

두 유향변이 $\to \bullet \to$의 꼴로 이어져 있을 때, 이 두 유향변은 **순접**한다고 한다.

부분그래프

그래프 또는 유향그래프 G의 꼭지점과 변의 일부 또는 전부로 이루어진 그래프 G'을 G의 **부분그래프**라고 하며, G의 부분그래프 중 G의 모든 꼭지점을 포함하는 것을 G의 **생성부분그래프**라고 한다.

◂ 部分그래프 subgraph

◂ 生成部分그래프 generating subgraph

그래프(유향그래프) G의 꼭지점 중 일부 또는 전부의 집합 W에 대하여 W를 꼭지점의 집합으로 하고, G의 변(유향변) 중 W의 점 끼리를 잇는 모든 변(유향변)을 변(유향변)의 집합으로 하는 그래프(유향그래프)를 W에 의하여 생성되는 **유도부분그래프**라고 한다.

◂ 誘導部分그래프 induced subgraph

	그래프		유향그래프	
	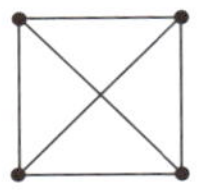		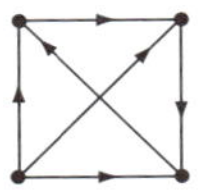	
부분 그래프		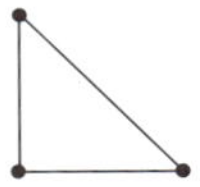		
		⁚⁚로 생성되는 유도부분그래프		
생성부분 그래프		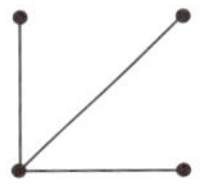	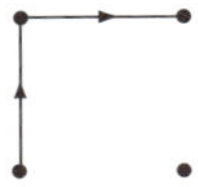	

경로와 회로

그래프(유향그래프)에서, 인접(순접)하는 변(유향변)의 열을 **경로**라고 하고, 경로를 이루는 변의 개수를 **경로의 길이**라고 한다. 이를테면 다음은 각각 오른쪽 그래프와 유향그래프에서 길이 6, 5인 경로이다.

◂ 經路 path

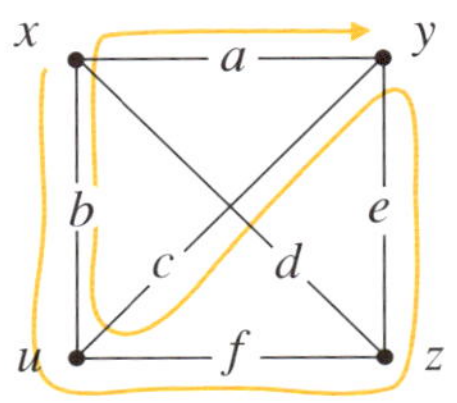

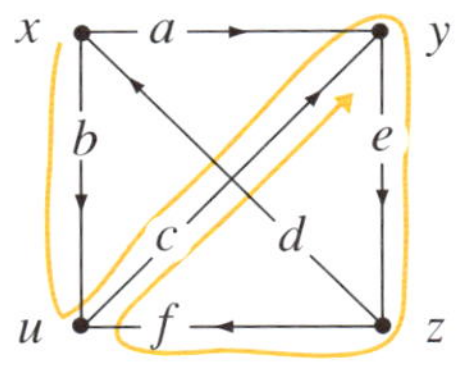

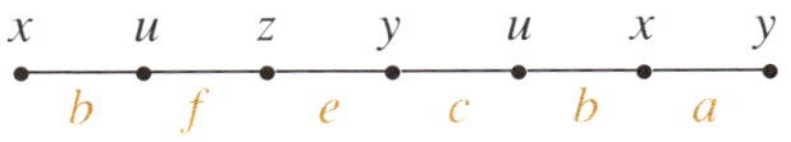

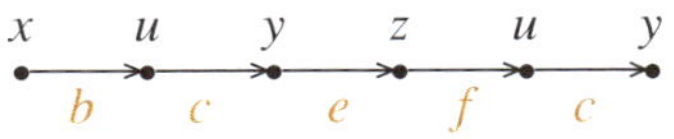

이들 경로는 각각 꼭지점 x, y를 잇는 경로, x에서 y로 가는 경로이다. 이와 같은 경로를 **(x, y)-경로**라고 한다.

양 끝점이 같은 경로를 **폐로**라고 하고, 모든 변이 다른 폐로를 **회로**라고 하며, 양 끝점을 제외하고는 모든 꼭지점이 다른 회로를 **바퀴**라고 한다. 마지막으로, 양 끝점을 포함한 모든 꼭지점이 다른 경로를 **직선경로**라고 한다.

◀ 閉路 closed path
回路 circuit
바퀴 cycle
直線經路 line path

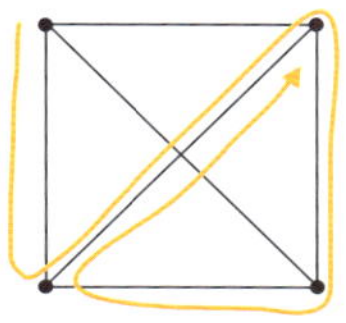
[경로]

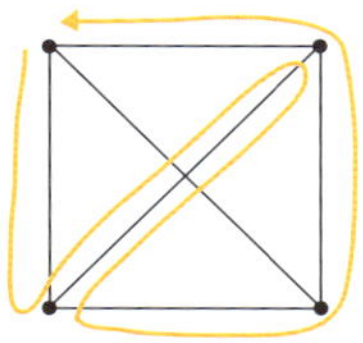
[폐로]

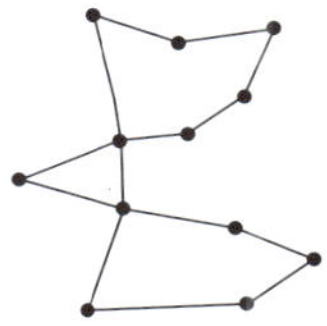
[회로]

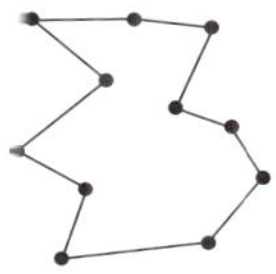
[바퀴]

[직선경로]

그래프에서 차수가 1인 점을 **단말점**이라고 한다.

◀ 端末點 pendant

정리 6.1.7

단말점이 없는 그래프는 회로를 가진다.

증명 그래프 G가 다중변 또는 고리를 가질 경우에는 그 다중변 또는 고리가 곧 회로이다.

G가 단순그래프라고 하자. 다음과 같이 꼭지점의 열 $x_1, x_2, x_3, \cdots$ 을 잡는다.

① x_1을 임의로 잡고, x_1과 인접한 점 x_2를 잡는다.

② x_i가 잡혔을 때, x_i와 인접한 점 x_{i+1} $(\neq x_{i-1})$을 잡는다.
(x_i가 단말점이 아니므로 x_{i-1}이외에도 x_i와 인접한 점이있다.)

G의 꼭지점이 유한개이므로 어떤 $k, l, (k < l)$, 이 있어서 $x_k = x_l$이 성립한다. 이제, x_k에서 출발하여 차례로 $x_k, x_{k+1}, \cdots, x_{l-1}$을 거쳐 x_l에 이르는 경로는 G의 회로이다. ▌

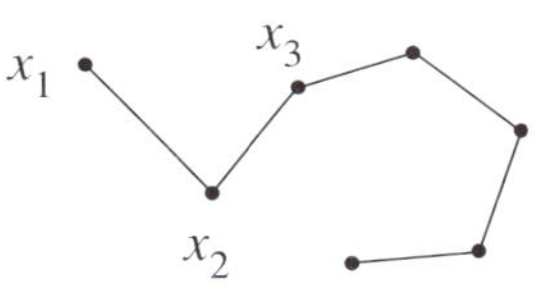

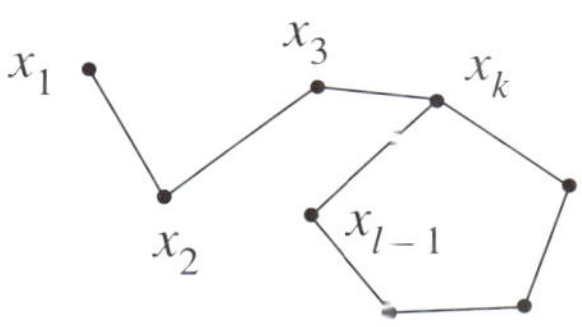

6-1 EXERCISES 연습문제

1 그래프 G에 대하여 다음을 증명하라.
(1) $\delta_G \le \frac{2e_G}{v_G} \le \Delta_G$ (단, δ_G, Δ_G는 각각 G의 꼭지점의 차수의 최소값, 최대값을 나타낸다.)
(2) v_G가 홀수라면 모든 꼭지점의 차수가 3인 것은 아니다.
(3) 각 꼭지점의 차수가 k 또는 $k+1$일 때, 차수가 k인 꼭지점의 개수는 $(k+1)v_G - 2e_G$이다.

2 단순그래프 G에 대하여 다음을 증명하라.
(1) δ_G이하의 임의의 자연수 k에 대하여, 길이가 k 이상인 직선경로가 존재한다.
(2) $\delta_G \ge 2$일 때, $2 \le k \le \delta_G$인 임의의 자연수 k에 대하여, 길이가 $k+1$ 이상인 회로가 존재한다.

3 다음 값을 구하라.
(1) $e_G = 25$, $\delta_G \ge 4$인 그래프 G의 위수의 최대값
(2) $e_G = 50$인 단순그래프 G 위수의 최대값

4 10명이 모인 어떤 모임에서 26번의 악수가 행해졌다고 할 때, 6번 이상 악수한 사람이 있음을 증명하라.

5 9명의 학생들이 여름방학 동안 각자가 3명씩에게 편지를 보내기로 약속을 했다. 다음 물음에 답하라.
(1) 각 학생이 9번 편지를 주고 받는 것이 가능한가?
(2) 각 학생이 9번 편지를 주고 편지를 준 3명의 학생으로부터 편지를 받는 것이 가능한가?

7 9명 중 3 명의 친구의 수는 4 명이고, 1 명의 친구의 수는 6 명이다. 이 9명 중에는 서로 서로 친구인 3명이 있음을 증명하라.

8 10명의 사람들 가운데는 서로 아는 사람이 4명 있거나 서로 모르

6-1 · E · X · E · R · C · I · S · E · S · 연습문제

는 사람이 3명 있음을 증명하라.

9 다음 수열은 그래프적이 아님을 증명하라.

(1) (7, 5, 5, 5, 3, 2, 1) (2) (6, 6, 5, 4, 2, 2, 1)

10 차수열이 (1, 1, 1, 2, 2, 3)인 동형이 아닌 3개의 그래프를 찾아라.

11 다음 그래프 중 ①, ②는 동형이고, ③, ④는 동형이 아님을 보여라.

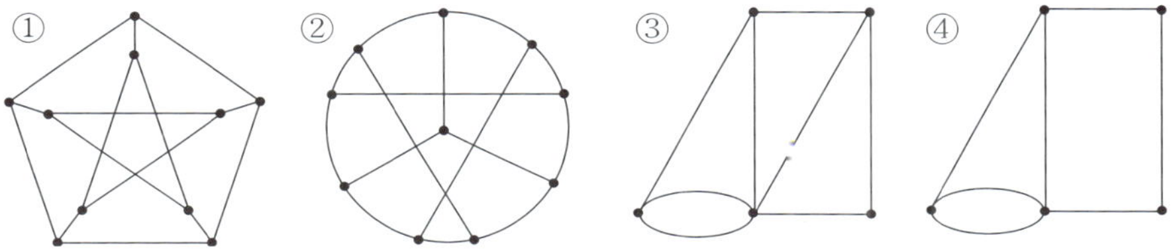

12 n명의 선수가 참가한 바둑대회에서 어떤 선수도 같은 사람과 2국 이상을 두지 않기로 하였다. 어느 날 치루어진 대전이 총 $n+1$국이라고 할때, 적어도 한 명은 3국 이상 두었음을 증명하라.

13 한 무리의 사람들 중에서 각 사람이 모르는 사람은 많아야 3명이다. 이 때, 그들을 두 조로 나누고, 각 조 중에서 각 사람이 모르는 사람이 많아야 한 명이 될 수 있음을 증명하라.

14 수학경시대회에 참가한 사람 중 어떤 선수는 서로 알고, 서로 모르는 임의의 두 명의 선수는 두 명만의 공통인 친구를 갖고 있다고 한다. 선수 A와 B는 서로 알고 있지만, 그 들 두 명에게는 공통된 친구는 없다고 할 때, 그 두 명의 친구의 수는 같음을 증명하라.

6-2 여러 가지 그래프

다음 그래프에서 첫 번째 그래프와 나머지 그래프와의 차이점은 무엇인가?

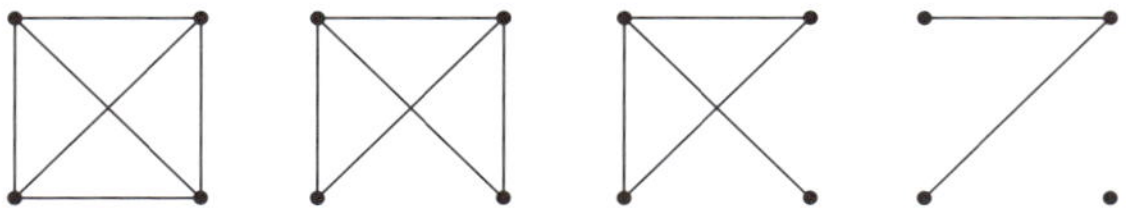

완전 그래프

어떠한 두 꼭지점도 인접한 단순그래프를 **완전그래프**라 하고, 위수 n인 완전그래프는

◂ 完全그래프 complete graph

$$K_n$$

으로 나타낸다. K_n의 변의 개수는 $\binom{n}{2} = \frac{n(n-1)}{2}$이다.

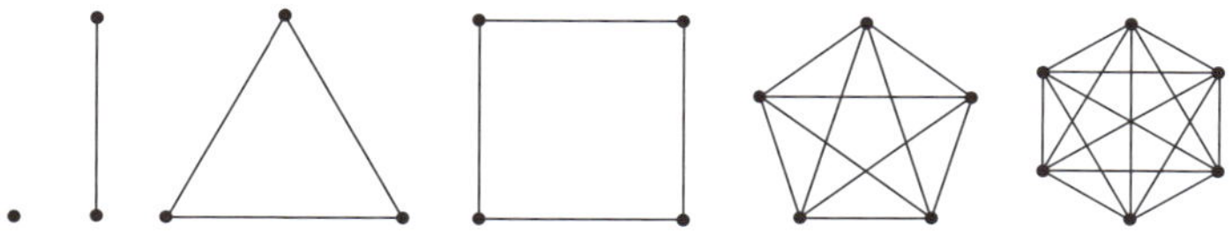

K_1 K_2 K_3 K_4 K_5 K_6

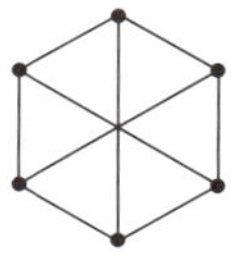

[3-정칙 그래프]

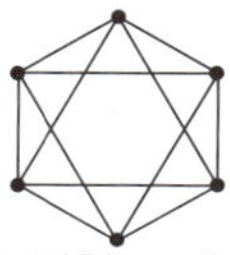

[4-정칙 그래프]

모든 꼭지점의 차수가 같은 그래프를 **정칙그래프**라 하고, 특히 꼭지점의 차수가 r인 정칙그래프를 r-정칙그래프라고 한다. 이를테면 K_n은 $(n-1)$-정칙그래프이고, 임의의 바퀴는 2-정칙그래프이다.

◂ 正則그래프 regular graph

연결그래프

오른쪽 그림의 그래프에서는 임의의 두 꼭지점을 연결하는 경로가 있다. 이와 같이 그래프 G의 임의의 두 꼭지점 x, y에 대하여 (x, y)-경로가 존재할 때, G를 **연결그래프**라고 한다.

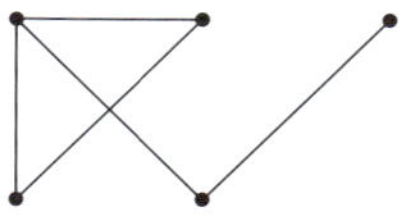

◀ 連結그래프 connected graph

다음 그래프 G에는 (x, u)-경로가 존재하지 않으므로 연결 그래프가 아니다. 그러나 $\{x, y, z\}$에 의하여 생성되는 유도부분그래프 G_1과 $\{u, v\}$에 의하여 생성되는 유도부분그래프 G_2는 각각 연결그래프이다. G의 연결부분그래프로서 G_1모든 꼭지점과 변을 포함하는 그래프는 G_1 이외에는 없다. 그런 의미에서 G_1을 G의 최대의 연결 부분그래프라고 한다. G의 최대의 연결 부분그래프를 G의 **연결성분**이라고 한다.

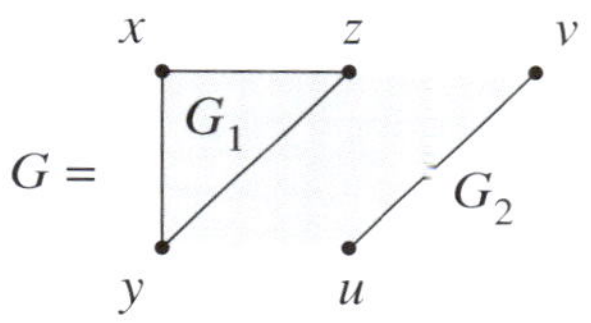

◀ 連結成分 connected component

연결그래프는 연결성분이 자기 자신인 그래프이다.

유향 그래프 D의 임의의 두 꼭지점 x, y에 대하여 (x, y)-경로가 있을 때, D를 **강연결** 그래프라고 한다. 이를테면 아래 왼쪽 유향그래프는 강연결이지만 아래 오른쪽 그래프는 강연결이 아니다.

◀ 強連結 strongly connected

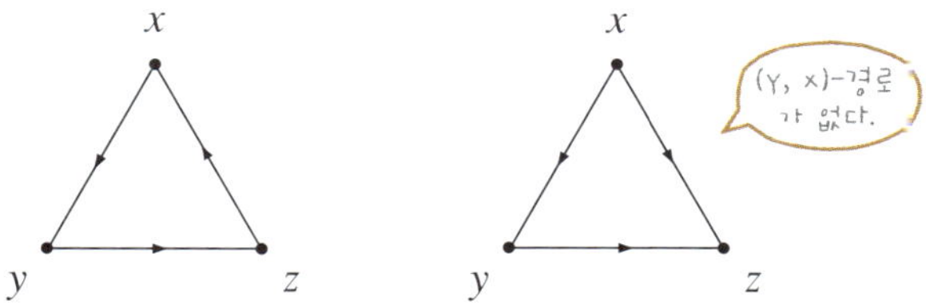

오른쪽 그림의 그래프는 모두 연결그래프이다. G_1은 1개의 꼭지점을 없앰으로써 연결성이 없어지지만 G_2는 2개의 꼭지점을 없애야 연결성이 없어진다. 이와 같이 연결그래프에 있어서 연결의 '정도'를 생각할 수 있다.

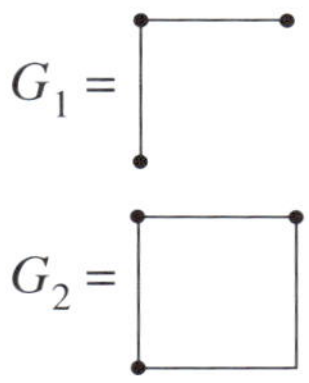

그래프 G에서, 몇 개의 꼭지점을 없애면 연결성이 깨어지거나 한 점만

을 가진 그래프가 되는 경우, 그러한 꼭지점의 최소 개수를 G의 **점연결도**라고 하고 $\kappa(G)$로 나타낸다. 이를테면 오른쪽 그래프 G의 점연결도는 2, 즉 $\kappa(G)=2$이다.

◂ 點連結度 vertex connectivity

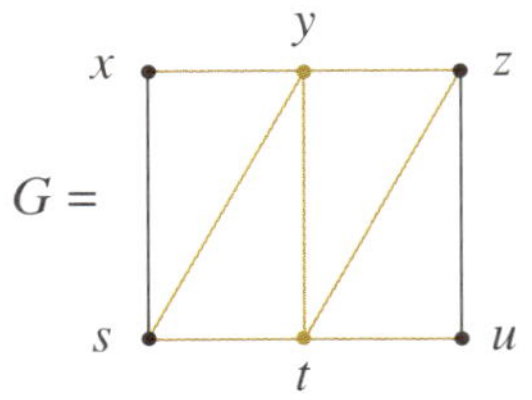

∵ 어떠한 한 꼭지점을 없애더라도 연결성이 유지되므로 $\kappa(G)>1$.
이 그래프에서 꼭지점 y, t를 없애면 연결성이 깨어지므로 $\kappa(G)\le 2$.
따라서 $\kappa(G)=2$이다. ▮

점연결도의 정의로부터 다음 사실을 쉽게 알 수 있다.

- G가 연결그래프가 아니면 $\kappa(G)=0$.
- G가 완전그래프이면 $\kappa(G)=n-1$.
- G가 완전그래프가 아니라면 $\kappa(G)\le n-2$.

지금부터 그래프 G의 꼭지점의 차수의 최소값을 δ_G로 나타낸다.

정리 6.2.1

G가 단순연결그래프일 때,

$$\kappa(G)\le\delta_G$$

증명 G의 임의의 꼭지점 x에 대하여 $G-N(x)$는 연결그래프가 아니거나 한 점으로 이루어진 그래프이다. 따라서 $\kappa(G)\le|N(x)|$.
G가 단순그래프이므로 $|N(x)|=d(x)$이다. 그러므로

$$\kappa(G)\le\min\{d(x)\mid x\in V\}=\delta_G. \quad ▮$$

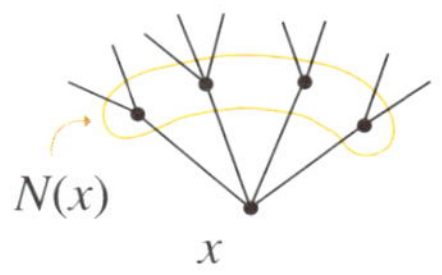

$\delta_G\le(\text{차수의 평균})=\frac{(\text{차수의 합})}{v}=\frac{2e}{v}$이므로, 다음을 얻는다.

따름정리 6.2.2

G가 단순연결그래프일 때, $\kappa(G)\le\frac{2e}{v}$이다.

그래프 G에서, 몇 개의 변을 지우면 연결성이 깨어지거나 한 점만을 가진 그래프가 되는 경우, 그러한 변의 최소 개수를 G의 **변연결도**라 하고 $\kappa'(G)$로 나타낸다.

◀ 邊連結度 edge connectivity

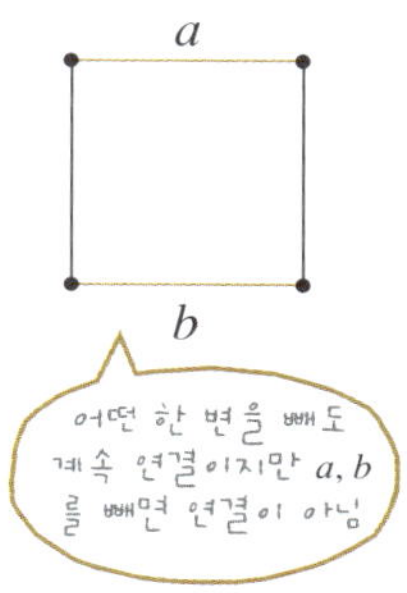

이를테면 오른쪽 그래프 G의 변연결도는 2, 즉, $\kappa'(G) = 2$이다.

변연결도의 정의로부터 다음 사실을 쉽게 알 수 있다.

- G가 연결그래프가 아니면 $\kappa'(G) = 0$.
- G가 완전그래프이면 $\kappa'(G) = n - 1$.
- G가 완전그래프가 아니라면 $\kappa'(G) \le n - 2$.

다음은 κ, κ', δ_G 사이의 관계를 나타내는 정리이다.

정리 6.2.3

G가 단순연결그래프일 때,

$$\kappa(G) \le \kappa'(G) \le \delta_G$$

증명 한 꼭지점에 물려있는 모든 변을 지우면 G는 연결성이 깨어지거나 한 점으로 이루어진 그래프로 바뀌므로

$$\kappa'(G) \le \delta_G$$

$\kappa(G) \le \kappa'(G)$의 증명은 다음의 두 가지 경우로 나누어 한다

- $\kappa'(G) = 0$인 경우 : 이 때는 G가 연결그래프가 아니므로 $\kappa(G) = 0$이고, 따라서 $\kappa(G) \le \kappa'(G)$.
- $\kappa'(G) \ge 1$인 경우 : 없애면 연결성이 깨어지는 $\kappa' = \kappa'(G)$개의 변을 $a_1, a_2, \cdots, a_{\kappa'}$이라 하고, $a_i = [x_i, y_i]$, $(i = 1, 2, \cdots, \kappa')$, 라 하면, $G - \{x_1, x_2, \cdots, x_{\kappa'}\}$은 변 $a_1, a_2, \cdots, a_{\kappa'}$을 가지고 있지 않으므로 연결그래프가 아니다. 따라서

$$\kappa(G) \le \kappa'(G). \blacksquare$$

이분 그래프

x_1, x_2, x_3, x_4 4명의 사람이 4가지 일 y_1, y_2, y_3, y_4 중 할 수 있는 일은 다음 왼쪽 표와 같다고 한다. 이를 아래 오른쪽 그림과 같은 그래프로 나타낼 수 있다.

	y_1	y_2	y_3	y_4
x_1	×	o	o	×
x_2	o	×	×	o
x_3	o	o	×	×
x_4	×	×	o	o

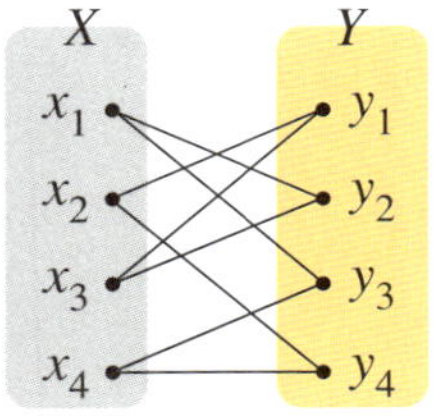

이 그래프에서는 꼭지점이 두 그룹으로 나누어져 같은 그룹의 점끼리는 인접하지 않다. 이와 같이 그래프 $G=(V, E)$의 꼭지점의 집합 V가 2개의 부분 X, Y로 나누어져 같은 부분에 속하는 꼭지점끼리는 인접하지 않을 때, G를 **이분그래프**라고 한다. 이 때, (X, Y)를 V의 **이분할**이라고 하고 G를 $G=(X, E, Y)$와 같이 나타내기도 한다.

◂ 二分그래프 bipartite graph
二分割 bipartition

보기 다음 그래프 G_1은 G_2와 같으므로 이분그래프이다.

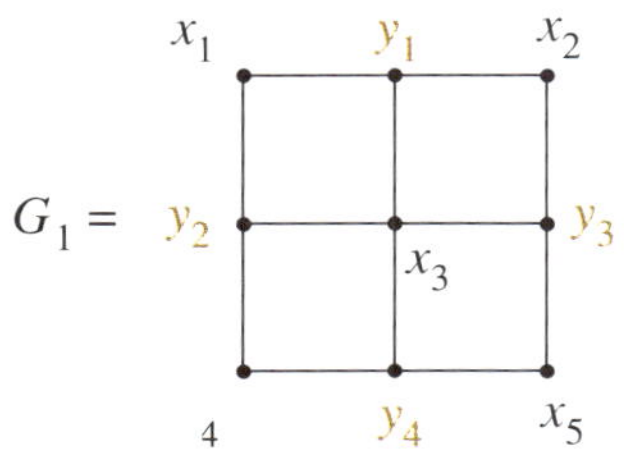

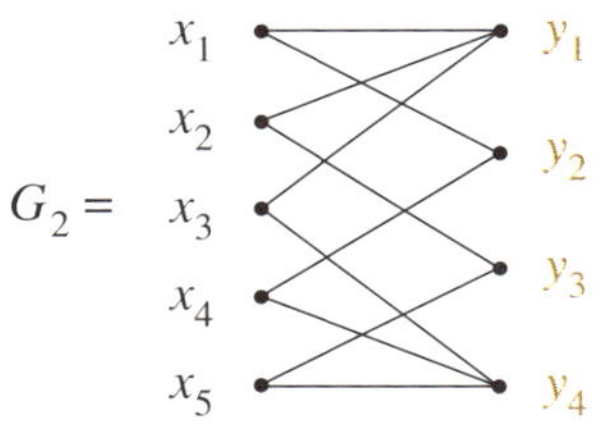

특히 임의의 $x \in X$와 임의의 $y \in Y$가 인접한 이분그래프 $G=(X, E, Y)$를 **완전이분그래프**라 하고 $|X|=m, |Y|=n$인 완전이분그래프를 $K_{m,n}$으로 나타낸다.

◂ complete bipartite graph

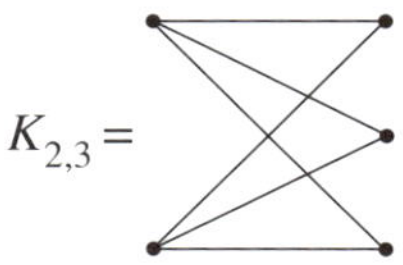

정리 6.2.4

그래프 G가 이분그래프일 필요충분조건은 G의 각 회로의 길이가 짝수일 것이다.

증명 ($\Rightarrow$) G가 이분 그래프라 하고, G의 꼭지점의 집합 V의 이분할을 (X, Y)라고 하면, G의 임의의 회로 C에는 X의 꼭지점과 Y의 꼭지점이 교대로 나타나고, X 또는 Y 중 한 집합의 꼭지점이 중복되어 있지 않다. 따라서 C의 길이는 짝수이다.

($\Leftarrow$) G를 연결그래프라고 가정해도 좋다.

G의 한 꼭지점 u를 잡고

$$X = \{x \mid \text{홀수 길이의 } (u, x)\text{-경로가 있다.}\},$$

$$Y = \{y \mid \text{짝수 길이의 } (u, y)\text{-경로가 있다.}\}$$

로 두면, $X \cup Y = V$이다.

만약 $X \cap Y \neq \varnothing$이면, $z \in X \cap Y$가 존재하고, 이 때 홀수 길이의 (u, z)-경로 ㉮가 있고, 짝수 길이의 (u, z)-경로 ㉯가 있다. ㉮, ㉯를 그림과 같이 붙이면 홀수 길이의 회로가 되어 모순이므로 $X \cap Y = \varnothing$.

두 꼭지점 $x_1, x_2 \in X$가 인접하다고 하자. x_1, x_2가 모두 X에 속하므로, 홀수 길이의 (u, x_1)-경로와 (u, x_2)-경로 ㉰, ㉱가 있다.

㉰, ㉱ 및 변 $[x_1, x_2]$를 그림과 같이 붙이면 홀수 길이의 회로가 되어 모순이다. 따라서 X의 꼭지점끼리는 인접하지 않다.

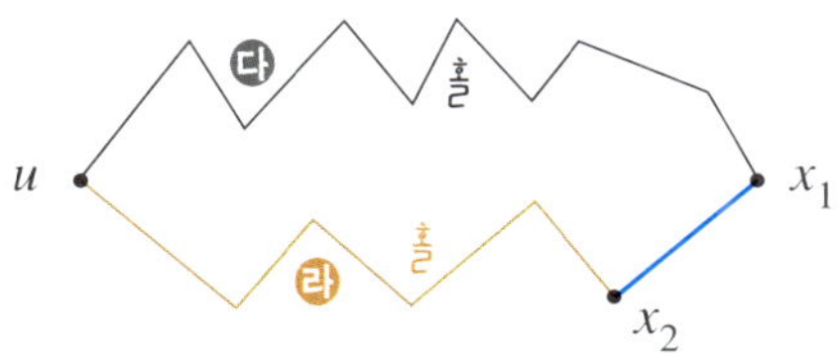

같은 논리로 Y의 꼭지점끼리도 서로 인접하지 않다. ▌

평면 그래프

오른쪽 그림과 같은 3채의 집 각각에서 3개의 우물로 가는 길을 겹치지 않게 낼 수 있는 방법은 없다. 그 이유는 이 절에서 설명된다. 그러나 집이 2채라면 다음 그림과 같이 길을 낼 수 있다.

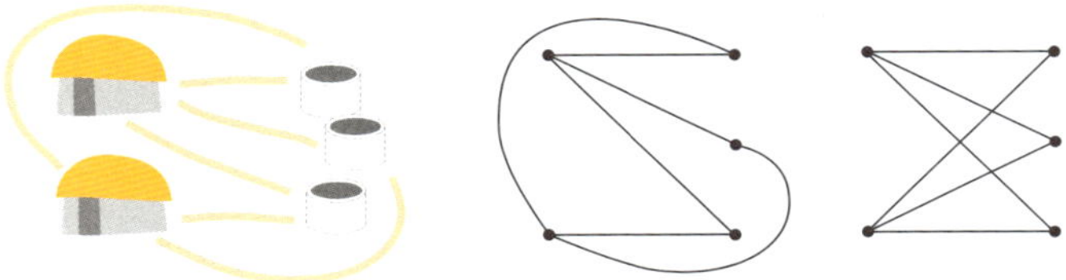

집과 우물 사이에 길을 낸 것을 나타낸 위의 그래프와 같이, 변이 겹치지 않게 평면 위에 그릴 수 있는 그래프를 **평면그래프**라고 한다.

◂ 平面그래프 planar graph

평면그래프는 평면을 몇 개의 영역으로 나눈다. 평면그래프 G에 의하여 나누어지는 영역을 G의 **면**이라 하고 면의 개수를 f_G로 나타낸다. f_G도 혼동의 우려가 없을 경우에는 간단히 f로 나타낸다.

◂ 面 face

다음에 연결 평면그래프의 꼭지점, 변, 면의 개수 사이의 관계를 나타내는 오일러의 정리를 증명한다.

정리 6.2.5 (오일러의 공식)

◂ Euler's formula

연결 평면그래프에서는 다음 등식이 성립한다.

$$v - e + f = 2$$

증명 e에 관한 귀납법을 사용하여 증명한다.

$e = 0$일 때는 $G = K_1$이다. 이 때, $v = 1$, $f = 1$이므로

$$v - e + f = 1 - 0 + 1 = 2$$

가 성립한다.

$e > 0$이라 하고, e보다 작은 개수의 변을 가진 연결 평면그래프에 대해서는 오일러의 공식이 성립한다고 하자.

- G에 단말점이 있는경우 : 단말점 x를 잡고 $H = G - x$라 하면

$$v_H = v_G - 1, \quad e_H = e_G - 1, \quad f_H = f_G$$

이므로 귀납법의 가정에 의하여

$$v_G - e_G + f_G = (v_H + 1) - (e_H + 1) + f_H = v_H - e_H + f_H = 2$$

가 성립한다.

- G에 단말점이 없는경우 : 정리 6.1.7에 의하여, G에 하나의 회로가 존재한다. 이 회로에 들어있는 한 변 a를 잡으면, a는 2개의 면의 경계가 된다. $H = G - a$라 하면, H도 연결 평면그래프이고,

$$v_H = v_G, \ e_H = e_G - 1, \ f_H = f_G - 1$$

이므로, 귀납법의 가정에 의하여

$$v_G - e_G + f_G = v_H - (e_H + 1) + (f_H + 1) = v_H - e_H + f_H = 2$$

가 성립한다. ∎

평면그래프의 면 F의 변 쪽에 있는 가장자리를 F의 **날**이라고 하자. F의 날의 개수를 **F의 차수**라고 하고, $d(F)$로 나타낸다. 이를테면 오른쪽 그래프의 면에 대하여 $d(F_1) = 3$, $d(F_2) = 5$이다.

◀ 날(刃) blade

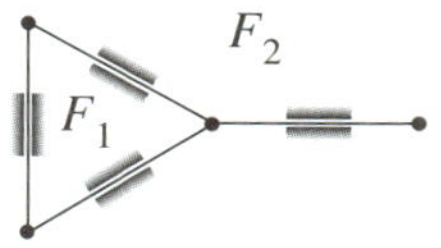

면의 차수와 변의 수 사이에도 다음과 같은 관계가 성립한다.

정리 6.2.6

평면그래프에서 면의 차수의 합은 변의 수의 2배이다.

증명 날의 개수 B를 구하여 보자. 각 변마다 2개의 날이 있으므로 $B = 2e$이다. 각 면 F에 $d(F)$개의 날이 있으므로 $B = \sum_F d(F)$, 단, $\sum_F$는 모든 면에 관한 합이다. 따라서 등식 $\sum_F d(F) = 2e$를 얻는다.
∎

오일러의 정리를 이용하여 증명되는 다음 정리는 주어진 그래프의 평면성을 판정하는 중요한 도구의 역할을 한다.

정리 6.2.7

G가 위수 3이상인 연결 평면 단순그래프이면,

$$v - \frac{e}{3} \geq 2,$$

더우기 G가 이분그래프이면

$$v - \frac{e}{2} \geq 2$$

가 성립한다.

증명 G가 $v \geq 3$인 연결 평면 단순그래프이므로 모든 면의 차수는 3이상이다. 따라서 정리 6.2.6에 의하여 $2e = \sum_F d(F) \geq 3f$, 즉,

$$\frac{2e}{3} \geq f.$$

이 사실과 오일러의 정리로부터

$$2 = v - e + f \leq v - e + \frac{2e}{3} = v - \frac{e}{3}.$$

더우기 G가 이분그래프라면, 각 회로의
길이가 4이상이므로 각 면의 차수가 또한 4 이상이고, 따라서 $2e \geq 4f$, 즉, $\frac{e}{2} \geq f$이다. 그러므로

$$2 = v - e + f \leq v - e + \frac{e}{2} = v - \frac{e}{2}. \blacksquare$$

예제 6.2.8

다음 그래프는 평면그래프가 아님을 증명하라.

(1) K_5 (2) $K_{3,3}$

풀이 (1) K_5에서 $v = 5$, $e = \binom{5}{2} = 10$이다.

$$v - \frac{e}{3} = 5 - \frac{10}{3} = 1.666 < 2$$

이므로, 정리6.2.7에 의하여 K_5는 평면그래프가 아니다.

(2) $K_{3,3}$는 $v = 6$, $e = 9$인 이분그래프이다.

$$v - \frac{e}{2} = 6 - \frac{9}{2} = 1.5 < 2$$

이므로 정리 6.2.7에 의하여 $K_{3,3}$은 평면그래프가 아니다. ■

다음 정리는 정리 6.2.7으로부터 쉽게 얻을 수 있다.

정리 6.2.9

연결 평면그래프에는 차수가 5이하인 꼭지점이 존재한다.

증명 $G = (V, E)$가 연결 평면 단순그래프라고 하면, 정리 6.2.7로부터 $v - \frac{e}{3} > 0$이다.

$$\therefore \frac{e}{3} < v \quad \therefore \frac{e}{v} < 3 \quad \therefore \frac{2e}{v} < 6 \quad \therefore \frac{1}{v}\sum_{x \in V} d(x) < 6.$$

꼭지점의 차수의 평균이 6미만이므로 G에는 차수가 6미만, 즉, 5이하인 꼭지점이 존재한다. ▌

그래프의 변 위에 몇 개의 꼭지점을 추가한 것을 원래 그래프의 **부분분할**이라고 한다. 이를테면 오른쪽 그림의 H는 G의 부분분할이다. 명백히, 어떤 그래프가 평면그래프라는 것과 그 부분분할이 평면그래프라는 것은 동치이다.

◀ 部分分割 subdivision

$G =$ 

$H =$ 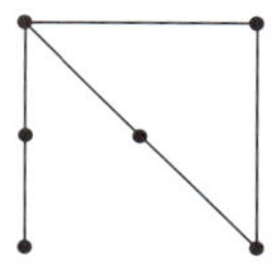

다음 정리는 그래프의 평면성을 판정하는 대표적인 정리이다. 여기에서는 증명 없이 내용만 소개한다.

정리 6.2.10 (쿠라토우스키)

그래프 G가 평면그래프일 필요충분조건은 G가 K_5, $K_{3,3}$ 또는 K_5, $K_{3,3}$의 부분분할과 동형인 부분그래프를 가지지 않을 것이다.

◀ 쿠라토우스키 (Kazimierz, Kuratowski, 1896-1980)는 폴란드의 수학자, 논리학자

쿠라토우스키의 정리에 의하여 다음 그래프는 평면그래프가 아니다.

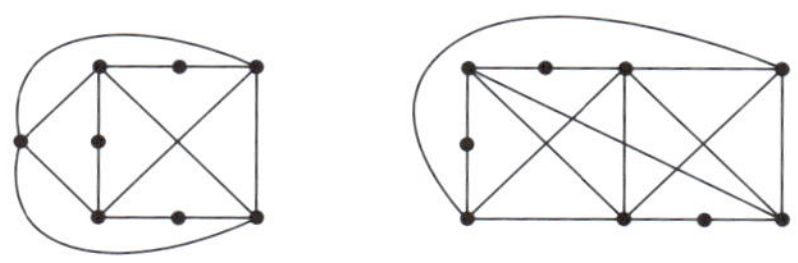

● 정다면체의 분류

오일러 정리를 이용하여 정다면체를 분류하여 보자. 정다면체는 한 면에 구멍을 내어 평면 위에 펼칠 수 있으므로 평면그래프이다.

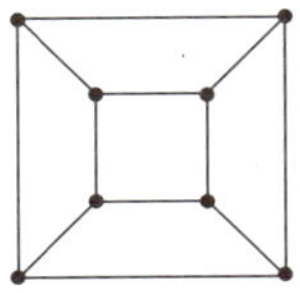

정육면체

정다면체의 면이 정 p각형이고 꼭지점에서 만나는 면의 수(즉 변의 수)를 k라고 하자. 정리 6.1.2와 정리 6.2.6에 의하여

$$2e = vk \quad \cdots\cdots ①$$

$$2e = fp \quad \cdots\cdots ②$$

오일러 정리의 등식 $v - e + f = 2$의 양변을 e로 나누면

$$\frac{v}{e} - 1 + \frac{f}{e} = \frac{2}{e}$$

를 얻고, 이 등식과 ①, ②로부터 $\frac{2}{k} - 1 + \frac{2}{p} = \frac{2}{e}$, 즉,

$$\frac{1}{k} + \frac{1}{p} = \frac{1}{e} + \frac{1}{2} \quad \cdots\cdots ③$$

을 얻는다. 그러므로

$$\frac{1}{k} + \frac{1}{p} > \frac{1}{2} \quad \cdots\cdots ④$$

한편 한 꼭지점에서 p각형이 k개 모이는 다면체를 생각하므로, $k, p \geq 3$이다. 이제, 부등식 ④로부터

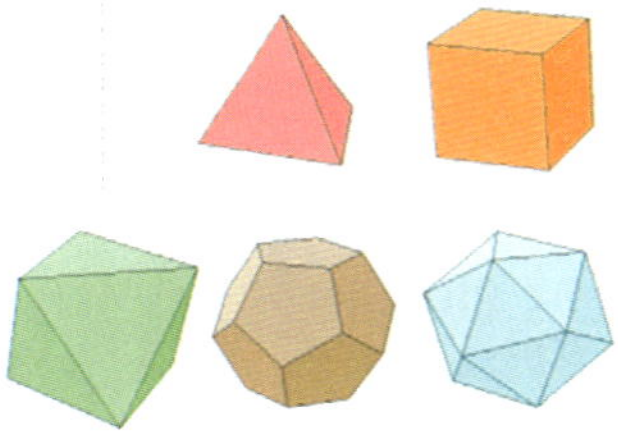

$k = 3$일 때, $p = 3, 4, 5,$

$k = 4$일 때, $p = 3,$

$k = 5$일 때, $p = 3$

이 k, p의 값에 따른 e의 값을 구하고, ①, ②를 써서 v, f의 값을 찾을 수 있다.

이상에서, 정다면체는 다음 표와 같은 5종류 밖에 없음을 알 수있다.

k	p	e	v	f	
3	3	6	4	4	정사면체
3	4	12	8	6	정육면체
3	5	30	20	12	정십이면체
4	3	12	6	8	정팔면체
5	3	30	12	20	정이십면체

라벨그래프

오른쪽 그림은 4 개의 꼭지점을 가지는 어떤 그래프와 동형인 그래프의 전체의 집합(이것을 **동형족**이라고 함)을 나타낸다. 이 그림은 실제로, 꼭지점을 1, 2, 3, 4로 한정했을 때, 오른쪽 2개의 서로 다른 그래프 G_1, G_2를 나타낸다.

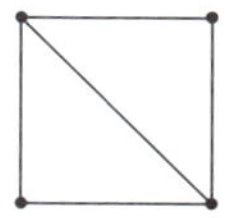

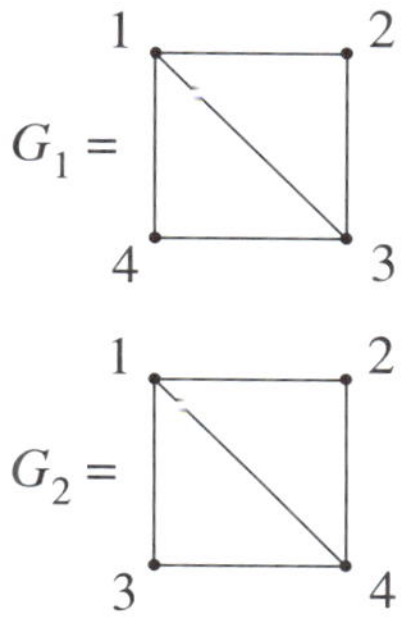

꼭지점에 1, 2, ⋯ 의 라벨을 붙인 그래프를 **라벨그래프**라고 한다. 라벨그래프의 개수를 헤아려 보자.

◀ labeled graph

위수가 n이고 변의 수가 k인 라벨그래프는 다음과 같은 방법으로 모두 찾을 수 있다.

- n 개의 점을 찍고 각 점에 1, 2, ⋯ , n의 라벨을 하나씩 붙인다.
- 모든 쌍의 꼭지점을 변으로 연결한다. (변의 수 : ${}_nC_2 = \binom{n}{2}$)
- 이들 변 중 임의의 ${}_nC_2 - k$개의 변을 없앤다.

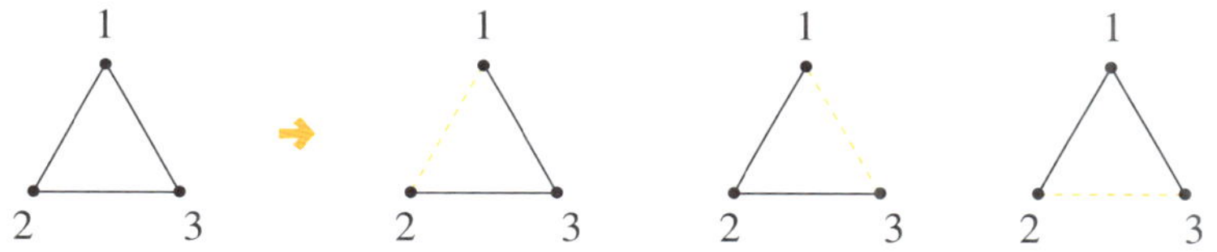

그러므로, 위수가 n이고 변의 수가 k인 라벨그래프는의 개수는

$$\binom{{}_nC_2}{{}_nC_2 - k} = \binom{{}_nC_2}{k}$$

이다. 따라서 다음 정리를 얻는다.

정리 6.2.11

위수가 n인 라벨그래프의 개수는

$$\sum_{k=0}^{{}_nC_2} \binom{{}_nC_2}{k} = 2^{{}_nC_2}$$

6-2 EXERCISES 연습문제

1 변의 수가 20인 정칙 그래프를 그려라.

2 단순그래프 G에 대하여 다음을 증명하라.

(1) $e < v - 1$이면 G는 연결그래프가 아니다.

(2) $\delta_G \geq \frac{v-1}{2}$이면 G는 연결그래프이다.

(3) $\delta_G \geq \frac{v}{2}$이면 G는 연결그래프이다.

(4) $e > \binom{v-1}{2}$이면 G는 연결그래프이다.

3 다음을 증명하라.

(1) 그래프 G의 연결성분의 개수가 r일 때, G의 회로의 개수는 $e - v + r$이상이다.

(2) G가 단순 연결그래프일 때, $\delta_G \geq \frac{v}{2}$이면 $\kappa' = \delta_G$이다.

(3) $e > \frac{v^2}{2}$인 단순그래프는 이분그래프가 아니다.

(4) $e = 3v - 6$인 연결 평면 단순그래프에서 각 면의 경계는 삼각형이다.

4 어느 마을의 모든 사람은 1명 이상의 같은 수의 이성을 알고 있다고 한다. 이 마을에 있는 남자와 여자의 수가 같음을 증명하라.

5 다음과 같은 단순 평면그래프는 차수가 4이하인 꼭지점을 가짐을 증명하라.

(1) 변의 수가 30미만

(2) 위수가 12미만

6 그래프 $G = (V, E)$의 위수 n이 11이상일 때, G 또는 $K_n - E$는 평면그래프가 아님을 증명하라.

7 2개 이상의 꼭지점을 가지는 모든 단순 평면그래프는 차수가 5이하인 꼭지점을 적어도 2개 가진다는 것을 증명하라.

6-2 · E · X · E · R · C · I · S · E · S · 연습문제

8 그래프 G의 모든 꼭지점의 차수는 5 또는 6이라고 한다. 차수가 5인 꼭지점의 개수가 12개 미만이라고 할 때, G는 평면그래프가 아님을 증명하라.

9 회로의 길이의 최소값이 k인 연결 평면그래프에서

$$e \le \frac{(v-2)k}{k-2} - 2$$

가 성립함을 증명하고 이 결과를 이용하여 다음을 증명하라.

(1) $k \ge 6$ 인 연결 평면그래프는 차수가 2이하인 꼭지점을 가진다.

(2) 오른쪽 그래프는 평면그래프가 아니다.

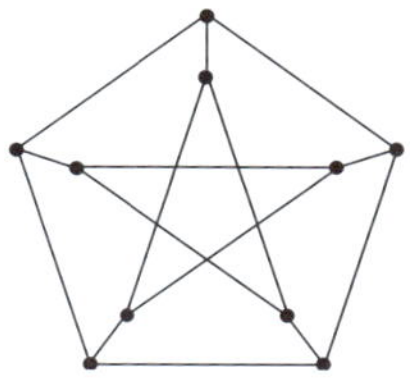

10 변의 수가 15이고, 꼭지점 중 3개는 차수가 4, 나머지는 모두 차수가 3인 그래프의 꼭지점의 개수를 구하라.

11 위수가 10인 3-정칙 평면그래프에 의하여 평면은 몇 개의 영역으로 나뉘는가?

12 $2n$명의 사람 중에는 짝수 명의 공통의 친구를 가지는 2명이 존재함을 증명하라.

13 12개의 면을 가지고 있는 4-정칙 평면그래프의 꼭지점의 개수를 구하라.

6-3 수형도

다음 그래프 중 어떤 꼭지점에서 출발하여 변을 따라 가다가 지나간 변을 다시 거치지 않고 출발점으로 돌아올 수 없는 것을 찾아라. 또 그러한 그래프의 특징을 말하라.

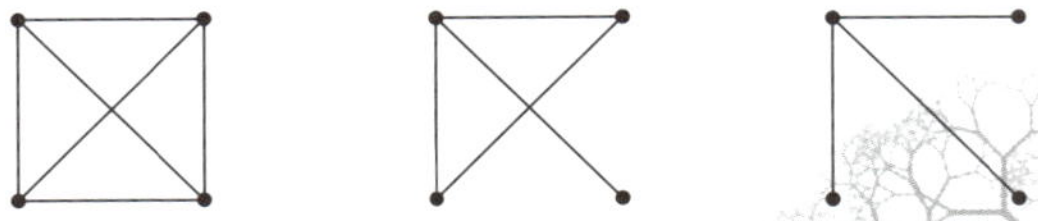

수형도의 뜻과 성질

위의 그림의 세 번째 그래프와 같이 회로가 없는 연결그래프를 **수형도**라고 한다. 수형도는 가장 광범위하게 이용되는 그래프의 형태로써 각 지점을 가능한 한 적은 비용을 가지고 효율적으로 연결하거나 정보를 체계적으로 조직 및 탐색하고, 또 컴퓨터 프로그램에서 자료를 분류하기 위한 강력한 도구로 사용된다.

◂ 樹形圖 tree

먼저 수형도의 몇 가지 기본 성질에 대하여 알아 보자.

보조정리 6.3.1

(1) 수형도는 단말점을 가진다.

(2) $e = v - 1 \geq 1$인 그래프는 2 개 이상의 단말점을 가진다.

증명 (1) 그래프 G에 단말점이 없다면 정리 6.1.7에 의하여 G는 회로를 가지게 되므로 수형도가 아니다.

(2) 그래프 G의 단말점의 개수가 k라고 하면, k개의 꼭지점은 차수가 1이고, 나머지 $v-k$개의 꼭지점은 모두 차수가 2이상이므로

$$2v-2=2(v-1)=2e=\sum_{x\in V} d(x) \ge 2(v-k)+k=2v-k$$

가 성립한다. 여기서 $k \ge 2$를 얻는다. ▌

이제 수형도의 조건에 대하여 알아 보자

그래프 G에서 변 a를 없애면 a를 포함하는 연결성분의 연결성이 깨어질 때, a를 G의 **다리**라고 한다.

◀ bridge

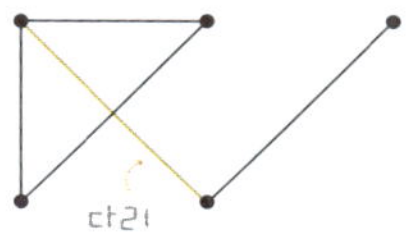

정리 6.3.2

그래프 G에 대하여 다음은 동치이다.

(1) G는 수형도이다.

(2) $e=v-1$

(3) G는 각 변이 다리인 연결그래프이다.

(4) G의 임의의 서로 다른 두 꼭지점 x, y에 대하여 (x, y)-경로가 유일하게 존재한다.

증명 (1) ⇒ (2) v에 대한 귀납법으로 증명한다.
$v=1$일 때는 $e=0$이므로 등식 (2)가 성립한다.
$v \ge 2$라고 하자. G가 수형도이므로 단말점 x를 잡을 수 있다.
$H=G-x$라 하면 $v_H=v=1$, $e_H=e-1$이다. H는 수형도이므로 귀납법의 가정에 의하여 $e_H=v_H-1$이 성립하고 따라서

$$e-1=v-1-1,\ \text{즉},\ e=v-1.$$

(2)⇒ (1) 역시 v에 대한 귀납법으로 증명한다. $v=1$일 때는 $e=0$이고, $G=K_1$이므로 G는 수형도이다.

$v \geq 2$라고 하자. 보조정리 6.3.1에 의하여 G는 단말점 x를 가진다. $H = G - x$로 두면 $v_H = v - 1$, $e_H = e - 1$이므로 $e_H = v_H - 1$이 성립한다. 따라서 귀납법의 가정에 의하여 H는 수형도이다. 따라서 G도 수형도이다.

◂ 단말점과 그 점에 물린 변을 지운 것이 수형도라면, 원래의 그래프도 수형도이다.

(1) ⇒ (3) 다리가 아닌 변 $a = [x, y]$가 있다고 하자. a가 다리가 아니므로 $G - a$에서 (x, y)-경로 P가 존재한다. P에 a를 넣은 것은 G의 회로가 되어 G가 수형도라는 사실에 위배된다.

(3) ⇒ (1) G가 수형도가 아니라고 하면 G에 회로 C가 존재한다. C의 한 변 $a = [x, y]$를 잡고, $G - a$가 여전히 연결그래프가 됨을 보이면 된다.
z가 G의 꼭지점이라고 하자.
G가 연결그래프이므로 G내에 (z, x)-경로 P가 있다.

- a가 P에 포함되어 있지 않는 경우 : P는 $G - a$의 경로이다.
- a가 P에 포함되어 있는 경우 : P의 모양은 다음 [그림 1]과 같다.

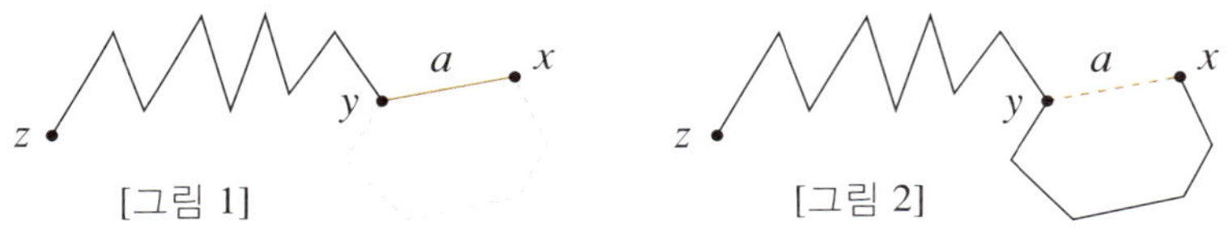

[그림 1] [그림 2]

이 때, [그림 2]의 경로는 $G - a$의 (z, x)-경로가 된다. 그러므로 $G - a$는 연결그래프이고, 따라서 a는 다리가 아니다.

(1) ⇒ (4) x, y가 서로 다른 꼭지점이라 하면 우선 G는 연결그래프이므로 (x, y)-경로가 있다. 만약 (x, y)-경로가 2 개 있다면 G는 회로를 갖게 되어 G가 수형도라는 사실에 위배된다.

(4) ⇒ (1) 가정에 의해 G는 연결그래프이다. G가 수형도가 아니라고 하면 G내에 회로 C가 존재하고 C에 포함된 임의의 두 점 x, y를 잡으면 두 개의 (x, y)-경로가 존재하게 된다. ▌

보기 탄소원자 C가 k개, 수소 원자 H가 $2k+2$개인, 즉, C_kH_{2k+2}꼴의 포화탄화수소 화합물을 그래프로 나타내고자 할 때, 탄소 C와 H를 꼭지점으로 나타내고 두 원자 사이의 결합을 변으로 나타내면 이 화합물은 그래프로 표현될 수 있다.

C, H의 원자가는 각각 4, 1이므로 C, H는 차수가 각각 4, 1인 꼭지점이다.

원자의 개수로부터 $v = 3k + 2$.

(꼭지점의 차수의 합) $= 4k + (2k+2) = 6k + 2$.

$2e = 6k + 2$로 부터 $e = 3k + 1 = v - 1$.

따라서, 정리 6.3.2에 의하여, 이러한 화합물을 나타내는 그래프는 수형도이다.

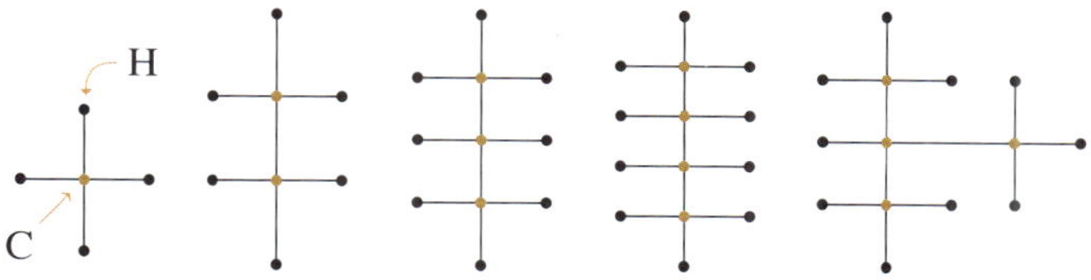

[메탄] [에탄] [프로판] [부탄] [이소부탄]

◂ 1857년 영국의 수학자 케일리(A. Cayley, 1821-1895)는 C_kH_{2k+2}형태의 포화탄화수소 화합물의 이성체(isomer)들을 헤아리기 위해 연구하는 과정에서 수형도를 도입했는데 이것이 화학 또는 생화학에 그래프 이론을 도입한 계기가 되었다. 케일리는 각 꼭지점의 차수가 1또는 4인 모든 수형도를 헤아리는 과정에서 그 때까지 알려지지 않은 포화탄화수소화합물이 존재한다는 예상을 했으며 나중에 그러한 화합물이 실제로 발견되었다.

생성수형도

그래프 G의 생성 부분그래프로서 수형도인 것을 G의 **생성수형도**라고 한다.

◂ 生成樹形圖 generating tree

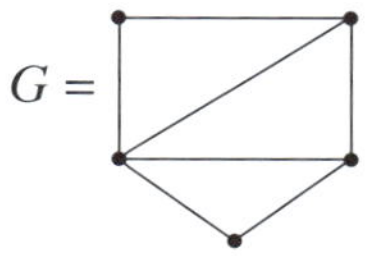

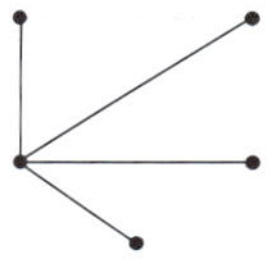

G의 생성수형도 중 하나

정리 6.3.3

연결그래프는 생성수형도를 가진다.

증명 G가 연결그래프라고 하고, G의 연결 생성 부분그래프 중 변의 개수가 최소인 그래프를 H라 하면, H는 수형도이다.
왜냐하면 H가 회로를 가진다면, H에서 그 회로에 있는 임의의 한 변을 지운 그래프는 여전히 연결 생성 부분그래프이면서 H보다 변의 개수가 하나 적다. 이것은 H의 선택에 모순이다. ▌

연결그래프 $G = (V, E)$의 생성수형도를 찾는 알고리즘

STEP ❶ 임의의 꼭지점 x_1을 잡고 $V_1 = \{x_1\}, E_1 = \varnothing, T_1 = (V_1, E_1)$으로 둔다.

STEP ❷ 수형도 $T_i = (V_i, E_i)$가 잡혔을 때, T_i의 어떤 꼭지점 x와 인접한 $x_{i+1} \notin V_i$를 잡아
$V_{i+1} = V_i \cup \{x_{i+1}\},\ a_i = [x, x_{i+1}],\ E_{i+1} = E_i \cup \{a_i\}$,
$T_{i+1} = (V_{i+1}, E_{i+1})$로 둔다.

STEP ❸ $i = v_G$이면 멈추고, $i < v_G$이면 $i + 1$을 새로운 i로 두고 STEP ❷로 간다.

◂ T_1은 수형도이다. T_i가 수형도라고 가정하면 T_{i+1}은, 연결그래프이면서 회로가 없으므로, 수형도이다.

그래프 G의 부분그래프 H에 대하여, 변 $a \in E_G - E_H$의 양 끝 점이 H의 꼭지점일 때, H에 변 a를 추가한 그래프를 $H + a$로 나타낸다.

정리 6.3.4

그래프 G의 임의의 생성수형도 T와 임의의 $a \in E_G - E_T$에 대하여 다음이 성립한다.

(1) $T + a$ 내에 유일한 회로 C가 존재한다. 이 때, C는 a를 품고 있다.

(2) $C - a$의 임의의 변 b에 대하여 $T + a - b$도 G의 생성수형도이다.

증명 (1) a는 수형도 T에서 서로 인접하지 않는 두 꼭지점 x, y를 잇는 변이므로 정리 6.3.2에 의하여, T내에서 유일한 (x, y)-경로 P가 있다. $C = P + a$로 두면 C는 a를 품는 $T + a$의 회로이다.
$T + a$의 회로 D를 잡으면 D는 a를 품고 있다. $D - a$는 T의 (x, y)-경로이므로 $D - a = P$이고, 따라서 $D = P + a = C$이다. 그러므로 C는 $T + a$의 유일한 회로이다.

(2) $b(\neq a)$가 C의 변이라고 하자. b는 $T + a$의 회로에 포함되므로 $T + a - b$는 연결그래프이다. $T + a - b$와 T는 같은 수의 변과 꼭지점을 가지며, $e_T = v_T - 1$이므로, $e_{T+a-b} = v_{T+a-b} - 1$이다. 따라서 정리 6.3.2에 의하여 $T + a - b$는 G의 생성수형도이다. ▮

최소 무게 생성수형도

4개의 지점 가, 나, 다, 라 사이에 통신망 설치 가능성을 나타낸 오른쪽 그래프에서, 변 위에 적힌 금액은 그 변으로 이어진 두 지점 사이의 통신망 설치 비용을 나타낸다. 이와 같이 그래프의 변 a에 매긴 수 값을 a의 **무게**라 하고 보통 $w(a)$로 나타내며, 각 변에 무게를 매긴 그래프를 **무게그래프**라고 한다. 무게그래프의 부분그래프 H에 대하여, H의 변의 무게의 합을 H의 무게라 하고 $w(H)$로 나타낸다.

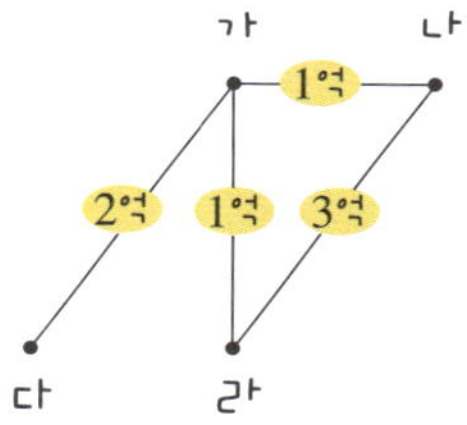

◂ 무게 weight
무게그래프 weighted graph

보기 **연결 무게그래프의 최소 무게 생성수형도의 응용 예**

두 가지 금속을 녹여 만든 합금에 금속 성분이 어느 정도 고르게 혼합되었는지를 판정하기 위하여 합금판에서 몇 개의 표본점을 잡고, 두 표본점 x, y의 동질성 정도에 따라 $[x, y]$에 0과 1 사이의 값을 매긴다. 이렇게 해서 얻어지는 무게그래프의 최소 무게 생성수형도의 무게로써 그 합금판의 균질성 정도를 나타낸다.

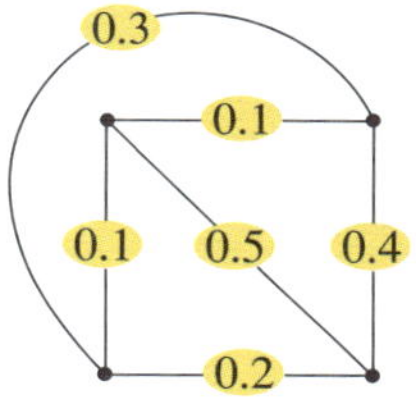

연결그래프 $G = (V, E)$의 최소 무게 생성수형도 찾는 알고리즘

모든 꼭지점은 그대로 둔채로

STEP ❶ 최소 무게의 변 a_1을 잡아, $T_1 = (V, \{a_1\})$으로 둔다.

STEP ❷ T_i의 변이 $E_i = \{a_1, a_2, \cdots, a_i\}$일 때, T_i에 다음 두 조건을 만족하는 변 $a_{i+1} \in E_G - E_i$을 추가한 것을 T_{i+1}로 둔다.

(i) T_{i+1}에 회로가 없다.

(ii) a_{i+1}는 조건 (i)을 만족하는 변 중 최소 무게이다.

STEP ❸ $i = v - 1$이면 멈추고, $i < v - 1$이면 $i + 1$을 새로운 i로 두고 STEP ❷로 간다.

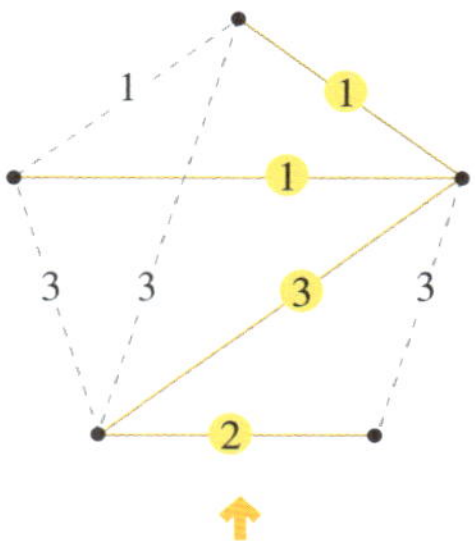

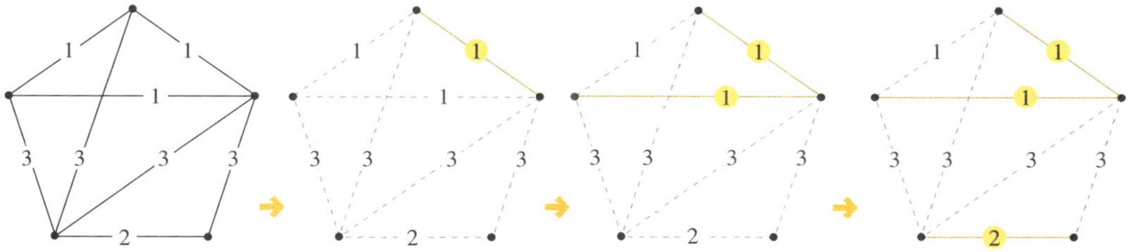

• 알고리즘의 정당성

알고리즘의 결과로 생기는 그래프를 S라 하면, S는 $v-1$개의 변을 가지는 연결그래프이므로 정리 6.3.2에 의하여 수형도이다. G의 최소 무게 생성수형도 중 S의 변을 가장 많이 포함하고 있는 것을 T라고 할 때, $S=T$임을 보인다.

알고리즘에 의하여 $a_1, a_2, \cdots, a_{v-1}$이 이 순서대로 잡혔다고 하자. $S \neq T$라고 하면 $E_S \not\subset E_T$이다. $a_1, a_2, \cdots, a_{v-1}$ 중 첫 번째로 T에 속하지 않는 변을 a_k라 하면, $T+a_k$ 내에는 유일한 회로 C가 존재하고 C는 a_k를 품는다. C는 회로이므로 $a_1, a_2, \cdots, a_k$ 이외의 변 b를 가진다. $T'=T+a_k-b$라 하면, T가 최소 무게 생성수형도이고 T'이 생성수형도이므로

$$w(T) \leq w(T').$$

한편 a_k는, 알고리즘에 의하여, $\sum_{i=1}^{k-1} w(a_i) + w(x)$의 값이 최소가 되는 $x \in E_G - \{a_1, a_2, \cdots, a_{k-1}\}$이므로 $w(a_k) \leq w(b)$이다. 이 때

$$w(T') = w(T) + w(a_k) - w(b) \leq w(T).$$

이므로 $w(T') \leq w(T)$이고, 따라서 T'도 최소 무게 생성수형도이다. 이제 T'은 T보다 S의 변을 하나 더 많이 포함하고 있는 최소 무게 생성수형도가 되어 T의 선택에 위배된다. 그러므로 $S=T$이어야 한다.

유근수형도

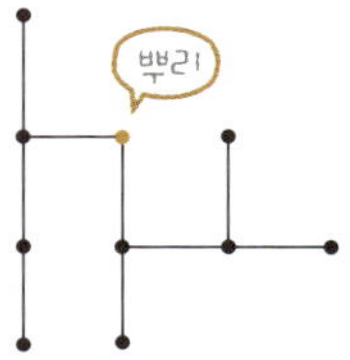

오른쪽 윗 그림과 같이, 수형도에서 한 점(•)을 정하고 그 점을 위로 들어 올리면 수형도는 그 아래 그림과 같이 어떤 집안의 가계도처럼 그릴 수 있다. 이와 같이 수형도에서 특별히 표나게 정한 한 꼭지점을 **뿌리**라고 하고 뿌리가 있는 수형도를 **유근수형도**라고 한다. 유근수형도에서는 상하 관계가 존재한다.

◀ root

◀ 有根樹形圖 rooted tree

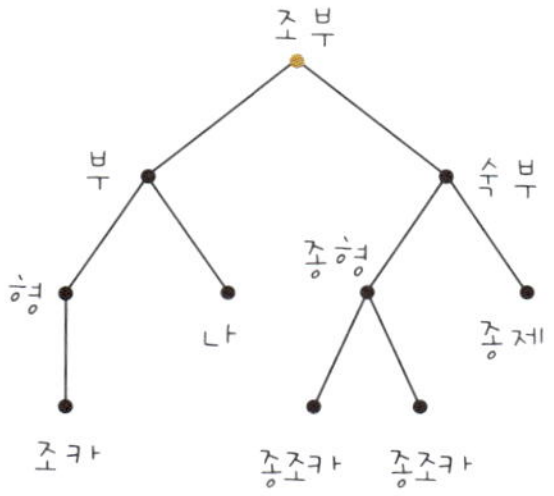

수형도의 두 꼭지점 사이에 존재하는 경로의 길이를 그 두 점 사이의 **거리**라고 한다. 유근수형도의 어떤 꼭지점 x에서 아래로 거리가 i인 점을 x의 i **세손**이라고 하며, 1세손은 **자녀**라고도 한다. 뿌리에서 단말점까지의 거리의 최대값을 그 유근수형도의 **높이**라고 한다.

◀ 距離 distance

◀ height

단말점이 아닌 각 점이 m개의 자녀를 가지는 수형도를 m **진수형도**라고 한다.

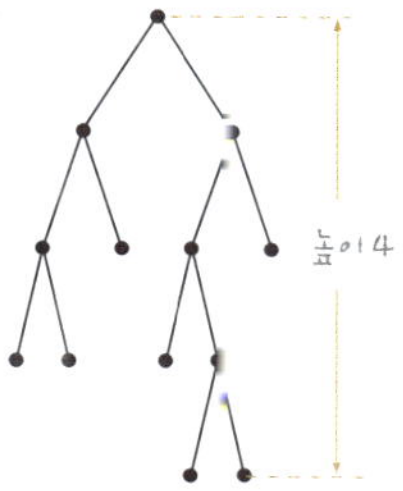

◀ m-ary tree

유근수형도에서 단말점도 아니고 뿌리도 아닌 점을 **중간점**이라고 한다.

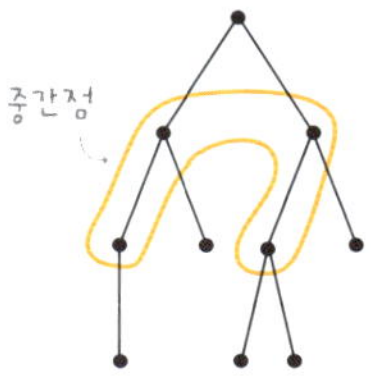

예제 6.3.5

100명의 사원이 있는 어느 회사의 비상 연락망은 전화를 받은 사람이 3명의 다른 사람에게 전화하도록 되어 있다. 전화를 받고 연락을 해야하는 사람은 몇 명인가?

풀이 비상연락망은 3진 수형도이며, 중간점의 개수 k를 구하는 것이 문제이다. 중간점 및 뿌리가 전화를 하므로 전화를 하는 사람의 수는 $k+1$이고, 따라서 전화를 받는 사람의 수는 $3(k+1)$이다.
뿌리를 제외한 모든 사람이 전화를 받으므로 $3(k+1) = 99$이그, 따라서

$$k = \frac{99}{3} - 1 = 32. \quad ■$$

정리 6.3.6

단말점의 수가 t, 높이가 h인 m진 수형도에 대하여,

(1) $t \le m^h$이고, 여기서 등호가 성립할 필요충분조건은 모든 단말점과 뿌리 사이의 거리가 h일 것이다.

(2) $h \ge \lceil \log_m t \rceil$.

증명 (1) 오른쪽 그림에서 명백하다.
(2) $m^h \ge t$의 양변에 밑이 m인 로그를 취하면 $h \ge \log_m t$이다. 여기서 h가 정수이므로 $h \ge \lceil \log_m t \rceil$. ■

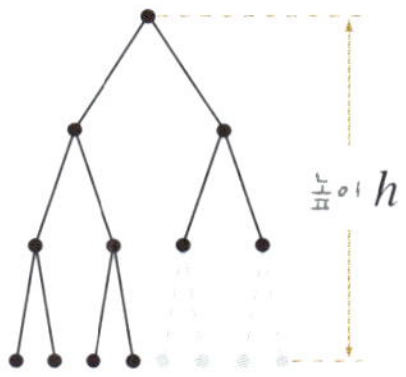

예제 6.3.7

t (≥ 2)개의 꼭 같은 모양의 동전 중 꼭 1개가 다른 동전보다 가벼운 위조 동전이라고 한다. 양팔저울을 사용하여 위조 동전을 찾으려면 최소한 몇 번 달아야 하겠는가?

풀 이 • $t = 3^k$인 경우 : 구하는 회수는 k임을 보인다.

$k = 1$일 때, 2개를 달아서 가벼운 것이 있으면 그것이 위조 동전이고, 무게가 같으면 나머지 것이 위조 동전이다.

$k > 1$일 때, 3^{k-1}개씩 세 그룹으로 나눈 다음 두 그룹을 달아서 $k = 1$의 경우와 마찬가지로 위조 동전이 있는 그룹을 찾아낸다.
귀납법에 의하여 이 3^{k-1}개의 동전을 가지고 $k - 1$회 달아서 위조동전을 찾아낼 수 있다. 그러므로 처음부터 다는 회수는 k이다.

• 일반적인 경우 : $3^{h-1} < t \le 3^h$를 만족하는 h를 찾으면 저울로 다는 전 과정은 그림과 같은 높이 h인 수형도로 나타낼 수 있다.

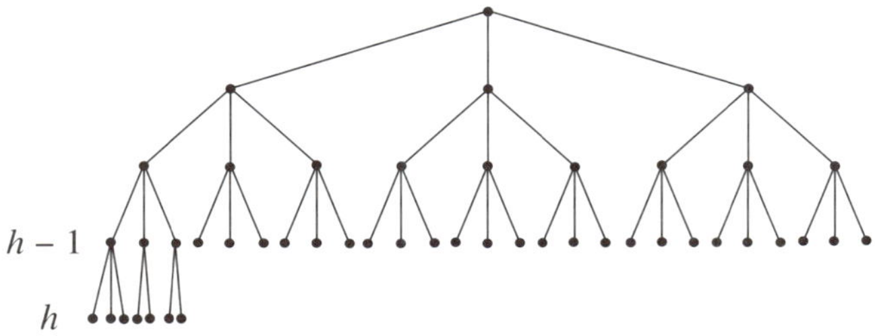

이 수형도의 $h - 1$세손까지는 단말점의 개수가 3^{h-1}인 삼진 수형도이다. 저울로 다는 회수는 높이와 같으므로 구하는 답은

$$h = \lceil \log_3 t \rceil .$$

탐색수형도

갑식이는 1 돈 짜리 순금 반지 몇 개를 녹여 만든 행운의 열쇠를 가지고 있다. 만든지가 오래 되어 녹인 반지가 7개 이하이기는 한데 정확히 몇

개인지는 잊어버렸다. 1 돈 짜리 저울 추 7개를 가지고 있다고 할 때, 각 $k = 1, 2, \cdots, 7$에 대하여 양팔 저울로 열쇠의 무게 x와 k의 대소관계를 비교할 수 있다. 양팔 저울로 최대한 7 번을 달면 x를 알아 낼 수 있지만 다음과 같이 하면 2 번만 달아서 x를 알아 낼 수 있다.

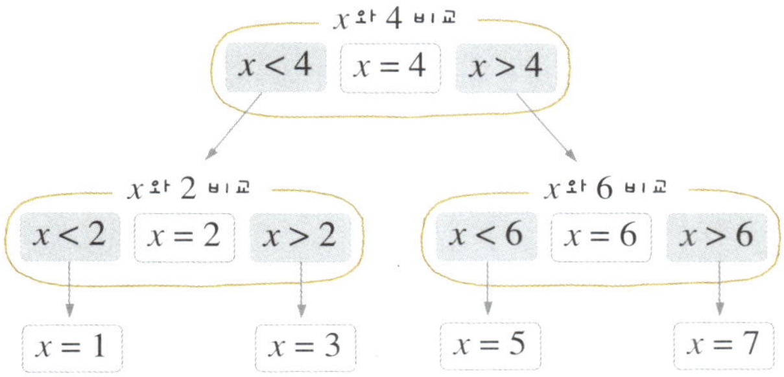

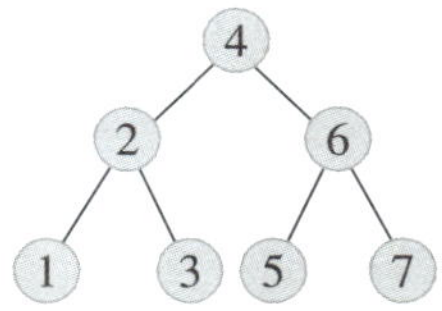

열쇠의 무게 x가 15이하인 자연수라고 할 때, 그림과 같은 이진 유근수형도의 뿌리 8에서 시작하여 다음과 같은 3회의 비교를 통하여 x의 값을 탐색할 수 있다.

x와 8을 비교

→ x와 8 ± 4중 하나와 비교 — x가 크면 오른쪽, 작으면 왼쪽으로 간다.

→ x와 $8 \pm 4 \pm 2$중 하나와 비교 — x가 크면 오른쪽, 작으면 왼쪽으로 간다.

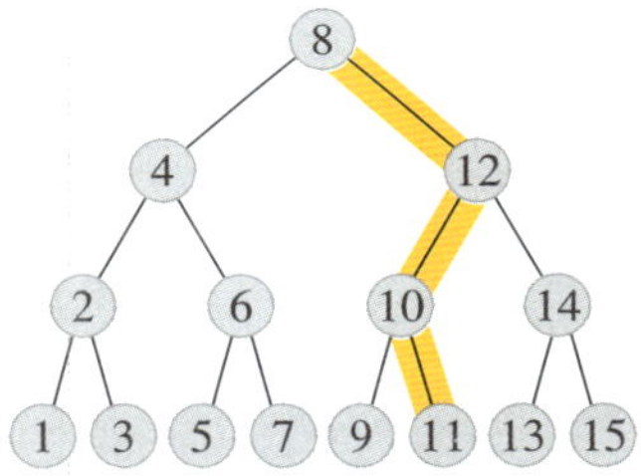

실제로 x의 값이 11(겉으로 드러나지는 않지만)이라면 우리의 비교 과정은 위 색칠한 경로를 따라 결국 꼭지점 11에 도착하여 멈춘다.

이와 같이 어떤 자료 또는 정보의 탐색을 위하며 꼭지점에 라벨을 붙인 유근수형도를 **탐색수형도**라고 한다. 위수 n인 이진 탐색 수형도 T_n은 다음과 같이 만든다.

◂ 探索樹形圖 search tree

- $n = 1$일 때 : 한 점에 1을 매긴 것을 T_1으로 정한다.
- $n = 2^k$일 때 : $T_{2^k - 1}$의 뿌리 위에 수 2^k을 매긴 새로운 뿌리를 붙이고 T_{2^k} 으로 정한다.
- $2^k < n < 2^{k+1}$일 때 : $n = 2^k + m$이라 하면 $m < 2^k$이다.
  T_{2^k} 의 오른쪽에 T_m을 놓고, T_m의 각 꼭지점에 매겨진 수에 2^k을 더한 다음 T_m의 뿌리 y가 T_{2^k} 의 뿌리 x의 자녀가 되도록 x, y를 변으로 이은 것을 T_n으로 정한다.

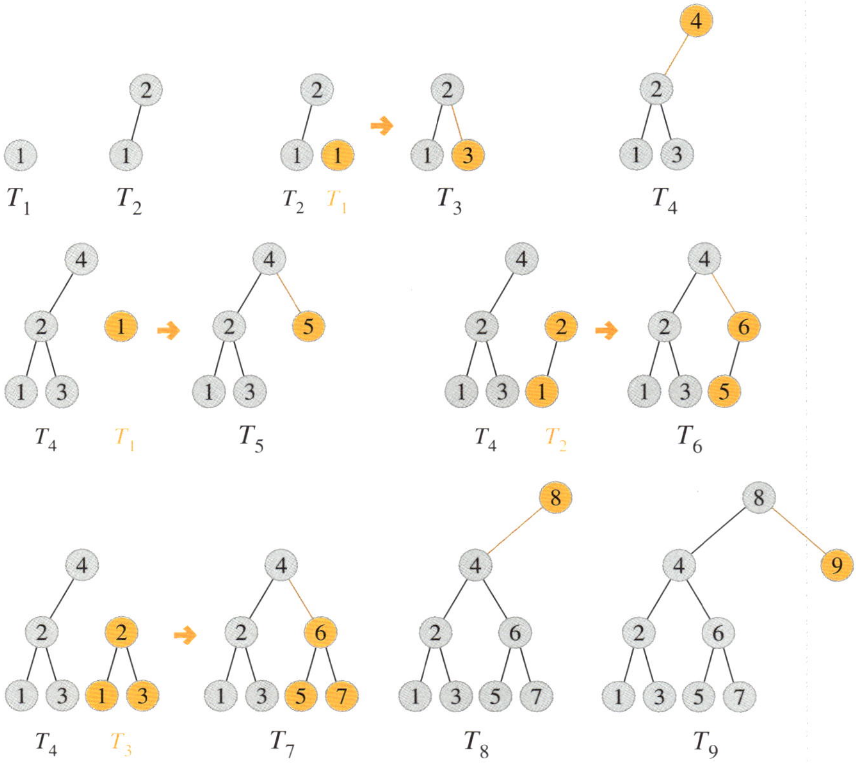

이제 열쇠의 무게 $x\,(<n)$는 다음 **탐색 알고리즘**에 의하여 찾을 수 있다.

> **x를 찾는 탐색알고리즘**
>
> 꼭지점의 개수가 n인 이진 탐색 수형도 T_n을 만든다.
> 뿌리를 '현재 지점'으로 두고 STEP ❶로 간다.
> STEP ❶ x와 현재 지점의 수를 비교한다.
> 같으면 멈추고 다르면 STEP ❷로 간다.
> STEP ❷ x가 작으면 아래 왼쪽 꼭지점을, x가 크면 아래 오른쪽 꼭지점을 새로운 '현재 지점'으로 하여 STEP ❶로 간다.

탐색수형도에서는 높이가 작을 수록 탐색이 효과적이다.

◂ 비교의 회수는 탐색 수형도의 높이와 같다.

정리 6.3.8

위수 n인 이진 수형도의 높이 h의 최소값은

$$\lceil \log_2 (n+1) \rceil - 1$$

◂ $\lceil \star \rceil$는 ★이상의 최소의 정수

증명 $n \le 1 + 2 + \cdots + 2^h = 2^{h+1} - 1$로부터 $2^{h+1} \ge n+1$, 즉, $h \ge \log_2(n+1) - 1$이 성립한다. 여기서 n가 정수이므로

$$h \ge \lceil \log_2 (n+1) \rceil - 1. \quad \cdots\cdots ①$$

실제로, 모든 단말점이 뿌리의 h 세손인 이진 탐색수형도의 경우 $n = 2^{h+1} - 1$이므로

$$\log_2(n+1) = \log_2 2^{h+1} = h+1$$

이다. 따라서 ①에서 등호가 성립한다. 그러므로 $\lceil \log_2 (n+1) \rceil - 1$은 고정된 n에 대한 h의 최소값이다. ▌

라벨수형도의 개수

라벨그래프의 개수를 헤아리는 것은 다소 쉬운 문제이나 라벨수형도의 개수를 헤아리는 문제는 간단하지 않다.

꼭지점에 1, 2, $\cdots$, n을 붙인 위수 n인 라벨수형도의 개수를 $T(n)$이라 하자. 오른쪽 그림에서 알 수 있듯이 $T(1) = 1$, $T(2) = 1$, $T(3) = 3$이다.

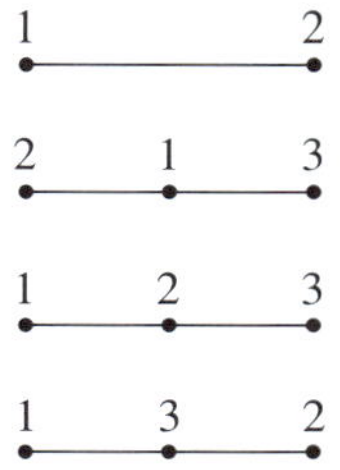

n개의 음이 아닌 정수 $k_1, k_2, \cdots, k_n$에 대하여,

$$d(i) = k_i + 1, \ (i = 1, 2, \cdots, n)$$

를 만족하는 라벨수형도의 개수를 $N(k_1, \cdots, k_n)$으로 나타내자. 위의 조건을 만족하는 라벨수형도가 존재할 때,

$$\sum_{i=1}^{n} k_i + n = \sum_{i=1}^{n} (k_i + 1) = \sum_{i=1}^{n} d(i) = 2e = 2n - 2$$

이므로 $\sum_{i=1}^{n} k_i = n - 2$이어야 한다. 따라서

$$\sum_{i=1}^{n} k_i \ne n-2 \text{일 때 } N(k_1, \cdots, k_n) = 0$$

이다.

이제 n에 관한 귀납법으로 $\sum_{i=1}^{n} k_i = n-2$일 때,

$$N(k_1, \cdots, k_n) = \binom{n-2}{k_1, k_2, \cdots, k_n} \quad \cdots\cdots\cdots\cdots\cdots\cdots \ ①$$

임을 보인다.

• $n = 2$일 때 : $k_1 + k_2 = n - 2 = 0$이므로, $k_1 = k_2 = 0$이다.
꼭지점이 1, 2이고, $d(1) = k_1 + 1 = 1$, $d(2) = k_2 + 1 = 1$인 라벨수형도는 「1 •—• 2」로서 1개뿐이므로 $N(k_1, k_2) = N(0, 0) = 1$.
한편 $\binom{n-2}{k_1, k_2} = \binom{0}{0, 0} = 1$이므로 ①이 성립한다.

• $n \ge 3$일 때 : $\sum_{i=1}^{n} k_i = n-2$이므로 k_i중 적어도 하나는 0이다. 따라서 $k_n = 0$이라고 가정해도 일반성을 잃지 않는다. $k_n = 0$이라는 것은 n이 단말점이라는 뜻이다. $d(i) = k_i + 1, (i = 1, 2, \cdots, n)$, 인 각 라벨수형도에서 단말점 n을 지운 수형도를 생각하면, 다음 등식이 성립함을 알 수 있다.

$$\begin{aligned} &N(k_1, \cdots, k_{n-1}, 0) \\ &= \sum_{i=1}^{n-1} N(k_1, \cdots, k_{i-1}, k_i - 1, k_{i+1}, \cdots, k_{n-1}). \end{aligned}$$

단, $k_i = 0$일 때 $N(k_1, \cdots, k_{i-1}, k_i - 1, k_{i+1}, \cdots, k_{n-1}) = 0$.

$m_1, m_2, \cdots, m_{n-1}$중 하나가 음수일 때, $\binom{m_1 + m_2 + \cdots + m_{n-1}}{m_1, m_2, \cdots, m_{n-1}} = 0$으로 정의하면 귀납법 가정에 의하여

$$\begin{aligned} &N(k_1, \cdots, k_{i-1}, k_i - 1, k_{i+1}, \cdots, k_{n-1}) \\ &= \binom{n-3}{k_1, k_2, \cdots, k_{i-1}, k_i - 1, k_{i-1}, \cdots, k_{n-1}} \end{aligned}$$

이다. 그러므로

$$\begin{aligned} &N(k_1, \cdots, k_{n-1}, 0) \\ &= \sum_{i=1}^{n-1} \binom{n-3}{k_1, k_2, \cdots, k_{i-1}, k_i - 1, k_{i-1}, \cdots, k_{n-1}} \\ &= \binom{n-2}{k_1, k_2, \cdots, k_{n-1}} = \binom{n-2}{k_1, k_2, \cdots, k_{n-1}, k_n} \end{aligned}$$

이고, ①이 증명되었다.

정리 6.3.9

위수 $n\ (\geq 2)$인 라벨수형도의 개수는

$$n^{n-2}$$

증명 위수 n인 라벨수형도의 개수를 $T(n)$이라하면

$$T(n) = \sum_* N(k_1, \cdots, k_n) = \sum_* \binom{n-2}{k_1, k_2, \cdots, k_n}, \quad \cdots\cdots \text{①}$$

단, $\sum_*$는 조건「$k_1 + \cdots + k_n = n-2,\ k_i \geq 0$」을 만족하는 모든 $(k_1, \cdots, k_n)$ 상에서의 합을 나타낸다.

다항정리의 등식

$$(x_1 + \cdots + x_n)^{n-2} = \sum_* \binom{n-2}{k_1, k_2, \cdots, k_n} x_1^{k_1} \cdots x_n^{k_n}$$

의 양변에 $x_1 = \cdots = x_n = 1$을 대입하면

$$n^{n-2} = \sum_* \binom{n-2}{k_1, k_2, \cdots, k_n} \quad \cdots\cdots \text{②}$$

①, ②에서 $T(n) = n^{n-2}$이다. ▮

6-3 E·X·E·R·C·I·S·E·S 연습문제

1 다음 수형도를 찾으라.
(1) 위수가 6인 동형이 아닌 모든 수형도
(2) 차수열이 같으면서 동형이 아닌 두 수형도

2 다음을 증명하라.
(1) 꼭지점과 변의 개수가 같은 연결그래프는 꼭 하나의 회로를 가진다.
(2) 차수열이 $(d_1, d_2, \cdots, d_n)$인 위수 2이상인 수형도의 단말점의 개수는 $2 + \sum_{d_i \geq 3} + (d_i - 2)$이다.

3 K_n의 임의의 변 a에 대하여 $K_n - a$의 생성수형도의 개수를 구하라.

4 n개의 꼭 같은 모양의 동전 중 정확하게 두 개는 다른 것보다 가볍다고 한다. 양팔저울로 최대한 두 번 달아서 가벼운 동전 2개를 모두 찾아내기 위한 n의 최대값을 구하라.

5 12개의 꼭 같은 모양의 동전 중 한 개는 다른 것보다 가볍거나 무겁다고 한다. 양팔 저울로 달아서 가볍거나 무거운 동전을 찾아내려면 최소한 몇 번을 달아야 하겠는가?

6 2000개의 꼭지점을 가지는 이진 수형도의 최소높이를 구하라.

7 위수 n인 라벨수형도의 개수가 1296일 때, n의 값을 구하라.

8 위수가 다음과 같은 이진 탐색 수형도를 찾아라.
(1) 10 (2) 14 (3) 18 (3) 20

9 위수가 다음과 같은 이진 수형도의 최소 높이를 구하라.
(1) 74 (2) 512 (3) 4095

6-3 · E · X · E · R · C · I · S · E · S · 연습문제

10 **(딕스트라 알고리즘)** 무게그래프에서 꼭지점 x, y에 대하여 최소무게 (x, y)-경로를 찾는 다음 알고리즘이 있다. 여기서 $w[x, y] = \infty$는 x, y 사이에 변이 없음을 나타낸다.

◀ Dijkstra's algorithm

❶ $x_0 = x$, $V_0 = \{x_0\}$, $\delta(x, x) = 0$으로 둔다.

❷ $V_k = \{x_0, x_1, \cdots, x_k\}$가 찾아졌을 때,

$\delta(x, z) + w[z, p] = \min\{\ \delta(x, z) + w[z, p] \mid z \in V_k, p \notin V_k\ \}$

를 만족하는 $z \in V_k$와 $p \notin V_k$를 찾고, 이 최소값을 $\delta(x, p)$로 둔다.

❸ $\delta(x, p) = \infty$이면 멈추고 「(x, y)-경로는 없다」를 출력한다.

❹ $\delta(x, p) < \infty$이고 $p \neq y$이면 $x_{k+1} = p$, $V_{k+1} = V_k \cup \{x_{k+1}\}$, $k_{\text{new}} = k_{\text{old}} + 1$로 두고 ❷로 간다.

❺ 최소값이 있고 $p = y$이면 멈춘다. 이 때, 최단 경로는

y로 들어 오는 점 x_{i_1}을, x_{i_1}으로 들어 오는 점 x_{i_2}를, $\cdots$ 를(을) 역 추적하여 잡는다.

이 알고리즘을 사용하여 다음 무게그래프에서 최단 (x, y)-경로와 그 거리를 구하라.

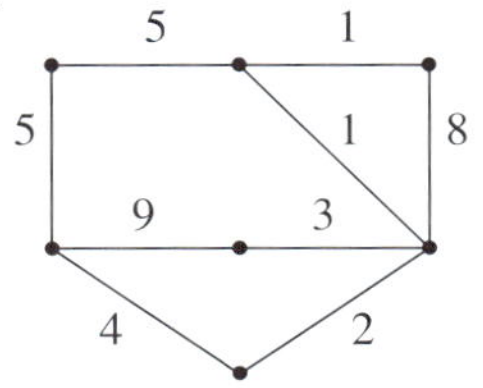

6-4 여러 가지 회로

오른쪽 그림의 그래프는 연결그래프일까? 연결그래프라면 강연결그래프가 되도록 각 변에 방향을 줄 수 있을까?

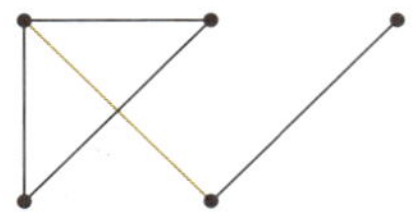

- 이 그래프에서는 모든 변을 꼭 한번씩만 지나가는 회로가 존재할까?
- 이 그래프에서는 모든 꼭지점을 꼭 한번씩만 지나가는 회로가 존재할까?

그래프이론에 있어서 가장 기본적인 존재성 문제로 다음 네 가지를 들 수 있다.

❶ 주어진 그래프가 연결그래프인가?
❷ 주어진 연결그래프가 강연결그래프가 되도록 변에 방향을 줄 수 있을까?
❸ 주어진 그래프의 각 변을 꼭 한 번씩만 지나가는 회로가 존재하는가?
❹ 주어진 그래프의 각 꼭지점을 꼭 한 번씩만 지나가는 회로가 존재하는가?

이들은 모두 그래프가 연결그래프일 때에 한해서 생각할 수 있는 문제이다. 먼저 연결성의 판정법에 대하여 알아보자.

연결성의 판정

교통망 또는 통신망을 나타낸 그래프처럼 복잡한 그래프가 주어졌을 때, 그것이 연결그래프인지 아닌지를 판단하는 것은 간단한 문제가 아니다.

이를 판정하는 다음과 같은 방법이 있다.

● 연결성의 판정법

위수가 n인 그래프의 각 꼭지점에 다음 과정에 따라 1에서 n까지의 번호를 붙인다.

STEP ❶ 임의로 하나의 꼭지점을 잡아 번호 1을 붙인다.
STEP ❷ 1에서 k까지의 번호가 붙여진 상태에서, 꼭지점 x에 번호 k가 붙었다고 하자.

- $N(x)$의 꼭지점 중 번호가 붙지 않은 임의의 꼭지점 y를 잡아 $k+1$을 붙인다. 이 때, y를 x^+, x를 y^-라고 하자.
- $N(x)$에 번호가 붙지 않은 꼭지점이 없는 경우, x^-로 돌아 간다.

STEP ❸ 위의 STEP ❷를 반복하다가 다음 두 가지의 경우 멈춘다.
(i) $k=n$
(ii) $N(x)$의 모든 꼭지점에 번호가 붙여졌고, x^-의 번호가 1이다.

명백히, 위수가 n인 그래프가 연결그래프일 필요충분조건은 위의 '번호 붙이기' 과정이 $k=n$으로써 끝날 것이다.

이와 같이 각 꼭지점 x에 인접한 꼭지점 중 번호가 붙지 않은 것을 찾아 x^+를 정하는 탐색을 **깊이 우선 검색(DFS)**이라고 한다.

◂ Depth First Search

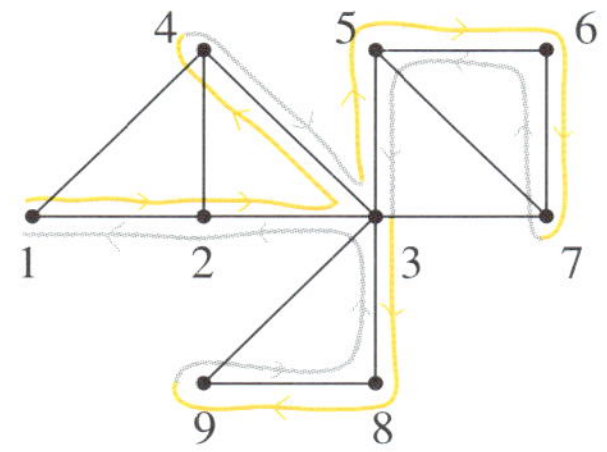

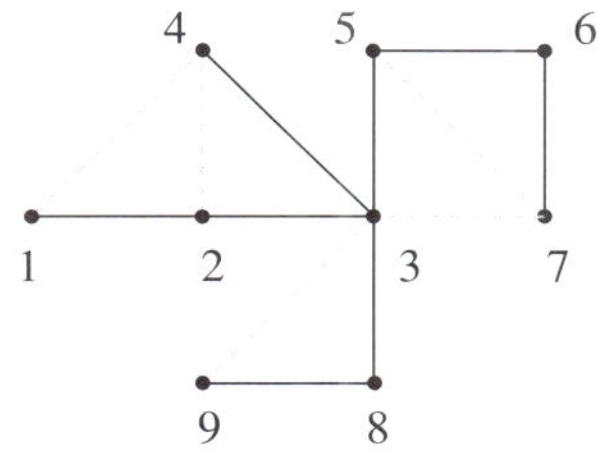

깊이 우선 검색 과정을 통하여, 위수 n인 연결그래프 G의 각 꼭지점에 번호를 붙여나가면서 지나간 변과 모든 꼭지점으로 이루어진 G의 부분그래프는 변의 개수가 $n-1$이므로 G의 생성수형도이다. 이 생성수형도를 **DFS 생성수형도**라고 한다.

강연결화 가능성의 판정

다음 그래프 G_1의 각 변에 방향을 준 유향그래프 D_1은 강연결 유향그래프이다. 그러나 G_2는 변에 어떻게 방향을 주더라도 다리의 어느 한쪽 끝 점에서 다른쪽 끝 점으로 가는 경로가 없으므로 강연결 유향그래프로 만들 수 없다.

◂ 도시 도로망에서 차량통행의 증가로 인한 교통혼잡과 대기 오염을 줄이기 위하여 모든 도로를 일방통행으로 전환할 때는 임의의 두 지점 사이에 왕래가 가능하도록 해야 한다. 그러므로 모든 도로의 일방통행로화 문제는 도로망을 나타내는 그래프가 강연결 그래프가 되도록 각 변에 방향을 주는 문제와 같다.

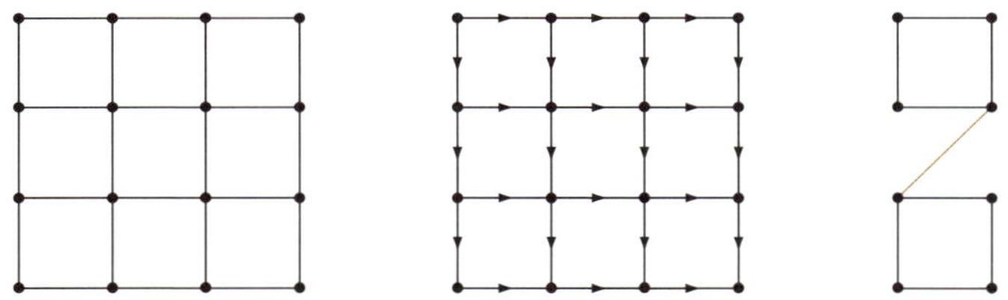

G_1 D_1 G_2

각 변에 방향을 주어 강연결 유향그래프로 만들 수 있는 그래프를 **강연결화 가능** 그래프라고 하자. 명백히 강연결화 가능 그래프는 연결그래프이다.

정리 6.4.1

연결그래프 G가 강연결화 가능일 필요충분조건은 G가 다리를 가지지 않을 것이다.

증명 ($\Rightarrow$) 명백히 다리를 가지는 그래프는 강연결화 가능이 아니다.

($\Leftarrow$) G가 다리를 가지지 않는 위수 2 이상의 연결그래프라 하고, G의 강연결화 가능인 부분그래프 전체의 집합을 $\mathscr{S}$라고 하자. G가 다리를 가지지 않으므로 단말점을 갖지 않고, 따라서 길이 2 이상인 회로 C를 가진다. 회로는 강연결화 가능하므로 $C \in \mathscr{S}$이다. $\mathscr{S}$의 원소 중 위수가 최대인 것을 H라고 하면, $|V_H| \geq |V_C| \geq 2$이다.

◂ 단말점에 물린 변은 다리이다.

먼저, H가 G의 생성부분그래프임을 보인다. H가 G의 생성부분그래프가 아니라면 $x \in V_G - V_H$가 존재한다. $|V_H| \geq 2$이므로 서로 다른

$y, z \in V_H$ 를 잡을 수 있다. 이 때, (x, y)-경로 γ와 (x, z)-경로 δ를 잡을 수 있다. 특히 G는 다리를 가지지 않으므로 경로 γ, δ는 두 경로 모두에 포함되는 변이 없도록 잡을 수 있다. H에 γ, δ 및 그 상에 있는 모든 꼭지점을 추가한 것을 S로 둔다. S에서 H부분을 강연결화하고 경로 γ, δ에 오른쪽 그림과 같이 방향을 주면 S는 강연결 유향그래프가 되므로 $S \in \mathscr{S}$이다. $|V_S| > |V_H|$ 이므로 이것은 H의 선택에 위배된다. 그러므로 $|V_H| = |V_G|$, 즉, H는 G의 생성부분그래프이어야 한다.

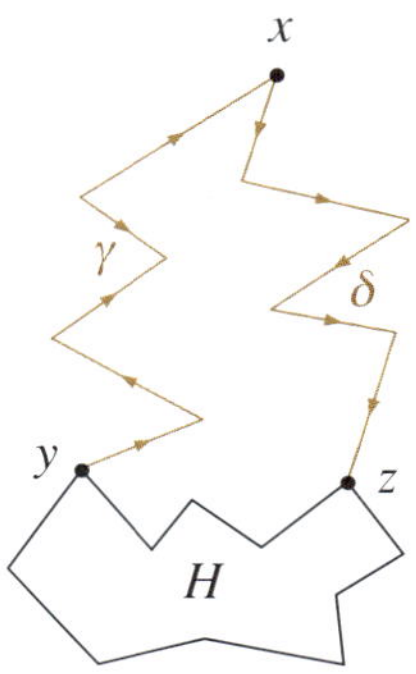

이제 H의 변에 방향을 주어 H를 강연결화하고, G의 나머지 변에 임의로 방향을 주면 G는 강연결인 그래프가 된다. ∎

강연결화 가능인 그래프의 강연결화는 실제로 다음과 같이 할 수 있다.

하나의 사이클 C의 변에 방향을 주어 만든 강연결 유향그래프를 D_1이라 한다. 강연결 유향그래프 D_k가 결정되었을 때, $V_{D_k} = V_G$이면 D_k에 포함되지 않는 G의 모든 변에 임의로 방향을 주면 된다.
$V_{D_k} \neq V_G$이면 서로 다른 $y, z \in V_{D_k}$와 $x \in V_G - V_{D_k}$를 잡고, 변이 겹치지 않는 (y, x)-유향경로 γ와 (x, z)-유향경로 δ를 잡는다. D_k에 유향경로 y-γ-x-δ-z를 붙인 것을 D_{k+1}로 두고 위의 과정을 반복한다.

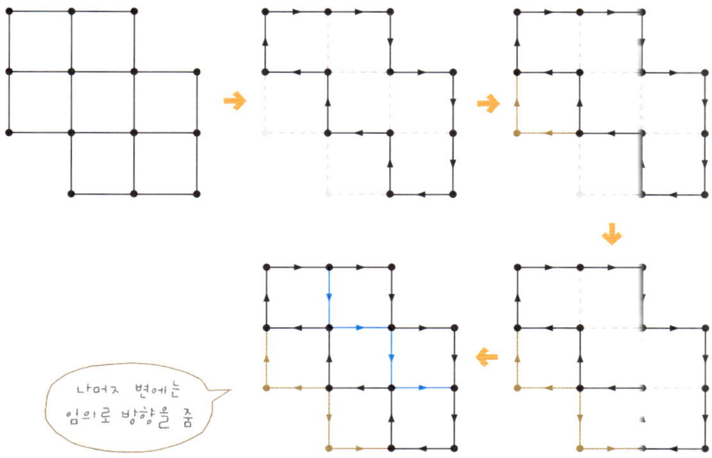

오일러회로

다음 그래프 G의 각 변에 $\vec{G}$와 같이 방향을 주면 각 변을 꼭 한 번씩만 지나는 회로를 얻을 수 있다.

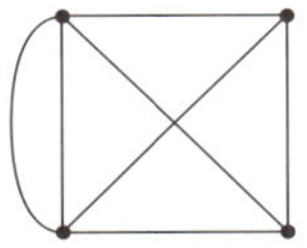

G

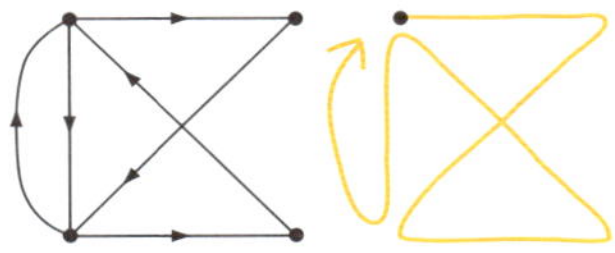

$\vec{G}$

Euler (1707-1783)
스위스의 수학자

이와 같이 그래프 G의 각 변을 꼭 한 번씩만 지나는 회로를 G의 **오일러 회로**라고 하고, 오일러 회로를 가지는 그래프를 **오일러 그래프**라고 한다. 이를테면 하나의 회로를 이루는 그래프나 완전그래프 K_1, K_3, K_5 등은 오일러 그래프이다.

◂ Euler circuit

◂ Eulerian graph

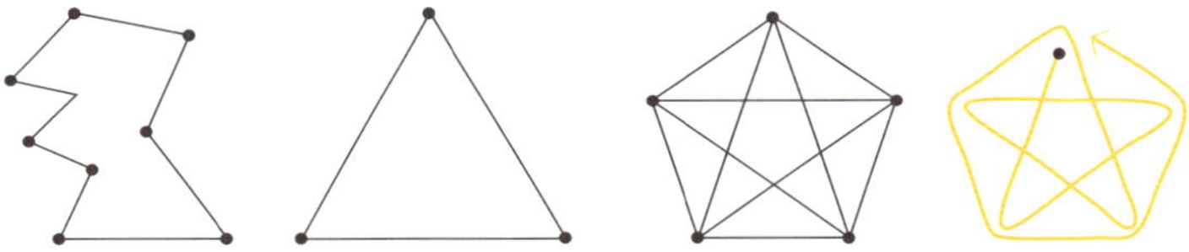

그러나 오른쪽 그림에 색으로 표현된 그래프는 오일러 그래프가 아니다.

독일의 쾨니히스베르크시에 위치한 프레겔 강에는 두 개의 섬이 있고, 이들 섬과 육지가 7개의 다리로 연결되어 있다. 육지의 한 지점에서 출발하여 7개의 다리를 정확하게 한 번만 건너서 원래의 출발점으로 돌아올 수 있겠는가?
이 문제는 18세기 초 쾨니히스베르크시에 살았던 사람들이 해결이 불가능하다고 생각했다. 그러나 1736년에 오일러는 이 문제를 주어진 그래프의 모든 변으로 이루어진 회로의 존재성 여부에 대한 문제로 일반화하여 해결하였다.

오일러 그래프 G에서 오일러 회로가 드러나도록 변에 방향을 준 유향그래프 $\vec{G}$를 G의 **오일러 유향화**라고 한다.

어떤 그래프가 오일러 그래프인가에 대하여 알아 보자.

정리 6.4.2 (오일러)

연결그래프 G가 오일러 그래프일 필요충분조건은 G의 모든 꼭지점이 짝수점일 것이다.

증명 (⇒) G가 오일러 회로 C를 가진다고 하자. C의 한 꼭지점에서 출발하여 그 꼭지점에 돌아 갈 때까지 C를 따라 가면, 각 꼭지점 x에 대하여 x로 들어 가는 회수와 x에서 나가는 회수가 같다. 따라서 x에 물린 변의 수, 즉, x의 차수는 짝수이다.

(⇐) G의 변의 수 e에 관한 귀납법으로 증명한다.

- $e \le 1$일 때는 명백히 정리가 성립한다.

- $e \ge 2$이라 하자.

G의 각 꼭지점의 차수가 짝수이므로 회로 C를 가진다. 명백히 C는 오일러 그래프이다.

$G = C$이면 G는 오일러 그래프이다.

$G \ne C$라 하자. $G - C$의 연결 성분을 $G_1, G_2, \cdots, G_k$라 하면, 각 $i = 1, 2, \cdots, k$에 대하여 G_i의 모든 꼭지점은 짝수점이고 G_i의 변의 수는 e보다 작으므로 귀납법의 가정에 의하여 G_i는 오일러 그래프이다.

각 G_i는 C와 1개 이상의 꼭지점을 공유한다. 그 중 하나를 x_i라 하면, $x_1, x_2, \cdots, x_k$가 이 순서대로 C상에 놓여 있다고 가정할 수 있다.

x_i에서 x_{i+1}까지 가는 C의 경로를 γ_i라 하고 (단, $x_{k+1} = x_1$), x_i에서 출발하여 x_i로 돌아오는 G_i의 오일러 회로를 δ_i라 하면

$$\delta_1 \to \gamma_1 \to \delta_2 \to \gamma_2 \to \cdots \to \delta_k \to \gamma_k$$

는 G의 오일러 회로가 된다. ▮

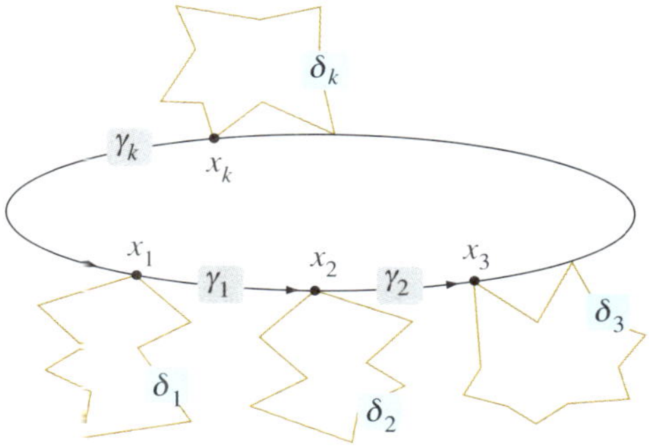

예제 6.4.3

위수가 홀수인 완전그래프는 오일러 그래프임을 보이고 하나의 오일러 회로를 찾으라.

풀이 n이 홀수일 때, K_n의 모든 꼭지점은 짝수점이다. 그러므로 K_n은 오일러 그래프이다.

오른쪽 그림의 회로는 K_3의 오일러 회로이다.

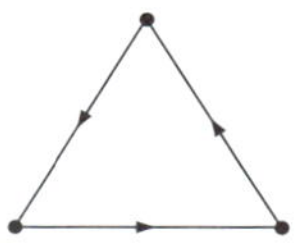

K_n의 오일러 회로를 찾았을 때, K_{n+2}의 오일러 회로를 다음과 같이 구성 한다.

K_{n+2}의 각 꼭지점에 $1, 2, \cdots, n+2$의 번호를 붙인다. 꼭지점 $1, 2, \cdots, n$으로 생성되는 K_{n+2}의 부분그래프 K_n의 오일러 회로를 Ω라 하자.

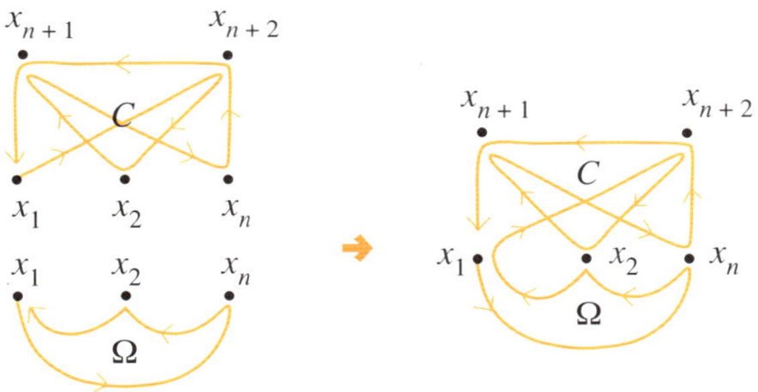

위의 그림과 같은 유향 회로를 C라 하면 꼭지점 1에서 출발하여 Ω를 한 바퀴 돌고 난 다음 C를 한바퀴 도는 회로는 K_{n+2}의 오일러 회로가 된다. ■

그래프 G를 유향화한 어떤 유향그래프에서 모든 변을 꼭 한 번씩만 지나는 경로가 있을 때, 그러한 경로를 G의 **오일러 경로**라고 한다. 이를테면 다음 그래프는 오일러 경로를 가진다.

◂ Eulerian path

어떤 마을 전 가구에 우체부가 편지를 배달하려 할 때, 도로망이 오일러 그래프인 경우에는 갔던 길을 다시 돌아 가지 않고 배달을 끝내고 우체국으로 돌아 갈 수있다.

우체국에서 나와 모든 길을 거쳐 배달을 끝내고 자기 집으로 퇴근할 수 있으려면 도로망의 그래프가 오일러 경로를 가져야 한다.

정리 6.4.4

연결그래프가 오일러 경로를 가질 필요충분조건은 홀수점이 꼭 2개일 것이다. 이 때, 그 두 홀수점이 오일러 경로의 양 끝 점이 된다.

증 명 (⇒) 연결 그래프 G가 두 꼭지점 x에서 y로 가는 오일러 경로 P를 가진다고 하자.
G에서 x, y를 잇는 변 a를 추가한 그래프를 G^*라 하면, x에서 P를 따라 y로 간 다음 a를 따라 x로 가는 회로는 G^*의 오일러 회로가 된다. 따라서 G^*에서 모든 꼭지점이 짝수점이다. 그러므로 G에서 x, y는 홀수점이고 나머지 꼭지점은 모두 짝수점이다.

(⇐) G가 꼭 2 개의 홀수점 x, y를 가진다고 하자.
G에서 x, y를 잇는 변 a를 추가한 그래프를 G^*라 하면, G^*는 홀수점을 가지지 않게 되므로 오일러 회로 C를 가진다. C의 중간에 변 c가 「$x \to y$」와 같이 방향이 주어졌다고 할 수 있다. 이제 C에서 두향변 $a = [x \to y]$를 지우면 y에서 x로 가는 G의 오일러 경로를 얻는다. ∎

● 오일러 회로의 응용

p개의 문자의 집합 $\Sigma_p = \{0, 1, 2, \cdots, p-1\}$의 어떤 중복수열 $a_1\, a_2 \cdots a_n$이 있어서 이를 원형으로 배열했을 때, $0, 1, 2, \cdots, p-1$의 모든 r-중복순열이 그 원순열의 연속된 한 부분으로 꼭 한 번 나타날 때, $a_1\, a_2 \cdots a_n$을 Σ_p상의 (p, r) **드 브루인 수열**이라고 한다. 이를테면 $\Sigma_2 = \{0, 1\}$의 중복순열 01110100을 원형으로 배열해 놓고 첫 0부터 3 개의 숫자씩 차례대로 읽으면

011, 111, 110, 101, 010, 100, 000, 001

과 같이 Σ_2 모든 3-중복순열이 꼭 한 번씩 나타나므로, 01110100은 Σ_2 상의 (2, 3) 드 브루인 수열이다.

◀ de Bruijn sequence

01110100011 ⋯
01110100011 ⋯
01110100011 ⋯
01110100011 ⋯
01110100011 ⋯
01110100011 ⋯
01110100011 ⋯
01110100011 ⋯

드 브루인 수열은 정보를 효율적으로 코드화 할 수 있는 도구로서 정보 이론에서 대단한 중요성을 가지고 있다. 한 예로, 컴퓨터가 8개의 섹터로 나누어진 회전 자기 드럼을 3개의 섹터에 접촉하는 터미널로써 각 섹터가 서로 다른 것으로 인식하도록 하려면 8개의 섹터에 순서대로 길이 8인 드 부루인 수열을 기록하면 된다.

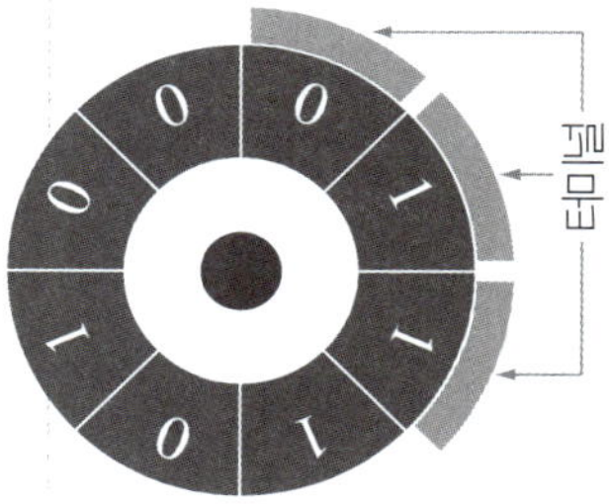

만약 Σ_p상의 (p, r) 드 브루인 수열 $a_1\, a_2 \cdots a_n$이 존재한다면 명백히 $n = p^r$이다.

임의의 p, r에 대하여, (p, r) 드 브루인 수열이 존재한다. 이에 대하여 알아 보자.

먼저 위수가 p^{r-1}인 유향그래프 $D_{p,r}$을 다음과 같이 구성한다.

- 꼭지점 : Σ_p의 모든 $(r-1)$-중복순열
- 유향변 : $x = b_1 b_2 b_3 \cdots b_{r-1}$, $y = b_2 b_3 \cdots b_{r-1} b_r$과 같이, 꼭지점 x의 끝 $r-2$ 개의 항과 꼭지점 y의 첫 $r-2$개의 항이 일치할 때, x에서 y로 가는 유향변을 준다. (이 변에 $b_1 b_2 b_3 \cdots b_{r-1} b_r$이라는 이름을 붙인다.)

$D_{p,r}$의 임의의 두 꼭지점 $x = b_1 b_2 \cdots b_{r-1}$, $y = c_1 c_2 \cdots c_{r-1}$에 대하여 경로

$$b_1 b_2 \cdots b_{r-1} \to b_2 \cdots b_{r-1} c_1 \to b_3 \cdots b_{r-1} c_1 c_2 \to \cdots \to b_{r-1} c_1 c_2 \cdots c_{r-2} \to c_1 c_2 \cdots c_{r-1}$$

이 존재 하므로 $D_{p,r}$는 강연결그래프이다.

$D_{p,r}$의 임의의 꼭지점 $x = b_1 b_2 \cdots b_{r-1}$에 대하여, 「$\star\, b_1 b_2 \cdots b_{r-2}$」 꼴의 모든 꼭지점에서 x로 들어가는 유향변이 있으므로 $id(x) = p$, x에서 「$b_2 b_3 \cdots b_{r-2} \star$」 꼴의 모든 꼭지점으로 나가는 유향변이 있으므로 $od(x) = p$이다. 따라서 $id(x) = od(x)$이고, 그러므로 $D_{p,r}$은 오일러 회로를 가진다.

다음의 $(p, r) = (2, 3)$인 경우의 예에서 알 수 있듯이 (p, r) 드 브루인 수열은 $D_{p,r}$의 오일러 회로와 일대일로 대응된다.

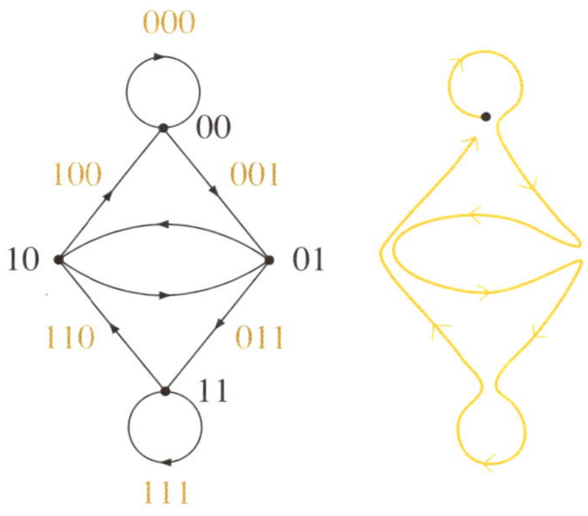

0 0 0
0 0 1
0 1 0
1 0 1
0 1 1
1 1 1
1 1 0
1 0 0
0 0 0 1 0 1 1 1 0 0

해밀턴 회로

다음 그래프 G를 적당히 유향화한 그래프에서는 각 꼭지점을 꼭 한 번씩만 지나는 유향회로를 얻을 수 있다. 이와 같이 G의 각 꼭지점을 꼭 한 번씩만 지나는 회로를 G의 **해밀턴 회로**라고 하고, 해밀턴 회로를 가지는 그래프를 **해밀턴 그래프**라고 한다.

◂ Hamilton circuit

◂ Hamiltonian graph

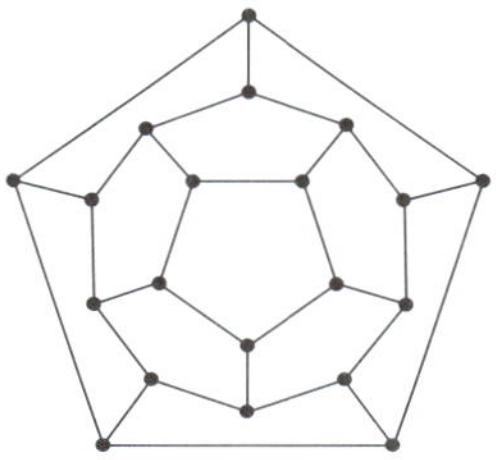

G

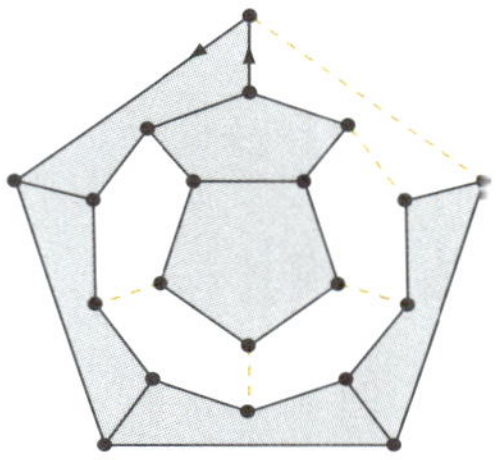

G의 해밀턴 회로

해밀턴(Hamilton (1805-1865)은 아일랜드의 물리학자, 천문학자, 수학자

이를테면, 완전그래프 K_n 또는 완전 이분그래프 $K_{n,n}$은 해밀턴 그래프이다. 한편 각 꼭지점을 꼭 한 번씩만 지나는 유향경로를 **해밀턴 경로**라고 한다. 해밀턴 그래프에서도 오일러 그래프의 경우와 같이 간단하면서도 유용한 필요충분조건이 존재할 것으로 추측할 수 있지만 이것은 아직까지도 미해결 과제이다.

◂ Hamiltonian path

다음에는 그래프가 해밀턴 그래프이기 위한 몇 가지 충분조건을 소개한다. 이를 위하여 지금부터, 이 절에서는, 위수가 n인 그래프에서

$$d(x) + d(y) \geq n$$

을 만족하는 한 쌍의 인접하지 아니한 꼭지점 x, y를 '눈 맞는 쌍'으로 부르기로 한다.

보조정리 6.4.5

위수 $n\ (\geq 3)$인 그래프 G에서 꼭지점 x, y가 눈 맞는 쌍일 때, G가 해밀턴 그래프일 필요충분조건은 G에 x, y를 잇는 새로운 변 a를 추가한 그래프 $G + a$가 해밀턴 그래프일 것이다

증명 ($\Rightarrow$) 은 명백하다.

($\Leftarrow$) $G + a$는 해밀턴 그래프이고 G는 해밀턴 그래프가 아니라고 가정하자. 다음과 같은 $G + a$의 해밀턴 회로 C를 잡으면 C는 변 a를 포함한다.

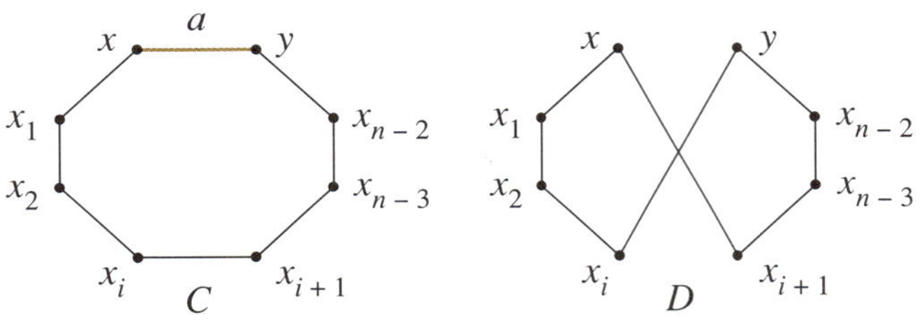

C의 꼭지점 배열이 위의 그림과 같다고 하자. 어떤 $i = 1, \cdots, n-3$에 대하여 $x_i \in N(y)$이고 $x_{i+1} \in N(x)$라면, 위의 회로 D는 G의 해밀턴 회로가 되므로, 각 $i = 1, \cdots, n-3$에 대하여 $x_i \in N(y)$이면 $x_{i+1} \notin N(x)$가 성립한다.

$$N(y) = \{x_{i_1}, \cdots, x_{i_p}, x_{n-2}\},\ \ 1 \le i_1 < \cdots < i_p \le n-3$$

이라하면

$$N(x) \subset V - \{x, y, x_{i_1+1}, \cdots, x_{i_p+1}\}$$

이므로, $d(y) = p + 1,\ d(x) \le n - p - 2$이다. 따라서

$$d(x) + d(y) \le n - 1.$$

그러므로 x, y는 눈 맞는 쌍이 아니며 이것은 가정에 모순이다. ▌

그래프 G에서, $G_0 = G$라 하고, 각 $i = 1, 2, \cdots$ 에 대하여, G_i에서 눈 맞는 한 쌍의 꼭지점을 변으로 이은 것을 G_{i+1}이라 하면 어떤 k에 대하여 G_k에는 눈 맞는 쌍이 존재하지 아니한다. 이 그래프를 G의 **폐포**라고 하고 $c(G)$와 같이 나타낸다.

◀ 閉包 closure

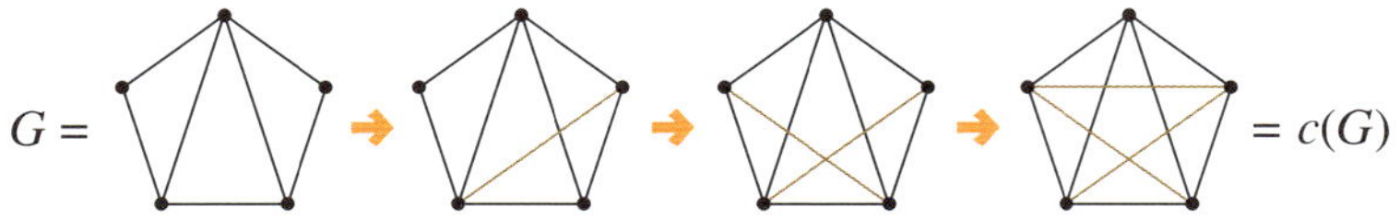

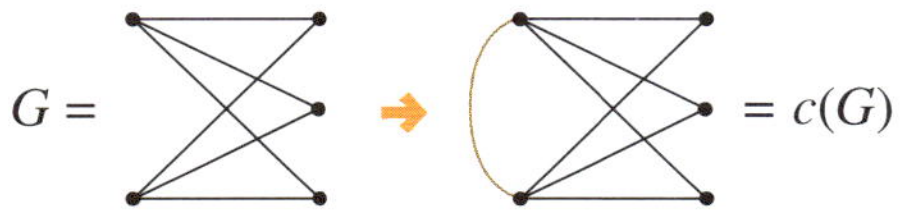

따름정리 6.4.6

그래프 G가 해밀턴 그래프일 필요충분조건은 G의 폐포 $c(G)$가 해밀턴 그래프일 것이다.

정리 6.4.7 (오어)

위수 3이상인 그래프 G의 임의의 이웃하지 않는 두 꼭지점이 눈 맞는 쌍일 때, G는 해밀턴 그래프이다.

◀ Ore's theorem

오어(Øystein Ore, 1899-1968) : 노르웨이 수학자

증명 위수 3이상인 그래프 G의 임의의 이웃하지 않는 두 꼭지점이 눈 맞는 쌍이라고 하면, $c(G) = K_n$이다. ▮

따름정리 6.4.8

각 꼭지점의 차수가 $\frac{v}{2}$ 이상인 그래프는 해밀턴 그래프이다.

지금까지 해밀턴 회로가 존재하기 위한 충분조건에 대하여 알아 보았다. 다음 정리는 평면그래프가 해밀턴 회로를 가지기 위한 한 필요조건을 제시한다.

정리 6.4.9

평면그래프 G가 해밀턴 회로 C를 가진다고 하고, C의 내부에 있는 차수 i인 면의 수를 r_i', C의 외부에 있는 차수 i인 면의 수를 r_i''이라 하면

$$\sum_i (i-2)(r_i' - r_i'') = 0$$

증명 G의 위수를 v라 하고, G의 해밀턴 회로 C의 내부에 있는 변의 수를 e'이라 하면, 내부에 있는 면의 수는 $e' + 1$ 이다. 따라서 $\sum_i r_i' = e' + 1$, 즉,

$$e' = \sum_i r_i' - 1 . \quad \text{①}$$

C의 내부에 있는 날(刃)의 수를 b라 하면, C의 내부에 있는 변은 2 개의 날을 제공하고, C 상의 변은 1 개의 (C 내부의) 날을 제공하므로

$$b = 2e' + v.$$

한편, C의 내부에 있는 차수 i인 면의 가장자리에 r_i' 개의 날이 있으므로 $b = \sum_i i\, r_i'$이고, 따라서

$$\sum_i i\, r_i' = 2e' + v. \quad \cdots\cdots ②$$

①, ②로부터

$$\sum_i (i-2)\, r_i' = v - 2. \quad \cdots\cdots ③$$

C의 외부에 대하여 같은 방식으로 생각하면

$$\sum_i (i-2)\, r_i'' = v - 2. \quad \cdots\cdots ④$$

를 얻는다. ③, ④로부터 정리의 등식이 성립한다. ▌

예제 6.4.10

오른쪽 그림의 평면그래프는 해밀턴 그래프가 아님을 보여라.

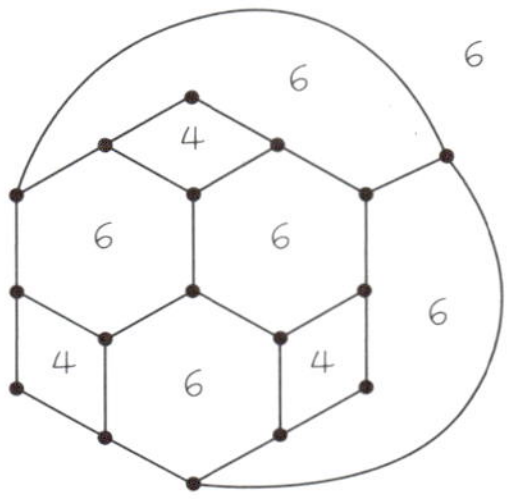

풀이 평면그래프 G가 해밀턴 회로를 갖는다고 가정하면,

$$r_4 = r_4' + r_4'' = 3,\; r_6 = r_6' + r_6'' = 6$$

이고 정리 6.4.9에 의해서

$$(4-2)(r_4' - r_4'') + (6-2)(r_6' - r_6'') = 0$$

이 성립한다. 이 때 등식

$$|r_4' - r_4''| = 2|r_6' - r_6''| \quad \cdots\cdots ①$$

을 얻는다. $r_4' + r_4'' = 3$이므로 $r_4' - r_4'' = 3 - 2r_4''$이고 따라서 ①의 좌변은 홀수이다. 그러나 ①의우변은 짝수이므로 모순이다. ▌

해밀턴 회로가 존재하는 적당한 크기의 그래프에서는 그 회로를 발견하는 일은 어렵지 않겠지만, 주어진 그래프가 해밀턴 회로를 가지지 않는다는 것을 보이는 것은 어려운 문제이다.

다음 해밀턴 회로의 성질은 주어진 그래프가 해밀턴 회로를 가지지 않는다는 것을 보이는 중요한 도구가 될 수 있다.

해밀턴 회로의 성질

❶ 차수가 2인 꼭지점에 물려있는 두 변은 해밀턴 회로에 포함된다.

❷ 한 점에 물려있는 두 개의 변이 해밀턴 회로에 포함되면 그 점에 물려있는 다른 모든 변은 그 회로에 포함되지 않는다.

❷ 해밀턴 회로는 그 회로의 길이보다 짧은 부분회로를 포함하지 않는다.

예제 6.4.11

오른쪽 그림의 그래프는 해밀턴 그래프가 아님을 보여라.

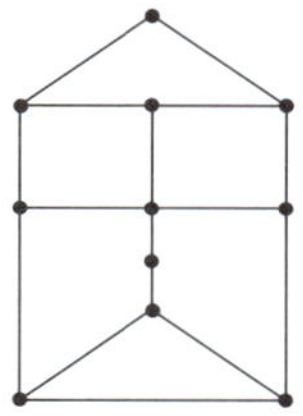

풀이 다음 과정에 따라 이 그래프는 해밀턴 회로를 가질 수 없음을 알 수 있다. ■

차수 2인 꼭지점에 물린 변은 모두 해밀턴 회로에 포함된다.

★에서 /, \ 중 하나를 택한다. 그림이 좌우 대칭이므로 /를 택해도 일반성을 잃지 않는다.
/를 택하고 ★이 물린 선택되지 않은 모든 변을 지운다.

오른쪽 아래의 ┘를 택하고 왼쪽 하반부의 |를 지운다.

왼쪽 상반부의 └를 택하고 ★에 물린 선택되지 않은 모든 변을 지운다.

마지막으로 얻게되는 회로에는 한점이 빠지게 된다.

• 해밀턴 회로의 응용

완전그래프의 각 변에 방향을 준 유향그래프를 **토너먼트**라고 한다. 어떤 시합의 승부 관계를 나타내는 토너먼트에서 출전 선수들의 등수를 매기거나 일렬로 세울 때, 해밀턴 경로를 이용할 수 있다.

◀ tournamemt

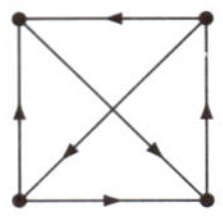

정리 6.4.12

토너먼트에는 해밀턴 경로가 있다.

증명 토너먼트 T의 위수 v에 대한 귀납법으로 증명한다.

$v = 2$일 때는 명백히 정리가 성립한다.

$v \geq 2$이라 하자.

T의 임의의 한 꼭지점 y를 택하면 $T - y$는 토너먼트이다.

따라서 귀납법의 가정에 의해 $T - y$는 해밀턴 경로

$$x_1 \to x_2 \to \cdots \to x_{n-1}$$

을 가진다. T에서 유향변 $y \to x_1$ 또는 $x_{n-1} \to y$ 가 존재한다면 T는 해밀턴 경로를 가지게 된다.

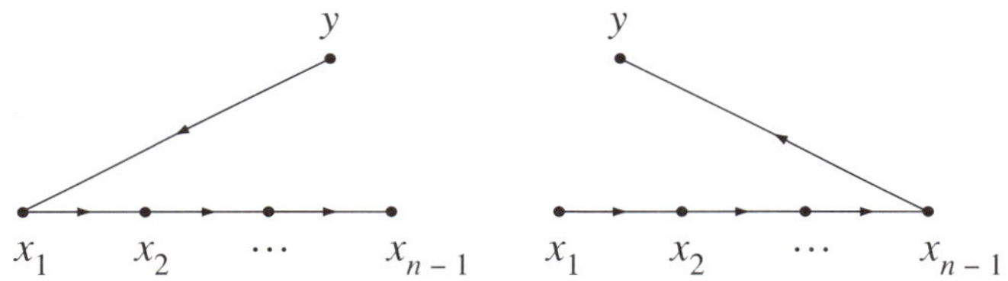

$y \to x_1$과 $x_{n-1} \to y$ 중 어느 것도 T의 유향변이 아니라면, T가 토너먼트이므로, $x_1 \to y$와 $y \to x_{n-1}$이 T의 유향변이다. $x_i \to y$가 T의 유향변인 가장 큰 i, $(1 \leq i \leq n-2)$, 를 택하면 T에는 유향변 $x_{i+1} \to y$가 존재하지 않으므로 $y \to x_{i+1}$이 T의 유향변이다. 이 때,

$$x_1 \to \cdots \to x_i \to y \to x_{i+1} \to \cdots \to x_{n-1}$$

이 T의 해밀턴 경로가 된다. ▮

◀ $x_1 \to y$가 T의 유향변이므로 $x_i \to y$가 T의 유향변인 i가 존재한다.

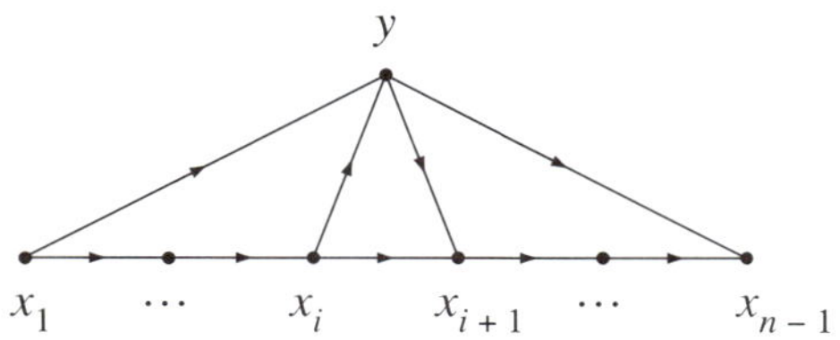

경기 결과가 다음 그림의 토너먼트 D_1과 같은 경우에는 해밀턴 경로가 2개 이상이므로 순위를 정할 때 다른 요인을 고려해야 할 것이다.

D_1 D_2

그러나 D_2와 같을 때는 해밀턴 경로가 꼭 하나뿐이므로 이에 따라 순위를 바로 정할 수 있다.

D_2에서는 $x \to y$, $y \to z$가 유향변일 때, $x \to z$도 유향변이다. 이와 같은 성질을 가진 유향그래프를 **전이 유향그래프**라고 한다. 전이 유향그래프인 토너먼트를 **전이 토너먼트**라고 하고, 일반적으로 전이 토너먼트에는 해밀턴 경로가 오직 1개뿐이다.

◂ 轉移有向그래프 transitive digraph
轉移토너먼트 transitive tournament

정리 6.4.13

전이 토너먼트는 유일한 해밀턴 경로를 가진다.

증명 토너먼트 T가 위수 n인 전이 토너먼트라고 하면, T는 해밀턴 경로

$$x_1 \to x_2 \to \cdots \to x_n$$

를 가진다. T가 다른 해밀턴 경로를 가지기 위해서는 $x_j \to x_i$가 T의 유향변이 되는 어떤 i, j, $(1 \le i < j \le n)$, 가 존재하여야 한다. 이 때, $x_{j-1} \to x_j$가 T의 유향변이므로 $i \le j-2$가 성립한다. j를 고정시키고 i를 이 성질을 만족하는 최대의 수로 잡으면 $x_j \to x_{i+1}$은 T의 유향변이 아니다. 이것은 T가 전이 토너먼트라는 사실에 모순이다. ▮

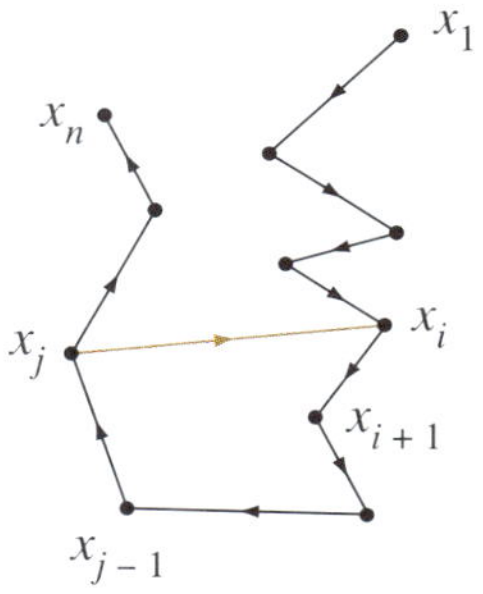

자연수 n에 대하여 그래프 $\mathbf{Z}_2^n$을 다음과 같이 정의하자.

- 꼭지점 : 항 수 n인 이진수열 전체
- 인접성 : 꼭지점을 수로 봤을 때, 한 자리의 숫자만 서로 다른 두 수는 인접하다

그래프 $\mathbf{Z}_2^n$의 해밀턴 회로는, 이를테면, $n=3$인 경우의

$$000 \to 100 \to 110 \to 010 \to 011 \to 111 \to 101 \to 001$$

과 같이, 한 자리의 숫자만 다른 이진법의 수의 경로이다.
이와 같은 회로는 원거리 화상 송신의 코드화 도구로 사용된다.

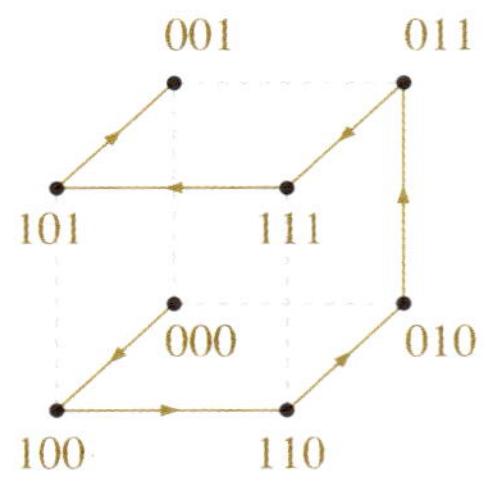

우주 탐사선이 지구로 화상을 전송할 때 하나의 긴 수열로 전송하는데, 이 수열에서 각 블락의 수는 사진의 각 점에 대한 명암의 농도를 코드화 한 것이다. 이를테면 명암의 농도가 1에서 8까지라고 할 때, 이 각각의 수를 이진법의 수로 나타내어 코드화하는 것이 한 방법일 것이다.

수	1	2	3	4	5	6	7	8
코드	001	010	110	100	101	110	111	000

그러나, 연속한 두 수는 한 자리의 숫자만 다른 두 개의 이진법의 수로 코드화 하면, 한 자리의 숫자가 잘못 전송될 경우라도 원래 화상과 크게 차이가 나지 않는 화상을 수신할 수 있을 것이다.
이와 같이 코드화 하는 한 가지 방법이 $\mathbf{Z}_2^n$의 해밀턴 회로 상에 있는 이진법의 수를 순서대로 1, 2, 3, ⋯ 의 코드로 하는 것이다.
이 코드를 **그레이 코드**라고 한다.

◂ Gray code

그레이(Frank Gray, 1888-1969) : 미국 Bell Lab 소속 연구원, 물리학자

수	1	2	3	4	5	6	7	8
코드	000	100	110	010	011	111	101	001

6-4 EXERCISES 연습문제

1 다음 조건을 만족하는 단순그래프를 그려라.
(1) 오일러 회로와 해밀턴 회로를 가진다.
(2) 오일러 회로는 가지지만 해밀턴 회로를 가지지 않는다.
(3) 해밀턴 회로는 가지지만 오일러 회로는 가지지 않는다.
(4) 오일러 회로와 해밀턴 회로를 가지지 않는다.

2 위수 2이상인 연결그래프 G가 오일러 그래프일 필요충분조건은 G의 모든 변이 홀수개의 회로 상에 놓여 있을 것임을 증명하라.

3 꼭지점이 $x_1, x_2, \cdots, x_n$이고 x_i, x_j가 인접할 필요충분조건이 $|i-j| \geq 3$인 그래프는 해밀턴 회로를 가지는가?

4 위수가 3이상인 단순 연결그래프 G의 서로 인접하지 않은 임의의 두 꼭지점 x, y에 대하여, $d(x) + d(y) \geq k$라고 하자. $k < n$이라면 G는 길이 k인 직선경로를 가짐을 증명하라.

5 $v > 2\delta_G$인 단순 연결그래프 G의 가장 긴 직선경로의 길이는 $2\delta_G$ 이상임을 증명하라.

6 위수 n인 연결그래프 G의 차수열이 $d_1 \leq d_2 \leq \cdots \leq d_n$이라고 하자. $d_k \leq k$이고 $d_{n-k} < n-k$인 $k \in \{1, 2, \cdots, \lfloor \frac{n}{2} \rfloor\}$가 존재하지 않으면, G는 해밀턴 그래프임을 증명하라.

7 완전그래프 K_n에서 변을 공유하지 않는 해밀턴 회로의 최대 개수를 구하라.

8 교실에 25명의 학생이 5행 5열로 배열된 자리에 앉아 있을 때, 각 학생이 현재 앉아 있는 자리와 서로 인접한 자리로 옮기는 것이 불가능함을 증명하라.(단, 인접한 자리란 앞, 뒤, 왼쪽, 오른쪽 자리를 의미한다.)

6-4 · E · X · E · R · C · I · S · E · S · 연습문제

9 그래프 G의 폐포는 G에 의하여 유일하게 결정됨을 증명하라.

10 다음 그래프는 해밀턴 회로를 가지지 않음을 증명하라.

(1)

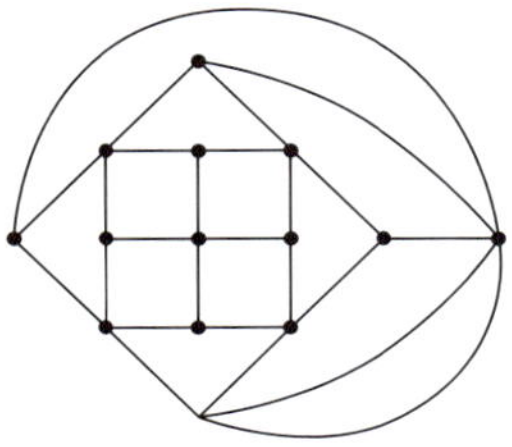

(2)

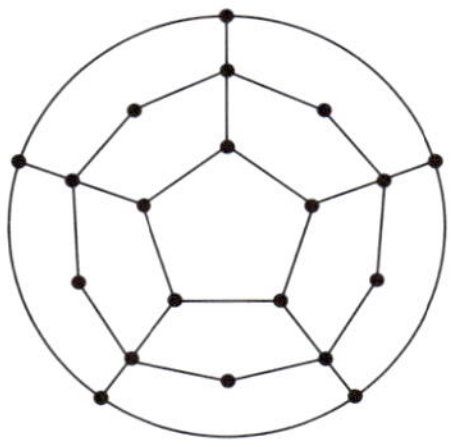

6-5 그래프 채색

오른쪽 그림과 같은 4개 나라 간의 경계를 나타낸 지도가 있다고 하자. 인접한 나라끼리는 서로 다른 색을 사용하여 채색한다고 할 때, 최소한 몇 가지 색이 필요하겠는가?

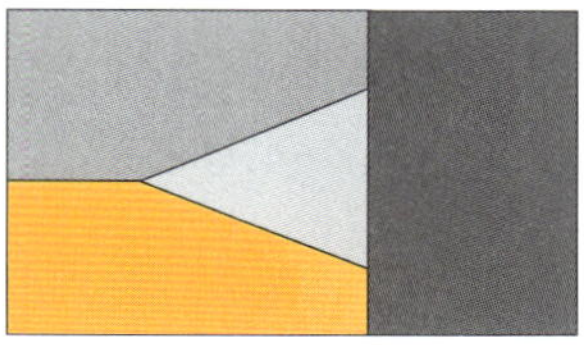

채색수와 채색다항식

위의 지도는 나라를 꼭지점으로 보고 나라끼리의 인접성을 꼭지점끼리의 인접성으로 보면 오른쪽 그림의 그래프로 나타낼 수 있고, 지도의 채색 문제는 이 그래프의 꼭지점의 채색 문제로 바뀐다.

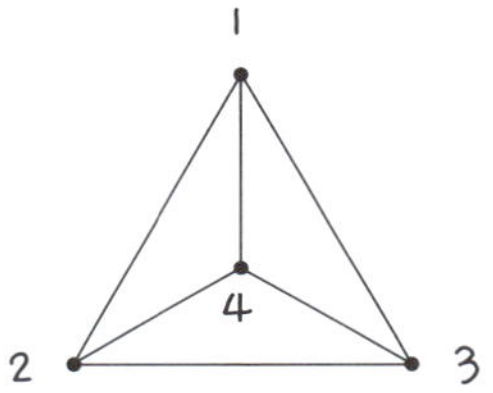

실제로 이 그래프의 채색을 위해서는 최소한 4개의 색이 필요하다.

지금부터 주어진 그래프의 꼭지점을 채색한다는 것은 인접한 꼭지점들끼리는 서로 다른 색이 칠해지도록 채색하는 것을 뜻하는 것으로 한다.

그래프 G의 꼭지점을 k개의 색으로 채색할 수 있을 때, G는 **k-채색가능**이라고 한다. 이를테면 오른쪽 그래프는 4-채색가능이다.

◂ k-colorable

임의의 평면그래프가 k-채색가능이기 위한 최소의 k값은 얼마인가?
이 문제는 1850년 경, 당시 대학원 학생이었던 구드리에 의하여 제시되었으며, 「임의의 평면그래프는 4-채색가능일 것이다.」라는, 이른바 사색

문제라는 예상문제로서 오랜 기간 동안 많은 학자들의 관심의 대상이 되었다. 사색문제는 1976년 아펠과 하켄이 컴퓨터를 이용한 증명을 얻음에 따라 **사색정리**가 되었다. 사색정리에 근원을 둔 그래프의 채색문제는 컴퓨터공학, 경영분석, 디자인 등 다양한 분야에 응용된다.

◂ 아펠(Appel, 1932-)은 미국 태생, 하켄(Haken, 1928-)는 독일 태생 수학자

◂ 四色定理 Four color theorem

꼭지점 채색에 필요한 색의 개수의 최소값을 결정하는 방법과 그 최소값의 의미를 알아 보자.

위수 v인 그래프는 v-채색가능이다. 그래프 G가 k-채색가능이기 위한 최소의 k값을 G의 **채색수**라고 하고

◂ 彩色數 chromatic number

$$\chi(G)$$

로 나타낸다. 이를테면 $\chi(K_n) = n$이다.

예제 6.5.1

A, B, C, D, E 5사람은 어느 대학의 오른쪽 표와 같은 소속 위원회의 매 회의마다 꼭 참석해야 하는 위원들이다. 각 사람이 소속 위원회 회의시 시간 중복이 없도록 하려면 최소한 몇 개의 시간대를 잡아야 하는가?

	A	B	C	D	E
교무	√				
인사	√	√	√		
연구		√			√
기획			√		√
정보				√	√

풀이 먼저 다음과 같은 그래프 G를 생각한다.

- 꼭지점 : 각 위원회
- 인접성 : 공통으로 소속된 위원이 있는 두 위원회는 인접한 꼭지점

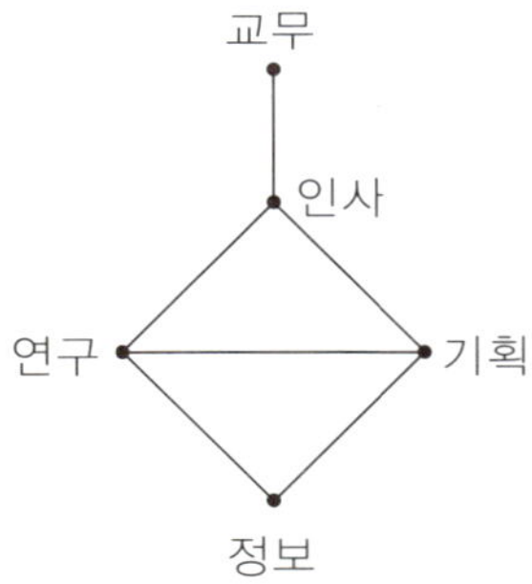

회의 시간을 잡는 것을 꼭지점 채색으로 생각하면, 같은 위원이 소속된 두 위원회는 동시에 회의 시간을 잡을 수 없으므로 인접한 꼭지점은 서로 다른 색으로 채색하여야 한다.

그래프 G는 3-채색 가능하므로 $\chi(G) \le 3$이다. 또, G는 K_3을 부분그래프로 품고 있으므로 2-채색은 불가능하다. 즉, $\chi(G) \ge 3$. 그러므로 $\chi(G) = 3$이고, 따라서 최소한 3개의 회의 시간대를 잡아야 한다. ∎

그래프 G의 꼭지점을 x개의 색으로 채색할 수 있는 방법의 수를 $P(G, x)$라고 하면 $P(G, x)$는 x의 다항식이 된다. 이 다항식을 G의 **채색다항식**이라고 한다. 이를테면

◂ 彩色多項式 chromatic polynomial
채색다항식은 미국 수학자 버코프 (Birkhoff, 1888-1944)가 사색문제를 풀기 위하여 도입하였다.

- $P(K_3, x) = x(x-1)(x-2)$
- $P(K_n, x) = x(x-1) \cdots (x-n+1) = [x]_n$
- $P(K_{1,5}, x) = x(x-1)^5$

G의 채색수 $\chi(G)$는 $P(G, x) \neq 0$인 x의 최소값이다.

예제 6.5.2

다음 그래프의 채색다항식과 채색수를 구하라.

(1)

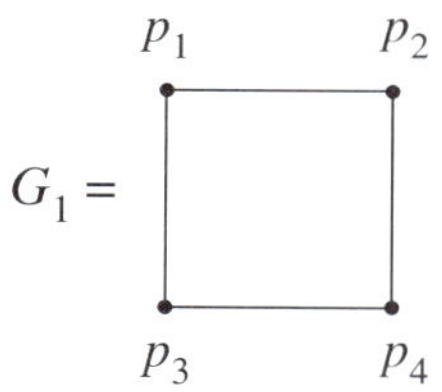

(2)

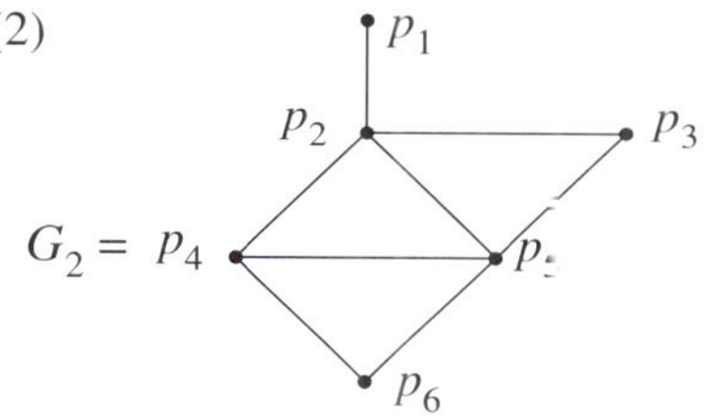

풀이 먼저 각 꼭지점에 위의 그림과 같이 이름을 부친다.

(1) 다음 두 가지로 나누어 생각한다.

- p_2, p_3을 같은 색으로 칠할 경우 :
  p_1에 색칠하는 방법 수는 x,
  그 다음, p_2, p_3에 색칠하는 방법 수는 $(x-1)$,
  그 다음, p_4에 색칠하는 방법 수는 $(x-1)$.
- p_2, p_3을 서로 다른 색으로 칠할 경우 :
  p_1에 색칠하는 방법 수는 x,
  그 다음, p_2, p_3에 색칠하는 방법 수는 $(x-1)(x-2)$,
  그 다음, p_4에 색칠하는 방법 수는 $(x-2)$.

따라서 $P(G_1, x) = x(x-1)^3 + x(x-1)(x-2)^2$이다.

$P(G_1, x) \neq 0$되는 최소의 x값은 2이므로 $\chi(G_1) = 2$이다.

(2) p_4에 색칠하는 방법 수는 x.
그 다음, p_2에 색칠하는 방법 수는 $x-1$,
그 다음, p_5에 색칠하는 방법 수는 $x-2$,
그 다음, p_3에 색칠하는 방법 수는 $x-2$,
그 다음, p_6에 색칠하는 방법 수는 $x-2$,
그 다음, p_1에 색칠하는 방법 수는 $x-1$.
따라서 $P(G_2, x) = x(x-1)^2(x-2)^3$이다.
$P(G_2, x) \neq 0$되는 최소의 x값은 3이므로 $\chi(G_2) = 3$이다. ■

채색다항식을 효율적으로 구하는 방법에 대하여 알아 보자.
G가 꼭지점을 공유하지 않는 두 부분그래프 G_1, G_2로 나누어질 때,

$$P(G, x)=P(G_1, x)P(G_2, x)$$

이다. 이를테면 오른쪽 그림의 그래프 G에 대하여

$$P(G, x) = P(G_1, x)P(G_2, x) = [x(x-1)(x-2)]^2.$$

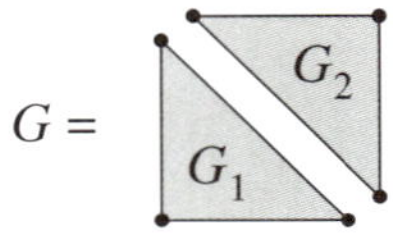

그래프 G의 한 변 a를 택하여 $G_a' = G - a$라 하고 G_a'에서 변 a에 물려있는 두 꼭지점을 동일시 한 것을 G_a''이라 하자.

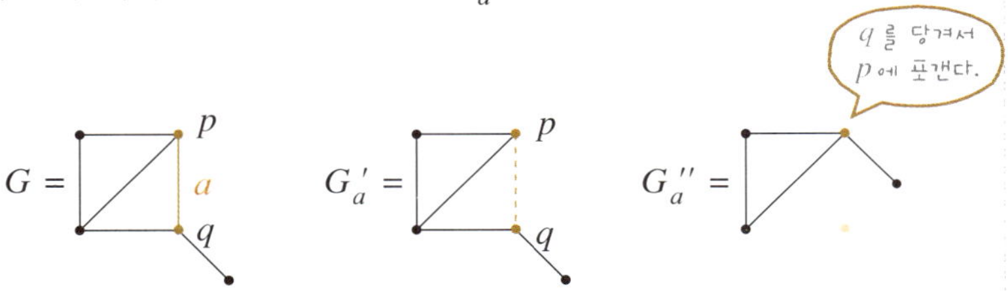

여기서 G_a'은 G보다 변의 수가 작고 G_a''은 G보다 변의 수와 꼭지점의 수가 작다. 이 사실로부터, 그래프의 채색다항식은 작은 크기의 그래프의 채색다항식으로부터 귀납적으로 구할 수 있음을 알 수 있다.

G, G_a', G_a''의 채색다항식 사이에는 다음과 같은 등식이 성립한다

정리 6.5.3 (축약정리)

a가 그래프 G의 한 변일 때,

$$P(G, x) = P(G_a', x) - P(G_a'', x)$$

증명 $a = [p, q]$라 하자.

x개의 색으로 그래프 G_a'의 꼭지점을 채색하는 방법은

- p, q가 서로 다른 색일 경우는 x개의 색으로 G의 꼭지점을 채색하는 $P(G, x)$ 가지이고,
- p, q가 같은 색일 경우는 x개의 색으로 G_a''의 꼭지점을 채색하는 $P(G_a'', x)$ 가지이다. 그러므로

$$P(G_a', x) = P(G, x) + P(G_a'', x)$$

가 성립하고 따라서 정리의 등식을 얻는다. ▌

$G_a' =$ 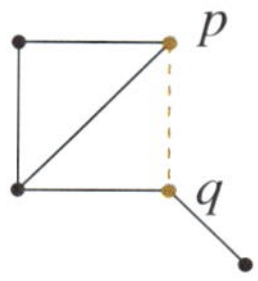

축약정리를 써서 다음과 같이 채색다항식을 구할 수 있다.

 $= x^2 - x = x(x-1)$

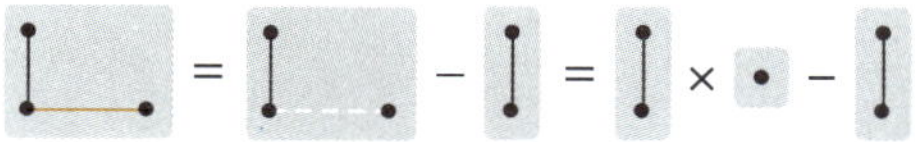 $= x^2(x-1) - x(x-1)$
$= x(x-1)^2$

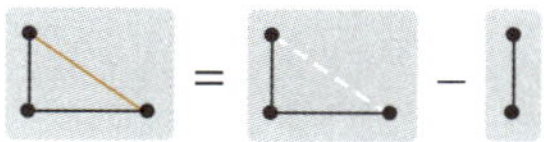 $= x(x-1)^2 - x(x-1)$
$= x(x-1)(x-2)$

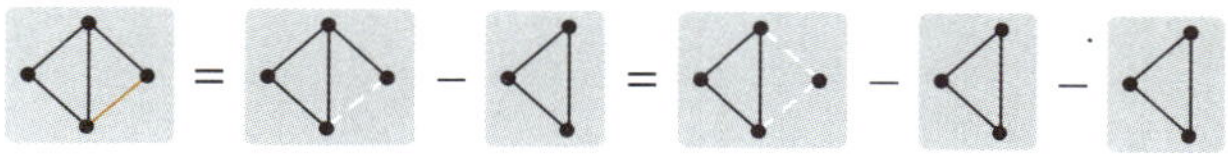

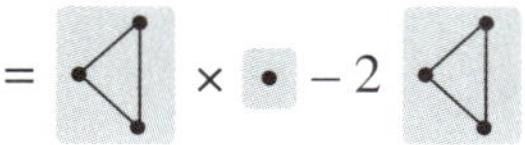 $= x(x-1)(x-2)x$
$- 2x(x-1)(x-2)$
$= x(x-1)(x-2)^2$

변을 가지지 않는 그래프를 **영그래프**라고 하고 위수 n인 영그래프를

$$N_n$$

으로 나타낸다.

◀ 零그래프 null graph

정리 6.5.4

그래프 G의 위수가 n일 때, 다음이 성립한다.

(1) 양의 정수 $k\ (\le n)$, $a_{n-1}, a_{n-2}, \cdots, a_k$가 존재하여 $P(G, x)$는

$$P(G, x) = x^n - a_{n-1}x^{n-1} + a_{n-2}x^{n-2} - \cdots + (-1)^{n-k}a_k x^k$$

와 같은 꼴을 가진다.

(2) 위의 (1)에서, $a_{n-1} = e$이다.

(3) $G \ne N_n$이면, $P(G, x)$의 계수의 합은 0이다.

증명 그래프의 변의 수 e에 관한 귀납법으로 증명한다.

- $e = 0$, $e = 1$일 때는 각각

$$P(G, x) = x^n,\ P(G, x) = x^n - x^{n-1}$$

이므로 (1), (2), (3)이 성립한다.

- $e > 1$이라 하자. a를 G의 한 변이라 하면, G_a', G_a''의 위수는 각각 $n, n-1$이다. G_a', G_a''의 변의 수가 G의 변의 수보다 작으므로, 귀납법의 가정에 의하여

$$P(G_a', x) = x^n - b_{n-1}x^{n-1} + b_{n-2}x^{n-2} - \cdots + (-1)^{n-p}b_p x^p,$$
$$P(G_a'', x) = x^{n-1} - c_{n-2}x^{n-2} + \cdots + (-1)^{n-1-q}c_q x^q$$

을 만족하는 양의 정수

$$p\ (\le n),\quad q\ (\le n-1),\quad b_i, (p \le i \le n-1),\quad c_j, (q \le j \le n-2)$$

가 존재한다.

$$P(G, x) = P(G_a', x) - P(G_a'', x)$$

이므로 (1)이 성립한다.

그런데 귀납법에 의하여

$$b_{n-1} = (G_a'\text{의 변의 수}),\qquad e = (G_a'\text{의 변의 수}) + 1,$$
$$P(G, x) = P(G_a', x) - P(G_a'', x) = x^n - (b_{n-1} + 1)x^{n-1} + \cdots$$

이므로 (2)가 성립한다.

마지막으로, 귀납법에 의하여

$$P(G_a', 1) = 0,\quad P(G_a'', 1) = 0$$

이므로,

$$P(G, 1) = P(G_a', 1) - P(G_a'', 1) = 0 - 0 = 0$$

이고, 따라서 (3)이 성립한다. ▌

정리 6.5.4의 (1), (3)을 만족하는 다항식이라고 해서 반드시 어떤 그래프의 채색다항식이 되는 것은 아니다. 이를테면

$$f(x) = x^4 - 4x^3 + 3x^2$$

은 정리 6.5.4의 (1), (3)을 만족하지만 $f(x)$를 채색다항식으로 갖는 그래프 G는 존재하지 않는다. 왜냐하면 $P(G, x) = f(x)$라면 $v = e = 4$이므로 그래프 G는 수형도가 아니다. 따라서 G는 오른쪽 그림의 G_1, G_2 중 하나이다. 그런데 이들 그래프의 채색다항식

$$P(G_1, x) = x(x-1)^2(x-2),$$
$$P(G_2, x) = x(x-1)(x-2)^2 + x(x-1)^3$$

은 모두 $f(x)$와 다르다.

$G_1 =$ 

$G_2 =$ 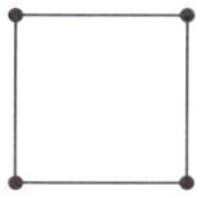

G가 완전그래프 K_r을 부분그래프로 품고 있을 때, $[x]_r \mid P(G, x)$가 성립한다. 특히 $G - K_r$이 연결그래프가 아닐 때는 다음 정리에 의하여 $P(G, x)$를 구할 수 있다.

◀ $[x]_r \mid P(G, x)$의 뜻 1-1 참조

정리 6.5.5

그래프 G가 완전그래프 K_r을 부분그래프로 품고 있다고 하자. $G - K_r$의 연결성분을 $G_1, \cdots, G_k$라 하고 $H_i = G_i + K_r$이라 하면

$$P(G, x) = \frac{1}{[x]_r^{k-1}} \prod_{i=1}^{k} P(H_i, x)$$

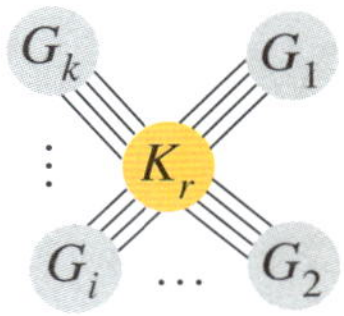

증명 x개의 색으로 K_r의 꼭지점을 채색하는 방법 수는 $[x]_r$이다. x개의 색으로 H_i의 꼭지점을 칠할 때, K_r의 꼭지점이 채색된 상태에서 G_i의 꼭지점을 채색하는 방법 수를 m_i라 하면 $P(H_i, x) = [x]_r m$ 이다. x개의 색으로 G의 꼭지점을 칠할 때, K_r의 꼭지점을 먼저 칠하그 난 다음, 차례로 $G_1, G_2, \cdots, G_k$의 꼭지점을 칠하면 되므로

$$P(G, x) = [x]_r m_1 m_2 \cdots m_k$$
$$= [x]_r \prod_{i=1}^{k} \frac{P(H_i, x)}{[x]_r} = \frac{1}{[x]_r^{k-1}} \prod_{i=1}^{k} P(H_i, x). \quad ▌$$

그래프 G의 꼭지점의 차수의 최대값을 Δ_G로 나타낸다.

정리 6.5.6

G가 연결그래프일 때,

$$\chi(G) \le \Delta_G + 1$$

증명 G가 $(\Delta_G + 1)$-채색가능임을 보이면 된다.
G의 꼭지점에 $x_1, x_2, \cdots, x_v$의 이름을 붙이고 $\Delta_G + 1$개의 색에 $1, 2, \cdots, \Delta_G, \Delta_G + 1$의 값을 붙인 다음, 다음 과정에 따라 채색한다.

(i) 꼭지점 x_1에 색 1을 칠한다.

(ii) 각 $i = 2, 3, \cdots, v$에 대하여 $x_1, \cdots, x_{i-1}$이 칠해졌을 때, x_i와 인접한 점에 칠해진 색 이외의 색 중 가장 작은 값의 색을 x_i에 칠한다.

각 $i = 2, 3, \cdots, v$에 대하여

$$|N(x_i) \cap \{x_1, \cdots, x_{i-1}\}| \le |N(x_i)| \le \Delta_G$$

이므로 $1, 2, \cdots, \Delta_G, \Delta_G + 1$ 중에는 x_i에 칠할 수 있는 색이 있다. 그러므로 G는 $(\Delta_G + 1)$-채색가능이다. ▌

그래프 $G = (V, E)$에서 인접하지 않은 한 쌍의 꼭지점을 서로 독립적이라 하고 $U\ (\subset V)$의 임의의 한 쌍의 점이 서로 독립적일 때, U를 G의 **독립집합**이라고 한다. U가 독립집합일 때 U로 생성되는 G의 부분그래프는 영그래프이다. G의 독립집합의 꼭지점의 최대 개수를 G의 **독립수**라 하고

◀ 獨立集合 independent set

◀ 獨立數 independence number

$$\alpha(G)$$

로 나타낸다. 이를테면

$\alpha(N_n) = n,\ \alpha(K_n) = 1,\ \alpha(K_{m,n}) = \max\{m, n\}$

이고, 다음 그래프

$G_1 =$ 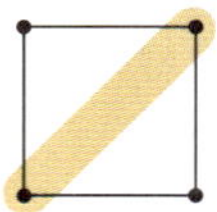 $G_2 =$ 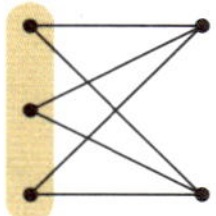

에 대하여 $\alpha(G_1) = 2$, $\alpha(G_2) = 3$이다.

일단의 사람들을 몇 개의 그룹으로 가르는데, 그룹의 사람 중 아는 사람이 있으면 담합의 우려가 있으므로 같은 그룹에는 서로 아는 사람이 없도록 하려 한다. 이들을 이와 같은 조건을 만족하도록 임의로 가르고, 각 그룹마다 회의실을 배정하려 할 때, 가장 큰 회의실의 좌석 수는 이들의 서로 알고 모름을 나타내는 그래프의 독립수 이상이 되어야 한다.

$G = (V, E)$가 k개의 색으로 채색 되었다고 하자, 각 $i = 1, 2, \cdots, k$에 대하여 $V_i = \{x \in V \mid x$의 색이 $i\}$ 라고 할 때, $\{V_1, V_2, \cdots, V_k\}$는 V의 분할, 즉,

$$V = V_1 \cup V_2 \cup \cdots \cup V_k, \quad i \neq j\text{일 때, } V_i \cap V_j = \varnothing$$

이다. $\{V_1, V_2, \cdots, V_k\}$를 V의 **색분해**라고 한다. 각 $i = 1, 2, \cdots, k$에 대하여, V_i로 생성되는 G의 부분그래프 G_i는 영그래프가 된다. 이 때,

$$G = G_1 + G_2 + \cdots + G_k$$

가 되는데, 이를 G의 **영그래프분해**라고 한다. 명백히 G가 이와 같은 꼴로 영그래프분해 되는 최소의 k값은 $\chi(G)$이다.

◀ color decomposition

◀ null graph decomposition

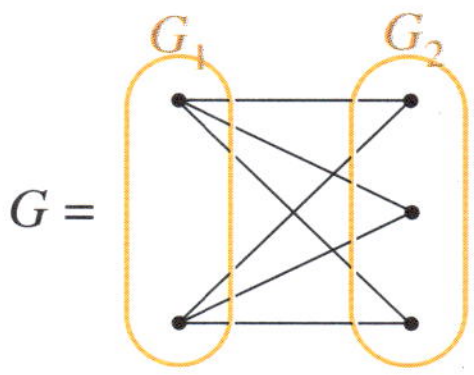

G_1, G_2는 개별적으로 있을 때는 영그래프이지만 합하는 순간 G_1, G_2 사이의 변이 모두 살아난다.

정리 6.5.7

$$\chi(G) \geq \frac{v}{\alpha(G)}$$

증명 G의 꼭지점을 $\chi(G)$개의 색으로 채색했을 때, G의 영그래프 분해가 $G = G_1 + G_2 + \cdots + G_{\chi(G)}$라고 하고, 각 $i = 1, 2, \cdots, \chi(G)$에 대하여 G_i의 위수를 v_i라 하면 $v_i \leq \alpha(G)$이다. 그러므로

$$v = v_1 + v_2 + \cdots + v_{\chi(G)} \leq \chi(G)\alpha(G)$$

가 성립하고, 따라서 정리의 부등식을 얻는다. ▌

예제 6.5.8

다음 그래프의 채색수를 구하라.

(1) $G_1 =$ 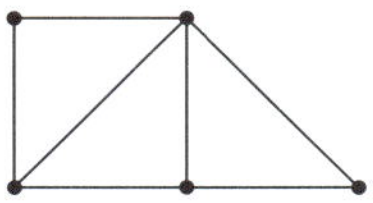

(2) $G_2 =$ 

풀이 (1) G_1은 3-채색가능이다.(오른쪽 그림). $\therefore \chi(G) \leq 3$.
한편, $\alpha(G) = 2$, $v = 5$이므로, 정리 6.5.7에 의하여, $\chi(G) \geq 5/2 = 2.5$.
$\therefore \chi(G) \geq 3$. 그러므로 $\chi(G) = 3$이다.

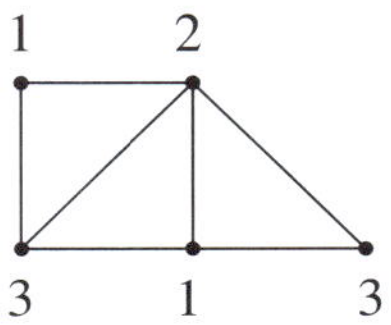

(2) 정리 6.5.6에 의하여, $\chi(G_2) \leq \Delta_G + 1 = 3$.
한편, $\alpha(G) = 4$, $v = 9$이므로, 정리 6.5.7에 의하여, $\chi(G) \geq 9/4 = 2.25$. $\therefore \chi(G) \geq 3$. 그러므로 $\chi(G) = 3$이다. ▌

오색정리

사색문제가 출현한 지 약 30년후인 1879년에, 켐페는 이 문제에 대한 증명을 발표하기에 이른다. 그러나 1890년 히우드는 켐페의 증명에 오류가 있음을 발견하고, 모든 평면그래프의 채색수는 5 이하란 사실에 대한 증명을 발표하였다. 켐페의 증명은 오류를 가지고 있었지만 히우드의 "오색정리"의 증명의 주된 아이디어 역할을 하였다.

◀ 켐페(Kempe, 1849-1922) 히우드(Heawood, 1861-1955)는 모두 영국의 수학자

오색정리를 증명하기 전 먼저 모든 평면그래프의 채색수는 6 이하란 사실에 대하여 알아 보자.
$\chi(G) \geq 7$되는 평면그래프가 있다고 하고, 그러한 그래프 중 위수가 가장 작은 것을 G라 하자. 정리 6.2.9에 의하여 G에는 차수가 5 이하인 꼭지점 x가 존재한다. $G' = G - x$라 하면 $V_{G'} \neq V_G$이므로, G의 선택에 의하여 $\chi(G') \leq 6$이다. 6가지 색으로 G'의 꼭지점을 칠했다 하자. G에서 x와 인접한 점을 $x_1, \cdots, x_p$, $(1 \leq p \leq 5)$,라 하면 G'의 채색에 사용된 6가지 색 중 $x_1, \cdots, x_p$에 칠해진 색 이외의 색이 적어도 하나 있다. 그 색을 x에 칠하면 G의 6-채색을 얻게되어 $\chi(G) \geq 7$이라는 가정에 위배된다.

이제 오색정리를 증명하여 보자.

정리 6.5.9 (오색정리)
임의의 연결 평면그래프는 5-채색가능이다.

증명 그래프 G의 위수에 관한 귀납법을 사용한다.
G의 위수가 5 이하일 때는 명백히 정리가 성립한다.
$d(x) \leq 5$인 G의 꼭지점 x를 잡으면, 귀납법의 가정에 의하여 $G - x$는 5-채색가능이다. 5 가지 색 1, 2, 3, 4, 5로써 $G - x$를 채색했다고 하자.

- $d(x) = 4$일 경우 : 색 1, 2, 3, 4, 5 중 $N_G(x)$의 꼭지점에 칠해지지 않은 색이 있다. 그 색을 x에 칠하면 G의 5-채색을 얻는다.

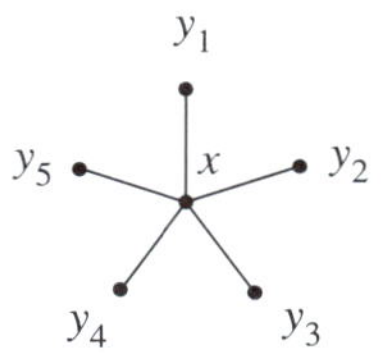

■ $d(x)=5$일 경우 : $N_G(x)=\{y_1, y_2, y_3, y_4, y_5\}$라 하자.
y_1, y_2, y_3, y_4, y_5에 4 개의 색이 칠해져 있다면 나머지 색으로 x를 칠하면 된다. y_1, y_2, y_3, y_4, y_5에 각각 색 1, 2, 3, 4, 5가 칠해져 있고 이들 꼭지점의 상대적 위치가 오른쪽 그림과 같다고 하자.

$G-x$의 5-채색에서 색 1, 3이 칠해진 꼭지점 전체로 생성되는 G의 부분그래프를 $G_{1,3}$이라 하고, 색 2, 4가 칠해진 꼭지점 전체로 생성되는 부분그래프를 $G_{2,4}$라 하자.

$G_{1,3}$내에서 (y_1, y_3)-경로가 있다면, 이 경로에 변 $[y_1, x]$, $[y_3, x]$를 추가한 것은 G의 회로가 되고, y_2, y_4는 각각 이 회로의 내부와 외부에 있으므로 $G_{2,4}$내에서 (y_2, y_4)-경로는 존재하지 않는다. 이 때, $G_{2,4}$내의 y_2를 품는 연결성분에서 색 2, 4를 서로 바꾸어 놓아도 $G-x$의 5-채색이 되며 y_1, y_2, y_3, y_4, y_5에 각각 색 1, 4, 3, 4, 5가 칠해지게 된다. 남은 색 2를 x에 칠하면 G의 5-채색을 얻는다.

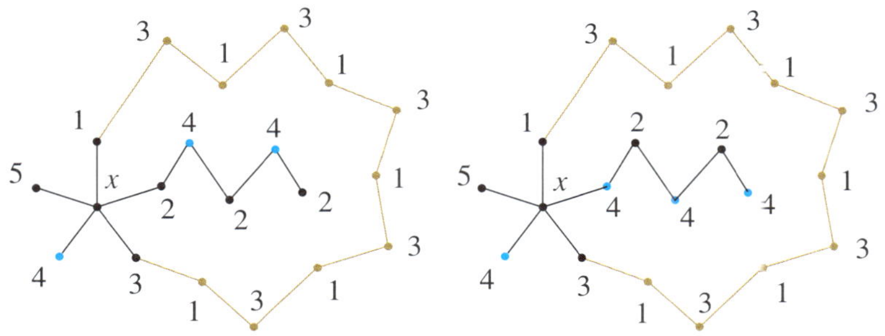

만약 $G_{1,3}$내에서 (y_1, y_3)-경로가 없다면, $G_{1,3}$내의 y_1을 품는 연결성분에서 색 1, 3을 서로 바꾼 다음, 색 1을 x에 칠하므로써 G의 5-채색을 얻을 수 있다. ∎

6-5 EXERCISES 연습문제

1 다음 그래프의 채색수를 구하라.

(1) (2) (3)

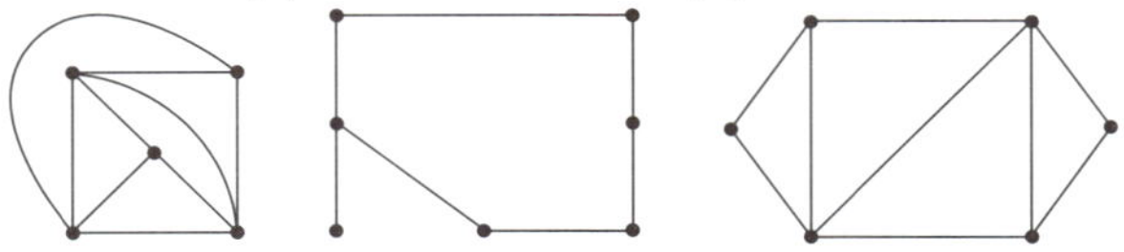

2 오른쪽 그림의 영역간 인접성을 나타내는 그래프를 그리고, 그 그래프의 채색수와 채색다항식을 구하라.

3 그래프 G에서 다음을 증명하라.

(1) $v/\alpha(G) \le \chi(G) \le v - \alpha(G) + 1$이다.

(2) G가 길이 n인 회로이면 $P(G, x) = (x-1)^n + (-1)^n(x-1)$

(3) G가 홀수 길이의 회로를 꼭 1개만 가진다면 $\chi(G) = 3$

(4) G가 이분그래프일 필요충분조건은 $\chi(G) = 2$

4 어느 학교에는 A, B, C, D, E 5개의 동아리가 있고, 이들 동아리의 간부들은 오른쪽 표와 같다. 모든 간부들이 동아리 회의에 참석할 수 있도록 회의 시간을 잡을 때, 시간대 수의 최소값을 구하라.

	A	B	C	D	E
갑식	√				√
을수	√		√	√	
병태		√			√
정현		√	√	√	
무호			√		

5 $\chi(G) < 1 + \Delta_G$가 성립하는 그래프를 찾으라.

6 그래프 G의 임의의 두 홀수 길이의 회로가 공통인 꼭지점을 가지고 있다면 $\chi(G) \le 5$가 성립함을 증명하라.

7 다음 그래프의 채색다항식을 구하라.

(1)

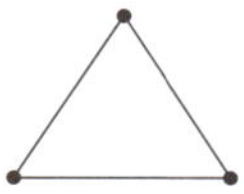

(2)

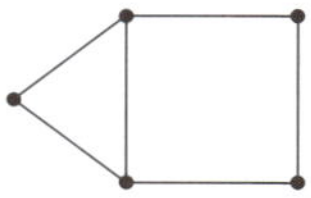

(3)

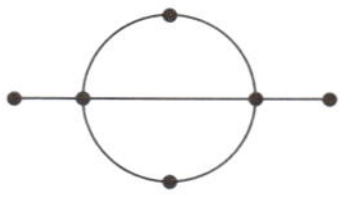

6-5 · E · X · E · R · C · I · S · E · S · 연습문제

8 단순그래프 G에 대하여 다음을 증명하라.

(1) G가 k-정칙이면, $\chi(G) \geq v/(v-k)$

(2) $\chi(G) \leq 1 + $ (G의 직선경로의 길이의 최대값)

(3) 차수열이 $(d_1, d_2, \cdots, d_n)$일 때, $\chi(G) \leq \max_i \min\{d_i + 1, i\}$

9 연결그래프 G의 채색다항식을 $P(G, x)$라 하면, 임의의 자견수 k에 대하여 부등식

$$P(G, k) \leq k(k-1)^{v-1}$$

이 성립하고, 등호는 G가 수형도일 때 성립함을 증명하라.

10 평면그래프 G에 대하여 다음을 증명하라.

(1) G가 오일러 그래프이면 G의 영역은 2-채색 가능이다.

(2) G가 해밀턴 그래프이면 G의 영역은 4-채색 가능이다.

6-6 그래프와 행렬

오른쪽 그래프와 행렬을 관찰해 보자.

행렬의 (1, 1)-성분과 (1, 2)-성분은 1이다. (1, 1)-성분이 1이란 것은 그래프의 꼭지점 x_1이 자신과 인접해 있음을 나타내고, (1, 2)-성분이 1이란 것은 x_1이 x_2와 인접해 있음을 나타낸다. x_1, x_3은 인접하지 않으므로 행렬의 (1, 3)-성분은 0이다. 이와 같은 방법으로 이 행렬을 완성하라.

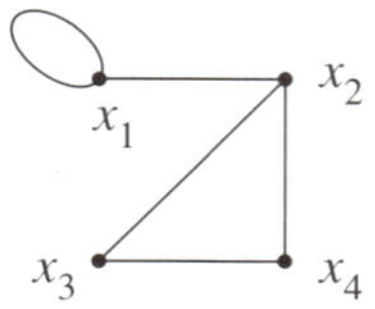

	x_1	x_2	x_3	x_4
x_1	1	1	0	0
x_2				
x_3				
x_4				

그래프는 행렬로 표현하여 관찰하면 그 구조를 보다 쉽게 이해할 수 있는 경우가 흔히 있다. 더우기 그래프를 컴퓨터에 입력하기 위해서는 행렬로 표현하여야 한다. 이 절에서는 그래프를 여러가지 행렬로 표현하여 관찰하는 방법에 대하여 알아 본다.

인접행렬

그래프 G의 꼭지점이 $x_1, x_2, \cdots, x_n$이라 할 때,

$$a_{ij} = (x_i, x_j\text{를 잇는 변의 수}), (i, j = 1, 2, \cdots, n)$$

을 (i, j)-성분으로 하는 $n \times n$행렬을 G의 **인접행렬**이라고 하고

◀ 隣接行列 adjacency matrix

$$A(G)$$

와 같이 나타낸다. 이를테면

$G =$ 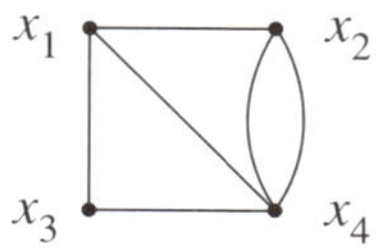

의 인접행렬은

$$A(G) = \begin{bmatrix} 0 & 1 & 1 & 1 \\ 1 & 0 & 0 & 2 \\ 1 & 0 & 0 & 1 \\ 1 & 2 & 1 & 0 \end{bmatrix}$$

이다. 인접행렬은 다음과 같은 성질을 가진다.

• 인접행렬의 성질

❶ $A(G)$는 대칭행렬이고 각 성분은 음이 아닌 정수이다.

❷ $A(G)$의 흔적 $\mathrm{tr}(A(G))$는 G의 고리의 개수이다.

❸ $A(G)$의 제 i 행 또는 제 i 열의 성분의 합은 꼭지점 x_i의 차수이다.

◀ 정사각행렬 흔적은 trace 라고 하며, 대각성분의 합을 뜻한다.

이제부터 G는 $1, 2, \cdots, n$을 꼭지점으로 가지는 그래프를 나타내는 것으로 한다.

정리 6.6.1

그래프 G에 대하여 $A(G)^k$의 (i, j)-성분은 G에서 길이 k인 (i, j)-경로의 개수와 같다.

증명 G 의 길이 k인 (i, j)-경로의 개수를 $p_{ij}^{(k)}$, $A(G)^k$의 (i, j)-성분을 $a_{ij}^{(k)}$이라 하고, k에 대한 귀납법으로 $p_{ij}^{(k)} = a_{ij}^{(k)}$임을 보인다.
길이 1인 (i, j)-경로는 곧 i, j를 잇는 변이다. 그러므로 인접행렬의 정의에 의하여 $k = 1$인 경우 정리가 성립한다.
$k > 1$이라 하고 $p_{ij}^{(k-1)} = a_{ij}^{(k-1)}$이 성립한다고 하자.
길이 k인 (i, j)-경로는 길이 $k - 1$인 (i, l)-경로의 끝에 변 $[l, j]$가 달린 것이다. 단, $l = 1, 2, \cdots, n$. 따라서

$$p_{ij}^{(k)} = \sum_{l=1}^{n} p_{il}^{(k-1)} \times (l, j\text{를 잇는 변의 개수})$$

이다. 귀납법의 가정에 의하여

$$p_{il}^{(k-1)} = a_{il}^{(k-1)}, \ (l = 1, 2, \cdots, n)$$

이고, 또 $(l, j$를 잇는 변의 개수$) = a_{lj}$이므로

$$p_{ij}^{(k)} = \sum_{l=1}^{n} a_{il}^{(k-1)} a_{lj} = a_{ij}^{(k)}. \quad \blacksquare$$

따름정리 6.6.2

그래프 G에 대하여 다음이 성립한다.

(1) G가 단순그래프이면, 각 $i = 1, 2, \cdots, n$에 대하여,

$$d(i) = (A(G)^2\text{의 } (i, i)\text{-성분})$$

(2) G에 고리가 없으면,

$$(G\text{의 삼각형의 개수}) = \frac{1}{6}\operatorname{tr}(A(G)^3)$$

증명 (1) 길이 2인 (i, i)-경로는 정확히 i에 물린 변의 수만큼 있으므로 $d(i) = (A(G)^2$의 (i, i)-성분)이다.

(2) G의 삼각형은 각 $i = 1, 2, \cdots, n$에 대하여 길이 3인 (i, i)-경로이다.$(i = 1, 2, \cdots, n)$. 이를테면 1, 2, 3을 꼭지점으로 하는 삼각형은 $A(G)^3$의 (1, 1)-성분, (2, 2)-성분, (3, 3)-성분에 각각 2 번씩 계산되어 $\operatorname{tr}(A(G)^3)$에는 정확히 6번 헤아려져 있다. 그러므로 (2)의 등식이 성립한다. ▌

예제 6.6.3

오른쪽 그림의 그래프에서 다음을 구하라.

(1) 길이 3인 (2, 4)-경로의 개수

(2) 삼각형의 개수

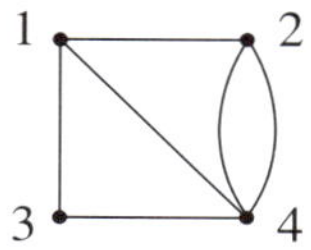

풀이 그래프 G의 인접행렬 $A = A(G)$와 그 세제곱은 다음과 같다.

$$A = \begin{bmatrix} 0 & 1 & 1 & 1 \\ 1 & 0 & 0 & 2 \\ 1 & 0 & 0 & 1 \\ 1 & 2 & 1 & 0 \end{bmatrix}, \quad A^3 = \begin{bmatrix} 6 & 9 & 6 & 8 \\ 9 & 4 & 3 & 15 \\ 6 & 3 & 2 & 9 \\ 8 & 15 & 9 & 6 \end{bmatrix}$$

(1) A^3의 (2, 4)-성분이 15이므로 G의 길이 3인 (2, 4)-경로의 개수는 15이다.

(2) $\operatorname{tr}(A^3) = 6 + 4 + 2 + 6 = 18.$

$$\therefore\ \frac{1}{6}\operatorname{tr}(A^3) = \frac{18}{6} = 3.$$

따라서 G의 삼각형의 개수는 3이다. ■

그래프 G의 최대 완전 부분그래프를 G의 **패거리**라고 한다. G의 완전부분그래프 H가 G의 최대 완전 부분그래프라는 것은 H보다 위수가 크면서 H를 부분그래프로 품는 G의 완전부분그래프가 존재하지 않는다는 뜻이다. 이를테면 다음 음영 처리된 부분은 패거리이다.

◂ clique

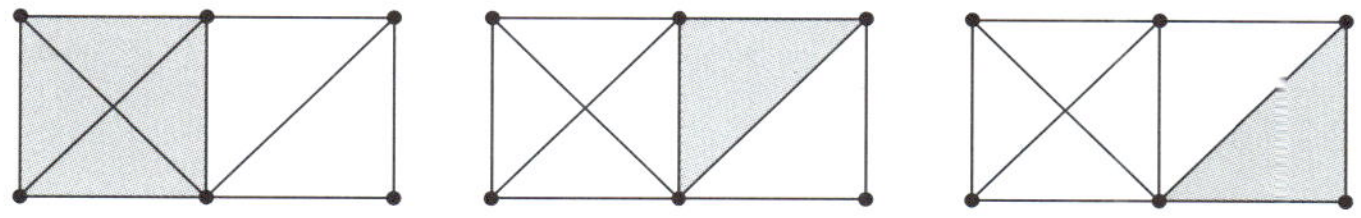

G의 꼭지점 i가 위수 3이상인 어떤 패거리의 꼭지점이면 G에는 길이 3인 (i, i)-경로가 존재하므로 $(A(G)^3$의 (i, i)-성분$) > 0$이다.

한편 $(A(G)^3$의 (i, i)-성분$) > 0$이면 G에는 길이 3인 (i, i)-경로, 즉, i를 품는 위수 3인 완전부분그래프가 존재하고 따라서 i를 품는 G의 패거리가 존재한다. 그러므로 다음을 얻는다.

따름정리 6.6.4

고리가 없는 그래프 G의 꼭지점 i가 위수 3인 패거리의 꼭지점일 필요충분조건은 $(A(G)^3$의 (i, i)-성분$) > 0$일 것이다.

보기 오른쪽 그래프 G의 패거리에 속하는 꼭지점은 2, 3, 4이다. G의 인접행렬 $A = A(G)$와 A^3은 다음과 같다.

$$A = \begin{bmatrix} 0 & 0 & 1 & 0 \\ 0 & 0 & 1 & 1 \\ 1 & 1 & 0 & 1 \\ 0 & 1 & 1 & 0 \end{bmatrix}, \quad A^3 = \begin{bmatrix} 0 & 1 & 3 & 1 \\ 1 & 2 & 4 & 3 \\ 3 & 4 & 2 & 4 \\ 1 & 3 & 4 & 2 \end{bmatrix}$$

A^3의 대각성분 중 (2, 2)-성분, (3, 3)-성분, (4, 4)-성분이 0이 아니다. 따라서 이 그래프의 경우, 따름 정리 6.6.4가 성립함을 확인할 수 있다.

$G =$

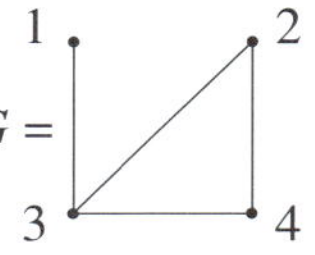

모든 성분이 양수인 행렬을 **양행렬**이라하고 행렬 A가 양행렬인 것을

$$A > O$$

과 같이 나타낸다.

◀ 陽行列 positive matrix

정리 6.6.5

위수 n인 그래프 G가 연결그래프일 필요충분조건은

$$(A(G) + I_n)^{n-1} > O, \text{ (단, } I_n \text{은 } n\text{차 단위행렬)}$$

증명 G의 각 꼭지점에 고리를 하나씩 추가한 것을 G'이라 하면 $A(G') = A(G) + I_n$ 이다.

꼭지점 i, j에 대하여, G 내에서 (i, j)-경로가 존재하면 길이 $n-1$ 이하인 (i, j)-경로가 존재한다. 그러므로 G'에서는 i (또는 j) 의 고리를 이용하면 길이 $n-1$인 (i, j)-경로가 존재한다. 따라서 G가 연결그래프이면 $A(G')^{n-1}$, 즉, $(A(G) + I_n)^{n-1}$의 모든 성분은 양이다.

역으로 $(A(G) + I_n)^{n-1} > O$, 즉, $A(G')^{n-1}$의 모든 성분이 양수라고 하면 모든 i, j에 대하여 G' 내에서 길이 $n-1$인 (i, j)-경로가 존재한다. 그러므로 G 내에서 (i, j)-경로가 존재하고, 따라서 G는 연결그래프이다. ∎

• 유향그래프의 인접행렬

유향그래프 D의 꼭지점이 $x_1, x_2, \cdots, x_n$이라고 할 때,

$$a_{ij} = (x_i, x_j\text{를 잇는 유향변의 수}), (i, j = 1, 2, \cdots, n)$$

을 (i, j)-성분으로 하는 $n \times n$행렬을 D의 **인접행렬**이라고 하고

$$A(D)$$

와 같이 나타낸다. 이를테면 유향그래프

$D =$ 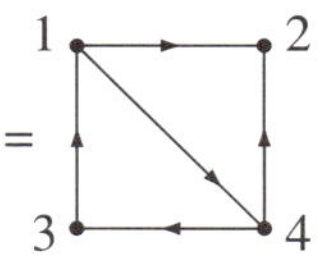

의 인접행렬은

$$A(D) = \begin{bmatrix} 0 & 1 & 0 & 1 \\ 0 & 0 & 0 & 0 \\ 1 & 0 & 0 & 0 \\ 0 & 1 & 1 & 0 \end{bmatrix}$$

이다. $1, 2, \cdots, n$을 꼭지점으로 하는 유향그래프 D에 대하여, $A(G)$의 제 i 행의 합은 꼭지점 i의 출차수이고 제 j열의 합은 꼭지점 j의 입차수이다.

지금부터 D는 $1, 2, \cdots, n$을 꼭지점으로 가지는 유향그래프를 나타내는 것으로 한다.

유향그래프에서도 다음 정리가 성립한다.
증명은 정리 6.6.1, 정리 6.6.5의 증명과 거의 같으므로 생략한다.

정리 6.6.6

유향그래프 D에 대하여 다음이 성립한다.

(1) $A(D)^k$의 (i, j)-성분은 길이 k인 (i, j)-경로의 개수와 같다.

(2) D의 위수가 n일 때, D가 강연결그래프일 필요충분조건은 $(A(D) + I_n)^{n-1} > O$일 것이다.

예제 6.6.7

오른쪽 유향그래프 D에서 길이 3인 (1, 4)-경로의 개수를 구하라.

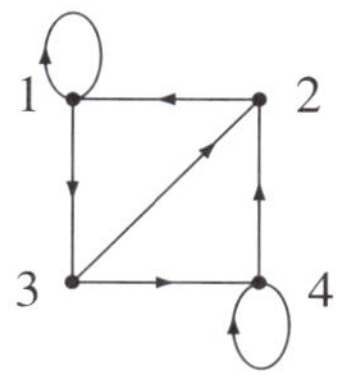

풀이 유향그래프 D의 인접행렬 $A = A(D)$와 그 세제곱 A^3은 다음과 같다.

$$A = \begin{bmatrix} 1 & 0 & 1 & 0 \\ 1 & 0 & 0 & 0 \\ 0 & 1 & 0 & 1 \\ 0 & 1 & 0 & 1 \end{bmatrix}, \quad A^3 = \begin{bmatrix} 2 & 2 & 1 & 2 \\ 1 & 1 & 1 & 1 \\ 2 & 1 & 1 & 1 \\ 2 & 1 & 1 & 1 \end{bmatrix}$$

A^3의 (1, 4)-성분이 2이므로 D의 길이 3인 (1, 4)-경로의 개수는 2이다. ■

● 토너먼트에의 응용

토너먼트의 꼭지점 x에서 y로 가는 유향변이 있을 때, y를 x의 직접후위, x에서 y로 가는 길이 2인 경로가 있을 때, y를 x의 간접후위라고 하고, 직접후위, 간접후위를 통틀어서 후위하고 하자.

토너먼트에서 자기 자신 이외의 모든 꼭지점을 후위로 가지는 꼭지점을 강한 꼭지점이라 한다. 이를테면 다음 그림의 각 토너먼트의 꼭지점 ★는 강한 꼭지점이다.

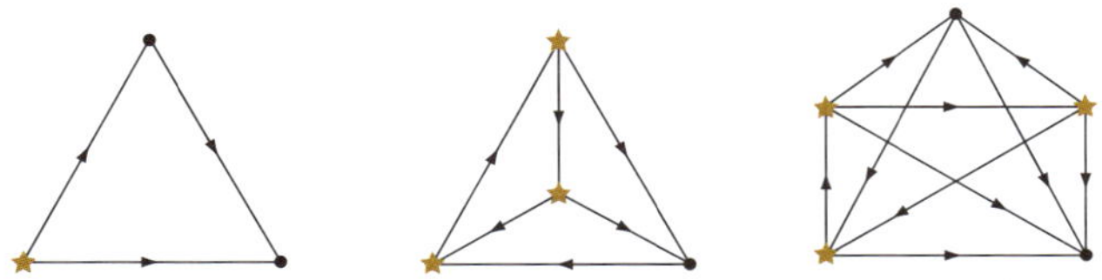

경기 결과를 나타내는 토너먼트를 가지고 팀별 순위를 결정하고자 할 때, 후위 또는 강한 꼭지점의 개념은 중요한 요소로 사용될 수 있다. 후위를 가장 많이 가지는 꼭지점을 x라 하자. x가 강한 꼭지점이 아니라면 x의 후위가 아닌 꼭지점 z가 존재한다. x의 모든 직접후위는 z를 직접후위로 가질수 없으므로 z의 직접후위이다. 더우기 이 사실로부터 x의 모든 간접후위는 z의 간접후위임을 또한 알 수 있다. 그러므로 z의 후위의 개수는 x의 후위의 개수 이상이다. 한편 z는 x의 직접후위가 아니므로 x가 z의 직접후위이다. 따라서 z가 x보다 더 많은 수의 후위를 가지게 되고, 이것은 x의 선택에 위배된다. 그러므로 토너먼트에는 적어도 하나의 강한 꼭지점이 존재함을 알 수 있다.

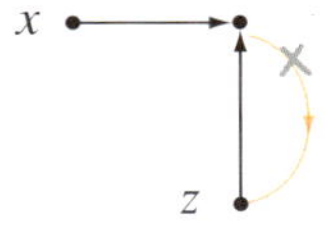

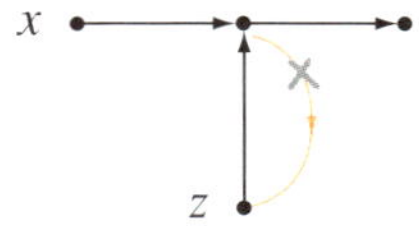

예제 6.6.8

오른쪽 그래프는 다섯 개 야구팀의 대전 결과를 나타내는 토너먼트이다. 이에 대하여 다음 물음에 답하라.

(1) 강한 꼭지점을 모두 찾으라.

(2) 두 개의 팀 x, y에 대하여, x가 y를 이겼을 때, x는 y를 직접적으로 이겼다고 하고, x에게 진팀이 y를 이겼을 경우 x는 y를 간접적으로 이겼다고 하자. 직접 또는 간접적으로 이긴 회수가 많은 순서대로 순위를 정한다고 할 때, 이 대전 결과에 대한 팀별 순위를 결정하라.

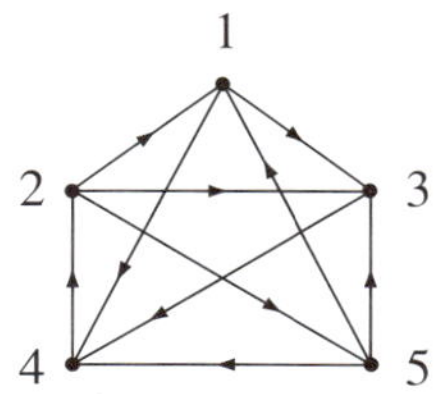

풀 이 주어진 토너먼트를 T라 하자.

(1) 꼭지점 i, j에 대하여 j가 i의 후위일 필요충분조건은 $A(T) + A(T)^2$의 (i, j)-성분이 양수일 것이다. 따라서 꼭지점 i가 강한 꼭지쫀일 필요충분조건은 $A(T) + A(T)^2$의 제 i행의 (i, j)-성분 이외의 모든 성분이 양수일 것이다.

$$A(T) + A(T)^2 = \begin{bmatrix} 0 & 0 & 1 & 1 & 0 \\ 1 & 0 & 1 & 0 & 1 \\ 0 & 0 & 0 & 1 & 0 \\ 0 & 1 & 0 & 0 & 0 \\ 1 & 0 & 1 & 1 & 0 \end{bmatrix} + \begin{bmatrix} 0 & 1 & 0 & 1 & 0 \\ 1 & 0 & 2 & 3 & 0 \\ 0 & 1 & 0 & 0 & 0 \\ 1 & 0 & 1 & 0 & 1 \\ 0 & 1 & 1 & 2 & 0 \end{bmatrix}$$

$$= \begin{bmatrix} 0 & 1 & 1 & 2 & 0 \\ 2 & 0 & 3 & 3 & 1 \\ 0 & 1 & 0 & 1 & 0 \\ 1 & 1 & 1 & 0 & 1 \\ 1 & 1 & 2 & 3 & 0 \end{bmatrix}$$

이므로 강한 꼭지점은 2, 4, 5이다.

(2) $A(T) + A(T)^2$의 제 i 행의 합을 r_i라 하면 r_i는 꼭지점 i가 나타내는 팀이 직접 또는 간접적으로 이긴 회수이다.

$$r_1 = 4, \quad r_2 = 9, \quad r_3 = 2, \quad r_4 = 4, \quad r_5 = 7$$

이므로, 이 수값의 순서대로 제 2 팀, 제 5 팀, 제 1 팀, 제 4 팀, 제 3 팀과 같이 순위를 매길 수 있다. ■

매칭과 1-인자

이분그래프 G의 꼭지점의 집합 V의 이분할을

$$X = \{x_1, x_2, \cdots, x_m\}, \quad Y = \{y_1, y_2, \cdots, y_n\}$$

라 하면 $A(G)$의 모양은 다음과 같다.

$$A(G) = \begin{array}{c} \\ x_1 \\ \vdots \\ x_m \\ y_1 \\ \vdots \\ y_n \end{array} \begin{array}{c} \begin{array}{cccccc} x_1 & \cdots & x_m & y_1 & \cdots & x_n \end{array} \\ \left[\begin{array}{ccc|ccc} 0 & \cdots & 0 & & & \\ \vdots & & \vdots & & A_1 & \\ 0 & \cdots & 0 & & & \\ \hline & & & 0 & \cdots & 0 \\ & A_1^{\mathrm{T}} & & \vdots & & \vdots \\ & & & 0 & \cdots & 0 \end{array}\right] \end{array}$$

인접행렬 $A(G)$의 오른쪽 위의 부분행렬 A_1을 이분그래프 G의 **축소인접행렬**이라고 한다. 이분그래프

$$G=(X, E, Y),\quad X=\{x_1, x_2, \cdots, x_m\},\quad Y=\{y_1, y_2, \cdots, y_n\}$$

의 축소인접행렬 $A'(G)=[a_{ij}]$는

$$a_{ij}=(x_i\text{와 } y_j\text{를 잇는 변의 개수}),\ (i=1, 2, \cdots, m;\ j=1, 2, \cdots, n)$$

로써 바로 구할 수 있다.

◂ 縮小隣接行列 reduced adjacency matrix

보기

$G=$ 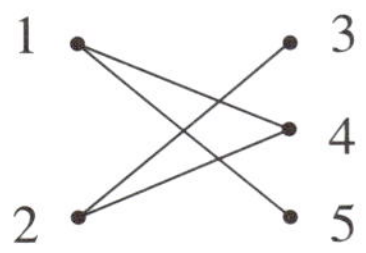

$$A'(G)=\begin{matrix} & 3 & 4 & 5 \\ 1 & 0 & 1 & 1 \\ 2 & 1 & 1 & 0 \end{matrix}$$

그래프 G의 모든 꼭지점의 차수가 1이하인 생성 부분그래프를 G의 **매칭**이라고 하고, 모든 꼭지점의 차수가 1인 생성 부분그래프를 G의 **1-인자** 또는 **완전매칭**이라고 한다. 이를테면 다음 M_1, M_2, M_3, M_4는 모두 G의 매칭이고 그 중 M_3, M_4는 G의 1-인자이다.

◂ matching

◂ 1-factor / perfact matching

G M_1 M_2 M_3 M_4

이분그래프 $G=(X, E, Y)$가 1-인자를 가지면 명백히 $|X|=|Y|$이다. 이분그래프의 매칭과 1-인자는 축소인접행렬로써 보다 쉽게 관찰할 수 있다. 다음 이분그래프 G는 2개의 1-인자 H_1, H_2를 가지고 있고, H_1, H_2의 축소인접행렬 P_1, P_2는 $P_i \leq A'(G)$를 만족하는 치환행렬이다.

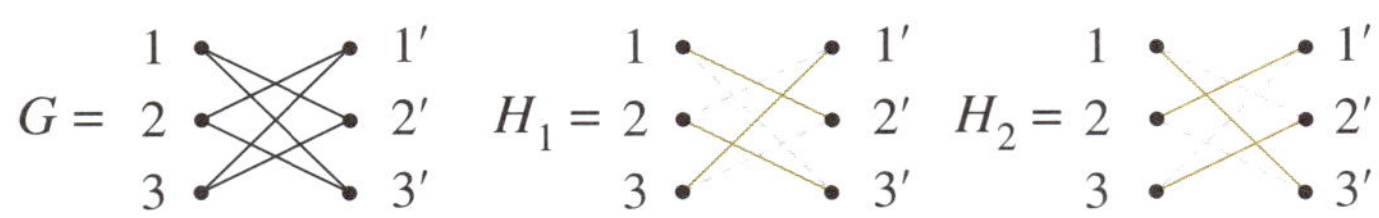

$$A'(G)=\begin{bmatrix} 0 & 1 & 1 \\ 1 & 0 & 1 \\ 1 & 1 & 0 \end{bmatrix},\quad P_1=\begin{bmatrix} 0 & 1 & 0 \\ 0 & 0 & 1 \\ 1 & 0 & 0 \end{bmatrix},\quad P_2=\begin{bmatrix} 0 & 0 & 1 \\ 1 & 0 & 0 \\ 0 & 1 & 0 \end{bmatrix}$$

이분그래프 $G = (X, E, Y)$의 매칭 M에 대하여, X의 각 꼭지점이 M의 한 변을 물고 있을 때, M을 X-매칭이라고 한다. $|X| = |Y|$일 때, X-매칭은 G의 1-인자가 된다.

명백히 $|X| > |Y|$인 이분그래프 $G = (X, E, Y)$는 X-매칭을 가지지 않는다. $|X| \le |Y|$인 경우 G가 X-매칭을 가질 조건에 대하여 알아 보자.

$|X| < |Y|$일 때, 이분그래프 $G = (X, E, Y)$의 X에 $|Y| - |X|$개의 꼭지점을 추가하고 추가한 각 꼭지점과 Y의 모든 꼭지점을 변으로 이은 이분그래프를 G^+라 하면 G의 X-매칭은 정확히 G^+의 1-인자에서 추가한 꼭지점을 모두 뺀 것이다. 따라서 G가 X-매칭을 가질 필요충분조건은 G^+가 1-인자를 가질 것이다. G^+의 축소인접행렬의 영화영블락은 $A'(G)$의 $s \times (|Y| - s + 1)$ 영 부분행렬이다. (단, $s \in \{1, 2, \cdots, |X|\}$). $S \subset X$에 대하여 S의 꼭지점과 인접한 Y의 꼭지점 전체의 집합을 Y_S라 하자. 어떤 $S \subset X$에 대하여 $|S| > |Y_S|$라고 하면 G의 축소인접행렬은 $|S| \times (|Y| - |S| + 1)$ 영 부분행렬을 가지게 된다. 그러므로 쾨닉-프로베니우스의 정리(정리 5.1.1)에 의하여 다음 정리를 얻는다.

◂ 영화영블락 5-1 참조

정리 6.6.9 (홀의 정리)

이분그래프 $G = (X, E, Y)$가 X-매칭을 가질 필요충분조건은 임의의 $S \subset X$에 대하여 $|S| \le |Y_S|$일 것이다.

◂ Hall's theorem

홀 (Philip Hall, 1904-1982)
영국의 수학자. 군론에 업적이 많음

예제 6.6.10

$n \ge k$를 자연수라 하자. n명의 사람 $x_1, x_2, \cdots, x_n$과 n가지의 일 $y_1, y_2, \cdots, y_n$이 있다. 각 x_i는 k가지의 일을 할 수 있고 각 y_i를 할 수 있는 사람의 수는 k이다. 각 사람에게 할 수 있는 한 가지씩의 일을 배당하는 것이 가능한가?

풀이 $X = \{x_1, x_2, \cdots, x_n\}$, $Y = \{y_1, y_2, \cdots, y_n\}$라 하자. $X \cup Y$를 꼭지점의 집합으로 하고, x_i가 일 y_j를 할 수 있을 때 x_i, y_j를 변으로 이으면 이분그래프 $G = (X, E, Y)$를 얻는다. G의 각 꼭지점의 차수는 k이

므로 임의의 $S \subset X$에 대하여

$$(S\text{의 꼭지점에 물린 변의 수}) = k|S|$$
$$(Y_S\text{의 꼭지점에 물린 변의 수}) = k|Y_S|$$

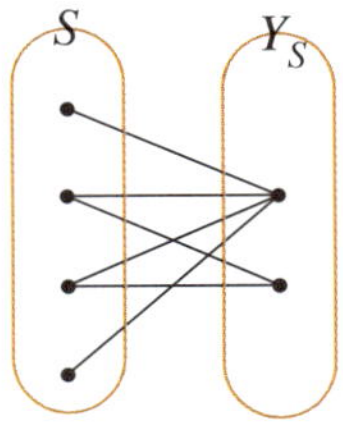

이다. 한편, 일반적으로, S의 각 꼭지점은 Y_S의 어떤 점과 인접하므로

$$(S\text{의 꼭지점에 물린 변의 수}) \le (Y_S\text{의 꼭지점에 물린 변의 수})$$

이므로 $k|S| \le k|Y_S|$, 즉 $|S| \le |Y_S|$를 얻고 따라서 홀의 정리에 의하여 G는 X-매칭을 가진다. 그러므로 각 사람에게 한 가지씩의 일을 배당할 수 있다. ■

● 인접행렬의 행렬식

유향그래프 D의 각 꼭지점의 입차수와 출차수가 모두 1인 생성부분그래프를 D의 1-인자라고 한다. 유향그래프의 1-인자는 꼭지점을 공유하지 않는 회로 또는 고리들로 이루어져 있다. 이를테면 다음 H_1, H_2는 D의 1-인자이다.

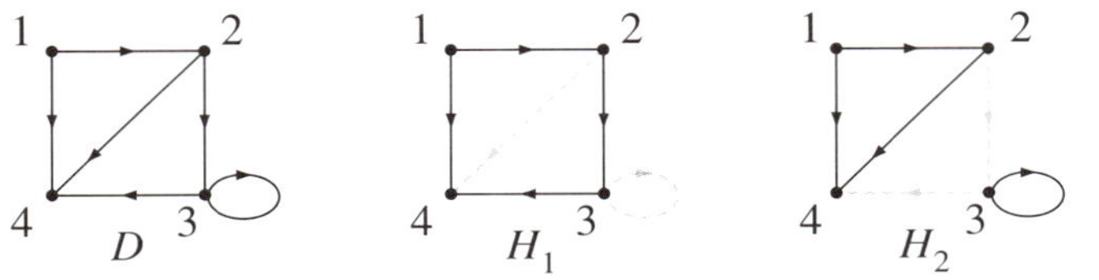

D, H_1, H_2의 인접행렬은 각각

$$A = \begin{bmatrix} 0 & 1 & 0 & 0 \\ 0 & 0 & 1 & 1 \\ 0 & 0 & 1 & 1 \\ 1 & 0 & 0 & 0 \end{bmatrix}, \quad P_1 = \begin{bmatrix} 0 & 1 & 0 & 0 \\ 0 & 0 & 1 & 0 \\ 0 & 0 & 0 & 1 \\ 1 & 0 & 0 & 0 \end{bmatrix}, \quad P_1 = \begin{bmatrix} 0 & 1 & 0 & 0 \\ 0 & 0 & 0 & 1 \\ 0 & 0 & 1 & 0 \\ 1 & 0 & 0 & 0 \end{bmatrix}$$

이다. $\mathscr{P}(A) = \{P_1, P_2\}$이고, P_1, P_2에 대응되는 치환

$$\sigma_1 = (1\ 2\ 3\ 4),\ \ \sigma_2 = (1\ 2\ 4)(3)$$

의 부호는 각각 $-$, $+$이므로, $\det A = (-1) + (+1) = 0$이다.

◂ $\mathscr{P}(A)$는 $P \le A$를 만족하는 치환행렬 P 전체의 집합

일반적으로 유향그래프 D의 1-인자 H에 대하여 $A(H) \in \mathscr{P}(A(D))$이고, 함수 $\theta : H \to A(H)$는 D의 1-인자 전체의 집합과 $\mathscr{P}(A(D))$ 사이의 일대일 대응관계이다.

D의 1-인자 H에 대하여 $A(H) = P$라 하고, P에 대응되는 $\{1, 2, \cdots, n\}$의 치환을 σ_P라 하자. H가 h개의 회로 $C_1, C_2, \cdots, C_h$로 이루어져 있으면 σ_P는 대응하는 h개의 서로 소인 사이클 $\gamma_1, \gamma_2, \cdots, \gamma_h$의 곱이다. 각 $i = 1, 2, \cdots, h$에 대하여 사이클 γ_i 의 길이를 $|\gamma_i|$로 나타내면

$$\mathrm{sgn}(\gamma_i) = (-1)^{|\gamma_i| - 1}$$

이므로

$$\begin{aligned}\mathrm{sgn}(\sigma_P) &= \mathrm{sgn}(\gamma_1) \cdots \mathrm{sgn}(\gamma_h) = (-1)^{|\gamma_1| - 1} \cdots (-1)^{|\gamma_h| - 1} \\ &= (-1)^{|\gamma_1| + \cdots + |\gamma_h| - h} = (-1)^{n-h} = (-1)^{n+h}.\end{aligned}$$

이 사실로부터 인접행렬의 행렬식은 1-인자를 이용하여 다음과 같이 구할 수 있다.

정리 6.6.11

다중 유향변이 없는 위수 n인 유향그래프 D의 모든 1-인자를 $H_1, H_2, \cdots, H_p$라고 하고 H_i를 이루는 회로의 개수를 h_i라고 하면,

$$\det A(D) = (-1)^n \textstyle\sum_{i=1}^{p} (-1)^{h_i}$$

증명 $A = A(D) = [a_{ij}]$ 라고 하면 행렬식의 정의에 의하여

$$\begin{aligned}\det A &= \sum_{P = [p_{ij}] \in \mathcal{P}(A)} \mathrm{sgn}(\sigma_P) \prod_{p_{ij} \neq 0} a_{ij} \\ &= \sum_{P = [p_{ij}] \in \mathcal{P}(A)} \mathrm{sgn}(\sigma_P) = \textstyle\sum_{i=1}^{p} \mathrm{sgn}(\sigma_{A(H_i)}) \\ &= \textstyle\sum_{i=1}^{p} (-1)^{n+h_i} = (-1)^n \sum_{i=1}^{p} (-1)^{h_i} \quad \blacksquare\end{aligned}$$

입사행렬

꼭지점이 $x_1, x_2, \cdots, x_n$이고 변이 $a_1, a_2, \cdots, a_m$인 그래프 G에 대하여

$$b_{ij} = \begin{cases} 1, & (x_n\text{이 } a_j\text{에 물려 있을 때}), \\ 0, & (\text{그렇지 않을 때}) \end{cases}$$

로 정의되는 b_{ij}, $(1 \le i \le n, 1 \le j \le m)$, 를 (i, j)-성분으로 하는 $n \times m$ 행렬을 G의 **입사행렬**이라고 하고 $B(G)$와 같이 나타낸다. 이를테면

◂ 入射行列 incidence matrix

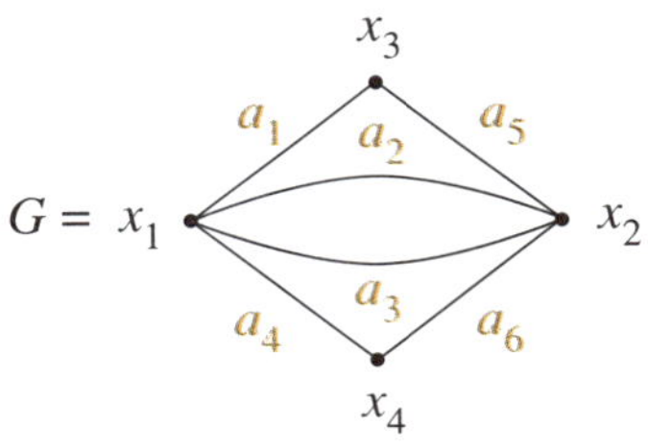

의 입사행렬은

$$B(G) = \begin{array}{c} \\ x_1 \\ x_2 \\ x_3 \\ x_4 \end{array} \begin{array}{c} \begin{matrix} a_1 & a_2 & a_3 & a_4 & a_5 & a_6 \end{matrix} \\ \begin{bmatrix} 1 & 1 & 1 & 1 & 0 & 0 \\ 0 & 1 & 1 & 0 & 1 & 1 \\ 1 & 0 & 0 & 0 & 1 & 0 \\ 0 & 0 & 0 & 1 & 0 & 1 \end{bmatrix} \end{array}$$

이다. 입사행렬은 다음과 같은 성질을 가진다.

- 입사행렬의 성질

❶ $B(G)$의 제 i 행의 합은 꼭지점 x_i의 차수이다.
❷ $B(G)$의 각 열의 성분의 합은 2이다.

꼭지점이 $x_1, x_2, \cdots, x_n$이고 유향변이 $a_1, a_2, \cdots, a_m$인 유향그래프 D에 대하여

$$b_{ij} = \begin{cases} 1, & (a_j\text{가 } x_i\text{에서 나갈 때}), \\ -1, & (a_j\text{가 } x_i\text{로 들어갈 때}), \\ 0, & (\text{그렇지 않을 때}) \end{cases}$$

로 정의되는 b_{ij}, $(1 \le i \le n, 1 \le j \le m)$, 를 (i, j)-성분으로 하는 $n \times m$ 행렬을 D의 **입사행렬**이라고 하고 $B(D)$와 같이 나타낸다. 이를테면

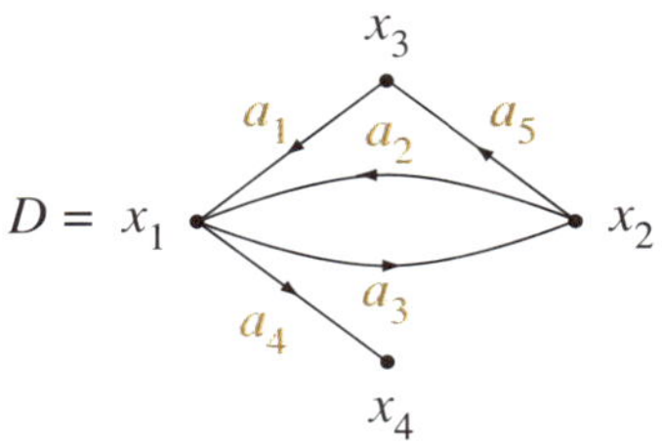

의 입사행렬은

$$B(G) = \begin{array}{c} \\ x_1 \\ x_2 \\ x_3 \\ x_4 \end{array} \begin{array}{c} \begin{array}{ccccc} a_1 & a_2 & a_3 & a_4 & a_5 \end{array} \\ \begin{bmatrix} -1 & -1 & 1 & 1 & 0 \\ 0 & 1 & -1 & 0 & 1 \\ 1 & 0 & 0 & 0 & -1 \\ 0 & 0 & 0 & -1 & 0 \end{bmatrix} \end{array}$$

이다. 유향그래프의 입사행렬의 성분의 합은 0이다.

● 오일러 유향화의 개수

다음 그래프 G는 오일러 그래프이다. G의 변을 유향화한 유향그래프 D_1은 오일러 유향화이지만 D_2는 오일러 유향화가 아니다.

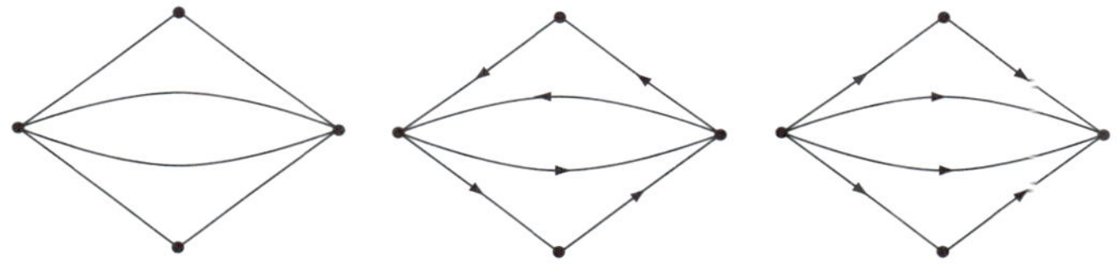

G D_1 D_2

이 그래프 G를 오일러 유향화 하는 방법 수를 알아 보자.

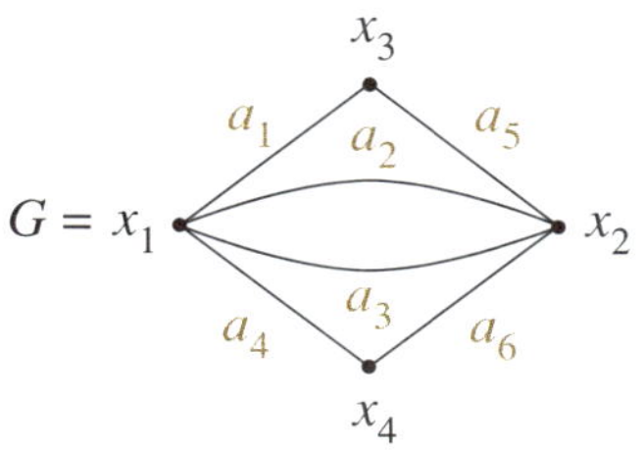

$$B(G) = \begin{array}{c} \\ x_1 \\ x_2 \\ x_3 \\ x_4 \end{array} \begin{array}{c} \begin{array}{cccccc} a_1 & a_2 & a_3 & a_4 & a_5 & a_6 \end{array} \\ \begin{bmatrix} 1 & 1 & 1 & 1 & 0 & 0 \\ 0 & 1 & 1 & 0 & 1 & 1 \\ 1 & 0 & 0 & 0 & 1 & 0 \\ 0 & 0 & 0 & 1 & 0 & 1 \end{bmatrix} \end{array}$$

행렬 $B(G)$에서 1행, 2행, 3행, 4행을 각각 $\frac{d(x_1)}{2}$, $\frac{d(x_2)}{2}$, $\frac{d(x_3)}{2}$, $\frac{d(x_4)}{2}$ 회 반복하여 쓰면 행렬

$$B^*(G) = \begin{array}{c} \\ x_1 \\ x_1 \\ x_2 \\ x_2 \\ x_3 \\ x_3 \end{array} \begin{array}{c} \begin{array}{cccccc} a_1 & a_2 & a_3 & a_4 & a_5 & a_6 \end{array} \\ \begin{bmatrix} 1 & 1 & 1 & 1 & 0 & 0 \\ 1 & 1 & 1 & 1 & 0 & 0 \\ 0 & 1 & 1 & 0 & 1 & 1 \\ 0 & 1 & 1 & 0 & 1 & 1 \\ 1 & 0 & 0 & 0 & 1 & 0 \\ 0 & 0 & 0 & 1 & 0 & 1 \end{bmatrix} \end{array}$$

를 얻는다.

$$d(x_1)+d(x_2)+d(x_3)+d(x_4)=2\times(\text{변의 수})$$

이므로, 이와 같이 만든 행렬 $B^*(G)$는 정사각행렬이 된다.

$P=[p_{ij}]\in\mathscr{P}(B^*(G))$를 하나 잡고, 각 $j=1, 2, \cdots, 6$에 대하여 변 a_j가 $p_{ij}=1$이 되는 i에 해당하는 꼭지점을 향하도록 방향을 주면 G의 오일러 유향화를 얻는다.

$$\begin{array}{c} \\ x_1\\ x_1\\ x_2\\ x_2\\ x_3\\ x_3 \end{array}\begin{array}{c} \begin{array}{cccccc} a_1 & a_2 & a_3 & a_4 & a_5 & a_6 \end{array}\\ \begin{bmatrix} 1 & & & & & \\ & 1 & & & & \\ & & 1 & & & \\ & & & & & 1\\ & & & & 1 & \\ & & & 1 & & \end{bmatrix} \end{array}$$

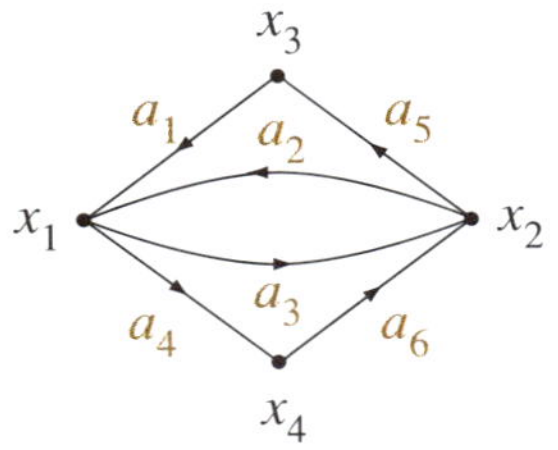

그런데, 이 오일러 유향화를 주는 치환행렬은

$$\begin{bmatrix} 1 & & & & & \\ & 1 & & & & \\ & & 1 & & & \\ & & & & & 1\\ & & & & 1 & \\ & & & 1 & & \end{bmatrix}, \quad \begin{bmatrix} & 1 & & & & \\ 1 & & & & & \\ & & 1 & & & \\ & & & & & 1\\ & & & & 1 & \\ & & & 1 & & \end{bmatrix},$$

$$\begin{bmatrix} 1 & & & & & \\ & 1 & & & & \\ & & & & & 1\\ & & 1 & & & \\ & & & & 1 & \\ & & & 1 & & \end{bmatrix}, \quad \begin{bmatrix} & 1 & & & & \\ 1 & & & & & \\ & & & & & 1\\ & & 1 & & & \\ & & & & 1 & \\ & & & 1 & & \end{bmatrix}$$

와 같이 $\left(\frac{d(x_1)}{2}!\right)\left(\frac{d(x_2)}{2}!\right)\left(\frac{d(x_3)}{2}!\right)\left(\frac{d(x_4)}{2}!\right)$ 개 존재한다. 따라서 G의 오일러 유향화의 방법 수는

$$\frac{|\mathscr{P}(B^*(G))|}{\prod_{i=1}^{4}\left(\frac{d(x_i)}{2}!\right)}=\frac{24}{2!\,2!\,1!\,1!}=6.$$

꼭지점이 $x_1, x_2, \cdots, x_n$이고 변이 $a_1, a_2, \cdots, a_m$인 그래프 G의 입사행렬 $B(G)$에서 각 $i=1, 2, \cdots, n$에 대하여 제 i 행을 $\frac{d(x_i)}{2}$회 반복하여 쓴 행렬을 $B^*(G)$라고 할 때, 위와 같이 생각하면 다음 정리가 성립함을 알 수 있다.

정리 6.6.12

위수가 n인 오일러 그래프 G의 오일러 유향화의 개수는

$$\frac{|\mathscr{P}(B^*(G))|}{\prod_{i=1}^{n}\left(\frac{d(x_i)}{2}!\right)}$$

● 오일러유향그래프의 응용

각 성분이 음이 아닌 정수인 n-벡터와 $n \times n$행렬

$$\mathbf{u} = \begin{bmatrix} s_1 \\ s_2 \\ \vdots \\ s_n \end{bmatrix},\ A = \begin{bmatrix} a_{11} & a_{12} & \cdots & a_{1n} \\ a_{21} & a_{22} & \cdots & a_{2n} \\ \vdots & \vdots & & \vdots \\ a_{n1} & a_{n2} & \cdots & a_{nn} \end{bmatrix}$$

에 대하여, n 개의 문자 $X_1, X_2, \cdots, X_n$으로 이루어진 단어로서, 조건

❶ 각 $i = 1, 2, \cdots, n$에 대하여 X_i가 s_i 개 들어 있다.

❷ 각 $i, j = 1, 2, \cdots, n$에 대하여 X_i바로 다음에 X_j가 따라 붙는 것이 a_{ij} 개 있다.

를 만족하는 것 전체의 집합을 $W(A, \mathbf{u})$라 하자. 이를테면, $n = 3$인 경우, 사용하는 문자를 차례로 X, Y, Z라고 하면,

$$\mathbf{u} = \begin{bmatrix} 2 \\ 1 \\ 1 \end{bmatrix},\ A = \begin{bmatrix} 0 & 1 & 0 \\ 0 & 0 & 1 \\ 1 & 0 & 0 \end{bmatrix} \quad \cdots\cdots \text{①}$$

일 때, $W(A, \mathbf{u})$는

$$XYZX$$

와 같이, X, Y, Z가 각각 2개, 1개, 1개 있고, XY, YZ, ZX가 각각 1회씩 나타나는 단어 전체의 집합이고,

$$\mathbf{u} = \begin{bmatrix} 2 \\ 4 \\ 3 \end{bmatrix},\ A = \begin{bmatrix} 0 & 0 & 2 \\ 2 & 1 & 1 \\ 0 & 2 & 0 \end{bmatrix} \quad \cdots\cdots \text{②}$$

일 때,

$$YYZYXZYXZ$$

는 $W(A, \mathbf{u})$의 원소 중 하나이다.

여기에서 다음 문제를 생각해 보자.

- 어떤 경우에 $W(A, \mathbf{u}) \neq \varnothing$이겠는가?
- $W(A, \mathbf{u}) \neq \varnothing$일 때, $W(A, \mathbf{u})$의 원소는 무엇이겠는가?

이 문제를 풀기 위하여 $X_1, X_2, \cdots, X_n$을 꼭지점으로 하고 행렬 A를 인접행렬로 하는 유향그래프 D를 생각한다. 이를테면 앞의 ①, ②의 경우에 해당하는 유향그래프는 각각 오른쪽그래프 D_1, D_2와 같다.

$D_1 =$

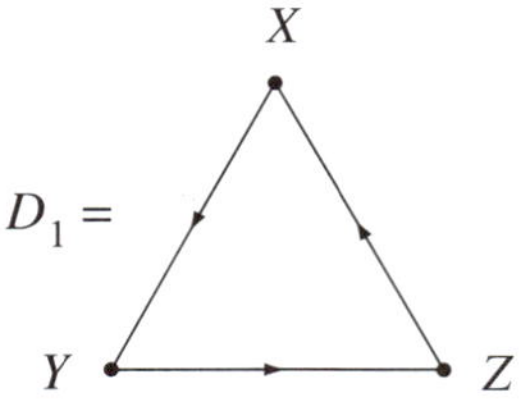

$D_2 =$

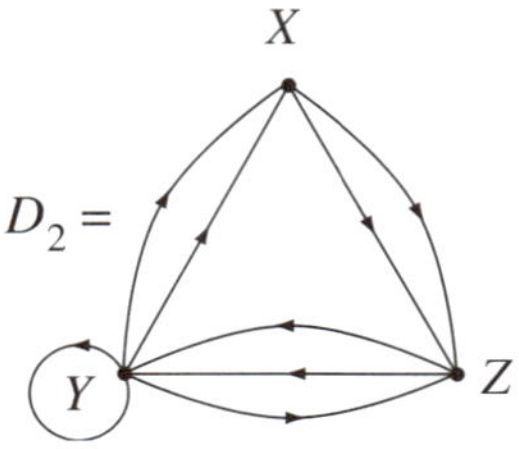

$$\begin{bmatrix} 0 & 0 & 2 \\ 2 & 1 & 1 \\ 0 & 2 & 0 \end{bmatrix}$$

$W(A, \mathbf{u}) \neq \varnothing$이라 하고, $w = Y_1Y_2 \cdots Y_m \in W(A, \mathbf{u})$라 하면 명백히 w는 D의 오일러 경로 $w^* =$「$Y_1 \to Y_2 \to \cdots \to Y_m$」을 정의한다.
$Y_1 = X_p$, $Y_m = X_q$라 하자.

- $X_p \neq X_q$일 경우 :

$$\begin{cases} od(X_p) = id(X_p) + 1, \\ od(X_q) = id(X_q) - 1, \\ od(X_i) = id(X_i),\ (i \neq p, q\text{일 때}) \end{cases} \quad \cdots\cdots ③$$

그러므로 행렬 A의 행합 $r_1, r_2, \cdots, r_n$과 열합 $c_1, c_2, \cdots, c_n$은

$$r_p = c_p + 1,\quad r_q = c_q - 1,\quad r_i = c_i\ \ (i \neq p, q\text{일 때}) \quad \cdots\cdots ④$$

를 만족하여야 한다.
또한 $i \neq p$일 때, w에서 X_i는 c_i회 나타나고, X_p는 출발하는 지점의 X_p를 제외하고 c_p회 나타나므로 행렬 A는

$$s_i = c_i\ \ (i \neq p\text{일 때}),\quad s_p = c_p + 1 \quad \cdots\cdots ⑤$$

를 또한 만족하여야 한다.

- $X_p = X_q$일 경우 :

모든 i에 대하여, $od(X_i) = id(X_i)$이고 따라서 A는 조건

$$\text{모든 } i\text{에 대하여},\ r_i = c_i \quad \cdots\cdots ④'$$

를 만족하여야 하며, ⑤는 그대로 만족하여야 한다.
그러므로 주어진 행렬 A와 벡터 $\mathbf{u}$가 ④와 ⑤ 또는 ④′과 ⑤를 만족하지 않으면 $W(A, \mathbf{u}) = \varnothing$이다.
행렬 A와 벡터 $\mathbf{u}$가 ④, ⑤를 만족하면, 유향그래프 D는 ③을 만족하고, 따라서 오일러 경로 $w^* =$「$X_p \to \cdot \to \cdots \to \cdot \to X_q$」를 가진다. 여기

에서 화살표를 모두 따내고 얻은 단어 $X_p \cdot \cdots \cdot X_q$는 문제의 조건 ❶, ❷를 만족하고, 따라서 $w \in W(A, \mathbf{u})$이다.

한편, 행렬 A와 $\mathbf{u}$가 ④′과 ⑤를 만족하면, 유향그래프 D는 오일러 회로 $w^* =$ 「$X_p \to \cdot \to \cdots \to \cdot \to X_p$」를 가지고, $w = X_p \cdot \cdots \cdot X_r$는 역시 ❶, ❷를 만족하게 되므로 $w \in W(A, \mathbf{u})$이다.

마지막으로, 인접행렬과 입사행렬 사이의 관계에 대하여 알아 보자. 여기에서는 $x_1, x_2, \cdots, x_n$을 꼭지점으로 하는 그래프 G에 대하여 $d(x_1)$, $d(x_2), \cdots, d(x_n)$을 대각성분으로 하는 대각행렬을 D_G로 나타낸다.

정리 6.6.13

고리가 없으며 위수 n인 그래프 G의 인접행렬과 입사행렬을 각각 A, B라고 하면 $BB^{\mathrm{T}} = D_G + A$가 성립한다.

증명 $A = [a_{ij}]$, $B = [b_{ij}]$라 하고 G의 변이 $a_1, a_2, \cdots, a_m$이라 하자. B의 제 i 행을 $\mathbf{r}_i$라 하면 BB^{T}의 $((i, j)$-성분은 $\mathbf{r}_i$, $\mathbf{r}_j$의 내적 $\mathbf{r}_i \cdot \mathbf{r}_j$이다.

각 $i = 1, 2, \cdots, n$에 대하여, $\mathbf{r}_i \cdot \mathbf{r}_i = b_{i1}^2 + b_{i2}^2 + \cdots + b_{in}^2$는 꼭지점 x_i에 물려 있는 변의 수이므로 $\mathbf{r}_i \cdot \mathbf{r}_i = d(x_i)$.

$i \neq j$인 i, j에 대하여, $\mathbf{r}_i \cdot \mathbf{r}_j = b_{i1} b_{j1} + b_{i2} b_{j2} + \cdots + b_{im} b_{jm}$인데, 각 $k = 1, 2, \cdots, m$에 대하여,

$$b_{ik} b_{jk} = \begin{cases} 1, & (a_k\text{가 } x_i, x_j\text{를 잇는 변일 때}), \\ 0, & (\text{그렇지 않을 때}), \end{cases}$$

이므로 $b_{i1} b_{j1} + b_{i2} b_{j2} + \cdots + b_{im} b_{jm}$은 x_i, x_j를 잇는 변의 수이고, 따라서 $\mathbf{r}_i \cdot \mathbf{r}_j = a_{ij}$이다. 그러므로 $BB^{\mathrm{T}} = D_G + A$가 성립한다. ▌

6-6 EXERCISES 연습문제

1 오른쪽 유향그래프 D에 대하여 다음 물음에 답하라.

(1) 인접행렬을 이용하여 길이가 각각 2, 3, 4인 경로를 구하라.

(2) 모든 회로의 길이가 짝수임을 증명하라.

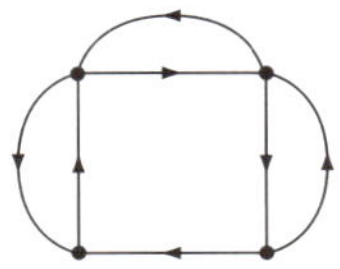

2 인접행렬이 다음과 같은 그래프의 연결성을 판정하라.

(1) $\begin{bmatrix} 0 & 1 & 0 & 0 \\ 1 & 0 & 0 & 0 \\ 0 & 0 & 0 & 1 \\ 0 & 0 & 1 & 0 \end{bmatrix}$　　(2) $\begin{bmatrix} 0 & 1 & 1 & 1 \\ 1 & 0 & 0 & 0 \\ 1 & 0 & 0 & 0 \\ 1 & 0 & 0 & 0 \end{bmatrix}$

3 인접행렬이 다음과 같은 유향그래프의 강연결성을 판정하라.

(1) $\begin{bmatrix} 0 & 1 & 0 & 1 \\ 1 & 0 & 1 & 0 \\ 0 & 1 & 0 & 1 \\ 1 & 0 & 0 & 0 \end{bmatrix}$　　(2) $\begin{bmatrix} 1 & 0 & 0 & 1 \\ 1 & 0 & 1 & 0 \\ 0 & 1 & 0 & 1 \\ 1 & 0 & 0 & 1 \end{bmatrix}$

4 토너먼트 T가 전이 유향그래프일 필요충분조건은 $\operatorname{tr}(A(T)^3) = 0$일 것임을 증명하라.

5 같은 입사행렬을 가지는 동형이 아닌 두 그래프가 존재하는지 하지 않는지를 말하고, 그 이유를 설명하라.

6 $x_1, x_2, \cdots, x_n$을 꼭지점으로 하는 유향그래프 D에 대하여 $d(x_i) = id(x_i) + od(x_i)$, $(i = 1, 2, \cdots, n)$, 이라 하고 $d(x_1), d(x_2), \cdots, d(x_n)$을 차례로 대각성분으로 가지는 대각행렬을 D_D라 하자. D의 인접행렬과 입사행렬을 각각 A, B라고 하면 $BB^{\mathrm{T}} = D_D - A$가 성립함을 증명하라.

7 8×8 체스보드 위에 8개의 말이 각 행 및 각 열에 하나씩 배열되어 있다. 체스보드의 검은 칸 위에 놓여진 말의 개수는 짝수개임을 증명하라.

6-6 · E · X · E · R · C · I · S · E · S · 연습문제

8
$$a_{ij} = \begin{cases} 1, & (i \geq j\text{일 때}), \\ 0, & (i < j\text{일 때}) \end{cases}$$

를 (i, j)-성분으로 하는 1999×1999 행렬 A의 성분 중에서 1998개의 1을 뽑되 어느 두 개도 같은 행 또는 같은 열에 있지 않도록 뽑는 방법의 수를 구하라.

9 $x_1, x_2, \cdots, x_n$을 꼭지점으로 하는 유향그래프 D에 대하여,

$$a_{ij} = \begin{cases} 1, & ((x_i, x_j)\text{-경로가 있을 때}), \\ 0, & (\text{그렇지 않을 때}), \end{cases}$$

로 정의되는 a_{ij}, $(i, j = 1, 2, \cdots, n)$, 를 (i, j)-성분으로 하는 $n \times n$ 행렬을 $R(D)$로 나타낼 때, 다음 물음에 답하라.

(1) 문제 1의 유향그래프 D에 대하여 $R(D)$를 구하라.

(2) D가 강연결일 필요충분조건은 $R(D)$의 모든 성분이 1임을 증명하라.

(3) $R(D)$의 제 j 열합이 나타내는 것은 무엇인가?

(4) 각 성분이 음이 아닌 행렬 $M = [m_{ij}]$에 대하여,

$$m_{ij}^* = \begin{cases} 1, & (m_{ij} > 0\text{일 때}), \\ 0, & (m_{ij} = 0\text{일 때}) \end{cases}$$

로 정의되는 m_{ij}^*를 (i, j)-성분으로 하는 행렬을 $\mathrm{sign}(M)$이라 하자. A가 위수 n인 유향그래프 D의 인접행렬이라고 할 때,

$R(D)$, $\mathrm{sign}((I_n + A)^{n-1})$, $\mathrm{sign}(I_n + A + A^2 + \cdots + A^{n-1})$

은 서로 같은 행렬임을 증명하라.

참고문헌

1. 황석근, 이재돈, 김익표, ENV이산수학(초판), 블랙박스 2001.
2. Howard Anton, Chris Rorres, *Elementary Linear Algebra-Applications Version*, John Willey and Sons, Inc., New York, 2000.
3. Kenneth P. Bogart, *Introductory Combinatorics*, 2nd edition, Harcourt Brace and Co., Florida, 1990.
4. J. A. Bondy, U. S. R. Murty, *Graph Theory with Applications*, American Elsevier Pub. Co. Inc., New York, 1977.
5. Richard A. Brualdi, *Introductory Combinatorics*, 3rd edition Prentice-Hall,Upper Saddle River, N.J., 1999.
6. Avinash Dixit, Susan Skeath, *Games of Strategy*, W. W. Nortan and Company, Inc., New York, 1999.
7. John P. D'angelo, Douglas B. West, *Mathematical Thinking, Problem- Solving and Proofs*, 2nd edition, Prentice Hall, Inc., Upper Saddle River, NJ., 1997.
8. H. E. Dudeney, *Amusements in Mathematics*, Dover, New York, 1970.
9. Arthur Engel, *Problem-Solving Strategies*, Springer-Verlag, New York, 1998.
10. A. Gardiner, *The Mathematical Olympiad Handbook*, An Introduction to Problem Solving, Oxford University Press Inc., New York, 1997.
11. Martin Gardner, *Mathematical Puzzles of Sam Loyd*, Dover, NewYork, 1959.
12. Martin Gardner, *More Mathematical Puzzles of Sam Loyd*, Dover, NewYork, 1960.
13. Tony Gardiner, *More Mathematical Challenges*, Cambridge University Press, Cambridge, 1997.
14. Bradley W. Jackson, Dmitri Thoro, *Applied Combinatorics with Problem Solving*, Addison-Wesley, Reading Mass., 1990.
15. Wang Jianhua, *The Theory of Games*, Oxford University Press, NewYork, 1988.
16. Boris A. Kordemsky, *The Moscow Puzzles, 359 Mathematical Recreations*, Dover, New York, 1992.
17. James D. Morrow, *Game Theory for Political Scientists,* Princeton University Press, New Jersey, 1994.
18. Peter C. Ordeshook, *Game Theory and Political Theory*, Cambridge University Press, Cambridge, 1989.
19. Fred S. Roberts, *Applied Combinatorics*, Prentice-Hall, Englewood Cliffs, N.J., 1984.
20. Kenneth H. Rosen, *Discrete Mathematics and Its Applications*, 4th edition,McGraw-Hill, New York, 1999.
21. D. O. Shklarsky, N. N. Chentzov, I. M. Yaglom, *The USSR Olympiad Problem Book, Selected Problems and Theorems of Elementary Mathematics*, Dover, New York, 1993.
22. K. Thulasiraman, M. N. Swamy, *Graphs : Theory and Algorithms*, John Willey and Sons Inc., New York, 1992.
23. Alan Tucker, *Applied Combinatorics*, 3rd edition, Wiley and Sons, New York, 1995.
24. A. M. Yaglom, I. M. Yaglom, *Challenging Mathematical Problems with Elementary Solutions*, Dover, New York, 1987.

해답과 힌트

SOLUTIONS and HINTS

I 시작하면서

1-1 준비

1 (1) A_{00} (2) $\{1, 2, \cdots\}$ (3) $\{1\}$ (4) $\{1, 2, 3\}$

2 (1) 2^{2n} (2) 2^n (3) $2^n - 2$

7 (1) 100 (2) 4950

1-2 문제해결과 이산수학

1 지름에 대한 원주각이 직각임을 이용.

2 $n = 3k, 3k + 1, 3k + 2$(k는 임의의 정수) 꼴로 나누어 생각. $n = 6, 7, 8$인 경우는 다음과 같다.

3 9회

4 $n = 4k + 2$ (k는 임의의 자연수)

5 기우성(寄偶性)을 이용해서 증명한다.

6 2 / 101

7 기우성(寄偶性)을 이용해서 증명한다.

8, 9, 10 모두 불가능.

11 예제 1.2.7과 같이 증명.

12 $l + m + n - \gcd(l,m) - \gcd(m,n) - \gcd(n,l) + \gcd(l,m,n)$

13 100개의 동전을 4개의 그룹으로 나누어 생각.

15 불가능.

16 주어진 행렬을 아래와 같이 두 행렬의 합으로 생각한다.

$$\begin{bmatrix} 1 & 2 & 3 & \cdots & 10 \\ 1 & 2 & 3 & \cdots & 10 \\ 1 & 2 & 3 & \cdots & 10 \\ \vdots & \vdots & \vdots & \ddots & \vdots \\ 1 & 2 & 3 & \cdots & 10 \end{bmatrix} + \begin{bmatrix} 0 & 0 & 0 & \cdots & 0 \\ 10 & 10 & 10 & \cdots & 10 \\ 20 & 20 & 20 & \cdots & 20 \\ \vdots & \vdots & \vdots & \ddots & \vdots \\ 90 & 90 & 90 & \cdots & 90 \end{bmatrix}$$

두 행렬의 각 행, 각 열에 –가 5개씩 있는 것이 된다.

20 피보나치 수열을 $f_0, f_1, f_2, \cdots$ 이라고 할 때, 조건을 만족하는 부분집합의 개수는 f_{102}

21 병의 부피는 병을 똑바로 세운 상태에서 물이 차 있는 곳까지의 부피와 병을 거꾸로 세운 상태에

서 물이 없는 부분의 부피 합이다.

23 22, $\frac{1}{2}(n^2+n+2)$

24 6729/13458 = 1/2, 5832/17496 = 1/3
4392/17568 =1/4, 2769/13845 = 1/5
2943/17658 = 1/6, 2394/16758 = 1/7
3187/25496 = 1/8, 6381/57429 = 1/9

25 800 km

II 순열과 조합

2-1 순열

1 n이 홀수일 때 : $\left(\frac{n+1}{2}!\right)\left(\frac{n-1}{2}!\right)$
n이 짝수일 때 : $\left(\frac{n}{2}!\right)^2$

2 $(n-2)!$

4 $\overleftarrow{2}\ \overleftarrow{1}\ \overrightarrow{3}\ \overrightarrow{4}\ \overrightarrow{5} \cdots \overrightarrow{n}$

5 $\sigma^2 = \begin{pmatrix} 1, 2, 3, 4, 5 \\ 3, 4, 5, 1, 2 \end{pmatrix}, \sigma^5 = \begin{pmatrix} 1, 2, 3, 4, 5 \\ 1, 2, 3, 4, 5 \end{pmatrix}, \sigma^6 = \sigma$

6 $\begin{pmatrix} 1, 2, 3, 4, 5, 6, 7, 8 \\ 2, 7, 5, 8, 6, 3, 1, 4 \end{pmatrix}$

7 $\mathrm{lcm}(k, l, m)$

8 $6! \cdot {}_6P_5$

2-2 조합

1 210

2 $9\binom{10}{2}+\binom{9}{3}$

3 $\binom{5}{4}\binom{5}{3}+\binom{5}{2}$

4 5/7

5 (1) $\binom{25}{4}-\binom{20}{4}$ (2) $\binom{19}{3}$

6 $\binom{12}{1}\binom{11}{1}\binom{8}{1}+\binom{8}{1}\binom{12}{1}\binom{7}{1}$

7 $3\binom{10}{4}\binom{6}{3}$

8 $51\binom{52}{2}$

9 $\binom{1996}{2}-3\binom{999}{2}+3$

11 $2n(n-1)$

12 $2 \cdot n!^2$

2-3 여러 가지 순열 · 조합

1 (1) $\binom{20-k}{3}/\binom{20}{4}$ (2) $\binom{k-1}{1}\binom{20-k}{2}/\binom{20}{4}$

2 (1) 125 (2) 36 (3) 61

3 $\sum_{r=0}^{4}(r+1)\binom{13-r}{3}$

4 $3^n - 3\times 2^{n-1}$

5 9^n

6 768

7 1056

8 $\binom{n-1}{2m+1}$

9 984

10 $\binom{14}{5}-1$

11 9

12 (1) $2^{n-(m+1)}/2^n = 2^{-(m+1)}$
(2) $\binom{m+i-1}{m}2^{n-(m+1)}/2^n$

13 $(n-k+3)2^{n-k-2}$

14 (1) $\binom{14}{4}$ (2) $\binom{14}{4}$

15 $\binom{28}{3}$

16 1470

17 $\sum_{k=0}^{7}\binom{7-k+3-1}{7-k}\binom{20-k+4-1}{20-k}$

18 중복을 허락하는 경우 833가지, 중복을 허락하지 않는 경우 784가지

19 2^{n-1}

21 $\binom{n-r+1}{3}$

23 $\sum_{p+q=n}P(2n; p, p, q, q)$

2-4 이항계수와 그 확장

1 (1) 3125 (2) 1 (3) 0

2 609

3 (1) $\sum_{k=0}^{n}\binom{n}{k}x^{n-k}y^k=(r+y)^n$을 x에 관하여 미분한 다음 양변에 $x=-1$을 대입.
(3) k에 관한 귀납법 사용

$k-1$일 때 성립함을 가정하면 주어진 식은
$(-1)^{k-1}\binom{n-1}{k-1}+(-1)^k\binom{n}{k}$
$=(-1)^k[\binom{n}{k}-\binom{n-1}{k-1}]=(-1)^k\binom{n-1}{k}$
(4) $\sum_{k=0}^{n}\binom{n}{k}x^{n-k}y^k=(r+y)^n$에 $x=3, y=-1$을 대입.
(5) $\sum_{j=0}^{n}\sum_{i=j}^{n}\binom{n}{i}\binom{i}{j}=\sum_{j=0}^{n}\sum_{i=j}^{n}\binom{n}{j}\binom{n-j}{i-j}$
$=\sum_{j=0}^{n}\binom{n}{j}\sum_{i=j}^{n}\binom{n-j}{i-j}=\sum_{j=0}^{n}\binom{n}{j}2^{n-j}$
$=(1+2)^n=3^n$.
(6) $(m+n)$-집합 S를 2개의 서로 소인 m-집합 A와 n-집합 B로 분할한다. S의 $(m+k)$-조합은 정확히, 각 $i=0, 1, \cdots, m$에 대하여
(A의 $(m-i)$-조합) $\cup$ (B의 $(k+i)$-조합)
의 꼴로 나타난다. 따라서
$\sum_{i=0}^{n}\binom{m}{m-i}\binom{m}{k+i}=\binom{m+n}{m+k}$

4 (2) $(1-x)^n(1+x)^n=(1-x^2)^n$을 이용.

5 (1) $\binom{n+1}{2}+2\binom{n+1}{3}$
(2) $a=6, b=6, c=1$
(3) $6\binom{n+1}{4}+6\binom{n+1}{3}+\binom{n+1}{2}$

6 (1) $n=0$일 때 1, $n>0$일 때 2^{n-1}
(2) $n=0$일 때 2, $n>0$일 때 $3\times2^{n-1}$
(3) $(n+2)2^{n-1}$ (4) 1
(5) $(n+1)2^n$ (6) $(2^{n+1}-1)/(n+1)$

7 -2^{49}

9 n은 홀수

11 (1) $n(n+1)2^{n-2}$ (2) $1/(n+1)$

14 $f(x)\equiv 0$

15 (1) $\frac{1}{8}lmn(l+1)(m+1)(n+1)$
(2) $S=\dfrac{(l+m+n)!}{l!\,m!\,m!}$

19 $\dfrac{10!}{4!\,2!\,3!\,1!}\cdot1^4\cdot2^2\cdot(-1)^3\cdot3^1=-15120$

2-5 이항계수와 계차수열

1 (1) $(n^3-n^2+2n)/2$ (2) 1/8

2 3990

3 $\frac{1}{12}(2n^6+6n^5+5n^4-n^2)$

4 981

5 986

7 원래 개수는 3121, 마지막에 남은 개수는 1020

2-6 다중집합의 원순열

1 (1) $He=Hf_1=H$, $Hr_1=Hf_3=\{r_1,f_3\}$
$Hr_2=Hf_2=\{r_2,f_2\}$

2 (1) $\theta(h)=hx$로 정의되는 함수 $\theta:H\to Hx$는 일대일이다.
(2) $x\in G\Rightarrow Hx\subset G$. $\therefore \cup_{x\in G}Hx\subset G$.
$G=\cup_{x\in G}\{x\}\subset\cup_{x\in G}Hx$
(3) $a\in H\Leftrightarrow Ha=H$이다.
$hx=ky\in Hx\cap Hy$, $(h,k\in H)$, 이면 $x=h^{-1}ky$
$\therefore Hx=Hh^{-1}ky=Hy$.
(4) 일반적으로 $A, B\subset G, x\in G$에 대하여 $A=B\Rightarrow Ax=Bx$이다. $Hx=Hy$의 양 변의 우측에 y^{-1}를 곱하면 $Hy^{-1}=H$. $Hy^{-1}=H$의 양 변의 우측에 y를 곱하면 $Hx=Hy$.

3 (1) $A=\{e,r,r^2,\cdots,r^{n-1}\}$라고 하면 $A\subset C_n$
$|A|=n=|C_n|$이므로 $A=C_n$.
(2) $\gcd(k,n)=k$, $k=k'g$, $n=n'g$라고 하자.
$r^{km}=e\Leftrightarrow n\,|\,km\Leftrightarrow n'\,|\,k'm\Leftrightarrow n'\,|\,m$이므로
$o(r^k)=\min\{m>0\,|\,r^{km}=e\}=\min\{m>0\,|\,n'\,|\,m\}$
$=n'$

4 정육면체의 6개의 면의 집합을 Ω라고 하고 강체운동군을 G라고 하자. 면α의 중심과 α가 마주보는 면의 중심을 잇는 직선을 축으로 하는 회전을 생각하면 $|G_\alpha|=4$. 명백히 이므로 $\alpha^G=\Omega$이므로 $|\alpha^G|=6$. $\therefore |G|=4\cdot6=24$

5 정육면체의 중심과꼭지점을 지나는 직선을 축으로하는 회전 8 개,
모서리의 중점을 지나는 직선을 축으로하는 회전 6 개,
면의 중심을 지나는 직선을 축으로하는 회전 9 개 및 e.
$\frac{1}{24}(8n^4+6n^3+9n^2+n^8)$

6 $\frac{10!}{2}$

7 $\frac{1}{10}\left(\frac{25!}{5!\,10!\,10!}+4\frac{5!}{1!\,1!\,2!}+5\frac{12!}{2!\,5!\,5!}\right)$

8 (1) $\gcd(n, n-1, n+1)=1$임에 유의 하면 구하는 수는 $\frac{1}{n}\left(\frac{(3n)!}{n!\,(n-1)!\,(n+1)!}\right)$

(2) n이 짝수일 때, $\frac{1}{2n}\left(\frac{(3n)!}{n!\,(n-1)!\,(n+1)!}\right)$

n이 홀수일 때,

$\frac{1}{2n}\left(\frac{(3n)!}{n!\,(n-1)!\,(n+1)!}+\frac{[(3n-1)/2]!}{[(n-1)/2]!^2\,[(n+1)/2]!}\right)$

III 배열과 분배

3-1 비둘기집의 원리

1 $\{x_1, x_2, \cdots, x_{101}\}\subset\{1, 2, \cdots, 200\}$이라 하자. 각 i에 대하여 $x_i=(2\text{의 거듭제곱})a_i$를 만족하는 홀수 a_i가 유일하게 존재한다. 비둘기집의 원리에 의하에 $a_i=a_j$인 x_i, x_j가 존재한다. 이 때, x_i, x_j중 하나는 다른 것을 나눈다.

2 37

3 (1) 1에서 100까지의 자연수를 합이 101이 되는 두 수의 쌍 $\{1, 100\}, \{2, 99\}, \cdots, \{50, 51\}$로 분할해서 생각.

(2) $\{50, 51, 52, \cdots, 100\}$

4 9명

5 (1) 13개의 정수를 12로 나눈 나머지를 비둘기로 생각.

(2) 5개의 정수를 3으로 나누었을 때, 나머지로 써 0, 1, 2가 나타나는 경우에 따라 분류.

(3) 12로 나누어서 나머지가 같은 각각의 집합을 서로 소인 두 부분집합으로 분할한다. 예를 들면 12로 나누었을 때 나머지가 1인 집합 $A_1=\{1, 13, 25, 37, 49, 61, 73, 85, 97\}$을 집합 $B_1=\{1, 25, 49, 73, 97\}$과 $C_1=\{13, 37, 61, 85\}$로 분할한다. B_1의 임의의 원소 b를 택하면 C_1내에는 b와의 차가 12인 원소가 존재하고 마찬가지로 C_1의 임의의 원소 c를 택하면 B_1내에는 c와의 차가 12인 원소가 존재한다.

(4) $3n$개의 수를 n으로 나누었을 때, 나머지가 같은 n개의 집합으로 분할해서 생각.

(5) 집합 $\{1, 2, \cdots, 2n\}$을 n개의 쌍 $\{1, 2\}, \{3, 4\}, \cdots, \{2n-1, 2n\}$으로 분할한다.

(7) 주어진 수의 집합을 $\{4, 100\}, \{7, 97\}, \cdots, \{49, 55\}, \{1\}, \{52\}$와 같이 분할해서 생각.

6 (n^2+1)개의 서로 다른 정수로 이루어진 수열 $a_1, a_2, \cdots, a_{n^2+1}$이 길이 $n+1$인 증가하는 부분수열을 갖지 않는다고 가정하고, 각 $k=1, 2, \cdots, n^2+1$

7 정수 m을 n으로 나누었을 때, 나머지는 $0, 1, \cdots, n-1$중의 하나이다. 나머지가 0이면 m/n은 유한소수이고 나머지가 0이 아니면 무한 개의 비둘기집에 유한 마리의 비둘기가 있으므로 순환소수가 된다.

8 $1155=11\times7\times5\times3$이고 비둘기집의 원리를 이용하여 1155의 각 소인수의 배수가 되는 두 수를 선택할 수 있다.

9 52

10 처음과 마지막 한 시간을 제외한 8시간을 연속된 2시간씩 네 개의 구간으로 나눌 때, 네 개의 구간을 비둘기집으로 36 km를 36마리의 비둘기로 두고 생각한다.

11 예제 3.1.4 참고

12 먼저 한 사람과 그의 명찰이 매치되도록 원탁을 돌려놓은 다음 나머지 모든 사람이 명찰과 매치되지 않은 경우를 생각한다.

13 (1) 정삼각형을 한 변의 길이가 1/4인 16개의 작은 정삼각형으로 나눈 다음 이 16개의 작은 정삼각형을 비둘기 집으로 17개의 점을 비둘기로 생각한다.

(2) 정삼각형을 한 변의 길이가 1/4인 16개의 작은 정삼각형으로 나눈 다음 비둘기집의 원리를 적용한다.

14 주어진 정사각형을 한 변의 길이가 1/2인 4개의 정사각형으로 나눈 다음 비둘기집의 원리를 적용한다.

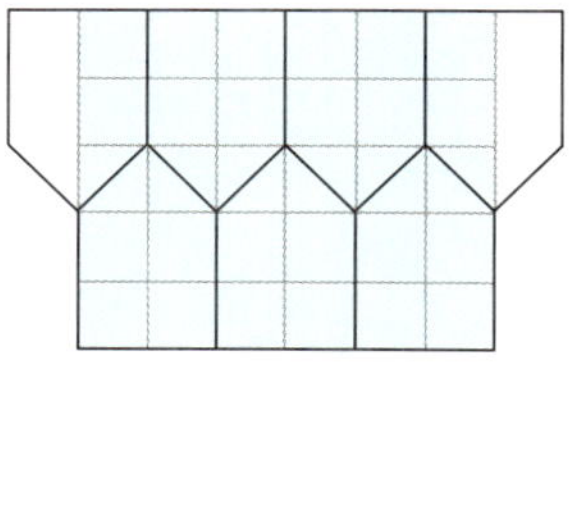

15 (1) 오른쪽 그림과 같이 7개의 부분으

로나누어 비둘기집의원리 적용.

(2) 기우성과 비둘기 집의 원리를 이용.

(3) 5개의 내각을 비둘기집으로 1°에서 540°를 비둘기로 생각.

17 2개의 자연수의 일의 자리의 숫자와 예제 3.1.2 의 박스를 사용한다.

3-2 포함배제의 원리

1 (1) $9^4 + 8 \times 9^3 - 8^4$ (2) $9 \times 10^3 - 8^4$

2 $3 \times 7! - 3 \times 5! + 3!$

4 $\binom{n}{3} - n(n-3)$

5 97

7 2153390400

8 265

9 378000

10 (1) $(2n-1)(2n-3) \cdots 3 \cdot 1$

(2) $(2n-1)(2n-3) \cdots 3 \cdot 1$

$- \binom{n}{1}(2n-3) \cdots 3 \cdot 1$

$- \binom{n}{2}(2n-5) \cdots 3 \cdot 1$

$- \cdots + (-1)^n \binom{n}{n}$

11 (1) $5! - 6 \times 4! + 12 \times 3! - 2^4$

(2) $\sum_{k=0}^{5} (-1)^k \binom{5}{k} 2^k \cdot (10-k)!$

12 $\frac{1}{2}(\binom{28}{3} - 14 \times 13)$

14 (1) 240 (2) 80 (3) 161

16 217

17 $10! - 2 \cdot 9! + 2 \cdot 9! - 2 \cdot 2 \cdot 8! = 2338560$

18 24

20 4

3-3 분배와 분할

1 350

2 불가능

3 각각의 인수가 1보다 큰 경우 : $S(n,k)$,

1이 하나의 인수인 경우 :

$S(n,1) + S(n,2) + \cdots + S(n,k)$

4 $a_{2k-1,1} = k,\ a_{2k-1,2} = 175 + k,\ (1 \le k \le 59)$

$a_{2k,1} = 59 + k,\ a_{2k,2} = 117 + k,\ (1 \le k \le 58)$

라 하고, $i \le j \le 8$인 i, j에 대하여

$a_{i,2j+1} = 117(2j+1) + 1 - i,$

$a_{i,2j} = 117(2j-1) + i,$

$A_i = a_{i1}, a_{i2}, \cdots, a_{i17}\}, (i = 1, 2, \cdots, 117)$

이라 할 때, A_i의 원소의 합은 모두

$\sum_{k=0}^{17} a_{i,k} = \frac{1}{17}(1 + 2 + \cdots + 1989) = 17 \times 995$

로서 서로 같고 A_i들은 모두 서로 소이다.

5 집합 M의 어떤 순열의 각 원소에 대하여 인접한 원소가 같은 색임을 보인다.

6 자연수 n을 1과 2의 합으로 나타내는 방법 수와 2이상의 자연수의 합으로 나타내는 방법 수 사이에 일대일 대응관계를 만든다.

7 자연수 n을 서로 다른 자연수의 합으로 나타내는 방법 수와 홀수인 자연수의 합으로 나타내는 방법 수 사이에 일대일 대응관계를 만든다.

9 $n!$

10 $2C_n$

11 수학적 귀납법으로 증명.

14 (1) $S(14, 4)$ (2) $\frac{14!}{[2!\,(3!)^2][2!\,(4!)^2]}$

15 (1) 2^{n-1} (2) $p(n)$

16 $\frac{1}{p+q}\binom{p+q}{p}$

IV 점화식과 생성함수

4-1 재귀함수와 알고리즘

1 $f(1) = 1,\ f(n) = 2f(n-1) + 1, (n \ge 2)$

$f(n) = 2^n - 1$

2 (2) 동전을 $c_1, c_2, c_3, c_4, c_5, c_6, c_7, c_8, c_9$라 한다.

① $\{c_1, c_2, c_3\}$과 $\{c_4, c_5, c_6\}$을 비교.

①단계에서 평형을 이룬다면 $\{c_7, c_8, c_9\}$중에서 위조 동전이 있으므로②단계로 간다.

② $\{c_1, c_2\}$와 $\{c_7, c_8\}$을 비교한다.
②단계에서 평형을 이룬다면 c_9가 위조동전이다.

3 곱셈 $(a+d)(x+u)$, $(c+d)x$, $a(z-u)$, $(a+b)u$, $(c-a)(x+z)$, $(b-d)(y+u)$, $d(y-x)$를 생각한다.

4 병합정렬

4-2 점화식

3 $a_n = a_{n-1} + n - 1$

4 (1) $a_n = \frac{1}{2} + \frac{1}{2}3^n$

(2) $a_n = \frac{10+\sqrt{5}}{5}\left(\frac{-1+\sqrt{5}}{2}\right)^n + \frac{10-\sqrt{5}}{5}\left(\frac{-1+\sqrt{5}}{2}\right)^n - 3(-1)^n$

(3) $a_n = (1 + \frac{1}{8}n - \frac{1}{8}n^2)2^n$

(4) $a_n = \frac{1}{2}(-1)^n + (-\frac{1}{2} - \frac{5}{3}i)i^n + (-\frac{1}{2} + \frac{5}{3}i)(-i)^n$

(5) $a_n = 5(-1)^n - \frac{124}{27}(-2)^n + \frac{1}{3}n^2 + \frac{7}{9}n + \frac{8}{27}$

5 (1) $a_n = [\frac{1}{3}2^n - \frac{1}{3}(-1)^n]^{1/2}$

(2) $a_n = \frac{1}{n}[\frac{1}{3}2^{n+1} - \frac{2}{3}(-1)^n]$

6 (1) $a_n = \frac{1}{2}(3^n + 1)$

(2) $a_n = 2a_{n-1} + 2a_{n-2}, (n \ge 3)$

(3) $a_n = 3a_{n-1} - 2a_{n-2}, (n \ge 3)$

7 $a_{n,k} = a_{n-2,k-1} + a_{n-1,k}$

8 (1) $(a_1, a_2) = (1, 3)$, $a_n = a_{n-1} + 2a_{n-2}, (n \ge 3)$

(2) $(a_1, a_2, a_3) = (1, 4, 2)$,
$a_n = a_{n-1} + 4a_{n-2} + 2a_{n-3}, (n \ge 4)$

9 n이 짝수일 때 : $\frac{1}{8}n(n+2)(2n+1)$
n이 홀수일 때 : $\frac{1}{8}[n(n+2)(2n+1) - 1]$

10 $\frac{1}{24}(n^4 - 6n^3 + 23n^2 - 18n + 24)$

11 f_{n+2}, 단, $(f_0, f_1, f_2, \cdots)$는 피보나치수열

14 $a_n = (2n-1)a_{n-1}$, $\frac{(2n)!}{n!\,2^n}$

16 (2) $L_1 = 1$, $L_2 = 3$

(4) $\left(\frac{1+\sqrt{5}}{2}\right)^n + \left(\frac{1-\sqrt{5}}{2}\right)^n$

17 $f(n) = 3f(\frac{n}{3}) + 4$, $f(3) = 2$, $f(n) = \frac{4}{3}n - 2$

18 $a_n = \frac{1}{2}(3^n + 1)$, $b_n = \frac{1}{2}(3^n - 1)$

4-3 생성함수

1 (1) n이 짝수이면 $a_n = 0$
n이 홀수이면 $a_n = 4^{(n-1)/2}$

(2) $a_n = \frac{1}{12}(-3 + 4 \times 3^n - (-3)^n)$

2 (1) $g(x) = (1 + x + x^2 + x^3 + x^4)$
$\times (1 + x + x^2 + \cdots + x^5)(1 + x + x^2 + \cdots + x^6)$

(3) $g(x) = (1 + x + x^2 + x^3 + \cdots)^5$

3 (1) $g(x) = (1 + x + x^2 + x^3 + x^4)^6$

(2) $g(x) = (x^5 + x^6 + x^7 + \cdots)^4$

(3) $g(x) = (x^3 + x^4 + x^5 + x^6 + x^7)^5$

4 (1) $g(x) = (x^6 + x^3)(1 - x^2)(1 - x^4)(1 - x^6)$

(2) $g(x) = (1 + x + x^2 + x^3 + x^4)^{10}$

(3) $g(x) = (1 + x + x^2 + x^3 \cdots)^6$

(4) $g(x) = (1 - x)^{-3}(1 - 2x)^{-3}(1 + 3x^2)$

5 $g(x) = (1 + x + x^2 + x^3)(x^2 + x^4 + x^6 + \cdots)$
$\times (1 + x^3 + x^6 + x^9 + \cdots)$

6 n이 짝수이면 $a_n = \frac{1}{4}(n+3)$
n이 홀수이면 $a_n = \frac{1}{4}(n+1)$

8 (1) $a_n = \frac{1}{4}3^n$ (2) $a_n = \frac{1}{4}\{6^n + (-2)^n\}$

9 $(e^x - 1)(e^x - x - 1)e^{2x}$의 $x^{10}/10!$의 계수

10 (1) $(e^x - 1)^4$의 $x^6/6!$의 계수

(2) $(e^x - 1)^2e^{2x}$의 $x^6/6!$의 계수

11 $(a_0, a_1, a_2, a_3) = (1, 1, 1, 2)$,
$a_n = a_{n-1} + a_{n-3}, (n \ge 3)$ 이용

16 4^{n-1}

19 $(1 - x^5)(1 - x)^{-2}$

20 $g(x) = \sum_{n=0}^{\infty} a_nx^n$ 일 때,
$g'(x) = \sum_{n=0}^{\infty} na_nx^{n-1}$임을 이용한다.

(1) $\frac{x}{(1-x)^2}$ (2) $\frac{2x^2}{(1-x)^3}$ (3) $\frac{x(1+x)}{(1-x)^3}$

V 최적화 문제

5-1 최적 배당

1 (1) $(X_1 \to Y_2), (X_2 \to Y_3), (X_3 \to Y_1)$
(2) $(X_1 \to Y_2), (X_2 \to Y_3), (X_3 \to Y_1), (X_4 \to Y_4)$

2 (일수→인사), (이철→경리), (삼식→자재), (사훈 →총무)

5-2 최적 게임전략

1 (1) $\mathbf{x}^* = (0, 0, 1)^T$, $\mathbf{y}^* = (0, 0, 1)^T$, $w = 2$
(2) $\mathbf{x}^* = (0, 1, 0)^T$, $\mathbf{y}^* = (0, 0, 1, 0)^T$, $w = -1$

2 (1) $\mathbf{x}^* = \left(\frac{1}{3}, \frac{2}{3}\right)^T, \mathbf{y}^* = \left(\frac{1}{2}, \frac{1}{2}\right)^T, w = 2$
(2) $\mathbf{x}^* = \left(\frac{1}{2}, \frac{1}{2}\right)^T, \mathbf{y}^* = \left(\frac{1}{3}, \frac{2}{3}\right)^T, w = \frac{2}{3}$

3 (1) $\mathbf{x}^* = (0, 0, 1)^T, \mathbf{y}^* = (1, 0, 0)^T, w = 3$
(2) $\mathbf{x}^* = (0, 0, 1)^T, \mathbf{y}^* = (0, 1, 0, 0)^T, w = 2$
(3) $\mathbf{x}^* = (0, 1, 0)^T, \mathbf{y}^* = (0, 1, 0)^T, w = 48$
(4) $\mathbf{x}^* = (0, 1, 0, 0)^T, \mathbf{y}^* = (0, 0, 0, 1)^T, w = 1$

4 (1) $\mathbf{x}^* = (1, 0)^T, \mathbf{y}^* = (1, 0)^T, w = 5$

5 (1) $\mathbf{x}^* = (1, 0)^T, \mathbf{y}^* = (1, 0)^T$

6 (1) $\mathbf{x}^* = \left(\frac{1}{7}, \frac{6}{7}\right)^T, \mathbf{y}^* = \left(\frac{3}{7}, \frac{4}{7}, 0\right)^T, w = \frac{31}{7}$
(2) $\mathbf{x}^* = \left(0, \frac{1}{2}, \frac{1}{2}\right)^T, \mathbf{y}^* = \left(\frac{3}{4}, \frac{1}{4}\right)^T, w = \frac{1}{2}$

7 $\mathbf{x}^* = \mathbf{y}^* = \frac{1}{3}(1, 1, 1)^T, w = 0$

VI 그래프

6-1 기본개념

1 (1) 정리 4.1.2 참고 (2) 정리 4.1.2 참고
(3) 차수가 $k, k+1$인 꼭지점의 개수를 각각 p, q라 하면 $p + q = v,\ kp + (k+1)q = 2e$

2 (1) $x_0 - x_1 - x_2 - \cdots - x_t$가 G내에서 가장 긴 직선경로라고 하면 꼭지점 x_t와 인접한 모든 꼭지점은 이 직선경로 상에 있는 점들이다.
(2) 위의 (1)의 직선경로에서 x_i가 x_t에 인접하는 최소의 i를 택하면 $x_i - x_{i+1} - \cdots - x_t - x_i$가 구하고자 하는 회로이다.

3 (1) 12 (2) 11

4 모임에 참석한 각 사람을 꼭지점으로, 악수를 변으로 대응시켜 생각한다.

5 (1) 가능 (2) 불가능

7 사람을 꼭지점으로 생각하고 아는 사람끼리는 청색 변으로, 모르는 사람끼리는 적색 변으로 연결했을 때, 한 꼭지점에서 다른 4개의 꼭지점을 연결하는 적색 변이 있는 경우와 한 꼭지점에서 다른 6개의 꼭지점을 연결하는 청색 변이 있는 경우로 나누어서 생각한다.

8 (1) 차수가 7인 꼭지점과 다른 6개의 꼭지점을 연결하는 단순그래프는 존재하지 않는다.
(2) (1)에 의하여 차수열이 (5, 4, 3, 1, 1, 0)인 단순그래프는 존재하지 않고 예제 4.1.4에 의하여 주어진 차수열을 가지는 단순그래프는 존재하지 않는다.

11 차수열이 다른 그래프는 동형이 아니다.

12 사람을 꼭지점으로 장기 두는 것을 변으로 생각한다.

13 사람을 꼭지점으로 서로 모르는 두 사람사이를 변으로 생각한다.

6-2 여러 가지 그래프

1 (1) G가 연결그래프이면 $e \geq v - 1$임을 v에 관한 수학적 귀납법으로 증명한다.
G의 한 꼭지점 x에 대하여 $G - x$가 연결그래프인 경우는 귀납법 가정을 사용하고, 연결그래프가 아니라면 $G - x$의 연결성분에 귀납법 가정을 사용한다.
(2) G가 연결그래프가 아니라고 하면 G는 꼭지점과 변을 공유하지 않는 두 개의 부분그래프 H, L로 분할된다. H, L의 위수를 각각 $k, v-k$로 둘 수 있고, 일반성을 잃지 않고 $k \leq v - k$라고 할 수 있다. $\delta_H \leq k - 1$, $\delta_L \leq v - k - 1$이며 $\delta_G = \min\{\delta_H, \delta_L\}$이므로 $\delta_G \leq k - 1$. 한편, $k \leq v/2$이므로 $\delta_G \leq k - 1 \leq v/2 - 1$. 이것은 가정에 모순

이다.

(3) $2\delta_G \geq v$이므로 임의의 두 꼭지점 x_1, x_2에 대하여 $d(x_1) + d(x_2) \geq 2\delta_G \geq v$. 따라서 G의 임의의 두 꼭지점은 서로 인접하거나 다른 한 꼭지점과 서로 인접하다. 그러므로 G는 연결그래프이다.

(4) G가 연결그래프가 아니라고 하면 G는 꼭지점과 변을 공유하지 않는 두 개의 부분그래프 H_1, H_2로 분할된다. H_1, H_2의 위수를 각각 k, $v-k$로 두자. G는 기껏$\binom{k}{2} + \binom{v-k}{2}$개의 변을 가질 수 있고 이것은 $\binom{v-1}{2}$보다 작기 때문에 모순이다.

3 (1) 생성수형도에서 변을 한 번에 한 개씩 추가한다.

(2) $G = (V, E)$가 연결그래프이므로 $\kappa' > 0$. $\kappa' \leq \delta_G$이므로 $\kappa' \geq \delta_G$만 증명하면 충분하다. $\kappa' > \delta_G$라고 하면 $S \subset E$가 존재해서 $\kappa' = k < \delta_G$이고 $G - S$는 연결그래프가 아니다. $G - S$는 꼭지점과 변을 공유하지 않는 두 개의 부분그래프 $H_1 = (V_1, E_1), H_2 = (V_2, E_2)$로 분해된다. S의 변들이 V_1내에 있는 q개, V_2내에 p개의 점들과 인접하다고 가정하고 모순을 이끌어 낸다.

(3) 그래프 G가 이분그래프라고 가정하면 G의 꼭지점의 이분할을 (X, Y)라 하자. $|X| = k, |Y| = v - k$라고 하면 $e \leq -k^2 + vk = -(k^2 - vk + v^2/4) + v^2/4$가 성립하고, 따라서 $e \leq v^2/4$이 되어 모순이다.

(4) 각 면의 차수는 3이상이므로 주어진 평면그래프의 면의 차수의 합은 $6v - 12$이상이어야 하는데 면의 차수의 합은 변의 2배와 같다는 사실에 의하여 정확히 $6v - 12$이다. 따라서 이 그래프의 각 면의 경계는 삼각형이다.

4 이분할 (X, Y)를 가지는 이분그래프 G에서 X의 꼭지점들의 차수의 합과 Y의 꼭지점들의 차수의 합은 같다.

5 정리 4.2.6 이용.

6 G와 G^c 모두 평면그래프라고 가정하자. G의 꼭지점과 변의 개수를 각각 v, e, G^c의 꼭지점과 변의 개수를 각각 v', e'라고 하면 정리 4.2.6에 의하여

$e \leq 3v - 6, e' \leq 3v' - 6$. 또 가정에 의하여

$$55 = \binom{11}{2} \leq e + v' \leq 6v - 12 \leq 54$$

가 되어 모순이다.

7 주어진 그래프가 차수 5이하인 꼭지점을 1개 이하 가진다고 가정하면 $2e \geq 6(v-1)$.

8 $2e \geq 5 \times 11 + 6 \times (v-1) = 6v - 11$.

$\therefore e \geq 3v - 11/2 > 3v - 6$.

9 (1) 모든 면의 차수가 k이상임을 이용한다.

(2) 모든 꼭지점의 차수가 3이상이라고 하면 $e + 2 \leq \frac{(v-2)k}{k-2} \leq (v-2)^{2/3}$. $\therefore$ $\frac{3v}{2} + 2 \leq \frac{3(v-2)}{2}$. 이것은 모순이다.

10 6

11 7

13 10

6-3 수형도

1 (1) 다음과 같은 6개의 수형도가 존재한다.

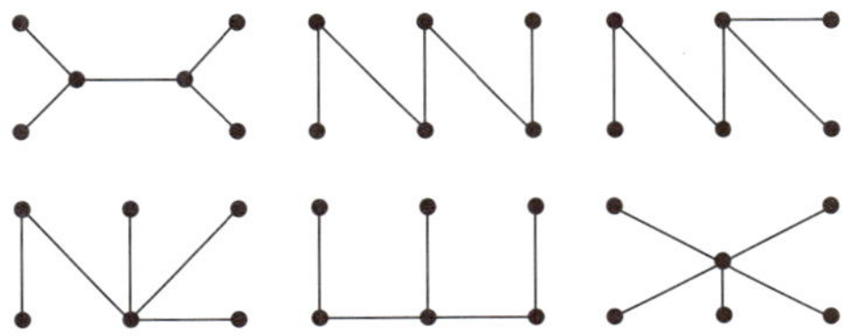

(2) 차수열이 (3, 2, 2, 1, 1, 1)인 2개의 수형도를 생각한다.

2 (1) 회로를 가지지 않는 연결그래프는 수형도로서 $e = v - 1$이므로 모순이다. 이제 2개 이상의 회로를 가지는 연결그래프는 회로 상의 임의의 변 하나를 지우므로써 회로를 가지지 않는 연결그래프를 만들 수 있다.

(2) $d_1 + d_2 + \cdots + d_n = 2(n-1)$임을 이용.

3 $(n-2)n^{n-3}$

4 삼진수형도에서 생각.

5 3

6 10

7 6

9 (1) 6 (2) 9 (3) 11

10 최단 경로 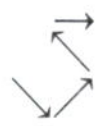 , 최단 거리 8

6-4 여러 가지 회로

1 (1) 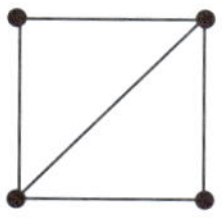 (2) 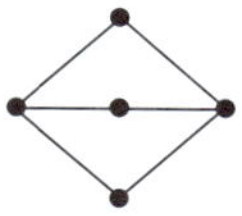

(3)  (4) 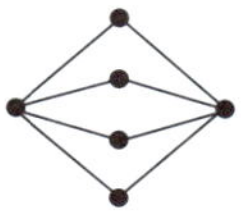

3 가지지 않는다.

4 보조정리 4.4.4 이용.

5 G내에서 가장 긴 직선경로를 P라 하고 P의 길이 l이 $2\delta_G$보다 작다고 가정하면 G는 길이 $l+1$인 회로를 가진다. 이 사실과 G가 연결이라는 사실에 의하여 모순을 이끌어 낼 수 있다.

6 G의 폐포가 완전그래프임을 증명한다.

7 $\lfloor (n-1)/2 \rfloor$

8 학생을 꼭지점으로 자리가 인접함을 변으로 연결한 그래프는 해밀턴 회로를 가지지 않는다는 것을 증명한다.

9 G_1, G_2를 그래프 G의 폐포라고 하자. G_1, G_2를 얻기 위해 G에 추가되는 변을 각각 $e_1, e_2, \cdots, e_m, f_1, f_2, \cdots, f_m$이라 하고 G_1의 변으로서 처음으로 G_2의 변이 아닌 것을 $e_{k+1} = [u, v]$라 하면 u, v는 G_2내에서 눈 맞는 쌍이면서 서로 인접하지 않기 때문에 G_2가 G의 폐포라는 사실에 모순이다.

10 예제 4.4.3 참조

6-5 그래프 채색

1 (1) 4 (2) 2 (3) 4

2 채색수: 3, 채색다항식 : $x(x-1)(x-2)^8$

3 (1) 정리 4.5.5와 G의 영그래프분해가 $G = G_1 + G_2 + \cdots + G_{\chi(G)}$라고 하면 $\alpha(G) = \max\{|G_i| : i = 1, \cdots, \chi(G)\}$임을 이용한다.

(2) 정리 4.5.1을 이용한다.

(3) 홀수길이의 회로 상에 있는 하나의 변을 뺀 그래프는 이분그래프라는 사실을 이용한다.

(4) 그래프의 꼭지점에 채색된 2가지색으로써 꼭지점의 이분할을 구성한다.

4 3

5 $K_{1,5}$

7 (1) $x(x-1)(x-2)^2$

(2) $x(x-1)(x-2)(x^2-x-1)$

(3) $x^2(x-1)^2(x-2)^2$

8 (1) $\nu - \delta_G \geq \alpha(G)$이므로 $\chi(G)(v-k) \geq \chi(G)\alpha(G) \geq v$.

9 꼭지점에 색칠하는 순서에 따라 각 꼭지점을 $x_1, x_2, \cdots, x_\nu$라고 하면 x_1에 색칠하는 방법 수는 k이고 나머지 꼭지점 x_i가 x_j, $(j \geq i-1)$에 인접하지 않는다면 $k-1$과 같고 아니라면 $k-1$보다 작다.

10 (1) 각 꼭지점의 차수가 짝수인 것과 원래 그래프의 꼭지점을 변으로, 변을 꼭지점으로 바꾼 그래프가 이분그래프라는 사실과 동치임을 증명한다.

6-6 그래프와 행렬

1 (1) 정리 6.6.6 참조

2 정리 4.6.5 참조

3 정리 4.6.6 참조

6 정리 6.6.13 참조

7 체스판의 왼쪽부터 오른쪽으로, 위에서 아래로 행과 열에 1부터 8까지의 번호를 매기면 체스판 각각의 눈은 2개의 좌표를 갖고, 그 수들의 합이 짝수일 때는 흰 눈, 홀수일 때는 검은 눈이다. 말이 놓여져 있는 좌표의 총합이 $2(1+2+\cdots+8)$로 짝수이므로 좌표의 합이 홀수인 눈에 놓여져 있는 말의 개수는 짝수이어야 한다.

8 $2^{1999}-1$

찾아보기

황석근
경북대학교 사범대학 수학교육과 졸업
미국 위스콘신대학교 대학원 수학과 졸업(PH.D.)
미국 와이오밍대학교 Research Professor 역임
경북대학교 과학영재교육센터 초대 소장
제 41 회 국제수학올림피아드(IMO 2000) 출제위원장
대한수학회 학술상 수상
과학기술 진흥 유공 포상(국무총리 표창)
대한수학회 부회장 역임
경북대학교 사범대학장, 교무처장, 대학원장, 부총장 역임
현재 경북대학교 사범대학 수학교육과 교수
현재 한국 과학기술 한림원 정회원

이재돈
서울대학교 사범대학 수학교육과 졸업
대구가톨릭대학교 대학원 수학과 졸업, 이학박사
대한수학회 대구경북지부 회장 역임
대구대학교 교무처장, 부총장 역임
현 대구대학교 사범대학 수학교육과 교수

김익표
경북대학교 사범대학 수학교육과 졸업
경북대학교 대학원 수학과 졸업, 이학박사
부산대학교 대학원 과학교육과(수학교육 전공) 졸업, 교육학박사
현 대구대학교 사범대학 수학교육과 교수

교우 ENV 시리즈 1

ENV 이산수학

초판 1쇄 발행 2012년 6월 15일
초판 2쇄 발행 2022년 10월 25일

지 은 이 황석근 · 이재돈 · 김익표
펴 낸 이 오상훈
펴 낸 곳 교우미디어

주　　소 서울시 동대문구 제기동 148-19 교우빌딩 2층
전　　화 (02) 925-2866, (02) 925-2861~2
팩　　스 (02) 925-2860
이 메 일 kyowoo@kyowoo.co.kr
홈페이지 www.kyowoo.co.kr
등록번호 제305-2011-000007호

ISBN 978-89-968148-9-4 94410 값 39,000원
978-89-968148-5-6 (전4권)

교우미디어는 교우사의 임프린트 출판브랜드입니다.